课堂实录

董志鹏 张水波 / 编著

Android
开发课堂实录

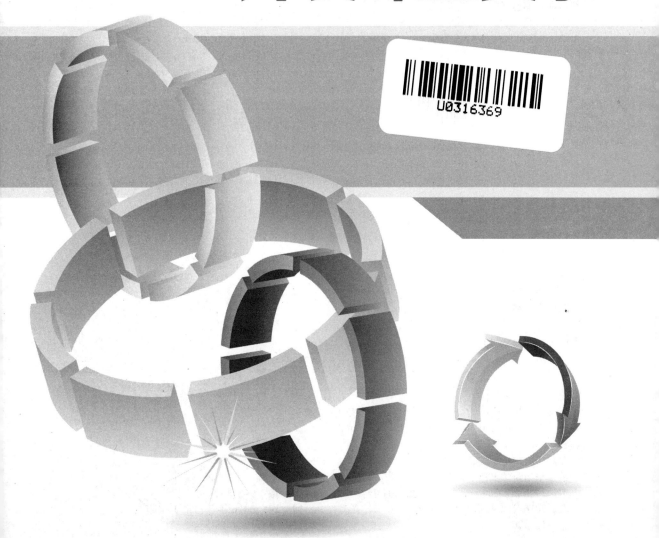

清华大学出版社
北京

内 容 简 介

本书讲解了 Android 4.0 手机应用开发必备的知识和技能。内容包括 Android 模拟器的使用、Android 程序的生命周期及核心组件、Android 项目创建过程、使用 Android SDK 工具、应用程序布局类型、设计界面的基本和高级控件、菜单和对话框的使用、界面之间数据的传递和跳转、Android 的事件机制和系统服务、简单存储、文件存储、数据库存储、使用系统资源和服务、播放音频和视频、绘制图形和动画,以及手机中的网络编程等,最后介绍了公交线路查询和打地鼠游戏的两个经典案例。

本书可以作为在校大学生学习使用 Android 技术进行课程设计的参考资料,也可以作为有一定 Java 基础的 Android 新手和移动开发新入行的人员的参考书。

本书封面贴有清华大学出版社防伪标签,无标签者不得销售。
版权所有,侵权必究。侵权举报电话:010-62782989　13701121933

图书在版编目(CIP)数据

Android 开发课堂实录/董志鹏,张水波编著. —北京:清华大学出版社,2016
(课堂实录)
ISBN 978-7-302-41129-1

Ⅰ. ①A… Ⅱ. ①董… ②张… Ⅲ. ①移动终端-应用程序-程序设计 Ⅳ. ①TN929.53

中国版本图书馆 CIP 数据核字(2015)第 183390 号

责任编辑:夏兆彦
封面设计:张　阳
责任校对:胡伟民
责任印制:宋　林

出版发行:清华大学出版社
　　　　　网　　　址:http://www.tup.com.cn, http://www.wqbook.com
　　　　　地　　　址:北京清华大学学研大厦 A 座　　　邮　　编:100084
　　　　　社 总 机:010-62770175　　　邮　　购:010-62786544
　　　　　投稿与读者服务:010-62776969, c-service@tup.tsinghua.edu.cn
　　　　　质量反馈:010-62772015, zhiliang@tup.tsinghua.edu.cn
印　刷　者:清华大学印刷厂
装　订　者:三河市溧源装订厂
经　　　销:全国新华书店
开　　　本:190mm×260mm　　印　张:31.75　　字　数:945 千字
版　　　次:2016 年 2 月第 1 版　　　　　　　印　次:2016 年 2 月第 1 次印刷
印　　　数:1~3000
定　　　价:79.00 元

产品编号:051595-01

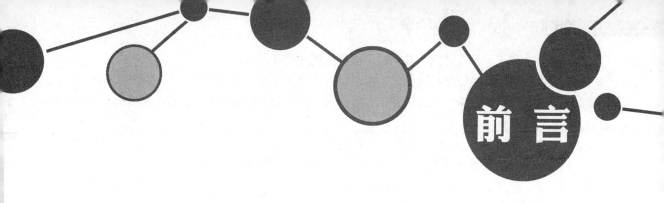

前言

Android 是 Google 于 2007 年 11 月推出的一款开放的嵌入式操作系统平台。由于 Android 完全开源的特性，它自发布以来一直受到业界的极大关注，特别是以开放手机联盟为首的众多重量级企业和厂商的合作，不但打破了移动领域存在很久的垄断问题，其开放的氛围也造就了更加多样化的硬件设备。Android 同时为开发人员和用户提供了前所未有的丰富资源和便捷体验。

随着 Android 系统越来越流行，有 Android 操作系统的移动设备也不断增加，同时基于 Android 的应用需求势必也会增加。为了帮助众多的软件开发人员尽快掌握 Android 平台的开发，进入项目的实际开发中，笔者编写了此书。本书以 Android 4.0 版本为例，大部分示例同样适用于其他 Android 版本。

本书内容

全书共分为 17 课，主要内容如下：

第 1 课　全面认识 Android。本课主要介绍 Android 的发展过程、Android 系统架构，以及搭建开发环境的过程和 Android 模拟器的使用。

第 2 课　创建第一个 Android 程序。本课通过一个 Android 程序的开发讲解了 Android 项目的创建、项目目录结构、设计界面方式、编码方法、运行和调试程序过程，最后介绍了 Android 的核心组件。

第 3 课　Android 工具集。本课主要介绍 Android SDK 提供的实用工具，包括 adb、android、emulator 和 mksdcard。

第 4 课　定义应用程序布局。本课主要讲解 Android 平台下的布局管理器，包括线性布局、相对布局、表格布局、帧布局、绝对布局和网格布局。

第 5 课　Android 基础控件详解。本课将对 Android 提供的基础控件进行详细的介绍，如文本框、编辑框、按钮、列表等。

第 6 课　Android 高级界面设计。本课主要介绍 Android 界面上的一些复杂控件，如自动完成文本框、进度条、拖动条、选项卡以及网络视图等。

第 7 课　程序菜单与对话框。本课主要介绍 Android 程序中使用菜单和对话框的方式，如选项菜单、子菜单、上下文菜单、列表对话框、复选对话框以及消息提示框等。

第 8 课　Android 事件处理机制。本课首先介绍了 Android 的事件处理机制，然后重点介绍键盘事件、触摸事件和手势识别的使用。

第 9 课　应用程序之间的通信。本课详细介绍进行数据传递的 Activity 和 Intent，包括 Activity 的状态、生命周期、配置和使用、Intent 对象的成员以及应用。

第 10 课　数据存储解决方案。本课主要介绍 Android 中的三种数据存储方式，分别是 SharePreference、Content Provider 和 File。

第 11 课　SQLite 数据库存储。本课详细介绍使用 SQLite 数据库作为存储方式的具体使用方法，包括创建数据库和表、读取数据、数据绑定以及数据库引擎db4o。

第12课 访问系统资源和国际化。本课详细介绍在Android应用程序中定义和使用各种类型资源的方法，如字符串资源、颜色资源、菜单资源、尺寸资源和布局资源，以及实现程序国际化的内容。

第13课 调用Android系统服务。本课首先介绍了Service的分类、生命周期及启动和绑定操作，然后重点介绍系统提供的服务，如电话服务、短信服务和闹钟服务等。

第14课 多媒体。本课主要讲解处理多媒体的API和控件、使用MediaPlayer播放音频文件的方法，以及使用ViedoView或者SurfaceView处理视频文件。

第15课 图形图像处理。本课主要讲解在Android程序中绘制直线、矩形、文字和图像的方法，以及对图像进行移动、旋转和半透明的操作。

第16课 网络编程。本课主要介绍Android网络通信中的三种方式，分别是HTTP编程、Socket编程和Web编程，最后介绍了通信时的乱码解决方案。

第17课 综合实例。本课通过公交线路查询和打地鼠两个实例介绍Android应用的实际开发过程。

本书特色

本书主要是针对初学者或中级读者量身订制的，全书以课堂课程学习的方式，由浅入深地讲解Android程序开发技术，并且全书突出了开发时的重要知识点，知识点并配以案例讲解，充分体现理论与实践相结合。

1. 结构独特

全书以课程为学习单元，每课安排基础知识讲解、实例应用、拓展训练和课后练习四个部分讲解Android程序开发技术相关的数据库知识。

2. 知识全面

本书紧紧围绕Android程序开发技术展开讲解，具有很强的逻辑性和系统性。

3. 实例丰富

书中各实例均经过作者精心设计和挑选，它们都是根据作者在实际开发中的经验总结而来，涵盖了在实际开发中所遇到的各种场景。

4. 应用广泛

对于精选案例，给了详细步骤、结构清晰简明，分析深入浅出，而且有些程序能够直接在项目中使用，避免读者进行二次开发。

5. 基于理论，注重实践

讲述过程中不仅只介绍理论知识，而且在合适位置安排综合应用实例，或者小型应用程序，将理论应用到实践中来加强读者实际应用能力，巩固开发基础和知识。

6. 视频教学

本书为实例配备了视频教学文件，读者可以通过视频文件更加直观地学习Android程序开发技术的开发知识。所有视频教学文件均已上传到www.ztydata.com.cn，读者可自行下载。

7. 网站技术支持

读者在学习或者工作的过程中，如果遇到实际问题，可以直接登录 www.itzcn.com 与我们取得联系，我们会在第一时间内给予帮助。

读者对象

本书适合作为软件开发入门者的自学用书，也适合作为高等院校相关专业的教学参考书，还可供开发人员查阅和参考。

- Android 初学者和爱好者
- Android 开发人员和其他手机开发人员
- 准备从事 Android 程序开发的人员
- 各大中专院校的在校学生和相关授课老师

除了封面署名人员之外，参与本书编写的人员还有李海庆、王咏梅、王黎、汤莉、倪宝童、赵俊昌、康显丽、方宁、郭晓俊、杨宁宁、王健、连彩霞、丁国庆、牛红惠、石磊、王慧、李卫平、张丽莉、王丹花、王超英、王新伟等。在编写过程中难免会有疏漏，欢迎读者通过清华大学出版社网站 www.tup.tsinghua.edu.cn 与我们联系，帮助我们改正提高。

董志鹏

2015 年 2 月

目录

第1课　全面认识 Android

- 1.1 手机操作系统 ················· 2
  - 1.1.1 主流手机操作系统 ········· 2
  - 1.1.2 Android 手机操作系统 ····· 3
- 1.2 Android 概述 ·················· 4
  - 1.2.1 Android 发展历史 ········· 4
  - 1.2.2 Android 版本命名 ········· 5
  - 1.2.3 Android 特性 ············· 7
  - 1.2.4 开放手机联盟 ············· 8
- 1.3 Android 系统架构 ············· 8
  - 1.3.1 应用程序 ················· 8
  - 1.3.2 应用程序框架 ············· 9
  - 1.3.3 核心库 ·················· 10
  - 1.3.4 Android 运行时 ·········· 10
  - 1.3.5 Linux 内核 ·············· 10
- 1.4 搭建 Android 开发环境 ······· 11
  - 1.4.1 安装 JDK ················ 11
  - 1.4.2 配置环境变量 ············ 12
  - 1.4.3 安装 ADT ················ 14
  - 1.4.4 安装 Android SDK ········ 16
- 1.5 模拟器 ······················· 17
  - 1.5.1 模拟器简介 ·············· 17
  - 1.5.2 创建模拟器 ·············· 18
  - 1.5.3 启动模拟器 ·············· 19
  - 1.5.4 控制模拟器 ·············· 20
- 1.6 实例应用：熟悉 Android 系统 ·· 21
  - 1.6.1 实例目标 ················ 21
  - 1.6.2 技术分析 ················ 21
  - 1.6.3 实现步骤 ················ 21
- 1.7 拓展训练 ····················· 23
- 1.8 课后练习 ····················· 24

第2课　创建第一个 Android 程序

- 2.1 创建一个问候程序 ············ 28
  - 2.1.1 创建项目 ················ 28
  - 2.1.2 项目目录结构 ············ 31
  - 2.1.3 AndroidManifest.xml 文件结构 ·· 35
- 2.2 设计程序界面 ················· 36
  - 2.2.1 使用 XML 标记设计 ······· 36
  - 2.2.2 使用代码设计 ············ 39
  - 2.2.3 使用混合方式设计 ········ 40
- 2.3 编写代码 ····················· 40
- 2.4 运行程序 ····················· 41
- 2.5 调试程序 ····················· 42
  - 2.5.1 设置断点 ················ 42
  - 2.5.2 DDMS ···················· 43
  - 2.5.3 手动方式 ················ 45
- 2.6 签名程序 ····················· 46
  - 2.6.1 使用命令行 ·············· 46
  - 2.6.2 使用 ADT 工具 ··········· 47
- 2.7 Android 应用程序生命周期 ···· 48
- 2.8 Android 核心组件简介 ········ 49
  - 2.8.1 Activity 简介 ············ 49
  - 2.8.2 BroadcastReceiver 简介 ··· 50
  - 2.8.3 ContentProvider 简介 ····· 51
  - 2.8.4 Service 简介 ············· 51
  - 2.8.5 Intent 简介 ·············· 52
  - 2.8.6 IntentFilter 简介 ········ 53
- 2.9 实例应用：实现用户登录功能 ·· 54
  - 2.9.1 实例目标 ················ 54
  - 2.9.2 技术分析 ················ 54
  - 2.9.3 实现步骤 ················ 54
- 2.10 拓展训练 ···················· 58
- 2.11 课后练习 ···················· 58

第 3 课　Android 工具集

- 3.1　ADB 工具 ············62
  - 3.1.1　配置 ADB 工具 ············62
  - 3.1.2　查看设备信息 ············62
  - 3.1.3　管理软件 ············63
  - 3.1.4　执行 Shell 命令 ············64
  - 3.1.5　移动文件 ············65
  - 3.1.6　查看 bug 报告 ············66
  - 3.1.7　转发端口 ············66
  - 3.1.8　启动和关闭 ADB 服务 ············67
- 3.2　Android 工具 ············67
  - 3.2.1　查看 Android 版本的 ID 信息 ············68
  - 3.2.2　创建 AVD 设备 ············68
  - 3.2.3　删除 AVD 设备 ············69
- 3.3　emulator 工具 ············70
  - 3.3.1　参数详解 ············70
  - 3.3.2　使用模拟器控制台 ············73
- 3.4　mksdcard 工具 ············74
- 3.5　拓展训练 ············75
- 3.6　课后练习 ············75

第 4 课　定义应用程序布局

- 4.1　View 类简介 ············78
- 4.2　线性布局 ············78
  - 4.2.1　垂直线性布局 ············79
  - 4.2.2　水平线性布局 ············80
- 4.3　相对布局 ············82
- 4.4　表格布局 ············84
- 4.5　帧布局 ············87
- 4.6　绝对布局 ············88
- 4.7　网格布局 ············91
  - 4.7.1　网格布局简介 ············91
  - 4.7.2　网格布局的使用 ············93
- 4.8　实例应用：创建计算器 ············97
  - 4.8.1　实例目标 ············97
  - 4.8.2　技术分析 ············97
  - 4.8.3　实现步骤 ············98
- 4.9　扩展训练 ············100
- 4.10　课后练习 ············100

第 5 课　Android 基础控件详解

- 5.1　文本框与编辑框 ············104
  - 5.1.1　文本框 ············104
  - 5.1.2　编辑框 ············107
- 5.2　按钮 ············111
  - 5.2.1　普通按钮 ············111
  - 5.2.2　图片按钮 ············112
- 5.3　单选按钮与复选框 ············115
  - 5.3.1　单选按钮 ············115
  - 5.3.2　复选框 ············116
- 5.4　列表选择框 ············120
- 5.5　列表视图 ············123
  - 5.5.1　使用 ListView 控件创建列表视图 ············123
  - 5.5.2　Activity 继承 ListActivity 实现列表视图 ············125
- 5.6　图像视图 ············126
- 5.7　日期与时间选择器 ············128
  - 5.7.1　日期选择器 ············128
  - 5.7.2　时间选择器 ············129
- 5.8　计时器 ············131
- 5.9　实例应用：设计用户注册界面 ············133
  - 5.9.1　实例目标 ············133
  - 5.9.2　技术分析 ············134
  - 5.9.3　实现步骤 ············134
- 5.10　扩展训练 ············137

5.11 课后练习·································138

第 6 课　Android 高级界面设计

6.1 自动完成文本框·····················140
6.2 进度条·································141
6.3 拖动条与星级评分条············145
　　6.3.1 拖动条·························145
　　6.3.2 星级评分条·················148
6.4 选项卡·································150
6.5 图像切换器·························151
6.6 滚动视图·····························154
6.7 网格视图·····························155
6.8 画廊视图·····························158
6.9 实例应用：幻灯片式图片浏览器······161
　　6.9.1 实例目标·····················161
　　6.9.2 技术分析·····················161
　　6.9.3 实现步骤·····················161
6.10 扩展训练···························164
6.11 课后练习···························164

第 7 课　程序菜单与对话框

7.1 菜单使用·····························166
　　7.1.1 菜单类 Menu···············166
　　7.1.2 选项菜单·····················167
　　7.1.3 子菜单·························169
　　7.1.4 上下文菜单·················171
7.2 使用对话框·························172
　　7.2.1 对话框简介·················173
　　7.2.2 普通对话框·················173
　　7.2.3 列表对话框·················175
　　7.2.4 单选按钮对话框·········177
　　7.2.5 复选框对话框·············180
　　7.2.6 进度对话框·················182
　　7.2.7 日期及时间选择对话框·····185
7.3 消息提示·····························190
　　7.3.1 Toast 的使用···············190
　　7.3.2 Notification·················195
7.4 扩展训练·····························198
7.5 课后练习·····························198

第 8 课　Android 事件处理机制

8.1 Android 事件处理概述·········202
　　8.1.1 基于回调机制的事件处理·····202
　　8.1.2 基于监听接口的事件处理·····202
8.2 处理键盘事件·····················203
　　8.2.1 物理按键简介·············203
　　8.2.2 基于回调机制的按键事件处理·····204
　　8.2.3 基于监听接口的按键事件处理·····206
8.3 处理触摸事件·····················207
　　8.3.1 基于回调机制的触摸事件处理·····208
　　8.3.2 基于监听接口的触摸事件处理·····209
8.4 手势的创建与识别·············210
　　8.4.1 手势的创建·················210
　　8.4.2 手势的导出·················211
　　8.4.3 手势的识别·················211
8.5 实例应用：实现一个简单的计算器······214
　　8.5.1 实例目标·····················214
　　8.5.2 技术分析·····················214
　　8.5.3 实现步骤·····················214
8.6 扩展训练·····························218
8.7 课后练习·····························218

第 9 课　应用程序之间的通信

9.1 Activity 的概述···················222
　　9.1.1 Activity 的状态及状态间的转换······222

		9.1.2 Activity 栈 ········· 223			9.5.3 数据 ········· 235

- 9.1.2 Activity 栈 ·················· 223
- 9.1.3 Activity 生命周期 ·········· 223
- 9.2 使用 Activity ························ 224
  - 9.2.1 创建 Activity ················ 224
  - 9.2.2 配置 Activity ················ 225
  - 9.2.3 启动和关闭 Activity ······ 225
- 9.3 多个 Activity 交换数据 ·········· 226
  - 9.3.1 使用 Bundle 在 Activity 之间交换数据 ······ 226
  - 9.3.2 调用另一个 Activity ······ 229
- 9.4 使用 Fragment ······················ 231
  - 9.4.1 创建 Fragment ·············· 232
  - 9.4.2 在 Activity 中添加 Fragment ······ 232
- 9.5 Intent 对象成员 ···················· 233
  - 9.5.1 组件名称 ······················ 234
  - 9.5.2 动作 ···························· 234
- 9.5.3 数据 ···························· 235
- 9.5.4 种类 ···························· 236
- 9.5.5 额外 ···························· 236
- 9.5.6 标记 ···························· 237
- 9.6 Intent 的使用 ························ 237
  - 9.6.1 在 Activity 之间使用 Intent 传递信息 ····· 237
  - 9.6.2 Intent 过滤器 ················ 240
  - 9.6.3 使用 Intent 发送广播消息 ····· 243
- 9.7 实例应用：自我介绍 ·············· 245
  - 9.7.1 实例目标 ······················ 245
  - 9.7.2 技术分析 ······················ 245
  - 9.7.3 实现步骤 ······················ 245
- 9.8 扩展训练 ···························· 253
- 9.9 课后练习 ···························· 254

第 10 课　数据存储解决方案

- 10.1 简单存储 ···························· 258
  - 10.1.1 使用 SharedPreferences 存取数据 ····· 258
  - 10.1.2 数据的存储位置和格式 ····· 262
  - 10.1.3 存取复杂类型的数据 ····· 263
- 10.2 文件存储 ···························· 266
  - 10.2.1 内部存储 ···················· 266
  - 10.2.2 外部存储 ···················· 269
- 10.3 数据共享 ···························· 282
  - 10.3.1 Content Provider 概述 ····· 282
- 10.3.2 预定义 Content Provider ····· 284
- 10.3.3 自定义 Content Provider ····· 288
- 10.4 实例应用：使用电话号码查询联系人信息 ············ 294
  - 10.4.1 实例目标 ···················· 294
  - 10.4.2 技术分析 ···················· 295
  - 10.4.3 实现步骤 ···················· 295
- 10.5 扩展训练 ···························· 298
- 10.6 课后练习 ···························· 298

第 11 课　SQLite 数据库存储

- 11.1 SQLite 数据库简介 ··············· 302
- 11.2 手动建库 ···························· 302
- 11.3 SQLite 数据库管理工具 ········ 305
- 11.4 在 Android 中使用 SQLite 数据库 ····· 307
  - 11.4.1 SQLite 的简单应用 ······· 307
  - 11.4.2 SQLite 中的数据绑定 ···· 312
  - 11.4.3 持久化数据库引擎（db4o） ····· 319
- 11.5 将数据库与应用程序一起发布 ······ 323
- 11.6 实例应用：实现一个简单的英文词典 ··········· 324
  - 11.6.1 实例目标 ···················· 324
  - 11.6.2 技术分析 ···················· 324
  - 11.6.3 实现步骤 ···················· 324
- 11.7 拓展训练 ···························· 328
- 11.8 课后练习 ···························· 328

第 12 课　访问系统资源和国际化

- 12.1 资源简介 ···························· 332
  - 12.1.1 资源的分类 ················ 332

	12.1.2	引用资源 …… 332	12.2.6	布局资源 …… 342
12.2	使用资源 …… 334		12.2.7	drawable 资源 …… 343
	12.2.1	字符串资源 …… 334	12.2.8	基础类型资源 …… 345
	12.2.2	颜色资源 …… 336	12.3	国际化 …… 346
	12.2.3	XML 资源 …… 337	12.4	拓展训练 …… 348
	12.2.4	菜单资源 …… 338	12.5	课后练习 …… 348
	12.2.5	尺寸资源 …… 340		

第 13 课 调用 Android 系统服务

13.1	Service 简介 …… 352		13.3.3	短信管理器 SmsManager …… 368
	13.1.1	Service 的分类 …… 352	13.3.4	音频管理器 AudioManager …… 370
	13.1.2	Service 类的重要方法 …… 352	13.3.5	闹钟管理器 AlarmManager …… 371
	13.1.3	Service 的声明 …… 353	13.4	广播接收者 BroadcastReceiver …… 375
	13.1.4	Service 生命周期 …… 354	13.5	实例应用：实现一个简单的多次定时提醒功能 …… 378
13.2	Service 操作 …… 357		13.5.1	实例目标 …… 378
	13.2.1	创建 Started Service …… 357	13.5.2	技术分析 …… 379
	13.2.2	创建 Bound Service …… 359	13.5.3	实现步骤 …… 379
13.3	系统 Service …… 366		13.6	拓展训练 …… 382
	13.3.1	获得系统服务 …… 366	13.7	课后练习 …… 382
	13.3.2	电话管理器 TelephonyManager …… 366		

第 14 课 多媒体

14.1	多媒体开发详解 …… 386		14.3.2	使用 SurfaceView 播放视频 …… 395
	14.1.1	Open Core …… 386	14.4	实例应用：创建音乐播放器 …… 396
	14.1.2	MediaPlayer …… 387		14.4.1	实例目标 …… 396
	14.1.3	MediaRecorder …… 388		14.4.2	技术分析 …… 397
14.2	使用 MediaPlayer 播放 MP3 …… 390		14.4.3	实现步骤 …… 397
14.3	视频处理 …… 392		14.5	扩展训练 …… 404
	14.3.1	使用 ViedoView 播放视频 …… 392	14.6	课后练习 …… 404

第 15 课 图形图像处理技术

15.1	常用绘图类的介绍 …… 408		15.2.3	绘制路径 …… 415
	15.1.1	Paint 与 Color 类 …… 408	15.2.4	绘制图片（图像）…… 417
	15.1.2	Canvas 类 …… 408	15.3	图形特效 …… 419
	15.1.3	Bitmap 类 …… 409		15.3.1	图像旋转 …… 419
	15.1.4	BitmapFactory 类 …… 409		15.3.2	图像缩放 …… 420
15.2	绘制 2D 图像 …… 410		15.3.3	图像倾斜 …… 421
	15.2.1	绘制几何图形 …… 410	15.3.4	图像平移 …… 423
	15.2.2	绘制文本（字符串）…… 413	15.3.5	图像像素的操作（半透明）…… 424

15.3.6 Shader 类的操作 ……………………… 425
15.4 拓展训练 ……………………………… 427
15.5 课后练习 ……………………………… 427

第 16 课　网络编程

16.1 Android 网络接口 …………………… 430
　　16.1.1　Java 标准接口 ………………… 430
　　16.1.2　Apache 接口 …………………… 431
　　16.1.3　Android 网络接口 ……………… 431
16.2 HTTP 网络编程 ……………………… 432
　　16.2.1　使用 HttpURLConnection …… 432
　　16.2.2　使用 HttpClient ………………… 440
16.3 Socket 网络编程 …………………… 444
16.3.1　Socket 编程基础 ……………… 444
16.3.2　Socket 应用 …………………… 446
16.4 Web 网络编程 ………………………… 449
　　16.4.1　浏览网页 ………………………… 449
　　16.4.2　与 JavaScript 共享数据 ……… 452
16.5 网络编程时的乱码解决方案………… 454
16.6 拓展训练 ……………………………… 456
16.7 课后练习 ……………………………… 456

第 17 课　综合案例

17.1 公交查询系统 ………………………… 460
　　17.1.1　功能简介 ………………………… 460
　　17.1.2　数据库的设计 …………………… 460
　　17.1.3　主界面 …………………………… 461
　　17.1.4　站点查询 ………………………… 463
　　17.1.5　线路查询 ………………………… 468
　　17.1.6　换乘查询 ………………………… 474
17.1.7　公共类 …………………………… 479
17.2 打地鼠小游戏 ………………………… 482
　　17.2.1　功能简介 ………………………… 482
　　17.2.2　主界面 …………………………… 483
　　17.2.3　简单模式 ………………………… 485
　　17.2.4　困难模式 ………………………… 489
　　17.2.5　帮助和退出 ……………………… 492

习题答案

第 1 课
全面认识 Android

随着移动互联网时代的发展，智能手机逐渐走进了人们的生活。为了适应移动互联网的发展，Google 于 2007 年 11 月发布了一款基于 Linux 平台的开源手机操作系统——Android。自 Android 发布之日起，Android 就因其开源和面向移动互联网设计等特点，赢得众多开发者和手机硬件厂商的青睐与支持。

本书将首先介绍目前手机操作系统的状况，然后介绍 Android 出现的背景、发展过程、特点及其系统架构，再详细介绍如何搭建 Android 开发环境及使用 Android 模拟器。

本课学习目标：
- 了解 Android 操作系统比其他操作系统的优势
- 了解 Android 的发展过程及版本命名特点
- 了解 Android 与开放手机联盟的关系
- 理解 Android 系统架构的划分及各层的作用
- 掌握 JDK 的安装和环境变量的配置
- 掌握 ADT 和 Android SDK 的配置
- 掌握 Android 模拟器的创建方法
- 熟悉 Android 模拟器的基本操作和控制方法

1.1 手机操作系统

手机的问世使得人们之间的联络更加方便，同时随着技术的逐渐发展，手机已经成为现代生活中不可或缺的一个组成部分。在移动互联网时代，手机可以像 PC 一样安装很多游戏、应用和软件，就像一台便携式的小型计算机。

为了更好地学习本书，本节将首先讲解和 Android 关系密切的手机操作系统知识，为读者了解本书后面的内容打好基础。

1.1.1 主流手机操作系统

在 Android 引导移动互联网潮流之前，主要存在 6 大手机操作系统，分别是：Symbian、Windows Mobile、Linux、Palm、BlackBerry 和 iOS。它们占据了整个智能手机市场，并且以 Symbian 为主，最高占有率达到 70%。下面简单了解一下这 6 种智能手机的操作系统。

1. Symbian

Symbian OS（中文为塞班系统）是由诺基亚、索尼爱立信、摩托罗拉、西门子等几家大型移动通信设备商共同出资组建的一个合资公司，专门研发手机操作系统，现已被诺基亚全额收购。Symbian 很像是 Windows 和 Linux 的结合体，有良好的界面，采用内核与界面分离技术，对硬件的要求比较低，支持 C++、VB 和 J2ME。目前根据人机界面的不同，Symbian 体系的 UI（User Interface 用户界面）平台分为 Series 60、Series 80、Series 90、UIQ 等。Series 60 主要是给数字键盘手机而设计的，Series 80 是为完整键盘所设计，Series 90 则是为触控方式而设计。

2. Windows Mobile

Windows Mobile 将熟悉的 Windows 桌面扩展到了个人设备中。Windows Mobile 是微软为手持设备推出的"移动版 Windows"，使用 Windows Mobile 操作系统的设备主要有 PPC 手机、PDA、随身音乐播放器等。Windows Mobile 操作系统有三种，分别是 Windows Mobile Standard、Windows Mobile Professional，Windows Mobile Classic。目前常用的版本为 Windows Mobile 6.5，最新的版本是 Windows Phone 8。目前生产 Windows Mobile 手机的主要厂商是诺基亚和 HTC，其他还有华硕、三星、LG、摩托罗拉和联想等。

> **注意** 编写本书时诺基亚已放弃 Symbian，采用 Windows Phone 作为其触控智能手机的操作系统。

3. Linux

Linux 具有其他两个操作系统无法比拟的优势。第一，Linux 具有开放的源代码，能够大大降低成本；第二，既满足了手机制造商根据实际情况有针对性地开发自己的 Linux 手机操作系统的要求，又吸引了众多软件开发商对应用软件的开发，丰富了第三方应用。然而 Linux 操作系统有其先天的不足：入门难度高、熟悉其开发环境的工程师少、集成开发环境较差。由于微软 PC 操作系统源代码的不公开，基于 Linux 的产品与 PC 的连接性较差。尽管目前从事 Linux 操作系统开发的公司数量较多，但真正具有很强开发实力的公司却很少，而且这些公司之间开发是相互独立的，很难实现更大的技术突破。最初摩托罗拉公司非常推崇 Linux 平台，然而和诺基亚的较量中不断失败，现在也不再那么热衷 Linux 了，转而投向基于 Linux 的 Android 平台。

4. Palm

Palm 是流行的个人数字助理（PDA）的传统名字，是一种手持设置形式，也被称作掌上电脑。广义上，Palm 是 PDA 的一种，由 Palm 公司发明，这种 PDA 的操作系统也称为 Palm，有时又称为 Palm OS。狭义上，Palm 指 Palm 公司生产的 PDA 产品，以区别于 SONY 公司的 Clie 和 Handspring 公司的 Visor/Treo 等其他运行 Palm 操作系统的 PDA 产品。其数据显示于一个液晶显示屏（LCD），显著特点之一是数据的基本输入方法。一个称为"铁笔"的写入装置，能够单击显示器上的图标选择输入的项目。铁笔也能用于手写到显示屏的表面输入包括文字和数字的信息（文字和数字），被称为涂鸦。PalmPilot 系列产品原是由一家叫 PalmComputing 的公司所研发设计的，这个公司在历经两次并购后，成为 3Com 的一个事业部门，而后 Palm 公司又从 3Com 公司中独立出来，成为一个独立的公司。2009 年 2 月 11 日，Palm 公司 CEO Ed Colligan 宣布。以后将专注于 WebOS 和 Windows Mobile 的智能设备，而不会再有基于 Palm OS 的智能设备推出，除了 Palm Centro 会在以后和其他运营商合作时继续推出。这对于 Palm 的粉丝们来说，实在是一个令人扼腕叹息的消息，一个令人无奈却只能接受的消息。

5．BlackBerry

BlackBerry（中文为黑莓）是加拿大 RIM 公司推出的一种移动电子邮件系统终端，其特色是支持推动式电子邮件、手提电话、文字短信、互联网传真、网页浏览及其他无线资讯服务。黑莓最强大、最有优势的方面在于收发邮件，然而在中国用手机收发邮件还不是很流行，所以黑莓在中国没有多大市场。

6．iOS

iOS 是由苹果公司开发的操作系统。采用该系统的 iPhone 手机在 2007 年 1 月 9 日举行的 Macworld 上首次亮相。iPhone 创新地将移动电话、可触摸宽屏 iPod 以及具有桌面级电子邮件、网页浏览、搜索和地图功能的突破性互联网通信设备这 3 种产品完美地融为一体。iPhone 引入了基于大型多触点显示屏和领先性新软件的全新用户界面，让用户用手指即可控制 iPhone。iPhone 还开创了移动设备软件尖端功能的新纪元，重新定义了移动电话的功能。

1.1.2 Android 手机操作系统

Android 一词的本义是指"机器人"，同时也是 Google 于 2007 年 11 月 5 日宣布的基于 Linux 平台的开源手机操作系统的名称，该平台由操作系统、中间件、用户界面和应用软件组成。

Android 的创始人 Andy Rubin 最初准备打造一个移动终端平台并将其对开发人员开放，2005 年 8 月 Google 收购了 Android。

Android 的 Logo 是由 Ascender 公司设计的。其中的文字使用了 Ascender 公司专门制作的称之为"Droid"的字体。Android 是一个全身绿色的机器人，绿色也是 Android 的标志。颜色采用了 PMS 376C 和 RGB 中十六进制的#A4C639 来绘制，这是 Android 操作系统的品牌图标，如图 1-1 所示，有时候还会使用纯文字的 Logo。

2007 年 11 月，Google 与 84 家硬件制造商、软件开发商及电信营运商组建开放手机联盟共同研发改良 Android 系统。随后 Google 以 Apache 开源许可证的授权方式，发布了 Android 的源代码。第一部 Android 智能手机发布于 2008 年 10 月。Android 逐渐扩展到平板电脑及其他领域，如电视、数码相机、游戏机等。2011 年第一季度，Android 在全球的市场份额首次超过 iOS 系统，跃居全球第一。2012 年 11 月数据显示，Android 占据全球智能手机操作系统市场 76%的份额，中国市场占有率为 90%。

图 1-1　Android Logo

与其他手机操作系统相比，Android 系统的特点主要体现在如下方面。

（1）平台开放性

Android 平台提供了无论是从底层操作系统到上层程序界面的所有软件，使用这个平台不需要任何授权许可费。同时 Google 通过与运营商、设备制造商、开发商等机构形成了战略联盟，希望通过共同制订标准使 Android 成为一个开放式的生态系统。

（2）平台自由性

在 Android 平台下，除了应用程序运行的载体虚拟机之外，其他的软件都是可替换和扩展的。例如，可以开放自己的拨号程序来替换系统提供的相应软件。

（3）应用程序的权限由开发人员决定

编写过 Symbian 或者 Java ME 程序的读者应该最能体会到这些，在程序发布时会有诸多麻烦。如果访问某些受限制级的 API，不是出现各种各样的提示，就是根本无法运行。要想取消这些限制，就需要向第三方的认证机构购买签名，而使用 Android 平台的应用程序就相对自由多了，要使用限制级的 API，只需要在自己的应用程序中配置一下即可。这在某种程度上也降低了 Android 程序的开发成本。

（4）应用程序之间沟通无界限

在 Android 平台下开发应用程序，可以方便地实现程序之间的数据共享。只需要经过简单的声明或操作，应用程序就可以访问其他程序的功能，或者将自己的部分数据和功能提供给其他程序使用。

（5）互联网特性

如果想在 Android 应用程序中嵌入 HTML 或者 JavaScript，那真是再容易不过了。基于 Webkit 引擎的 WebView 控件会完成一切，而且 JavaScript 还可以和 Java 无缝地整合到一起。

（6）齐全的输入设备

从 Android 1.5 开始，Android 同时支持物理键盘和虚拟键盘，从而可以大大丰富用户的输入选择。虚拟键盘，已成为 Android 手机中主要的输入方式。

（7）简单的开发环境

Android 的主流开发环境是 Eclipse+ADT+Android SDK。它们可以非常容易地集成在一起，而且在开发环境中运行程序要比其他操作系统更快，调试更方便。

1.2 Android 概述

自从 Google 在 2005 年收购成立仅 22 个月的 Android 以来，在 Google 公司以及其他软硬件厂商的不断推动下，Android 以迅猛的发展速度成为目前最流行的智能手机操作系统。下面让我们来了解一下 Android 系统的发展及其特点。

1.2.1 Android 发展历史

现在让我们坐上时光列车，回顾一下 Android 发展的光辉历史。

2005 年 8 月 Google 收购了 Android 公司，原创始人 Andy Rubin 成为 Google 公司工程部副总裁，继续负责 Android 项目。

2007 年 11 月 5 日，谷歌公司正式向外界展示了这款名为 Android 的操作系统。Google 以 Apache 免费开源许可证的授权方式，发布了 Android 的源代码。

2008 年，在 Google I/O 大会上，谷歌提出了 Android HAL 架构图，在同年 8 月 18 号，Android 获得了美国联邦通信委员会（FCC）的批准，在 2008 年 9 月，谷歌正式发布了 Android 1.0 系统，这也是 Android 系统最早的版本。

2009 年 4 月，谷歌正式推出了 Android 1.5 这款手机，从 Android 1.5 版本开始，谷歌开始将 Android 的版本以甜品的名字命名，Android 1.5 命名为 Cupcake（纸杯蛋糕）。该系统与 Android 1.0 相比有了很大地改进。

2009 年 9 月，谷歌发布了 Android 1.6 的正式版，并且推出了搭载 Android 1.6 正式版的手机 HTC Hero（G3），凭借着出色的外观设计以及全新的 Android 1.6 操作系统，HTC Hero（G3）成为当时全球最受欢迎的手机。Android 1.6 也有一个有趣的甜品名称，它被称为 Donut（甜甜圈）。

2010 年 2 月，Linux 内核开发者 Greg Kroah-Hartman 将 Android 的驱动程序从 Linux 内核"状态树"（Staging Tree）上除去，从此 Android 与 Linux 开发主流将分道扬镳。在同年 5 月，谷歌正式发布了 Android 2.2 操作系统。谷歌将 Android 2.2 操作系统命名为 Froyo，中文名称为冻酸奶。

2010 年 10 月，谷歌宣布 Android 系统达到了第一个里程碑，即电子市场上获得官方数字认证的 Android 应用数量已经达到了 10 万个，Android 系统的应用增长非常迅速。在 2010 年 12 月，谷歌正式发布了 Android 2.3 操作系统 Gingerbread（姜饼）。

2011 年 1 月，谷歌称每日的 Android 设备新用户数量达到了 30 万部，到 2011 年 7 月，这个数字增长到 55 万部，而 Android 系统设备的用户总数达到了 1.35 亿，Android 系统已经成为智能手机领域占有量最高的系统。

2011 年 8 月 2 日，Android 手机已占据全球智能机市场 48%的份额，并在亚太地区市场占据统治地位，终结了 Symbian（塞班系统）的霸主地位，跃居全球第一。

2011 年 9 月，Android 系统的应用数目已经达到了 48 万，而在智能手机市场，Android 系统的占有率已经达到了 43%，继续排在移动操作系统首位。同年 10 月，谷歌发布了全新的 Android 4.0 操作系统，这款系统被谷歌命名为 Ice Cream Sandwich（冰激凌三明治）。

1.2.2 Android 版本命名

Android 在正式发行之前，最开始拥有两个内部测试版本，并且以著名的机器人名称对其进行命名，它们分别是：阿童木（Android Beta）、发条机器人（Android 1.0）。后来由于涉及版权问题，谷歌将其命名规则变更为用甜点作为它们系统版本代号的命名方法。甜点命名法开始于 Android 1.5 发布的时候。作为每个版本代表的甜点的尺寸越变越大，然后按照 26 个字母顺序：Cupcake（Android 1.5）、Donut（Android 1.6）、Eclair（Android 2.0/2.1）、Froyo（Android 2.2）、Gingerbread（Android 2.3）、Honeycomb（Android 3.0）、Ice Cream（Android 4.0）、Jelly Bean（Android 4.1 和 Android 4.2）。如图 1-2 所示了这些版本名称及其对应的甜点 Logo。

图 1-2 主要版本名称及其甜点 Logo

1. Android 1.5

Android 1.5 于 2009 年 4 月 30 日发布，被命名为 Cupcake（纸杯蛋糕）。主要的更新有拍摄/播放影片，并支持上传到 Youtube；支持立体声蓝牙耳机，同时改善自动配对性能；最新的采用 WebKit 技术的浏览器，支持复制/粘贴页面中内容及进行搜索；GPS 性能大大提高；提供屏幕虚拟键盘；主屏幕增加音乐播放器和相框 widgets；应用程序自动随着手机旋转；短信、Gmail、日历、浏览器的用户接口大幅改进，如 Gmail 可以批量删除邮件；相机启动速度加快，拍摄图片可以直接上传到 Picasa；来电照片显示。

2. Android 1.6

Android 1.6 于 2009 年 9 月 15 日发布，被命名为 Donut（甜甜圈）。主要的更新有：重新设计的 Android Market 手势；支持 CDMA 网络；文字转语音系统（Text-to-Speech）；快速搜索框；全新的拍照接口；查看应用程序耗电；支持虚拟私人网络（VPN）；支持更多的屏幕分辨率；支持 OpenCore2 媒体引擎；新增面向视觉或听觉困难人群的易用性插件。

3. Android 2.0

2009 年 10 月 26 日发布了 Android 2.0，被命名为 Eclair（松饼），采用该名称的还包括 2.0.1/2.1。主要的更新有：优化硬件速度；"Car Home"程序；支持更多的屏幕分辨率；改良的用户界面；新的浏览器的用户接口和支持 HTML5；新的联系人名单；更好的白色/黑色背景比率；改进 Google Maps3.1.2；支持 Microsoft Exchange；支持内置相机闪光灯；支持数码变焦；改进的虚拟键盘；支持蓝牙 2.1；支持动态桌面的设计。

4. Android 2.2

2010 年 5 月 20 日发布称为 Froyo（冻酸奶）的 Android 2.2。主要的更新有：整体性能大幅度的提升；3G 网络共享功能；Flash 的支持；App2sd 功能；全新的软件商店；更多的 Web 应用 API 接口的开发。

5. Android 2.3

Android 2.3 被称为 Gingerbread（姜饼）于 2010 年 12 月 7 日发布。主要的更新有：增加了新的垃圾回收和优化处理事件；原生代码可直接存取输入和感应器事件、EGL/OpenGLES、OpenSL ES；新的管理窗口和生命周期的框架；支持 VP8 和 WebM 视频格式，提供 AAC 和 AMR 宽频编码，提供了新的音频效果器；支持前置摄像头、SIP/VOIP 和 NFC（近场通信）；简化界面、速度提升；更快更直观的文字输入；一键文字选择和复制/粘贴；改进的电源管理系统；新的应用管理方式。

6. Android 3.0

2011 年 2 月 2 日发布了 Android 3.0 Honeycomb（蜂巢）。主要的更新有：优化针对平板；全新设计的 UI 增强网页浏览功能；n-app purchases 功能。

7. Android 3.1

2011 年 5 月 11 日发布 Android 3.1 Honeycomb（蜂巢）。主要的更新有：经过优化的 Gmail 电子邮箱；全面支持 Google Maps；将 Android 手机系统跟平板系统再次合并从而方便开发者；任务管理器可滚动，支持 USB 输入设备（键盘、鼠标等）；支持 Google TV，可以支持 XBOX 360 无线手柄；widget 支持的变化，能更加容易地定制屏幕 widget 插件。

8. Android 3.2

Android 3.2 Honeycomb（蜂巢）于 2011 年 7 月 13 日发布。版本更新有：支持 7 英寸设备；引入了应用显示缩放功能。

9. Android 4.0

Android 4.0 Ice Cream Sandwich（冰激凌三明治）于 2011 年 10 月 19 日在香港发布。

版本主要更新有：全新的 UI；全新的 Chrome Lite 浏览器，有离线阅读，16 标签页，隐身浏览模式等；截图功能；更强大的图片编辑功能；自带照片应用堪比 Instagram，可以加滤镜、加相框，进行 360°全景拍摄，照片还能根据地点来排序；Gmail 加入手势、离线搜索功能，UI 更强大；新功能 People：以联系人照片为核心，界面偏重滑动而非单击，集成了 Twitter、Linkedin、Google+ 等通讯工具。有望支持用户自定义添加第三方服务；新增流量管理工具，可具体查看每个应用产生的流量，限制使用流量，到达设置标准后自动断开网络。

10．Android 4.1

2012 年 6 月 28 日发布 Android 4.1 Jelly Bean（果冻豆）。版本主要更新有：更快、更流畅、更灵敏；特效动画的帧速提高至 60fps，增加了三倍缓冲；增强通知栏；全新搜索；搜索将会带来全新的 UI、智能语音搜索和 Google Now 三项新功能；桌面插件自动调整大小；加强无障碍操作；语言和输入法扩展；新的输入类型和功能；新的连接类型。

11．Android 4.2

Android 4.2 Jelly Bean（果冻豆）发布于 2012 年 10 月 30 日。Android 4.2 沿用"果冻豆"这一名称，以反映这种最新操作系统与 Android 4.1 的相似性，但 Android 4.2 推出了一些重大的新特性，如下所示：

Photo Sphere 全景拍照功能；键盘手势输入功能；改进锁屏功能，包括锁屏状态下支持桌面挂件和直接打开照相功能等；可扩展通知，允许用户直接打开应用；Gmail 邮件可缩放显示；Daydream 屏幕保护程序；用户连点三次可放大整个显示屏，还可用两根手指进行旋转和缩放显示，以及专为盲人用户设计的语音输出和手势模式导航功能等；支持 Miracast 无线显示共享功能；Google Now 现可允许用户使用 Gmail 作为新的数据来源，如改进后的航班追踪功能、酒店和餐厅预订功能以及音乐和电影推荐功能等。

12．Android 4.3

2013 年 7 月 25 日发布了在 4.2 版本基础上的升级版本 Android 4.3。

相比于 Android 4.2，新版系统并未在用户界面上做出过多改变，保持了果冻豆（Jelly Bean）系列统一的 Holo 风格。Android 4.3 虽然没有加入颠覆性的新功能，但实际上在系统内部进行了一系列提升。根据最新的 AOSP 格式更新日志显示，Android 4.3 系统已悄然改进了超过 3.5 万项内容，大大增强了其安全性、易用性和拓展性。

13．Android 4.4

2013 年 9 月 4 日，Google 将下一代 Android 4.4 操作系统命名为 KitKat，它是一种巧克力的商标名称。Google 希望在"KitKat"版 Android 中打造适合每个人的好体验，该版本的 Android 可能会适用于智能手表、游戏机、低成本智能手机甚至包括笔记本。截至本书编写时尚未发布。

1.2.3 Android 特性

智能手机追求智能和速度，新兴的 Android 系统之所以能在激烈的竞争中脱颖而出，得益于它拥有的无可比拟的性能优点。

Android 的主要特性如下：

- ❑ 允许重用和替换组件的应用程序框架。
- ❑ 专门为移动设备优化的 Dalvik 虚拟机。
- ❑ 基于开源引擎 WebKit 的内置浏览器。
- ❑ 自定义的 2D 图形库提供了最佳的图形效果，此外还支持基于 OpenGL ES 1.0 规范的 3D 效果（需要硬件支持）。
- 支持数据结构化存储的 SQLite。
- 支持常见的音频、视频和图片格式（例如 MPEG4、H.264、MP3、AAC、AMR、JPG、PNG、GIF）。
- 支持蓝牙、GSM 电话、EDGE、3G 和 WiFi（需要硬件支持）。
- 支持摄像头、GPS、指南针和加速计（需要硬件支持）。
- 完善的开发环境，包括设备模拟器、调试工具、内存和性能工具、优化工具和 Eclipse 开发插件等。

1.2.4　开放手机联盟

　　Google 在收购 Android 公司之后，经过多年的研发于 2007 年 11 月 5 日发布了 Android 系统的每一个版本。同时 Google 成立了开放手机联盟（Open Handset Alliance，OHA）组织。该组织最初由 34 家手机制造商、软件开发商、电信运营商以及芯片制造商共同组成，后来由 84 家硬件制造商、软件开发商及电信营运商组成。

　　这个联盟将支持 Google 发布的手机操作系统以及应用软件，并与其他平台如苹果、微软、诺基亚、塞班系统和 bada 竞争。

　　Android 在最近几年的火热程序让很多国内外企业看到了 Android 的光明前途。不仅国外的企业加入了开放手机联盟，而且国内的很多企业也加入了该组织的大家庭，例如中国移动、联想、华为、魅族和步步高等。

1.3　Android 系统架构

　　Android 是一个真正意义上的开放性移动开发平台，其不仅包含上层的用户界面和应用程序，还包含底层的操作系统。所有的 Android 应用程序都运行在虚拟机上，程序之间是完整平等的，用户可以随意将第三方软件替换为系统软件。

　　通过对前面内容的介绍，我们对 Android 系统的诞生、发展和版本变化以及特性有了一个初步的了解。本节将对 Android 系统的内部架构进行分析。了解其架构有助于更好地在 Android 平台开放应用。

　　如图 1-3 所示为 Android 系统的架构图，下面将详细介绍各个部分。

1.3.1　应用程序

　　对于普通的用户而言，只能通过具体的应用程序来判断移动平台的优劣。即便一个移动平台具有最华丽的技术，如果不能给用户提供得心应手的应用，也无法抓住用户，赢得市场的认可。

　　Android 系统的应用程序层提供了一系列核心程序，包括 Email 客户端、SMS 程序、日历、地图、浏览器、通讯录等。这部分程序都是使用 Java 语言编写。

　　在这里允许开发人员基于 Android 提供的 SDK（Software Development Kit）编写自己的应用程序或者使用第三方开发的应用程序。一个应用可以是 Java 语言编写的，也可以是用 Java 编写一部分，C 或 C++编写一部分，使用 JNI 调用。例如一个游戏应用程序，为了提高速度，有些处理使用 C 或 C++编写，再用 JNI 调用。所以不要简单地认为所有 Android 应用都一定是用 Java 语言编写的。

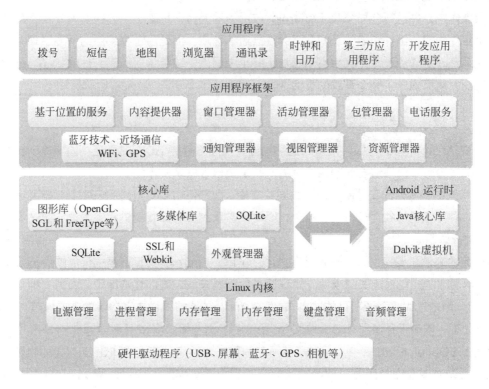

图 1-3　Android 系统的架构图

为了让应用开发者能够绕过框架层，直接使用 Android 系统的特定类库，Android 还提供了 NDK（Native Development Kit），它由 C/C++ 的一些接口构成，开发者可以通过它更高效地调用特定的系统功能。

1.3.2　应用程序框架

应用程序框架层是 Android 系统中最核心的部分，它集中体现了 Android 系统的设计思想。在 Android 之前，有很多基于 Linux 内核打造的移动平台。作为超越前辈的成功范例，框架层的设计正是 Android 脱颖而出的关键所在。

应用程序框架层由多个系统服务（System Service）共同组成，包括组件管理服务、窗口管理服务、地理信息服务、电源管理服务、通话管理服务等。所有服务都寄于系统核心进程（System Core Process）中，在运行时，每个服务都占据一个独立的线程，彼此通过进程间的通信机制（Inter-Process Communication，IPC）发送消息和传输数据。

应用层中的应用时刻都在与这些系统服务打交道。每一次构造窗口、处理用户交互事件、绘制界面、获得当前地理信息、了解设备信息等操作，都是在各个系统服务的支持下实现的。

而对于开发者而言，应用程序框架层最直观的体现就是 SDK，它通过一系列的 Java 功能模块来实现应用所需的功能。SDK 的设计决定了上层应用的开发模式、开发效率及能够实现的功能范畴。因此对于开发者而言，关注 SDK 的变迁是一件很有必要的事情，SDK 每个新版本的诞生，都意味着一些老的接口会被调整或抛弃，另外一些新的接口和功能火热出炉。开发者不但要查看和关注那些被修改的接口来检查应用的兼容性，并采取相应的策略去适应这些变化，更重要的是开发者还要追踪新提供的接口，寻找改进应用的机会，甚至是寻求开发新应用的可能。

从系统设计的角度来看，Android 期望应用程序框架层是所有应用运行的核心，参与到应用层的每一次操作中，并进行全局统筹。Android 应用的最大特征是基于组件的设计方式。每个应用都由若干个组件构成，组件和组件之间并不会建立通信信道，而是通过框架层的系统服务，集中地调度和传递消息。这样的设计方式相当于增加了一个中间层，该层了解所有组件的状况，可以更智能地进行协调，从而提升了整个系统的灵活性。

1.3.3 核心库

每一次 Android 系统升级，能看到的都是应用程序框架层 SDK 的变迁，如增加了新的功能，提供了新的接口等。而在这些新功能的背后，都是由核心库来支撑的。

核心库是由一系列的二进制动态库共同构成的，通常使用 C/C++进行开发。与框架层的系统服务相比，核心库不能够独立运行于线程中，而需要被系统服务加载到进程空间里，通过类库提供的 JNI 接口进行调用。

核心库的来源主要有两种，一种是系统原生类库，Android 为了提高框架层的执行效率，使用 C/C++来实现它的一些性能关键模块。如资源文件管理模块、基础算法库等。而另一种则是第三方类库，大部分都是对优秀开源项目的移植，它们是 Android 能够提供丰富功能的重要保障，如 Android 的多媒体处理，依赖于开源项目 OpenCORE 的支持；浏览器的内核引擎从 Webkit 移植而来；数据库功能使用 SQLite。Android 会为所有移植而来的第三方类库封装一层 JNI 接口，以供框架层调用。

为了帮助游戏和图形图像处理等领域的开发者搭建更高效的应用，Android 将数学函数库、OpenGL 库等核心类库以 NDK 的形式提供给开发者，开发者可以基于 NDK 更高效地构建算法，进行图形图像绘制。

1.3.4 Android 运行时

Android 的运行是由 Java 核心类库和 Java 虚拟机 Dalvik 共同构成。Java 核心类库涵盖了 Android 框架层和应用层所要用到的基础 Java 库，包括 Java 对象库、文件管理库、网络通信库等。

Dalvik 是为 Android 量身打造的 Java 虚拟机，负责动态解析执行应用、分配空间、管理对象生命周期等工作。如果说框架层是整个 Android 的大脑，决定了 Android 应用的设计特征，那么 Dalvik 就是 Android 的心脏，为 Android 的应用提供动力，决定它们的执行效率。

Dalvik 是专门为高端设备而优化设计的，采取了基于寄存器的虚拟机架构设计。虽然基于寄存器的虚拟机对硬件的门槛会更高一些，编译出的应用可能会耗费稍多的存储空间，但它的执行效率更高，更能够发挥高端硬件（主要指处理器）的能力。

Dalvik 应用了新的二进制码格式文件.dex 作为其一次编译的中间文件。在 Android 应用的编译过程中，它首先会生成若干个.class 文件，然后统一转换成一个.dex 文件。在转换过程中，Android 会对部分.class 文件中的指令做转义，使用 Dalvik 特有的指令集 OpCodes 来替换，以提高执行效率。同时.dex 会整合多个.class 文件中的重复信息，并对冗余部分做全局的优化和调整，合并重复的常量定义，以节约常量池耗费的空间。这使得最终得到的.dex 文件通常会比将.class 文件压缩打包得出的.jar 文件更精简。

1.3.5 Linux 内核

Android 基于 Linux 3.7 版本来构建系统服务，包括安全性、内存管理、进程管理、网络协议栈和驱动模型等。Linux 核心在硬件层与软件层之间建立一个抽象层，使得 Android 平台的硬件对开发人员更透明化。

Linux 对 Android 最大的价值，便是其强大的可移植性。Linux 可以运行在各式各样的芯片架构和硬件环境下，而依附于它的 Android 系统，也便有了强大的可移植性。同时，Linux 像一座桥梁，将 Android 的上层实现与底层硬件连接起来，使它们可以不必直接耦合，因此，降低了移植的难度。而硬件抽象层（Hardware Abstract Layer，HAL）是 Android 为厂商定义的一套接口标准，它为框架层提供接口支持，厂商需要根据定义的接口实现相应功能。

1.4 搭建 Android 开发环境

经过前面几节内容的介绍，相信读者一定了解了 Android 系统的来龙去脉、系统架构及其各个层的作用。本节我们将详细介绍如何在本地计算机上搭建 Android 系统的开发环境。

本节介绍的是基于 Windows 平台的 Android 开发环境的搭建过程，使用的是主流的开发工具，其中包括 JDK、Eclipse 及 ADT 插件和 Android SDK。

1.4.1 安装 JDK

Eclipse 的运行需要依赖 JDK（Java Development Kits），Android 应用开发大部分也是基于 Java 语言开发的，因此都需要安装 JDK。

由于 Sun Microsystems 公司在 2010 年被 Oracle（甲骨文）公司收购，所以要到 Oracle 官方网站（http://www.oracle.com/technetwork/java/index.html）下载最新版本的JDK。其下载和安装整个过程的主要步骤如下所示。

【练习1】

（1）打开 Oracle 官方网站，单击右上角的 Software Downloads 栏目下的 J2SE，进入到新的界面，单击 Java Platform（JDK）7u11 上的图标进入新的界面，单击单选按钮 Accept License Agreement，然后单击超链接 jdk-7u11-windows-i586.exe 进入下载界面，将文件下载到硬盘的某个位置。

（2）安装 JDK 1.7，双击 jdk-7u10-windows-i586，弹出安装对话框，如图 1-4 所示。

（3）单击【下一步】按钮，进入自定义安装对话框，如图 1-5 所示。图中显示有 3 个可选功能，分别是开发工具、源代码、公共 jre，默认为全选。

图 1-4　JDK 安装图 1

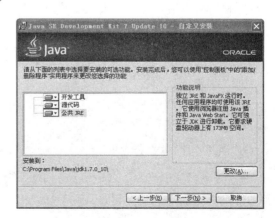

图 1-5　JDK 安装图 2

（4）JDK 的默认安装路径是 C:\Program File\Java\jre6\，如果不想更改安装路径可以直接单击【下一步】按钮。如果想要更改安装路径，单击【更改】按钮进行路径更改，更改完成后单击【下一步】按钮，JDK 开始安装。直到出现图 1-6 说明软件安装成功，单击【关闭】按钮完成安装。

（5）安装完成后，会在 C:\Program File\Java\jre6\的目录下产生一个名为 jdk1.7.0_10 的文件夹，文件夹中的内容如图 1-7 所示。

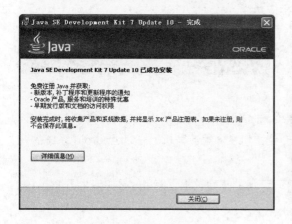

图 1-6　JDK 安装图 3

图 1-7　JDK 安装目录

从图 1-7 中发现，JDK 的目录下包含很多的文件夹和其他的文件，如下对几个重要的目录进行了介绍。

- **bin 目录**　提供 JDK 工具程序，包括 javac、javadoc、appletviewer 等可执行程序。
- **demo 目录**　为 Java 使用者提供了一些已经编写好的范例程序。
- **include 目录**　存放用于本地方法的文件。
- **jre 目录**　存放 Java 运行环境文件。
- **lib 目录**　存放 Java 的类库文件。
- **src.zip**　Java 提供的 API 类的源代码压缩文件，这个文档中包含 API 中某些功能的具体实现。

1.4.2　配置环境变量

在以往介绍 JDK 环境变量配置的书中，往往要求配置 Classpath 和 Path，Classpath 用于指定 JDK 指定工具程序所在的位置。Classpath 是 Java 程序运行所特需的环境变量，用于指定运行的 Java 程序所需的类的加载路径。但是随着 JDK 版本的不断升级，针对本书介绍的版本只需要配置一个 Path 变量就可以了。

设置 Path 变量的两种形式，下面分别介绍它们。

1．使用命令行设置 Path 变量

【练习 2】

打开命令行窗口，输入如下命令。

```
set path=%path%;C:\Program Files\Java\jdk1.7.0_10\bin
```

在上述的代码中，后面 C:\Program Files\Java\jdk1.7.0_10\bin 是 JDK 的安装目录，读者可以根据自己的安装情况来另行设置。设置好 Path 之后，可以在任何目录下执行 Java 命令，如图 1-8 所示。

图 1-8 使用命令行设置 Path

2. 使用图形界面设置 Path 变量

使用界面方式设置 Path 的步骤如下所示。

【练习 3】

首先右击【我的电脑】选择【属性】命令，在弹出的窗口中选择【高级】选项卡，如图 1-9 所示。接着单击下方的【环境变量】按钮，弹出如图 1-10 所示的界面。

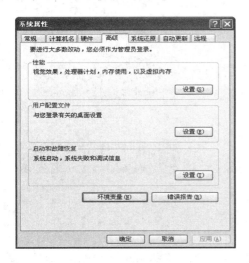

图 1-9 系统属性图

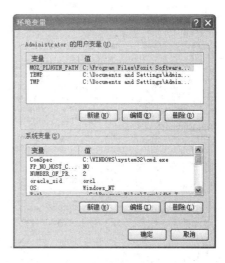

图 1-10 环境变量图

接着单击环境变量下方的【新建】按钮，弹出"编辑系统变量"对话框，在变量值一栏的输入框中输入".;C:\Program Files\Java\jdk1.7.0_10\bin"，如图 1-11 所示。

图 1-11 编辑系统变量

1.4.3　安装 ADT

Eclipse 是最受欢迎的 Java 开发工具，同时也是一个开源的平台。Eclipse 之所以备受开发人员青睐，是因为它能够安装插件扩展其功能。从官方网站下载 Eclipse 只能开发最基础的 Java 工程，不能做其他的开发，而如果安装各种插件后它就几乎什么都可以做了。Eclipse 的插件很多，可用于 JavaEE、C 和 C++开发、Android 开发等。这里的 ADT（Android Development Tools）其实就是 Eclipse 上的 Android 开发插件。

目前有两种安装 ADT 插件的方法。第一种是首先在 http://www.eclipse.org 下载最新版本的 Eclipse。下载完成后直接解压即可使用，然后打开 Eclipse 通过远程来安装 ADT 插件，当然也可以在本地安装。第二种是采用 Google 为开发人员准备的集成 ADT 插件的 Eclipse 安装包。第二种方式下载后直接解压即可使用，无须再安装和配置 ADT 插件。下面介绍这种方式的安装过程，如下所示。

【练习 4】

在浏览器中输入 http://developer.android.com/sdk/index.html 地址，在打开的页面中单击 Download the SDK 链接，如图 1-12 所示。

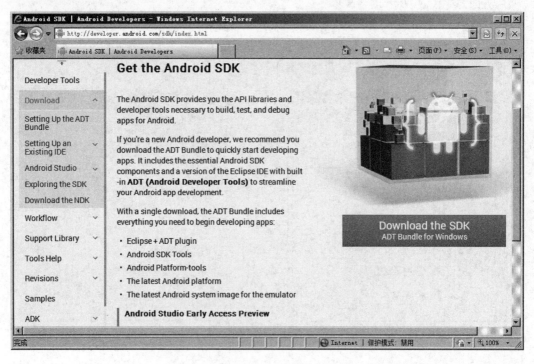

图 1-12　下载页面

在下载的页面中同时显示了该安装包包含的组件，如 Eclipse 工具、ADT 插件、Android SDK 工具和 Android Platform 工具等。

单击链接将打开下载安装协议页面，启用底部的复选框，再根据当前系统选择应用的平台，这里为 32-bit。最后单击【Download the SDK ADT Bundle for Windows】按钮开始下载，如图 1-13 所示。

在弹出的下载对话框中单击【保存】按钮下载到本地硬盘，然后解压下载的文件，之后会看到一个 eclipse 目录、一个 sdk 目录及一个 SDK Manager 程序，如图 1-14 所示。

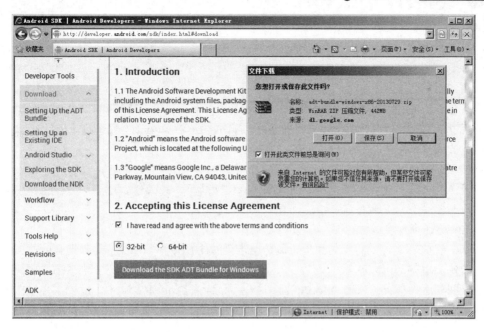

图 1-13 选择平台及开始下载

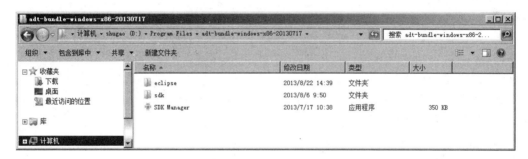

图 1-14 解压后的目录内容

进入 Eclipse 目录双击 eclipse.exe 即可启动 Android 应用程序开发工具——ADT，可以将该图标的快捷方式发送至桌面，方便以后使用。启动之后在菜单中选择 Help | About ADT 可以查看当前 ADT 的版本及说明信息，如图 1-15 所示。

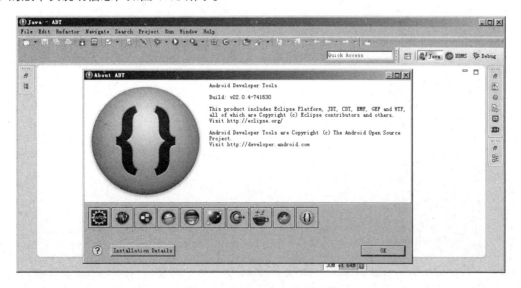

图 1-15 "About ADT" 对话框

1.4.4 安装 Android SDK

Android SDK（Software Development Kit，软件开发包）包含了开发、测试和调试 Android 应用程序所需的所有东西。其中主要部分如下：

（1）Android API

SDK 的核心是 Android API 库，它向开发人员提供了对 Android 栈进行访问的方法。Google 也使用相同的库来开发原生 Android 应用程序。

（2）开发工具

为了让 Android 源代码变成可执行的 Android 应用程序，SDK 提供了多个开发工具供编译和调试应用程序时使用。第 2 章将详细讲述开发工具的相关内容。

（3）Android 虚拟设备管理器和模拟器

Android 模拟器是一个完全交互式的移动设备模拟器，并有多个皮肤可供选择。模拟器运行在模拟设备硬件配置的 Android 虚拟设备中。通过使用模拟器，可以了解应用程序在实际的 Android 设备上的外观和运行情况。所有 Android 应用程序都运行在 Dalvik VM 中，所以软件模拟器是一个非常好的开发环境。事实上，由于它的硬件无关性，提供了比任何单一的硬件实现都更好的独立测试环境。

（4）完整的文档

SDK 中包含了大量代码级的参考信息，详细地说明了每个包和类中都包含什么内容以及如何使用它们。除了代码文档之外，Android 的参考文档和开发指南还解释了如何开始进行开发，并详细地解释了 Android 开发背后的基本原理，此外还强调了最佳开发实践，并深入阐述了关于框架的主题。

（5）示例代码

Android SDK 包含了一些示例代码集，它们解释了使用 Android 的某些可能性，以及一些用来强调如何使用每一个 API 功能的简单程序。

【练习 5】

安装 Android SDK 的方法是在图 1-14 所示的目录中运行 SDK Manager 程序。程序将自动检测当前安装的版本情况，以及是否有更新的 SDK 版本可供下载，完成后进入 SDK 的管理器窗口，如图 1-16 所示。

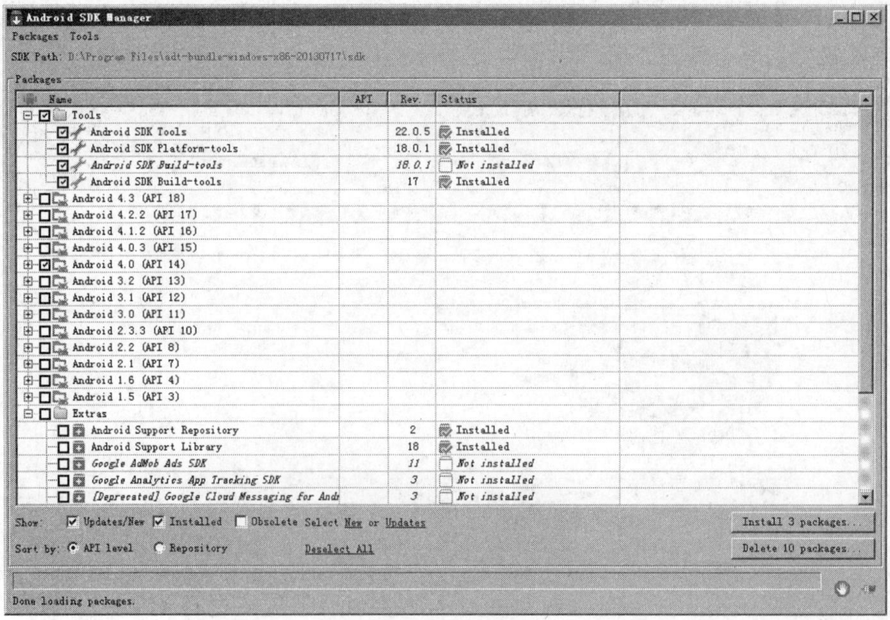

图 1-16 SDK 管理器

> **提示**
> 可以启用 ADT 后选择 Window | Android SDK Manager 命令打开 SDK 管理器。

在这里罗列了所有 Android 的 SDK 版本、Android 开发的工具以及扩展包。启用相应版本前面的复选框,也可以展开节点选择具体某一项,最后单击右下角的【Install】按钮打开 Choose Packages to Install 对话框,如图 1-17 所示。

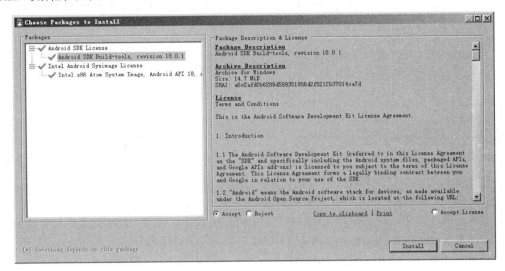

图 1-17　Choose Packages to Install 对话框

在这里可以阅读每个安装软件包的许可协议,单击 Accept License 单选按钮可以批量同意所有协议。然后单击【Install】按钮开始在本地安装指定的 SDK 版本,本书中使用的是 Android 4.0 SDK 即 API 14。

> **技巧**
> 安装过程非常缓慢,将 "74.125.237.1 dl-ssl.google.com" 添加到 Windows 系统的 hosts 文件中可以加快更新速度。hosts 文件位于 C:\windows\System32\drivers\etc 目录。

1.5 模拟器

使用 Android SDK 开发 Android 应用程序时经常需要进行测试,Android 为开发人员提供了可以在计算机上运行的虚拟 Android 设备模拟器(Android Virtual Device、AVD)。开发人员不必使用物理设备就可以开发、测试 Android 应用程序。

1.5.1 模拟器简介

除了不能拨打真实电话,Android 模拟器可以模拟真实设备的所有硬件和软件特性。它提供了多种导航和控制键,开发人员通过单击鼠标或者按键盘为应用程序生成事件。它还提供了一个屏幕来显示开发的应用程序以及其他正在运行的 Android 应用。

为了简化模拟和测试应用程序,模拟器使用 Android 虚拟设备(AVD)配置。AVD 允许用户设置模拟手机的特定硬件属性(例如 RAM 大小),并且允许用户创建多个配置以在不同的 Android 平台和硬件组合下进行测试。一旦应用程序在模拟器上运行,它可以使用 Android 平台的服务来启动其他应用、访问网络、播放声音和视频、存储和检索数据、通知用户以及渲染图形渐变和主题。

模拟器也包含多种调试功能,例如记录内核输出的控制台、模拟应用中断(例如收到短信或电话）和模拟数字通道的延迟及丢失。

在当前版本中，模拟器有如下限制。

- 不支持拨打或接听真实电话，但是可以使用模拟器控制台模拟电话呼叫。
- 不支持 USB 连接。
- 不支持相机/视频采集（输入）。
- 不支持设备连接耳机。
- 不支持确定连接状态。
- 不支持确定电量水平和交流充电状态。
- 不支持确定 SD 卡插入/弹出。
- 不支持蓝牙。

1.5.2 创建模拟器

Android 虚拟设备是模拟器的一种配置。开发人员通过定义需要的硬件和软件选项来使用 Android 模拟器模拟真实的设备。

一个 Android 虚拟设备由以下部分组成。

- **硬件配置** 定义虚拟设备的硬件特性。例如，开发人员可以定义该设备是否包含摄像头、是否使用物理键盘和拨号键盘、内存大小等。
- **映射的系统镜像** 开发人员可以定义虚拟设备运行的 Android 平台版本。
- **其他选项** 开发人员可以指定需要使用的模拟器皮肤，控制屏幕尺寸、外观等。此外，还可以指定 Android 虚拟设备使用的 SD 卡。
- **专用存储区域** 用于存储当前设备的用户数据（安装的应用程序、设置等）和模拟 SD 卡。

【练习6】

假设要创建一个模拟器可以使用如下步骤。

（1）启动 Eclipse，执行 Window | Android Virtual Device Manager 命令打开模拟器管理器界面。

（2）在图 1-18 所示管理界面的 Android Virtual Devices 选项卡下显示了可用的所有模拟器，当前为空，因为还没有创建。

（3）单击【New】按钮在弹出的对话框中设置模拟器的名称、设备类型、模拟器采用的 SDK 版本、键盘类型、设备皮肤、是否使用摄像头、内存大小及 SD 卡的大小等，如图 1-19 所示。

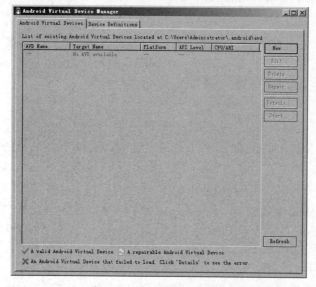

图 1-18 模拟器管理界面

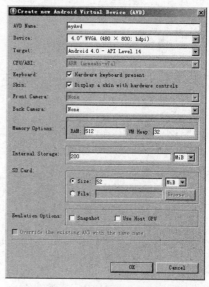

图 1-19 新建模拟器

（4）设置完成后单击【OK】按钮关闭该对话框。此时新建的模拟器名称将出现在图 1-18 所示的列表中。

打开如图 1-18 所示的 Device Definitions 选项卡，在这里列出了默认提供的 Android 设备类型，如图 1-20 所示。单击【New Device】按钮可以在图 1-21 所示的对话框中新建一个 Android 设备。

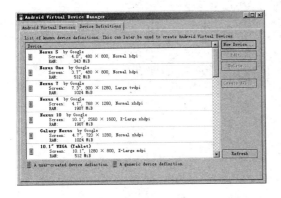

图 1-20　可用 Android 设备列表

图 1-21　新建 Android 设备

1.5.3　启动模拟器

启动 Android 模拟器时，有三种常见方式，如下所示：
- 使用 emulator 命令
- 使用 Eclipse 运行 Android 程序
- 使用 AVD 管理工具

emulator 命令将在第 3 章中介绍，而现在还没有创建一个 Android 程序，所以这里介绍使用 AVD 管理工具启动模拟器的方法。

【练习 7】

在图 1-18 所示的列表中选中要启动的模拟器，再单击【Start】按钮打开启动选项对话框，如图 1-22 所示。直接单击【Launch】按钮确认运行，会出现如图 1-23 所示的模拟器加载进度。

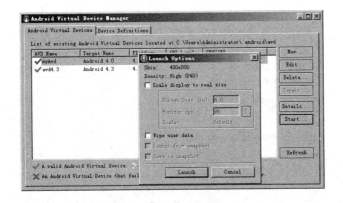

图 1-22　启动模拟器

图 1-23　加载模拟器

待模拟器加载完成之后会弹出一个显示有模拟器名称的窗口。稍待片刻，如果看到如图 1-24 所示的欢迎界面，说明 Android 系统启动成功。

根据屏幕提示单击【OK】按钮进入 Android 模拟器的操作界面，右侧显示为一些物理按键。

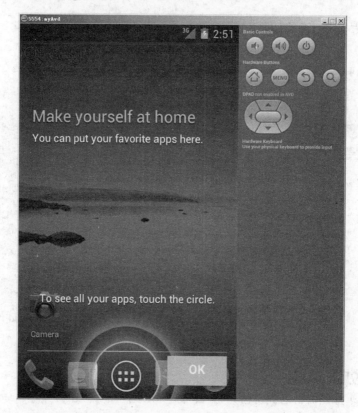

图 1-24　模拟器欢迎界面

> **提示**
> 如果需要停止模拟器，只需要将模拟器窗口关闭即可。

1.5.4　控制模拟器

当模拟器运行时，用户可以像使用真实移动设备那样使用模拟移动设备。不同的是需要使用鼠标来"触摸"触摸屏，使用键盘来"按下"按键。

模拟器按键与键盘按键的对应关系如表 1-1 所示。

表 1-1　模拟器按键与键盘按键映射

模拟器按键	键盘按键
Home	Home 键
Menu	Page Up 键或者 F2 键
Start	Page Down 键或者 Shift+F2 键
Back	ESC 键
电话拨号	F3 键
电话挂断	F4 键
查询	F5 键
锁屏幕	F7 键
音量放大	+键（台式机数字键盘）或者 Ctrl+F5 键（笔记本）
音量缩小	-键（台式机数字键盘）或者 Ctrl+F6 键（笔记本）
全屏幕切换	Alt+Enter 键
轨迹球模式	F6 键
横竖屏切换	7 键（台式机数字键盘）或者 Ctrl+F11 键（笔记本）
	9 键（台式机数字键盘）或者 Ctrl+F12 键（笔记本）

【练习8】

在如图 1-24 所示的模拟器中单击 按钮，进入 Android 系统的菜单选择界面。单击 Browser 图标打开浏览器，默认会显示 Google 的主页。从数字键盘上按下 7 键（或者 Ctrl+F11 键）将模拟器切换到横屏显示，如图 1-25 所示。

图 1-25　横屏显示的模拟器

1.6　实例应用：熟悉 Android 系统

1.6.1　实例目标

前面详细介绍了搭建 Android 开发环境的过程，以及使用 Android 模拟器的方法。我们知道，在 Android 模拟器中是一个真实的 Android 系统，因此熟悉它的基本使用对以后 Android 应用程序的开发将起到很大帮助。

本次实例主要针对 Android 系统进行如下操作。

（1）将模拟器的语言修改为汉语。

（2）更改时区。

（3）更改背景图片。

1.6.2　技术分析

使用模拟器之前首先要正确配置开发环境，即安装 ADT，这一点可以参考 1.4 小节。另外还需要创建一个自定义的模拟器实例，并指定名称和使用 Android SDK 版本。

根据计算机配置的不同，模拟器的启动需要花费一点时间。启动之后便可以使用鼠标和键盘操作模拟器中的 Android 系统。

1.6.3　实现步骤

（1）在启动模拟器后，默认情况下使用的是英语。为了方便不熟悉英语的用户使用，首先将语言设置为简体中文。在模拟器右侧单击 MENU 按钮。

（2）从屏幕上弹出的菜单中选择 System settings 菜单项，如图 1-26 所示。

（3）在进入的子菜单设置界面中向上滚动屏幕，选择 Language & input 菜单项，如图 1-27

所示。

（4）在进入的语言和输入设置界面中单击 Language 选项，如图 1-28 所示。

图 1-26　选择系统设置

图 1-27　选择语言和输入法

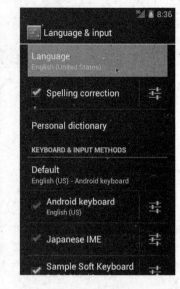
图 1-28　选择语言

（5）从弹出的语言列表中选择"中文（简体）"选项完成设置，如图 1-29 所示。此时，Android 模拟器设置界面如图 1-30 所示。

（6）下面更改 Android 模拟器显示的时区，从图 1-30 所示的设置界面中选择"日期和时间"菜单项。

（7）在进入的界面中禁用"自动确定时区"复选框，再单击【选择时区】选项，如图 1-31 所示。

图 1-29　选择中文

图 1-30　更改后的中文界面

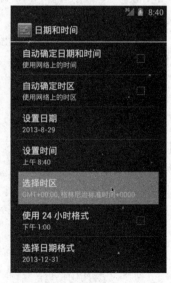
图 1-31　选择时区

（8）从打开的时区列表中选择【中国标准时间（北京）】选项，如图 1-32 所示。

（9）完成时区选择后，时间会与本地计算机上的时间同步，再启用"使用 24 小时格式"复选框，如图 1-33 所示。

（10）接下来为 Android 模拟器更改背景壁纸，在图 1-34 所示设置界面中选择"显示"菜单项。

图 1-32　选择一个时区　　　　图 1-33　选择使用 24 小时格式　　　　图 1-34　选择壁纸

（11）在进入的界面中选择"壁纸"菜单项，如图 1-35 所示。

（12）在进入的图 1-36 所示界面中选择一个图片，使用键盘上的方向键可以切换不同的背景图片，并会显示当前选中图片的背景预览效果。

（13）最后单击【设置壁纸】按钮完成设置，如图 1-37 所示为更改壁纸之后的界面。

图 1-35　选择壁纸　　　　图 1-36　选择壁纸图片　　　　图 1-37　更改壁纸后的界面

1.7 拓展训练

拓展训练 1：使用 Eclipse 安装 ADT 和汉化

在 1.4.3 小节介绍过安装 ADT 有两种方式，前面介绍了使用集成方式安装。本次练习要求读者先安装 Eclipse，然后再手动安装 ADT，最后进行汉化 Eclipse 操作。步骤如下所示：

（1）从 http://www.eclipse.org 下载最新版的 Eclipse 程序。

（2）打开 Eclipse 程序，选择 Help | Install New Software 命令打开安装新插件窗口。

（3）在窗口输入 https://dl-ssl.google.com/android/eclipse/地址来安装 ADT 插件，如图 1-38 所示。

（4）选择 Developer Tools 节点下的所有包，再单击【Next】按钮进行安装。

（5）同样在该对话框中输入 http://archive.eclipse.org/technology/babel/update-site/ R0.9.0/indigo/地址可以安装 Eclipse 的汉化插件，如图 1-39 所示。

图 1-38　安装 ADT 插件　　　　　　　　　　图 1-39　安装汉化插件

拓展训练 2：操作 Android 系统

本次练习要求读者完成以下对 Android 系统的操作。

（1）新建一个名为 avd4.0，使用 Android 4.0 的模拟器。

（2）启动模拟器更改系统为中文界面。

（3）更改系统中的音乐、铃声和闹钟的声音大小。

（4）查看系统中存储空间的使用情况。

（5）查看当前正在运行的程序，以及系统中安装的程序。

（6）在横屏显示模式下运行浏览器程序，搜索与 Android 有关的网页。

1.8 课后练习

一、填空题

1. Google 于_____宣布基于其开源手机操作系统的名称为 Android。

2. 假设要自己编写一个游戏程序，那它属于 Android 系统架构中的_____层。

3. _____层是 Android 系统中最核心的部分。

4. _____是 Android 运行时的 Java 虚拟机。

5. 在 Android 模拟器中按下_____键可以锁定屏幕。

二、选择题

1. 下列不属于手机操作系统的是_____。

　　A．Symbian　　　　　　B．Windows Mobile　　　　C．Palm　　　　　　D．Red Hat

2. 下列不属于 Android 系统特点的是_____。
   A. 平台开发放性　　　　B. 互联网特性　　　　　　C. 应用程序之间沟通无界限
   D. 硬件的要求比较低，支持 C++、VB 和 J2ME 等多种语言
3. 下列不属于 Android 系统架构中组成部分的是_____。
   A. 公共类型库　　　　　B. 应用程序框架　　　　　C. Linux 内核　　　　　D. Android 运行时
4. 安装好 JDK 后，还需要将它的 bin 目录添加到_____环境变量中。
   A. lib　　　　　　　　　B. path　　　　　　　　　C. java_home　　　　　D. classpath
5. Android SDK 中包含如下_____内容。
   A. Android API　　　　　B. 硬件管理
   C. 开发工具　　　　　　D. Android 虚拟设备管理器
6. 如下操作在 Android 模拟器中受限制的是_____。
   A. 访问网络　　　　　　B. USB 连接　　　　　　　C. 播放声音　　　　　　D. 通知用户

三、简答题

1. 目前市场上有哪些主流手机操作系统，它们的特点是什么？
2. 简述 Android 系统的诞生及其特点。
3. 罗列三种以上 Android 系统的版本名称。
4. 说明 Android 与开放手机联盟的关系。
5. 简述 Android 系统架构的组成部分。
6. 简述 Android 运行时在 Android 系统架构中的作用。
7. 罗列搭建 Android 开发环境需要的软件。
8. 简述模拟器对 Android 应用程序开发的作用。

第 2 课
创建第一个 Android 程序

本书第一课已经对 Android 的开发环境配置完毕,但并不清楚所配置的开发环境是否可以开发 Android 应用程序。为了解除这个疑虑,也为了使读者对开发 Android 应用程序的步骤有一个初步的了解,在本课将向读者展示一个完整 Android 应用程序的开发过程。

本课的第一个 Android 程序并不复杂,但仍然需要编写少量代码。可能有的读者第一次接触 Android,对于 Android 的编程思想和架构不了解。可以随着对本书内容的深入了解,所有问题都将迎刃而解。

本课学习目标:
- 掌握 Android 项目的创建和配置
- 熟悉 Android 项目的目录结构
- 了解 AndroidManifest.xml 文件
- 掌握 Android 程序界面设计的方法
- 掌握代码编写和运行程序的方法
- 掌握调试 Android 程序的方法
- 熟悉对 Android 程序的签名
- 理解 Android 应用程序的各个生命周期
- 了解 Android 系统核心组件的作用

2.1 创建一个问候程序

在很多书中常常会使用类似 Hello World 的简单程序作为开篇的第一个例子，本课也不例外。

2.1.1 创建项目

在开发 Android 程序之前，首先需要创建一个 Android 项目。一个项目包含了程序所用到的所有资源，这一点与开发 Java 程序相同。具体步骤如下：

【练习 1】

（1）启动 ADT，从 File 菜单中选择 New | Android Application Project 菜单项创建一个 Android 应用程序项目，如图 2-1 所示。

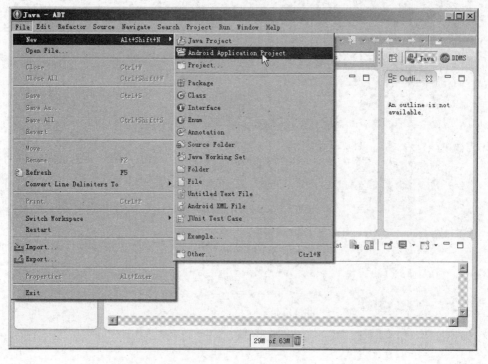

图 2-1　选择 Android Application Project 菜单项

（2）执行之后打开 New Android Application 窗口。在 Application Name 中输入 Android 程序的名称 "HelloAndroid"，下面的 Project Name 和 Package Name 会自动显示推荐的项目名称和包名称，当然也可以自己修改。

（3）在窗口中有 4 个下拉列表，它们的含义如下所示。

❑ **Minimum Required SDK**　选择运行此 Android 程序所需的最低 API 版本。
❑ **Target SDK**　选择运行此 Android 程序的目标 API 版本。
❑ **Compile With**　选择编译 Android 程序时使用的 API 版本。
❑ **Theme**　选择 Android 程序使用的主题。

将所有版本都设置为 "API 14：Android 4.0（IceCreamSandwich）"，使用默认主题，最终界面如图 2-2 所示。

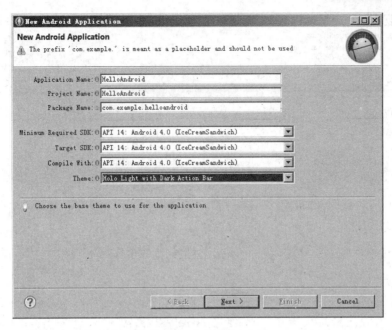

图 2-2　创建 Android 项目

（4）单击 Next 按钮，在打开的图 2-3 所示界面对项目进行配置。

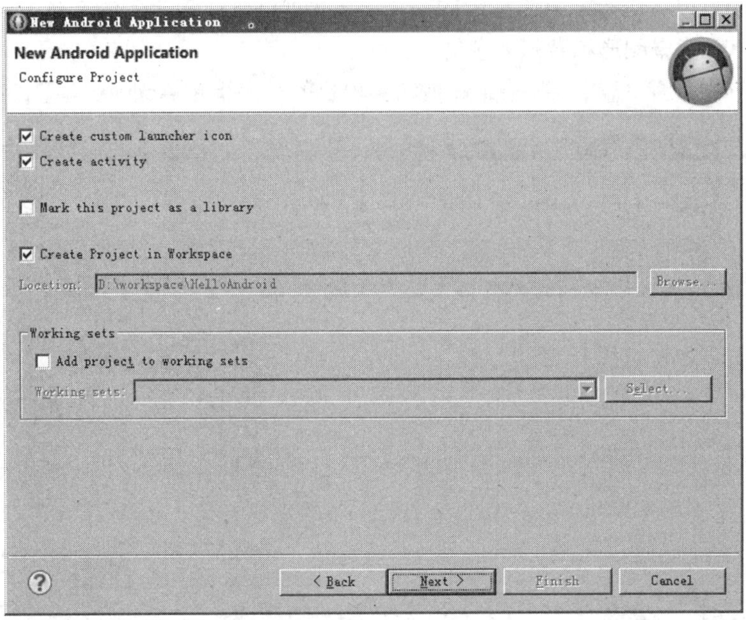

图 2-3　配置 Android 项目

图 2-3 中各个选项框的含义如下所示。

- **Create custom launcher icon**　启用此项表示为项目指定一个应用程序图标。
- **Create activity**　启用此项表示为项目创建默认的布局。
- **Make this project as a library**　启用此项表示将项目作为库项目，一般为禁用。
- **Create project in Workspace**　启用此项表示将项目添加到当前的工作区域中。
- **Add project to working sets**　启用此项表示将项目添加到指定的工作集中，一般为禁用。

（5）单击 Next 按钮，在进入的界面中对项目图标进行配置，如图 2-4 所示。

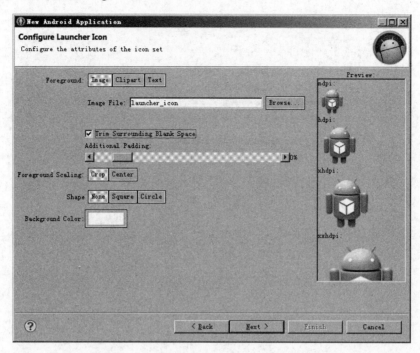

图 2-4 配置程序图标

在这一步骤中可以将图标配置为指定的图片、艺术剪贴画或者指定的文本。同时可以更改各种不同的分辨率大小、背景图形和背景颜色等。

（6）所有选项采用默认值，单击 Next 按钮为项目的程序指定 Activity 类型，如图 2-5 所示。

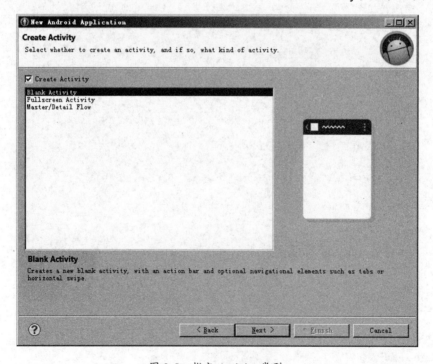

图 2-5 指定 Activity 类型

这里的三种类型分别是：Blank Activity（空白布局）、Fullscreen Activity（全屏布局）和 Master/Detail Flow（带明细的布局）。

（7）选择 Blank Activity 类型，再单击 Next 按钮对该类型的布局进行配置，如图 2-6 所示。

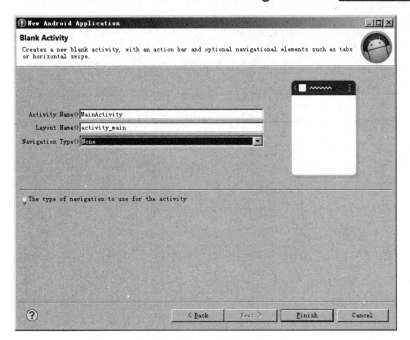

图 2-6 配置 Activity

在 Activity Name 文本中可以更改 Activity 布局名称，Layout Name 文本框中可以更改 Activity 布局使用的文件名称，Navigation Type 下拉列表中可以更改导航方式。

（8）同样所有选项保持默认值，单击 Finish 按钮完成项目的创建。

（9）此时 ADT 会根据用户对 Android 项目的配置，在指定目录复制核心文件和准备布局。如图 2-7 所示为创建完成后的最终界面，也是 Android 程序开发的主界面。

图 2-7 创建完成后的 Android 项目

2.1.2 项目目录结构

在上一小节已经完成 Android 项目的创建。本节将针对新项目的目录结构进行介绍，为之后的应用程序开发做好准备。如图 2-8 所示为 Android 项目 HelloAndroid 的目录结构图。

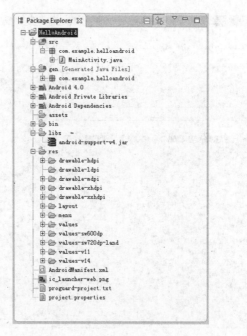

图 2-8　目录结构

下面对图 2-8 所示的 Android 项目中的重要目录和文件进行介绍。

（1）Src 目录

Src 目录用于存放当前项目中的源代码文件，其内容结构会根据读者所声明的包进行自动组织。Src 是进行 Android 程序开发最常用的目录，大部分时间是对该目录下的源代码文件进行编写。

例如，在图 2-8 所示的 HelloAndroid 项目中，包含了一个 com.exapmle.hello.android 包，该包包含一个名为 MainActivity.java 的文件。MainActivity.java 的内容如下所示。

```java
package com.example.helloandroid;

import android.os.Bundle;
import android.app.Activity;
import android.view.Menu;

public class MainActivity extends Activity {

    @Override
    protected void onCreate(Bundle savedInstanceState) {
        super.onCreate(savedInstanceState);
        setContentView(R.layout.activity_main);
    }

    @Override
    public boolean onCreateOptionsMenu(Menu menu) {
        // Inflate the menu; this adds items to the action bar if it is present.
        getMenuInflater().inflate(R.menu.main, menu);
        return true;
    }
```

}

（2）.gen 目录

此目录下的文件是由 ADT 工具自动生成的，并不需要用户手动地进行维护。.gen 目录下包含了一个名为 R.java 的文件，该文件相当于项目的字典，项目中用到的界面、字符串、图片和声音等资源都会在该类中创建一个唯一的 ID。当使用这些资源时，会通过该类得到资源的引用。

R.java 的内容如下所示：

```java
package com.example.helloandroid;

public final class R {
    public static final class attr {
    }
    public static final class dimen {
        public static final int activity_horizontal_margin=0x7f040000;
        public static final int activity_vertical_margin=0x7f040001;
    }
    public static final class drawable {
        public static final int ic_launcher=0x7f020000;
    }
    public static final class id {
        public static final int action_settings=0x7f080000;
    }
    public static final class layout {
        public static final int activity_main=0x7f030000;
    }
    public static final class menu {
        public static final int main=0x7f070000;
    }
    public static final class string {
        public static final int action_settings=0x7f050001;
        public static final int app_name=0x7f050000;
        public static final int hello_world=0x7f050002;
    }
    public static final class style {
        public static final int AppBaseTheme=0x7f060000;
        public static final int AppTheme=0x7f060001;
    }
}
```

（3）Android 4.0 目录

Android 4.0 目录中保存的是项目所使用 Android SDK 的 JAR 包，同时包含了打包时需要的 Meta-inf 目录。

（4）Android Dependencies 目录

Android Dependencies 目录是从 ADT 16 开始新增的一种第三方库的引用方式。当用户需要引用第三方库时，只需要在项目中新建一个名为 libs 的目录，然后将所有第三方包复制到该目录下。

ADT 启动时就自动完成对库的引用,而不需要像以前一样手动进行 Build Path,也不需要 Referenced Libraries 了。

(5) Assets 目录

Assets 目录用于保存原始资源文件,其中的文件会编译到 APK 中,并且原文件名会被保留。可以使用 URI 来定位该目录中的文件,然后使用 AssetManager 类以流的方式来读取文件的内容。通常用于保存文本、游戏数据等内容。

(6) Res 目录

Res 目录用于存放当前 Android 项目经常用到的资源文件,如图片、声音、布局文件以及参数描述文件等。此目录下有很多子目录,其中以 drawable 开始的目录用于存放图片资源;layout 目录用于存放程序的布局文件;raw 目录用于存放声音文件;vaues 目录则用于存放所有 XML 格式的资源描述文件,如字符串资源描述文件 strings.xml、样式描述文件 style.xml、尺寸描述文件 dimens.xml 和数组描述文件 arrays.xml 等。

在本项目中 layout 目录下 activity_main.xml 文件的内容如下所示。

```xml
<RelativeLayout xmlns:android="http://schemas.android.com/apk/res/android"
    xmlns:tools="http://schemas.android.com/tools"
    android:layout_width="match_parent"
    android:layout_height="match_parent"
    android:paddingBottom="@dimen/activity_vertical_margin"
    android:paddingLeft="@dimen/activity_horizontal_margin"
    android:paddingRight="@dimen/activity_horizontal_margin"
    android:paddingTop="@dimen/activity_vertical_margin"
    tools:context=".MainActivity" >
    <TextView
        android:layout_width="wrap_content"
        android:layout_height="wrap_content"
        android:text="@string/hello_world" />
</RelativeLayout>
```

values 目录下 strings.xml 文件的内容如下所示:

```xml
<?xml version="1.0" encoding="utf-8"?>
<resources>
    <string name="app_name">HelloAndroid</string>
    <string name="action_settings">Settings</string>
    <string name="hello_world">Hello world!</string>
</resources>
```

> **提示**
> 读者可以将 R.java 文件与 Res 目录中的内容进行对比,就可以了解两者之间的关系。例如,R.java 文件中的内部类 string 对应 strings.xml 文件。

(7) AndroidManifest.xml 文件

AndroidManifest.xml 文件是 Android 应用程序的系统配置文件,其详细内容在下一节中介绍。

(8) Project.properties 文件

Project.properties 文件为项目的配置文件，不需要用户手动维护，系统会自动进行管理，其中主要描述了项目的版本等信息。

2.1.3 AndroidManifest.xml 文件结构

在每个 Android 项目中都必须包含 AndroidManifest.xml 文件，该文件也是 Android 程序的核心文件。

AndroidManifest.xml 文件包含了程序的如下几个方面的内容。

（1）应用程序兼容的最低版本。

（2）声明应用程序所需的链接库。

（3）应用程序自身应该具有权限的声明。

（4）应用程序的包名，该名称将作为应用程序的唯一标识符。

（5）应用程序所包含的组件信息，像 Activity、Service 和 ContentProvider 等。

（6）其他程序访问此程序时应该具有的权限。

AndroidManifest.xml 位于项目的根目录下，如下所示为 HelloAndroid 项目中该文件的内容。

```xml
01  <?xml version="1.0" encoding="utf-8"?>
02  <manifest xmlns:android="http://schemas.android.com/apk/res/android"
03      package="com.example.helloandroid"
04      android:versionCode="1"
05      android:versionName="1.0" >
06      <uses-sdk
07          android:minSdkVersion="14"
08          android:targetSdkVersion="14" />
09      <application
10          android:allowBackup="true"
11          android:icon="@drawable/ic_launcher"
12          android:label="@string/app_name"
13          android:theme="@style/AppTheme" >
14          <activity
15              android:name="com.example.helloandroid.MainActivity"
16              android:label="@string/app_name" >
17              <intent-filter>
18                  <action android:name="android.intent.action.MAIN" />
19                  <category android:name="android.intent.category.LAUNCHER" />
20              </intent-filter>
21          </activity>
22      </application>
23  </manifest>
```

为了更加清晰地查看该文件，上面对内容添加了行号。下面对文件中的重要内容进行解释。

（1）第 3 行 package 属性指定应用程序所使用的包名为 com.example.helloandroid。

（2）第 6 行 uses-sdk 标记用于指定程序使用 SDK 版本的情况，其中 android:minSdkVersion 属性指最低版本，android:targetSdkVersion 属性指目标版本。此处都为 14，对应于 Android 4.0。

（3）第 9 行 application 标记指定了程序的图标以及显示的名称和主题。

（4）第 14~21 行说明程序当前包含一个 Activity，而且名称为 com.example.helloandroid.MainActivity。

（5）第 17~20 行指定 Activity 使用的 IntentFilter 类型及行为名。

AndroidManifest.xml 文件的内容非常多，以至于无法一一罗列。除了上面默认生成的内容之外，还可以包含 Service 标记、BroadcastReceiver 标记和 ContentProvider 标记等。

2.2 设计程序界面

在上一小节已经创建了一个空白的 Android 项目，并对项目的组成部分有了简单了解。本节将讲解如何为程序设计界面，主要包括 3 种方式：使用 XML 标记、使用代码和使用混合方式。

2.2.1 使用 XML 标记设计

创建一个 Android 项目之后，ADT 就会自动为项目生成一个简单的界面。如图 2-9 所示为 Graphics 视图下的界面效果。

图 2-9　Graphics 视图界面效果

Graphics 视图是以"所见即所得"的设计模式来使用组件布局界面。在左侧的 Palette 窗格下为读者提供了各种分类的界面设计控件，例如表单类控件、布局类控件、时间和过渡控件等。

在设计界面时，首先需要从 Palette 窗格中找出一些相应的控件，拖放到主编辑区中进行布局和设计，然后再对各个控件进行相应的调整。

ADT 提供了设置控件属性的选项卡——Outline。在 Outline 左侧会按照所有控件之间的包容关系，以树状菜单形式显示出来。当选择一个具体的控件时，就可以在属性面板中设计该控件的各种属性，从而改变当前组件的显示内容和具体样式。如图 2-10 所示为 txtView1 控件的属性设置。

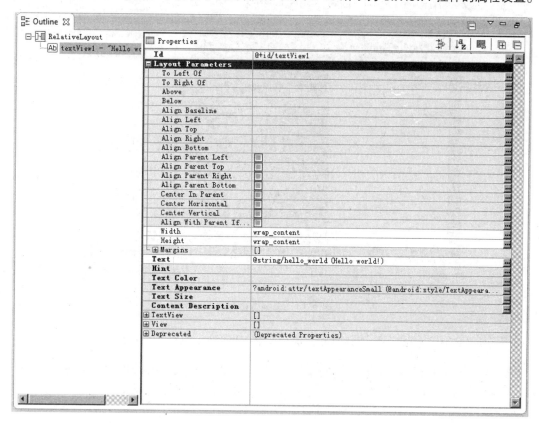

图 2-10 设计属性

除了图形化界面设计的 Graphics 视图，还可以单击底部的 activity_main.xml 标签进入源代码开发视图，如图 2-11 所示。

```xml
<RelativeLayout xmlns:android="http://schemas.android.com/apk/res/android"
    xmlns:tools="http://schemas.android.com/tools"
    android:layout_width="match_parent"
    android:layout_height="match_parent"
    android:paddingBottom="@dimen/activity_vertical_margin"
    android:paddingLeft="@dimen/activity_horizontal_margin"
    android:paddingRight="@dimen/activity_horizontal_margin"
    android:paddingTop="@dimen/activity_vertical_margin"
    tools:context=".MainActivity" >

    <TextView
        android:id="@+id/textView1"
        android:layout_width="wrap_content"
        android:layout_height="wrap_content"
        android:text="@string/hello_world" />

</RelativeLayout>
```

图 2-11 源代码视图

如图 2-12 所示为本实例的最终界面。从 Outline 选项卡下可以看到，当前界面共包含 5 个控件，分别是 3 个 TextView 控件、1 个 Button 控件和 1 个 EditText 控件。

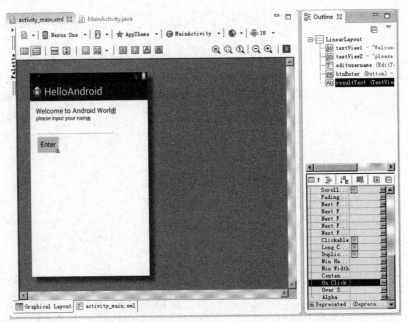

图 2-12 实例最终界面

如下所示为在图形模式下设计界面后，执行图 2-12 的命令最终生成的源代码。

```xml
<LinearLayout xmlns:android="http://schemas.android.com/apk/res/android"
    xmlns:tools="http://schemas.android.com/tools"
    android:layout_width="match_parent"
    android:layout_height="match_parent"
    android:paddingBottom="@dimen/activity_vertical_margin"
    android:paddingLeft="@dimen/activity_horizontal_margin"
    android:paddingRight="@dimen/activity_horizontal_margin"
    android:paddingTop="@dimen/activity_vertical_margin"
    android:orientation="vertical"
    tools:context=".MainActivity" >

    <TextView
        android:id="@+id/textView1"
        android:layout_width="wrap_content"
        android:layout_height="wrap_content"
        android:text="Welcome to Android World!"
        android:textSize="18sp" />

    <TextView
        android:id="@+id/textView2"
        android:layout_width="wrap_content"
        android:layout_height="wrap_content"
        android:text="please input your name:" />
    <EditText
        android:id="@+id/editusername"
        android:layout_width="wrap_content"
        android:layout_height="wrap_content"
        android:ems="10"
```

```xml
            android:inputType="text"  />

    <Button
        android:id="@+id/btnEnter"
        android:layout_width="wrap_content"
        android:layout_height="wrap_content"
        android:text="Enter" />
    <TextView
        android:id="@+id/resultText"
        android:layout_width="wrap_content"
        android:layout_height="wrap_content" />
</LinearLayout>
```

可以看到，我们在图形视图下对界面的设计、添加和修改操作最终都将生成相应的 XML 标记和属性。这种方式的优点是可以将界面的设计代码和逻辑控制的 Java 控件分离，使程序的结构更加清晰。

使用这种方式需要以下两个关键步骤。

（1）在 Android 应用的 res\layout 目录下编写 XML 布局文件，可以采用任何符合 Java 命名规则的文件名。创建后，在 R.java 中会自动收录该布局文件中的资源。

（2）在 Activity 中使用如下 Java 代码显示 XML 文件中布局的内容。

```
setContentView(R.layout.main);
```

这里的 main 表示 XML 布局文件的文件名。

2.2.2 使用代码设计

除了使用 XML 标记设计界面，Android 还支持如 Java Swing 一样完全通过代码来设计界面，也就是所有界面显示的控件都需要使用 new 进行创建，然后将这些控件添加到布局管理器，最终实现程序界面。

使用这种方式需要如下三个关键步骤。

（1）创建布局管理器，可以是任何一种布局类型，如表格布局、线性布局、相对布局和帧布局等，然后设置布局管理器的属性，如对齐方式、背景图片和宽高等。

（2）创建具体的控件，可以是任何一种支持的类型，如 TextView、Button、EditText 和 ImageView 等，然后为控件设置布局和显示属性，如字体大小、显示的文本和 ID 等。

（3）将创建的控件添加到布局管理器中。

【练习2】

例如，使用 Java 代码的方式实现与图 2-12 相同的界面，步骤如下。

（1）在 Android 项目中打开 src\com.example.helloandroid 目录下的 MainActivity.java 文件。

（2）在文件中找到 onCreate()方法，然后将默认生成的下面一行语句删除。

```
setContentView(R.layout.activity_main);
```

（3）上面一句删除之后将不会使用 XML 文件中的布局。因此需要创建自己的布局管理器，这里使用线性布局管理器，代码如下。

```
LinearLayout linearLayout=new LinearLayout(this);    //创建线性布局管理器
linearLayout.setOrientation(1);
```

```
setContentView(linearLayout);                    //将管理器添加到界面
```

LinearLayout 是线性布局管理器的实例类，在第 4 课将详细介绍。

（4）创建一个 TextView 控件 txtView1 用于显示标题，并设置文字大小，代码如下。

```
TextView txtView1=new TextView(this);
txtView1.setText("Welcome to Android World!");
txtView1.setTextSize(TypedValue.COMPLEX_UNIT_SP,18);
linearLayout.addView(txtView1);
```

（5）创建一个 TextView 控件 txtView2 用于显示一段文本，代码如下。

```
TextView txtView2=new TextView(this);
txtView2.setText("please input your name:");
linearLayout.addView(txtView2);
```

（6）创建一个 EditText 控件用于让用户输入内容，代码如下。

```
edituser=new EditText(this);
linearLayout.addView(edituser);
```

（7）创建一个 Button 控件用于单击进行提交，代码如下。

```
Button btnEenter=new Button(this);
btnEenter.setText("Enter");
linearLayout.addView(btnEenter);
```

（8）最后创建一个 TextView 控件 txtResult 用于显示结果，代码如下。

```
txtResult=new TextView(this);
txtResult.setText("");
linearLayout.addView(txtResult);
```

（9）以上代码都是在 onCreate()方法中编写的。在该方法的上方添加如下两行代码，完成界面的设计。

```
private EditText edituser;
private TextView txtResult;
```

2.2.3 使用混合方式设计

使用 XML 标记方式布局程序界面，这种方法比较方便快捷，但是有失灵活，而完全通过 Java 代码控制程序界面虽然比较灵活，但是开发过程比较烦琐。鉴于这两种方法的优缺点，ADT 还允许另一种方式控制程序布局，即使用 XML 标记和 Java 代码的混合方式。

在使用这种方式控制时，习惯上把变化小、行为比较固定的控件放在 XML 标记中进行实现，而把变化较多，行为控制比较复杂的组件交给 Java 来管理。

2.3 编写代码

通过上一节的步骤已经完成了对第一个 Android 程序的界面进行设计。为了实现与用户交互、业务逻辑或者更加复杂的界面效果，这些都需要编写代码。

【练习3】

在 Android 项目中打开 src\com.example.helloandroid 目录下的 MainActivity.java 文件。根据设计界面时采用方式的不同，实现代码也略有不同，下面分别介绍。

1. 为 XML 标记方式界面编写代码

这种方式是简单也是使用最多的。首先需要获取布局上 XML 标记的控件，再为按钮添加监听事件，然后在事件处理函数中实现功能。

将下列代码添加到 onCreate()方法内，如下所示。

```
final Button btnEnter=(Button)findViewById(R.id.btnEnter);   //获取布局上的按钮
final EditText edituser=(EditText)findViewById(R.id.editusername);
                                                //获取布局上的输入框
final TextView txtResult=(TextView)findViewById(R.id.resultText);
                                                //获取布局上的结果显示标记

btnEnter.setOnClickListener(new View.OnClickListener() {   //监听按钮的单击事件
    @Override
    public void onClick(View v) {
        SimpleDateFormat sdf=new SimpleDateFormat("yyyy-MM-dd");
        String user=edituser.getText().toString();
        txtResult.setText("Hello "+user+"!\n"
          +"Now date is "+sdf.format(new Date()));
    }
});
```

2. 为 Java 代码方式界面编写代码

由于界面上的控件也是使用 Java 代码来编写的，所以采用这种方式相对来说要简单一些（因为不用去获取布局上的控件）。

同样将下列代码添加到 onCreate()方法内，如下所示。

```
btnEenter.setOnClickListener(new View.OnClickListener() {   //监听按钮的单击事件
    @Override
    public void onClick(View v) {
        SimpleDateFormat sdf=new SimpleDateFormat("yyyy-MM-dd");
        String user=edituser.getText().toString();
        txtResult.setText("Hello "+user+"!\n"
          +"Now date is "+sdf.format(new Date()));
    }
});
```

通过对比可以发现，实例的核心代码是对按钮单击事件的监听，即用户单击按钮后的处理方式。

2.4 运行程序

第一个 Android 程序从项目的创建，到设计布局和编写代码全部完成，接下来运行该程序进行测试。方法是右击项目名称 HelloAndroid，选择 Run As | Android Application 命令启动 Android 模拟器，也可以单击工具栏上的按钮 ▶ 。

Android 模拟器的启动过程比较慢，启动完成之后会将我们的程序进行编译和发布到 Android 模拟器内。所有工作都完毕之后会进入程序界面，如图 2-13 所示。输入用户名，单击 Enter 按钮运行效果如图 2-14 所示。

图 2-13　运行界面　　　　　　　　图 2-14　结果显示界面

2.5　调试程序

如果程序编译时出现错误，就需要修改程序，有时还需要对程序进行调试。ADT 中强大的调试工具可以帮助用户隔离代码中的错误，建立最佳的应用程序。

2.5.1　设置断点

断点是一个信号，通知调试器在某个特定点上暂时将程序执行挂起。当执行在某个断点处挂起时，程序处于中断模式。进入中断模式并不会终止或者结束程序的执行，执行可以在任何时候继续。

中断模式可以看作一种超时，所有元素（例如，函数、变量和对象）都保留在内存中，但它们的移动和活动被挂起。在中断模式下，可以检查它们的位置和状态，以查看是否存在冲突或者 bug。在中断模式下，用户可以对程序进行调整。例如，可以更改变量的值，可以移动执行点等，但是这样会改变执行恢复后将要执行的下一条语句。

【练习 4】

调试的第一步是添加断点，方法是单击代码编辑器上语句所在的行号。如图 2-15 所示为第 52 行代码添加断点。

如果程序中存在一个或者多个断点，就可以在 Breakpoints 面板中查看和操作程序中所有的断点，如图 2-16 所示。

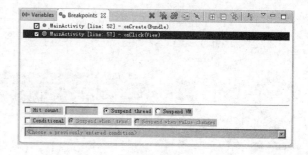

图 2-15　添加断点　　　　　　　　图 2-16　Breakpoints 面板

设置断点后，要调试程序必须以调试模式运行程序。方法是右击项目名称 HelloAndroid，选择

Debug As|Android Application 命令启动 Android 模拟器，也可以单击工具栏上的按钮 。当程序执行到设置断点的位置时，会停止执行而挂起程序，进入中断模式，如图 2-17 所示。

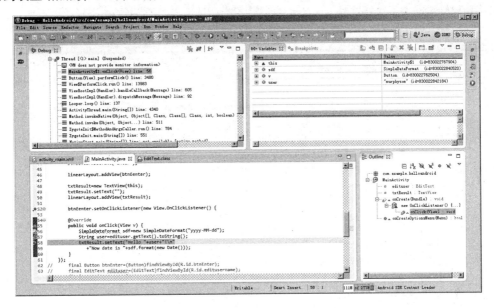

图 2-17　执行断点

在中断模式下会使用到一些新的面板，例如 Debug 和 Variables 面板。

- **Debug 面板**　显示当前文件的执行进度和状态。
- **Variables 面板**　显示当前已执行程序中的所有变量的值。

确认断点前面的程序段没有错误后，单击 Debug 面板工具栏按钮 执行下一句代码，单击按钮 返回执行上一句代码，单击按钮 继续执行程序，单击按钮 停止执行程序。

2.5.2　DDMS

DDMS（Dalvik Debug Monitor Service），主要功能是监控 Android 应用程序的运行并输出日志，同时还可以模拟电话的拨打和接听、模拟短信的接收和地址位置等。借助于 DDMS，开发人员可以对 Android 应用程序进行调试和测试，大大降低程序的开发成本。

打开 DDMS 的方法是在 ADT 中选择 Window|Open Perspective|DDMS 命令，此时将进入 DDMS 的工作视图。在 DDMS 视图中将会看到很多面板，用于调试、监视和查看 Android 系统的运行状态，以下将进行详细介绍。

1．Devices 面板

在 Devices 面板中可以看到与 DDMS 连接的设备终端信息以及设备终端上运行的应用程序。如图 2-18 所示为 Devices 面板运行效果，工具栏上各个图标按钮的作用描述如下所示。

- 　调试进程
- 　更新堆栈
- 　转存 HPROF 文件
- 　执行垃圾回收
- 　更新线程
- 　启动开发方法执行分布图
- 　停止进程
- 　屏幕截图

2. Threads 面板

从 Devices 面板中列出的应用程序列表中选择一项，再单击按钮 即可在 Threads 面板中查看该应用调用线程的信息。Threads 面板运行效果如图 2-19 所示，单击 Refresh 按钮可以实时刷新。

图 2-18　Devices 面板　　　　　　　　　图 2-19　Threads 面板

3. File Explorer 面板

File Explorer 面板是一个文件浏览器，用于管理 DDMS 连接 Android 设备上的文件，如图 2-20 所示。单击面板上的按钮 可以将 Android 设备上的文件复制到本地，而单击按钮 则可以将本地文件上传到 Android 设备，单击按钮 可以删除文件，单击按钮 可以创建目录。

4. Emulator Control 面板

Emulator Control（设备控制）面板用于管理 Android 设备上的硬件，如图 2-21 所示。它可以模拟只有真实 Android 设备才具有的电话拨打和接听、短信的收送和地理位置功能。

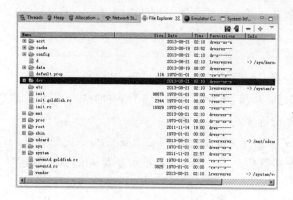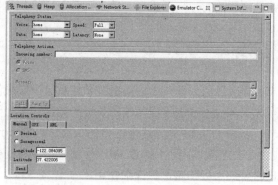

图 2-20　File Explorer 面板　　　　　　图 2-21　Emulator Control 面板

5. LogCat 面板

LogCat 面板是 DDMS 视图中最常用的面板，也是 Android 应用程序开发和调试中作用最大的面板，运行效果如图 2-22 所示。

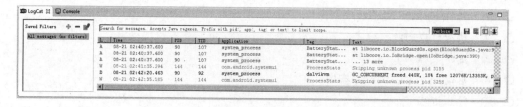

图 2-22　LogCat 面板

LogCat 面板中显示了应用程序的六类运行信息，分别是调试信息（debug）、警告信息（warn）、错误信息（error）、普通信息、冗余信息（verbose）和中断信息（assert），并且不同类型的信息具有不同的显示颜色，方便开发人员观察。在右上角的下拉列表中可以对显示信息的类型进行筛选。

2.5.3 手动方式

我们知道在 LogCat 面板显示了 Android 应用程序的各种信息，如果希望添加自定义的输出到 LogCat 面板就需要手动添加了。

手动方式除了使用传统的 System.out.println()方法之外，还可以使用 android.util 包下的 Log 类，该类可以将信息以日志的形式输出到 LogCat 面板。

Log 类包含了如下方法输出信息。

```
Log.v(String tag,String msg)        //输出冗余类型信息
Log.d(String tag,String msg)        //输出调试类型信息
Log.i(String tag,String msg)        //输出普通类型信息
Log.w(String tag,String msg)        //输出警告类型信息
Log.e(String tag,String msg)        //输出错误类型信息
```

以上方法中的 tag 参数是一个日志标签，可以用于过滤信息；msg 参数表示要输出的日志信息。

【练习 5】

例如，打开本课的 Android 项目 HelloAndroid，在按钮的单击事件 onClick()方法中调用 Log 类输出自定义的调试信息。如下所示为修改后的 onClick()方法。

```
@Override
public void onClick(View v) {
    String tag="HelloAndroid";
    SimpleDateFormat sdf=new SimpleDateFormat("yyyy-MM-dd");
    Log.d(tag, "当前日期是: "+new Date());                    //输出调试信息
    Log.d(tag,"格式化后的日期是: "+sdf.format(new Date()));
    Log.d(tag, "用户输入的名字为: "+edituser.getText().toString());
    String user=edituser.getText().toString();
    txtResult.setText("Hello "+user+"!\n" +"Now date is "+sdf.format(new Date()));
}
```

上述代码调用 Log 类的 d()方法向 LogCat 面板输出调试信息。再次运行项目，然后输入内容后单击按钮，此时会在 LogCat 面板看到输出效果，如图 2-23 所示。

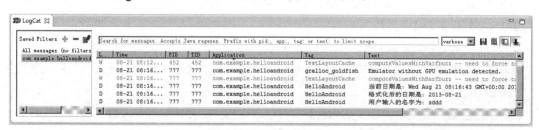

图 2-23　输出自定义调试信息

如图 2-23 所示，虽然可以调用 Log 类的方法输出日志信息，但是由于系统信息与自定义信息

混合在一起，一旦信息量大时将很难找到自定义的信息。这时可以对信息进行过滤，使面板中仅显示自定义的信息。方法是在 LogCat 面板中单击按钮 ➕ 打开日志的过滤器设置对话框，如图 2-24 所示。

在 Filter Name 中输入一个过滤器名称，然后指定是按标签、日志信息、PID、应用程序名称或者类型进行过滤。这里希望只显示标签为"HelloAndroid"的信息。最后单击 OK 按钮完成设置，此时将会仅显示符合条件的日志信息，如图 2-25 所示。

图 2-24　设置过滤器

图 2-25　过滤后的效果

2.6　签名程序

要使 Android 程序在真实的 Android 设备上运行，必须对程序 APK 文件进行签名。APK 是 Android Package 的缩写，它可以直接运行在 Android 系统上，类似 Windows 系统下的 EXE 文件。可以使用命令行和借用 ADT 工具对 APK 文件进行签名，下面详细介绍这两种方法。

2.6.1　使用命令行

使用命令行对 APK 进行签名需要使用两个命令行工具：keytool.exe 和 jarsigner.exe。其中 keytool 用于生成一个 Android 程序使用的密钥文件（Private Key）。Jarsigner 根据该密钥文件对 Android 程序进行打包并设置签名。

keytool 工具的语法如下：

```
keytool -genkey -v -keystore androidguy-release.keystore -alias androidguy
-keyalg RSA -validity 3000
```

其中各个参数的说明如下所示。

❏ androidguy-realse.keystore 表示要生成的密钥文件名，可以是任意合法的文件名。
❏ androidguy 表示密钥的别名，在签名时会用到。
❏ RSA 表示密钥使用的算法。
❏ 3000 表示签名的有效时间，以天数为单位。

进入命令行输入按照上述格式执行的 keytool 命令，此时要求用户输入一系列与密钥有关的信息，如图 2-26 所示。

在密钥信息输入完成后，按下 Enter 键会自动创建指定的密钥文件并设置签名信息。成功后会出现图 2-27 所示的界面，提示已经创建密钥文件到当前目录中。

下面使用 jarsigner 命令对 apk 文件进行签名。首先需要在 Android 项目的 bin 目录下将程序的 APK 文件复制到与密钥文件相同的目录中。

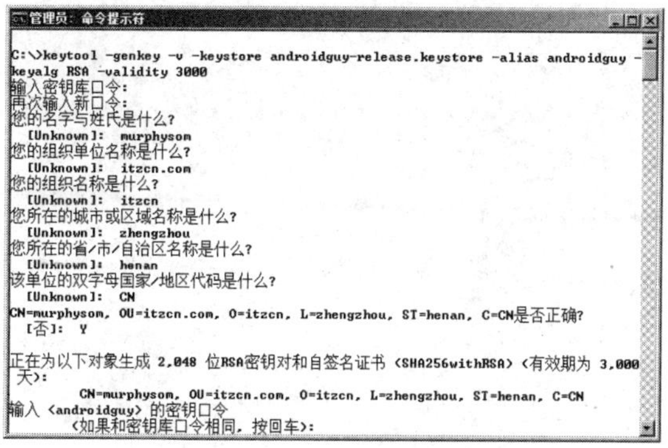

第 2 课 创建第一个 Android 程序

图 2-26 输入密钥信息 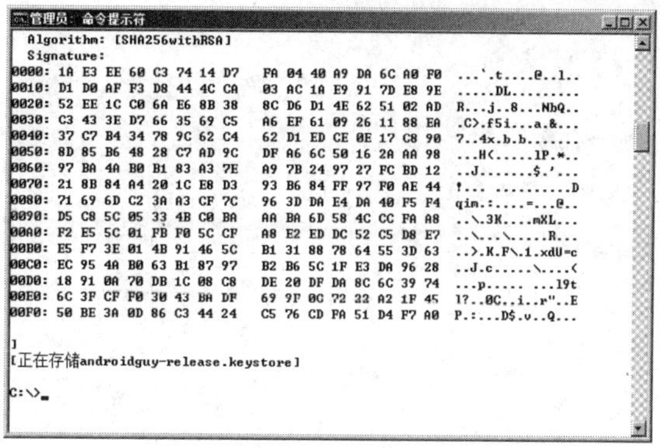　　　　　图 2-27 生成密钥文件

在本例中，将 HelloAndroid 项目\bin 目录下的 HelloAndroid.apk 文件复制到 C 盘根目录下，然后使用如下命令进行签名。

```
jarsigner -verbose -keystore androidguy-release.keystore helloandroid.apk androidguy
```

命令将指定的密钥文件 androidguy-release.keystore 对 Android 程序的 APK 文件 helloandroid.apk 进行签名。执行后还需要输入密钥的密码，成功后的输出如图 2-28 所示。经过签名后的 APK 文件会比之前时略大一些。

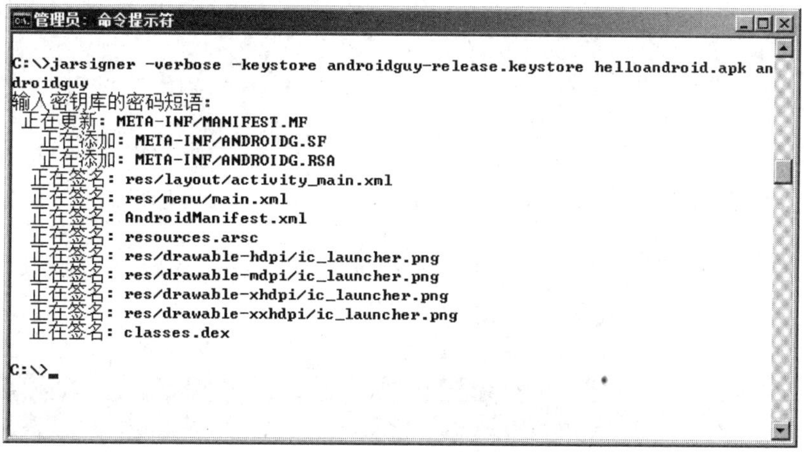

图 2-28 对 APK 进行签名

2.6.2 使用 ADT 工具

使用命令进行签名不仅需要手动复制文件，还要熟记各个命令参数，非常烦琐。为此，ADT 工具提供一个图形化向导进行签名。向导的打开方法是在 ADT 中右击项目名称选择 Android Tools | Export Signed Application Package 命令，具体步骤如下。

（1）在打开的窗口中输入要签名的项目名称，如图 2-29 所示。

（2）单击 Next 按钮选择 Create new keystore 选项来创建一个新的密钥文件，并指定密钥文件的名称和输入密码，如图 2-30 所示。

（3）单击 Next 按钮在进入的界面中输入密钥和签名信息，如图 2-31 所示。

（4）单击 Next 按钮指定生成后 APK 文件的名称和位置，如图 2-32 所示。

47

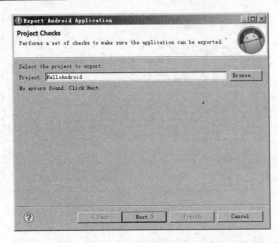
图 2-29 选择项目

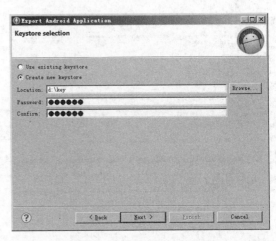
图 2-30 指定密钥文件和密码

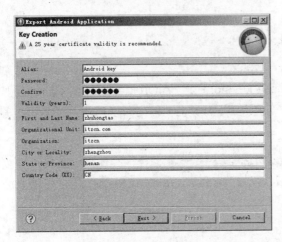
图 2-31 指定密钥和签名信息

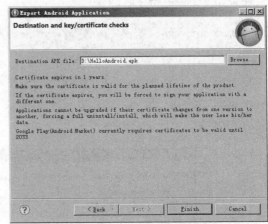
图 2-32 指定要生成的 APK 文件

（5）最后单击 Finish 按钮完成设置。打开目标位置会看到除了生成了 APK 文件之外，还包括一个密钥文件。该密钥文件在以后签名程序时可以继续使用。

2.7 Android 应用程序生命周期

Android 应用程序的生命周期由系统根据用户需求、可用资源等进行严格管理。例如，用户可能希望启动 Web 浏览器，但是启动该程序最终由系统决定。尽管系统是最终的决定者，但它会遵循一些既定和逻辑上的原则来确定是否可以加载、暂停或者停止应用程序。如果用户正在操作一个应用程序，系统将为该程序提供较高的优先级。相反，如果一个程序不可见，并且系统决定必须关闭一些程序来释放资源，它会关闭优先级较低的程序。

应用程序生命周期的概念是逻辑上的，但是 Android 应用程序的某些特性会使用户的处理方式变得复杂。具体来讲，Android 应用程序层次结构是面向组件和集成的。这支持实现用户体验、流畅重用和轻松的应用程序集成，但却为应用程序生命周期管理器带来了不便。

Android 系统将所有进程大致分为五个分类进行管理，下面分别介绍它们。

1. 前台进程

所谓前台进程，是指用户当前正在运行的进程，说明该进程正在与系统进行交互，所以该进程为最重要的进程。除非系统的内存已经到无法维持自身运行的情况，否则系统是不会中止该类进程的。

2. 可见进程

可见进程通常是显示在屏幕中，但是用户并没有直接与之进行交互。例如，某个应用程序运行时，根据用户的操作正在显示某个对话框，此时对话框后面的进程便为可见进程。可见进程对用户来说同样是非常重要的，除非为了保证前台进程的正常运行，否则系统是不会中止该类进程的。

3. 服务进程

服务进程是指拥有 Service 的进程，该进程会在后台为用户提供服务。例如音乐播放器的播放、后台的任务管理等。一般情况下，系统是不会将其中断的，除非系统的内存已经达到崩溃的边缘，必须通过释放该类进程才能保证前台进程的正常运行，才可能中止。

4. 后台进程

后台进程一般对用户的作用不大，缺少该进程并不会影响用户对系统的体验。所以如果系统需要中止某个进程才能保证系统正常运行，那么会有非常大的机率将该进程中止。

5. 空进程

空进程是对用户没有任何作用的进程，该进程一般是为缓存机制服务的。当系统需要释放资源时，首先会将该类进程中止。

一个应用程序在运行时，其状态的切换可能是自身实现的，也可能是由系统将其改变的。如图 2-33 所示了这几种进程状态的重要性。

图 2-33　进程类型重要性

> **提示**
> 生命周期对 Android 应用程序及其组件很重要。只有理解和处理好生命周期事件，才能构建稳定的应用程序。运行 Android 应用程序及其组件的进程会经历各种生命周期，Android 提供了回调，通过实现它可以处理状态变化。

2.8　Android 核心组件简介

编写 Android 程序时不可能只包含一个组件，一般是由两个甚至更多组件组成的。本节将对 Android 系统中的核心组件进行简单介绍，使读者了解 Android 应用程序的特性及工作机制。

2.8.1　Activity 简介

Activity 组件是 Android 应用程序中最常用的组件之一，属于应用程序的表示层。Activity 组件一般通过 View 来实现应用程序的界面，相当于一个屏幕，用户与程序的交互是通过该类实现的。

例如，用户通过电话与某人通话，需要打开一封电子邮件回答一个问题。具体实现步骤是他需要转到主界面打开邮件应用程序，再打开电子邮件，单击邮件中的链接，然后从一个网页中读取信息来回答他朋友的问题。在这个场景中需要四个应用程序，主页应用程序、通知应用程序、电子邮件应用程序和浏览器应用程序。当用户从一个应用程序转到另一个时，他的体验是流畅的。然而，Android 系统会在后台保存和恢复应用程序的状态。例如，当用户单击电子邮件中的链接时，系统在启动浏览器应用程序 Activity 来加载一个 URL 之前，会保存正在运行的电子邮件数据。实际上，Android 系统在启动任何一个 Activity 之前都会保存另一个 Activity 中的数据，以便它能够返回该 Activity（例如当用户取消操作时）。如果内存不足，系统将必须关闭一个运行 Activity 进程并在必要时恢复它。

Activity 组件提供了七个回调方法来维持生命周期中的三个重要状态，状态之间的切换和生命周期如图 2-34 所示。

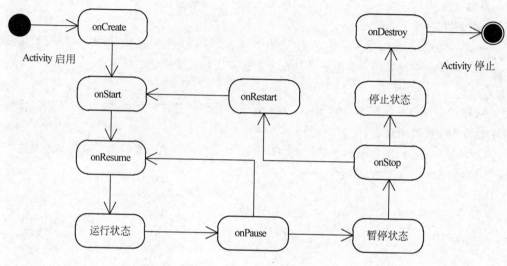

图 2-34 Activity 生命周期

下面对 Activity 的三种状态进行简单介绍，回调方法将在介绍 Activity 组件时详细介绍。

（1）运行状态

处于运行状态的 Activity 组件拥有输入焦点，且正在与用户进行交互。该状态的 Activity 可以为用户提供信息并接收用户的事件响应。

（2）暂停状态

处于暂停状态的 Activity 组件会失去焦点，同时被运行状态的其他 Activity 代替。如果当前运行的 Activity 不是全屏的，可以看见暂停的 Activity。

（3）停止状态

处于停止状态的 Activity 组件没有输入焦点，且是不可见的，系统随时会将其释放。

2.8.2 BroadcastReceiver 简介

BroadcastReceiver 是为用户提供接收广播通知的组件。当系统或者某个应用程序需要发送广播时，可以使用该组件来接收广播并做出相应处理。

使用 BroadcastReceiver 发送广播的过程如下所示。

（1）首先需要将广播消息封装后添加到一个 Intent 对象中。

（2）然后通过调用 Context 对象的 sendBroadcast()、sendOrderedBroadcast() 或者 sendStickyBroadcast() 方法将 Intent 对象广播出去。

（3）通过 IntentFilter 对象来过滤所发送的 Intent 对象。

（4）实现一个重写了 onReceive()方法的 BroadcastReceiver 对象来接收广播。

> **提示**
> 三个发送方法的不同之处是使用 sendBroadcast()或者 sendStickyBroadcast()方法发送广播，所有满足条件的接收者会随机执行。而使用 sendOrderedBroadcast()方法发送的广播会根据 IntentFilter 中设置的优先级顺序来执行。

注册一个 BroadcastReceiver 对象有两种方式，一种是在 AndroidManifest.xml 中声明，另一种是在 Java 代码中设置，下面分别介绍。

（1）在 AndroidManifest.xml 文件中进行声明时，将注册的信息包含在 receiver 标记中，并通过 intent-filter 标记来设置过滤条件。

（2）在 Java 代码中设置时，首先需要创建 IntentFilter 对象，并为 IntentFilter 对象设置过滤条件。再通过调用 Context.registerReceiver()方法来注册监听，然后通过 Context.unregisterReceiver()方法来取消监听。这种方法的缺点是当 Context 对象被销毁时，该 BroadcastReceiver 也就随之释放了。

2.8.3 ContentProvider 简介

ContentProvider 是用来实现应用程序之间数据共享的组件。当需要进行数据共享时，一般利用 ContentProvider 为需要共享的数据定义一个 URI，然后其他应用程序通过 Context 获取 ContentResolver 并将数据的 URI 传入即可。

ContentProvider 组件有两个重要元素：数据模型和 URI，下面分别对它们进行介绍。

（1）数据模型

ContentProvider 为所有需要共享的数据创建一个数据表。在表中，每一行表示一条记录，而每一列代表一个数据，并且其中每一条记录都包含一个名为"_ID"的字段类标记每条数据。

（2）URI

每个 ContentProvider 都会对外提供一个公开的 URI 来标识自己的数据集。当管理多个数据集时，将会为每个数据集分配一个独立的 URI，且所有的 URI 都以"content://"开头。

另外在使用 ContentProvider 访问共享资源时，还需要为应用程序添加权限。例如，读取通信录，权限如下所示：

```xml
<uses-permission android:name="android.permission.READ_CONTACTS"/>
```

假设，要使用 ContentProvider 来访问手机中的通讯录，步骤如下：
（1）向通讯录中添加若干个联系人信息。
（2）为应用程序添加 ContentProvider 的访问权限。
（3）通过 getContentResolver()方法得到 ContentResolver 对象。
（4）调用 ContentResolver 对象的 query()方法查询数据，该方法会返回一个 Cursor 对象。
（5）对得到的 Cursor 对象进行分析，得到需要的数据。
（6）调用 Cursor 类的 close()方法将 Cursor 对象关闭。

> **提示**
> 用户也可以创建自己的 ContentProvider 对象，这时需要实现 ContentProvider 类的 6 个抽象方法。

2.8.4 Service 简介

Activity 组件有用户界面，而 Service 组件是一个具有较长生命周期，但是没有用户界面的程序。Service 一般由 Activity 启用，但是并不依赖于 Activity。即当前 Activity 的生命周期结束时，

Service 仍然会继续运行,直到自己的生命周期结束为止。

Service 的启动方式有如下两种。

(1) startService 方式启动

当 Activity 调用 startService()方法启动 Service 时,会依次调用 onCreate()和 onStart()方法来启动 Service。而当调用 stopService()方法结束 Service 时,又会调用 onDestroy()方法结束 Service。Service 同样可以在自身调用 stopSelft()或者 stopService()方法来结束 Service。

(2) bindService 方式启动

这种方式是指调用 bindService()方法启动 Service,此时会依次调用 onCreate()和 onBind()方法启动 Service。而当通过 unbindService()方法结束 Service 时,则会依次调用 onUnbind()和 onDestroy()方法。

2.8.5 Intent 简介

Intent 是 Android 系统运行时的一种绑定机制,用于在运行时连接两个不同的组件。通常应用是通过 Intent 向 Android 系统发出某种请求,然后 Android 系统会根据请求查询各个组件声明的 IntentFilter,找到需要的组件并运行。

前面介绍的 Activity、Service 和 BroadcastReceiver 组件之间的通信全部使用的是 Intent,但是它们使用的 Intent 机制不同。

- **Activity 组件** 当需要激活一个 Activity 组件时,需要调用 Context.startActivity 或者 Context.startActivityForResult()方法来传递 Intent,此时的 Intent 参数称为 AAI(Activity Action Intent)。
- **Service 组件** 当需要启动或者绑定一个 Service 组件时,会通过 Context.startService()和 Context.bindService()方法实现 Intent 的传递。
- **BroadcastReceiver 组件** 对于 BroadcastReceiver 组件,一般是通过 Context.sendBroadcast()、sendOrderedBroadcast()或者 sendStickyBroadcast()方法传递的。当 BroadcastIntent 被广播后,所有 IntentFilter 过滤条件满足的组件都将被激活。

Intent 组件主要有六大部分组成,分别是组件名称、Action、Data、Category、Extra 和 Flag。

1. 组件名称

组件名称实际上就是一个 ComponentName 对象,用于标识唯一的应用程序组件,即指定了目标的 Intent 组件。这种对象的名称是由目标组件和类名与组件的包名组合而成的。

在 Intent 传递过程中,组件名称是一个可选项,如果指定便是一个显式的 Intent 消息。如果不指定,Android 系统则会根据其他信息以及 IntentFilter 的过滤条件选择相应的组件。

2. Action

Action 实际上是一个描述了 Intent 所触发动作名称的字符串。在 Intent 类中已经预定义了很多字符串常量来表示不同的 Action,当然用户也可以自定义 Action。

以下是一些常用的系统预定义 Action 常量。

- **ACTION_CALL** 拨打 Data 里封装的电话号码。
- **ACTION_EDIT** 打开 Data 里指定数据所对应的编辑程序。
- **ACTION_VIEW** 打开能够显示 Data 中封装的数据的应用程序。
- **ACTION_MAIN** 声明程序的入口,该 Action 不会接收任何数据,结束后也不会返回数据。
- **ACTION_BOOT_COMPLETED** 适用于 BroadcastReceiver Action 的常量,表示系统启动完毕。
- **ACTION_TIME_CHANGED** 适用于 BroadcastReceiver Action 的常量,表示系统时间已改变。

3. Data

Data 中保存的是 Intent 消息中的数据，主要描述 Intent 动作所操作到的数据的 URI 及类型。不同类型的 Action 会有不同的 Data 封装格式。例如打电话的 Intent 会封装为 tel://格式的电话 URI，而 ACTION_VIEW 中的 Intent 会封装为 http://格式的 URI。正确的 Data 格式对于 Intent 匹配请求非常重要。

4. Category

Category 是对目标组件类别信息的描述，是一个字符串对象。与 Category 有关的主要有三个方法：添加一个 Category 的 addCategory()方法，删除一个 Category 的 removeCategory()方法，获取一个 Category 的 getCategory()方法。

Android 系统预定义了很多常量表示 Intent 的不同类别，常用的如下所示。

- **CATEGORY_GADGET**　　表示目标 Activity 是可以嵌入的。
- **CATEGORY_HOME**　　表示目标 Activity 为 Home Activity。
- **CATEGORY_TAB**　　表示目标 Activity 是 TabActivity 标签下的一个 Activity。
- **CATEGORY_LAUMCHER**　　表示目标 Activity 是应用程序中是最先被执行的 Activity。
- **CATEGORY_PREFERNCE**　　表示目标 Activity 是一个偏好设置的 Activity。

5. Extra

Extra 中封装了一些额外的附加信息，这些信息以"键/值"形式存在。Intent 通过 putExtras()和 getExtras()方法存储和读取 Extra。在 Android 系统的 Intent 类中，同样对一些常用的 Extra 键进行了定义，如下所示：

- **EXTRA_BCC**　　表示带有邮件密送地址的字符串数组。
- **EXTRA_EMAIL**　　表示带有邮件发送地址的字符串数组。
- **EXTRA_UID**　　表示用户的 ID。
- **EXTRA_TEXT**　　表示要发送的文本信息。

6. Flag

Flag 部分是对系统如何启用组件的标志符，Android 系统同样对其进行了封装。

2.8.6 IntentFilter 简介

IntentFilter 实际上相当于一个 Intent 的过滤器。一个应用程序开发完成后，需要告诉 Android 系统自己能够处理哪些 Intent 请求，这就需要声明 IntentFilter。IntentFilter 的使用方法非常简单，仅声明该应用程序接收什么类型的 Intent 请求即可。

通常情况下，IntentFilter 将从 Action、Data 以及 Category 三个方面进行监测 Intent 请求。

1. Action 方面

一个 Intent 只能设置一种 Action，但是一个 IntentFilter 却可以设置多个 Action 过滤。当 IntentFilter 设置了多个 Action 时，只需要一个满足即可完成 Action 的验证。

当 IntentFilter 中没有说明任何一个 Action 时，那么任何 Action 都不会与之匹配。而如果 Intent 中没有包含任何 Action，那么只要 IntentFilter 中含有 Action 时，便会匹配成功。

2. Data 方面

Data 方面的监测主要分为两个方面，即数据的 URI 和数据类型。其中数据 URI 又被分成三个部分进行匹配，分别是 scheme、authority 和 path，只有全部匹配成功时，验证才成功。

3. Category 方面

IntentFilter 同样可以设置多个 Category，当 Intent 中的 Category 与 IntentFilter 中的一个 Category 完全匹配时，便会通过检查，而其他的 Category 不会受影响。但是，当 IntentFilter 没有

设置 Category 时，只能与没有设置 Category 的 Intent 相匹配。

2.9 实例应用：实现用户登录功能

2.9.1 实例目标

本课从零开始，详细介绍开发一个 Android 程序的过程，并进行调试和发布，最后还对 Android 应用程序的生命周期及其核心组件进行了简单介绍。

本次实例将创建一个 Android 程序实现用户登录的验证功能。实例中自定义了 Android 程序的图标和名称，而且添加了背景图片，同时也有代码的编写和调试。通过本实例，使读者掌握 Android 程序的开发过程、资源的使用以及界面的基本操作。

2.9.2 技术分析

使用向导创建 Android 项目时可以为程序指定一个外部图标。为了使程序可以使用图片，必须将图片放到项目的 res 目录下，此时在 R.java 中会自动生成一个与图片相关的 ID，在程序中使用该 ID 即可引用该图片。但是要注意图片名称不能全部是数字，且首字母不能大写，也不能包含空格。然后在图形视图下为程序添加控件，并在属性面板中调整细节，最后编写代码和运行测试。

2.9.3 实现步骤

（1）执行 New | Android Application Project 命令创建一个名为 MyLoginApp 的 Android 项目。

（2）单击 Next 按钮，当出现 Configure Launcher Icon 选项时，先单击 Clipart 按钮，再单击 Choose 按钮，从弹出的对话框中选择一个图标。再单击 Next 按钮完成项目的创建。

（3）将准备好的外部图片复制到项目\res\drawable-xxhdpi 目录下。此时打开 R.java 文件会在 drawable 类中看到一个与图片同名的变量。

（4）打开程序的图形模式布局，右击选择 Edit Background 命令从弹出的对话框中展开 Drawable 节点，然后选择图片名称，再单击 OK 按钮返回，如图 2-35 所示。

（5）打开项目\res\values 目录下的 strings.xml 文件，修改 name 为 app_name 的节点值为 "用户登录系统"。修改后界面的标题将发生变化，如图 2-36 所示。

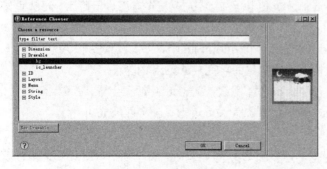

图 2-35　选择一张背景图片　　　　　　　　图 2-36　设置标题和背景后的界面

（6）打开 Palette 面板拖放一个 LinerLayout(Vertial)控件设置页面为垂直布局。

（7）向垂直布局中依次添加 TextView 和 EditText 控件，重复两次。

（8）拖放一个 LinerLayout(Horizontal)控件设置局部为水平布局，并向布局中添加两个 Button 控件。

（9）打开 OutLine 面板对上述控件的属性进行调整，最终布局效果如图 2-37 所示。

图 2-37　实例布局

如下所示为图 2-37 最终实例布局对应的代码。

```
<RelativeLayout xmlns:android="http://schemas.android.com/apk/res/android"
    xmlns:tools="http://schemas.android.com/tools"
    android:layout_width="match_parent"
    android:layout_height="match_parent"
    android:background="@drawable/bg"
    android:paddingBottom="@dimen/activity_vertical_margin"
    android:paddingLeft="@dimen/activity_horizontal_margin"
    android:paddingRight="@dimen/activity_horizontal_margin"
    android:paddingTop="@dimen/activity_vertical_margin"
    tools:context=".MainActivity" >
    <LinearLayout
        android:id="@+id/linearLayout1"
        android:layout_width="wrap_content"
        android:layout_height="wrap_content"
        android:orientation="vertical" >
        <TextView
            android:id="@+id/textView1"
            android:layout_width="wrap_content"
            android:layout_height="wrap_content"
            android:layout_alignParentBottom="true"
            android:layout_marginLeft="20dp"
            android:layout_marginTop="200dp"
            android:layout_toRightOf="@+id/linearLayout1"
            android:text="用户名："
            android:textSize="18sp" />
        <EditText
```

```xml
        android:id="@+id/edtUserName"
        android:layout_width="wrap_content"
        android:layout_height="wrap_content"
        android:layout_alignLeft="@+id/linearLayout1"
        android:layout_centerVertical="true"
        android:layout_marginLeft="20dp"
        android:ems="10" >
    </EditText>
    <TextView
        android:id="@+id/textView1"
        android:layout_width="wrap_content"
        android:layout_height="wrap_content"
        android:layout_alignParentBottom="true"
        android:layout_marginLeft="20dp"
        android:layout_toRightOf="@+id/linearLayout1"
        android:text="密码: "
        android:textSize="18sp" />
    <EditText
        android:id="@+id/edtUserPass"
        android:layout_width="wrap_content"
        android:layout_height="wrap_content"
        android:layout_marginLeft="20dp"
        android:ems="10" >
    </EditText>
    <LinearLayout
        android:layout_width="match_parent"
        android:layout_height="wrap_content"
        android:layout_marginTop="20dp"
        android:layout_weight="0.26" >
        <Button
            android:id="@+id/btnEnter"
            android:layout_width="wrap_content"
            android:layout_height="wrap_content"
            android:layout_marginLeft="20dp"
            android:layout_weight="0.26"
            android:text="登录" />
        <Button
            android:id="@+id/btnCancel"
            android:layout_width="wrap_content"
            android:layout_height="wrap_content"
            android:layout_marginLeft="20dp"
            android:layout_weight="0.26"
            android:text="取消" />
    </LinearLayout>
</LinearLayout>
</RelativeLayout>
```

（10）打开项目\src 目录下的 Java 文件，为页面上【登录】按钮添加实现代码。将下列代码添加到 onCreate()方法内。

```java
final Button btnEnter=(Button)findViewById(R.id.btnEnter);
                                                    //获取布局上的登录按钮
final EditText edtuser=(EditText)findViewById(R.id.edtUserName);
                                                    //获取布局上的用户名输入框
final EditText edtpass=(EditText)findViewById(R.id.edtUserPass);
                                                    //获取布局上的密码输入框

btnEnter.setOnClickListener(new View.OnClickListener() {//监听按钮的单击事件
    @Override
    public void onClick(View v) {
        String user=edtuser.getText().toString();       //获取用户名
        String pass=edtpass.getText().toString();       //获取密码
        Log.v("LoginApp", "输入的用户名为: "+user);       //控制台输出
        Log.v("LoginApp", "输入的密码为: "+pass);
        if(user.equals("zhht")&&pass.equals("123456"))  //判断用户名和密码
        {
            Log.v("LoginApp", "登录成功! ");             //验证成功
        }
        else
        {
            Log.v("LoginApp", "登录失败! ");             //验证失败
        }
    }
});
```

上述代码比较简单而且都给出了注释，这里就不再解释。但是它覆盖了获取页面上控件的内容，监听按钮事件、控制台输出以及登录验证等方面。

（11）启动 Android 模拟器，然后打开应用菜单将会看到自定义的程序图标和名称，如图 2-38 所示。单击图标运行程序，输入用户名和密码，运行效果如图 2-39 所示。

图 2-38　程序图标和名称　　　　　图 2-39　程序运行效果

（12）单击【登录】按钮进行验证，此时界面没有任何变化。可以打开 LogCat 面板查看日志输出信息，如图 2-40 所示。

图 2-40　日志输出信息

2.10 拓展训练

拓展训练 1：创建一个 Android 应用程序

根据本课讲解的内容创建一个自己的 Android 程序。要求在创建时更改程序的图标和名称，然后上传三张图片作为项目的图片资源。在程序布局整体上采用垂直布局，再嵌套三个水平布局，每个水平布局包含一张图片和一个图片名称。如图 2-41 所示为运行后程序图标和名称的显示效果。图 2-42 所示为布局运行效果。

图 2-41　程序图标和名称　　　　　　图 2-42　程序运行效果

2.11 课后练习

一、填空题

1. 使用 ADT 向导创建项目时通过_____选项设置 Android 程序的目标 API 版本。

2. 假设有一个名为 com.itzcn.www.blog.Activity.java 文件，它对应的包名为_____。

3. 补全下列代码，使它可以获取布局上一个 ID 为 bookIpt 的控件。

```
final Button btnEnter=(Button)findViewById(          );
```

4. 使用 DDMS 的_____面板可以向 Android 设备上传文件。

5. 调用 Activity 的_____方法将使其进入暂停状态。

6. ContentProvider 组件中的 URI 都以"_____"开头。

7. 要启动一个 Service 可以调用_____方法或者 bindService()方法。

8. Intent 组件主要有六大部分组成，其中的_____描述了 Intent 所触发动作名称的字符串。

二、选择题

1. 下列操作在创建项目时不能完成的是_____。

    A. 指定项目图标

    B. 指定项目开发使用的 API 版本

    C. 指定项目的主文件

    D. 指定项目生成文件的名称

2. 下列关于 Android 项目目录结构的描述，错误的是_____。

    A. 每个项目必须有一个 source 目录存放源文件

    B. 图片资源应该放到 res 目录中

    C. libs 目录存放的是第三方包

    D. R.java 必须放在 .gen 目录

3. 下列内容不能放在 AndroidManifest.xml 文件中的是_____。

    A. 应用程序的最高版本

    B. 声明应用程序所需的链接库

    C. 应用程序自身应该具有权限的声明

    D. 其他程序访问此程序时应该具有的权限

4. 假设有一个名为 bookshow 的布局文件，要显示该布局应该使用语句_____。

    A. setContentView(R.layout.bookshow)

    B. bookshow.show()

    C. set bookshow=true

    D. bookshow.visible=true

5. 下列操作在 Devices 面板中无法完成的是_____。

    A. 屏幕截图

    B. 调试进程

    C. 关闭程序

    D. 执行垃圾回收

6. 假设要输出一个错误信息，应该使用语句_____。

    A. Log.v("自定义消息","程序发生错误，正在重试。")

    B. Log.d("自定义消息","程序发生错误，正在重试。")

    C. Log.i("自定义消息","程序发生错误，正在重试。")

    D. Log.e("自定义消息","程序发生错误，正在重试。")

7. 为了保证系统能正常运行将会中止的进程是_____。

    A. 服务进程

    B. 后台进程

    C. 空进程

    D. 前台进程

8. 下面是使用 BroadcastReceiver 发送广播的步骤，请选择正确的过程。_____

（1）封装广播消息

（2）添加到一个 Intent 对象中

（3）将 Intent 对象广播出去

（4）过滤所发送的 Intent 对象

（5）接收广播

    A. （1）-> （2）-> （3）-> （4）-> （5）

    B. （4）-> （2）-> （1）-> （3）-> （5）

    C. （5）-> （2）-> （4）-> （3）-> （5）

    D. （3）-> （5）-> （4）-> （1）-> （2）

9. Intent 组件的 Action 为_____表示是程序的入口。

    A. ACTION_VIEW

    B. ACTION_CALL

    C. ACTION_MAIN

    D. ACTION_BOOT_COMPLETED

三、简答题

1. 简述创建一个 Android 项目的过程，都有哪些选项？
2. 罗列 Android 项目有哪些必备目录，它们的作用是什么？
3. 简述 AndroidManifest.xml 文件的作用。
4. 举例说明设计一个程序的界面有哪些方法？
5. 假设要调试一个程序，可使用哪些方法，步骤是什么？
6. 罗列一个 Android 应用程序都有哪些生命周期，它们的优先级是什么？
7. 简述 Android 有哪些核心组件，它们的功能分别是什么？

第3课
Android 工具集

为了方便开发人员对 Android 有更加全面的控制，在 Android SDK 中提供了大量的工具集。虽然使用集成开发环境时不需要用这些工具，但是掌握这些工具的使用方法会对以后的开发工具起到辅助作用，同时提高开发技能。

本课重点介绍了常用工具的使用方法，如 mksdcard、adb 和 android 等。除了 adb 之外，其他工具都位于 Android SDK 的 Tools 目录，为了使用方便可以将此目录添加到环境变量中。

本课学习目标：
- ❏ 掌握查看 ADB 版本的方法
- ❏ 掌握 ADB 对设备、软件和文件的管理
- ❏ 熟悉 ADB 执行 Shell 命令的方法
- ❏ 掌握查看 Android 版本 ID 信息的方法
- ❏ 掌握 AVD 设备的创建和删除
- ❏ 了解 emulator 工具的常用选项
- ❏ 掌握创建 SD 卡的步骤

3.1 ADB 工具

ADB（Android Debug Bridge），是 Android SDK 的调试工具之一。ADB 可以直接操作、管理 Android 模拟器或真实的 Android 设备，它的主要功能如下所示。

- 运行设备的 shell 命令行。
- 管理模拟或设备的端口映射。
- 计算机与设备之间上传和下载文件。
- 将本地 APK 软件安装至模拟器或设备上，像应用或者系统升级。

ADB 实际上是一个"客户端-服务器端"程序，默认情况下它会监听 TCP 5554 端口让客户端与服务器端通信，其中客户端就是用来操作的计算机，服务器端是目标 Android 设备、实体手机或虚拟机。

3.1.1 配置 ADB 工具

ADB 位于 Android SDK 的 platform-tools 目录，因此，在使用之前首先应该将该目录添加到系统的 PATH 环境变量中。重启之后在【命令提示符】窗口中输入 adb，如果看到参数的帮助信息说明配置成功。

【练习1】

ADB 配置成功之后，可以通过如下命令查看 ADB 的版本。

```
adb version
```

执行后的结果如图 3-1 所示，从中可以看到当前版本为 1.0.31。

图 3-1 查看 ADB 版本

3.1.2 查看设备信息

adb 启动时首先会在服务器开启 5554～5585 端口，等待客户端 Android 设备或者模拟器的接入。查看当前所有的设备信息可以使用如下命令。

```
adb devices
```

此命令可以查看当前连接的设备，连接到计算机的 Android 设备或模拟将会列出显示。该命令返回的结果为 Android 设备或模拟器序列号及状态，运行效果如图 3-2 所示。

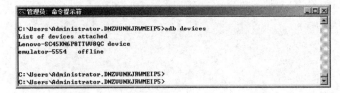

图 3-2 查看设备信息

从输出的结果中可以看到，当前 ADB 监听了两个端口的设备，它们的序列号分别是 Lenovo-SC45KN6P8TTWV8QC 和 emulator-5554，其中，前者是一台真实的 Android 设备，后者是模拟器实例（5554 表示 adb 为该实例分配的端口号）。返回结果的第二列表示当前设备的状态，它有如下两个值。

- **offline** 设备没有连接到 ADB 或者实例没有响应。
- **device** 设备已经连接到 ADB，处于在线状态。

> **注意**
> device 状态并不表示当前 Android 设备可用。因为当 Android 设备处于启动阶段时，若连接成功也会返回该状态。

3.1.3 管理软件

一旦使用 ADB 建立了连接，便可以对 Android 设备进行各种操作。最常见的是安装新的软件，或者卸载已有的软件，这些都可以通过 ADB 完成。在这里需要注意的是 Android 下面的软件都是以.apk 为扩展名。

1．安装软件

adb 安装软件的语法格式如下所示。

```
adb install <apk 文件路径>
```

命令执行后将指定的 apk 文件安装到设备上。如果在 install 后面添加"-r"选项表示重新（覆盖）安装此软件。

【练习 2】
假设在 D:\APK 目录下有一个名为 doudizhu.apk 的软件包，安装命令如下。

```
adb install d:\apk\doudizhu.apk
```

命令执行后如果看到 Success，则说明安装成功，如图 3-3 所示。如图 3-4 所示为软件打开后的运行效果。

图 3-3　安装软件

图 3-4　软件运行效果

假设该软件出现问题无法正常打开，则可以用如下命令进行修复安装。

```
adb install -r d:\apk\doudizhu.apk
```

2．卸载软件

adb 卸载软件的语法格式如下。

```
adb uninstall <软件名>
```

命令执行后将卸载指定的 apk 文件。如果在 uninstall 后面添加"-k"选项表示卸载软件时保留配置和缓存文件。

【练习 3】

如果软件不需要了，可以使用 adb 命令来进行卸载。卸载时需要指定的是软件名，不需要带扩展名。例如，卸载软件 doudizhu 的命令如下。

```
adb uninstall doudizhu.apk
```

如下命令在删除时保留配置和缓存文件。

```
adb uninstall -k doudizhu.apk
```

可以使用 adb 进入 Shell 命令状态卸载软件。

【练习 4】

如果当前 adb 有多个 Android 设备或者模拟器实例，那么需要使用-s 选项指定目标设备的序列号。

设备序列号可通过 adb devices 获取。例如要在 emulator-5554 实例上安装软件，命令如下。

```
adb -s emulator-5554 install -r d:\apk\doudizhu.apk
```

在 emulator-5554 实例上卸载软件，命令如下。

```
adb -s emulator-5554 uninstall doudizhu.apk
```

3.1.4 执行 Shell 命令

我们知道 Android 是基于 Linux 内核的操作系统，因此在 Android 上可以执行 Shell 命令。方法是执行如下命令进入 Shell 命令状态。

```
adb shell
```

命令执行后如果显示一个"#"符号，则说明当前是 Shell 控制台，可以执行各种 Shell 命令。例如，执行 ls 查看所有的系统文件，执行结果如图 3-5 所示。

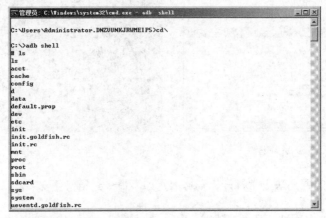

图 3-5 执行 ls 命令

如果没有 Android 系统的 root 权限，Shell 控制台的提示符将是一个"$"符号，而不是"#"符号。输入 exit 可以退出 Shell 控制台。

【练习 5】

在 Shell 控制台可以查看 Android 系统和设备的全部参数信息，如硬件信息、ROM 版本信息以及系统信息等。

执行 adb shell 进入 Shell 控制台，在提示符下执行 getprop 命令查看详细信息，执行结果如图 3-6 所示。

```
管理员: C:\Windows\system32\cmd.exe - adb  shell
# getprop
getprop
[ARGH]: [ARGH]
[dalvik.vm.heapsize]: [32m]
[dalvik.vm.stack-trace-file]: [/data/anr/traces.txt]
[dev.bootcomplete]: [1]
[gsm.current.phone-type]: [1]
[gsm.defaultpdpcontext.active]: [true]
[gsm.network.type]: [UMTS:3]
[gsm.nitz.time]: [1376030187775]
[gsm.operator.alpha]: [Android]
[gsm.operator.iso-country]: [us]
[gsm.operator.isroaming]: [false]
[gsm.operator.numeric]: [310260]
[gsm.sim.operator.alpha]: [Android]
[gsm.sim.operator.iso-country]: [us]
[gsm.sim.operator.numeric]: [310260]
[gsm.sim.state]: [READY]
[gsm.version.ril-impl]: [android reference-ril 1.0]
[hw.keyboards.0.devname]: [qwerty2]
[hw.keyboards.0.kcmfile]: [/system/usr/keychars/qwerty2.kcm]
[hw.keyboards.0.klfile]: [/system/usr/keylayout/qwerty.kl]
[hw.keyboards.1.devname]: [qwerty2]
[hw.keyboards.1.kcmfile]: [/system/usr/keychars/qwerty2.kcm]
[hw.keyboards.1.klfile]: [/system/usr/keylayout/qwerty.kl]
```

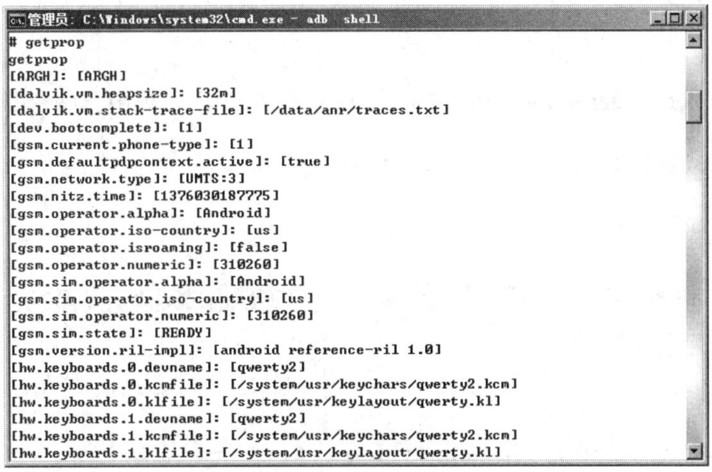

图 3-6　执行 getprop 命令

【练习 6】

如果只想执行一条 Shell 命令则可以使用如下语法格式。

```
adb shell <shell_command>
```

例如，执行 adb shell dmesg 可以查看 Android 内核的调试信息，执行结果如图 3-7 所示。

```
管理员: C:\Windows\system32\cmd.exe

C:\>adb shell dmesg
<6>Initializing cgroup subsys cpu
<5>Linux version 2.6.29-g46b05b2 (vchtchetkine@vc-irv.irv.corp.google.com) (gcc
version 4.4.3 (GCC) ) #28 Thu Nov 17 06:39:36 PST 2011
<4>CPU: ARMv7 Processor [410fc080] revision 0 (ARMv7), cr=10c5387f
<4>CPU: VIPT nonaliasing data cache, VIPT nonaliasing instruction cache
<4>Machine: Goldfish
<4>Memory policy: ECC disabled, Data cache writeback
<7>On node 0 totalpages: 131072
<7>free_area_init_node: node 0, pgdat c02f5a20, node_mem_map c0383000
<7>  Normal zone: 1024 pages used for memmap
<7>  Normal zone: 0 pages reserved
<7>  Normal zone: 130048 pages, LIFO batch:31
<4>Built 1 zonelists in Zone order, mobility grouping on.  Total pages: 130048
<5>Kernel command line: qemu.gles=0 qemu=1 console=ttyS0 android.qemud=ttyS1 and
roid.checkjni=1 ndns=2
<3>Unknown boot option `qemu.gles=0': ignoring
<3>Unknown boot option `android.qemud=ttyS1': ignoring
<3>Unknown boot option `android.checkjni=1': ignoring
<4>PID hash table entries: 2048 (order: 11, 8192 bytes)
<4>Console: colour dummy device 80x30
<6>Dentry cache hash table entries: 65536 (order: 6, 262144 bytes)
<6>Inode-cache hash table entries: 32768 (order: 5, 131072 bytes)
<6>Memory: 512MB = 512MB total
```

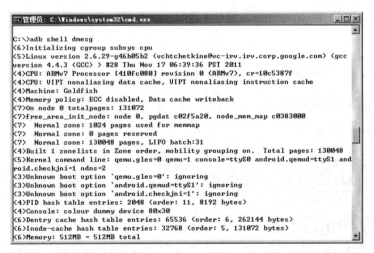

图 3-7　查看调试信息

执行 pm 命令可以在 Shell 中删除软件，例如删除 doudizhu 的命令如下。

```
adb shell pm uninstall doudizhu
```

3.1.5　移动文件

既然 adb 在本机与 Android 设备之间建立了连接，那么就可以使用该工具在两者之间传输文件，例如，上传一个本地软件包到 Android 设备，或者从 Android 设备下载一个配置文件。

1．上传文件

使用 push 命令可以把本地硬盘上的文件或者目录上传（复制）到远程的目标设备（模拟器实例），语法格式如下。

```
adb push <本地路径> <远程路径>
```

【练习 7】

例如，将 D:\apk\doudizhu.apk 复制到 Android 设备的 data 目录中，命令如下：

```
adb push d:\apk\doudizhu.apk /data/
```

执行结果如图 3-8 所示。

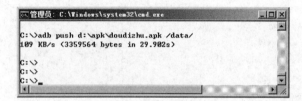 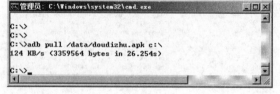

图 3-8　上传文件　　　　　　　　　　　　　图 3-9　下载文件

> **注意**
> 本地硬盘上的路径是"\"，而设备/模拟器上的是"/"，两处的斜杠方向不同。

2．下载文件

使用 pull 命令可以将远程文件下载（复制）到本地硬盘上，语法格式如下。

```
adb pull <远程路径> <本地路径>
```

【练习 8】

例如，将 Android 设备 data 目录下的 doudizhu.apk 文件复制到 C 盘根目录，命令如下。

```
adb pull /data/doudizhu.apk c:\
```

执行结果如图 3-9 所示。

> **提示**
> 在 ADT 的 DDMS 透视图中可以很方便地使用 File Explorer 来管理文件。

3.1.6　查看 bug 报告

在命令提示符中输入 adb bugreport 可以显示当前 Android 系统的运行状态，如内存状态、CPU 状态、内核输出信息、调试信息以及错误信息等。由于该命令返回输出结果很多，图 3-10 中仅显示了部分信息。

3.1.7　转发端口

使用 forward 命令可以进行任意端口的转发，即将一个模拟器/设备实例的某一个特定主机端口向另一个不同端口的转发。

图 3-10 查看 bug 报告

【练习 9】
下面演示了如何建立从主机端口 7100 到模拟器/设备端口 8100 的转发。

```
adb forward tcp:7100 tcp:8100
```

同样地，可以使用 ADB 建立命名为抽象的 UNIX 域套接口，上述过程如下所示。

```
adb forward tcp:7100 local:logd
```

3.1.8 启动和关闭 ADB 服务

当添加了新的设备或者移除了设备时，ADB 服务可能没有立即生效；又或者 ADB 服务运行时间过长产生了异常。类似这些情况下，就需要关闭当前的 ADB 服务，并重新启动。

关闭 ADB 服务的命令如下。

```
adb kill-server
```

启动 ADB 服务的命令如下。

```
adb start-server
```

执行效果如图 3-11 所示。

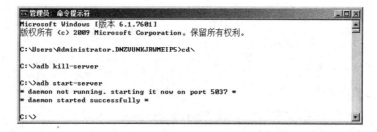

图 3-11 管理 ADB 服务

3.2 Android 工具

在使用集成开发工具创建 Android 项目后，运行时会自动为项目创建一个 AVD（Android Virtual、Android 虚拟设备）。除此之外，还允许用户手动创建 AVD，就需要使用

Android 工具。本节将介绍使用 Android 查看 Android 版本 ID 信息的方法，以及创建、删除和查看 AVD 设备的方法。

3.2.1 查看 Android 版本的 ID 信息

在实际开发时，通常都会安装不同版本的 Android，以方便对应用程序进行测试。每一个 Android 版本都有一个唯一的 ID 进行标识。要查看所有 Android 版本的 ID 信息，可以通过如下命令。

```
android list targets
```

执行后将看到每个 Android 版本的 ID 信息、API 版本、名称、类型和适用屏幕等，如图 3-12 所示。

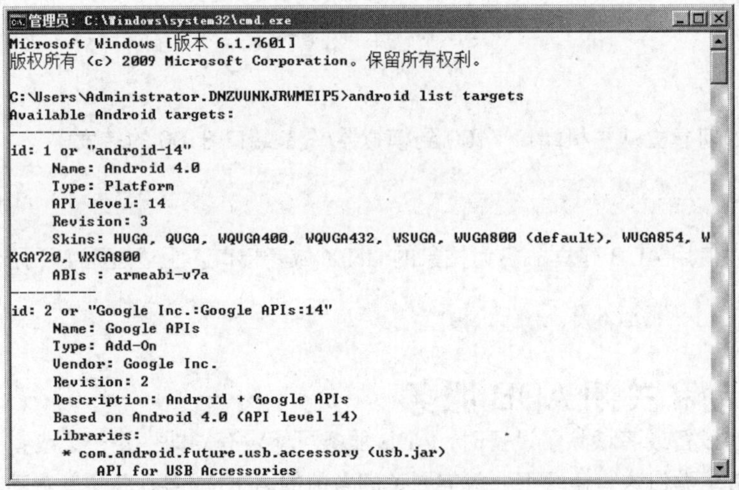

图 3-12 查看 Android 版本的 ID 信息

3.2.2 创建 AVD 设备

AVD 表示一种 Android 设备的配置信息，例如一个 AVD 表示一个运行 2.0 版本 SDK，且使用 512MB 作为 SD 卡的 Android 设备。AVD 的使用理念是首先创建将要支持的 AVD，然后在开发和测试应用程序时，将模拟器指向其中一个 AVD。

默认情况下，所有的 AVD 存储在 HOME 目录下一个名为.android\AVD 的目录中。要创建一个 AVD 设备可以使用 android 命令的 create avd 选项，语法格式如下。

```
android create avd <option>
```

其中 option 参数有如下几个选项。

- **-t** 新 AVD 设备的 ID，可通过 android list targets 查看，必须选项。
- **-c** 指向一个共享 SD 卡的路径或者指定一个新的 SD 卡。
- **-p** 指定 AVD 设备的存储路径。
- **-n** 指定 AVD 设备的名称，必须选项。
- **-f** 此选项表示覆盖已存在的同名 AVD。
- **-s** 指定 AVD 设备使用的皮肤。

【练习 10】

创建一个名为 myPhone 的 AVD 设备，要求 SD 卡容量为 1024MB，并保存到 D:\AVD 目录下。

实现语句如下所示。

```
android create avd -n myPhone -t 2 -c 1024M -p D:\AVD\
```

语句中-t 后面的 "2" 表示使用列表中编号 2 的 Android 版本。执行后将会看到输出的信息，如图 3-13 所示。

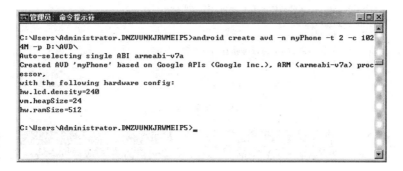

图 3-13 创建 AVD 设备

3.2.3 删除 AVD 设备

删除 AVD 设备的语法如下。

```
android delete avd -n <avd_name>
```

其中 avd_name 表示要删除 AVD 设备的名称。

在删除之前可以先运行如下命令，查看当前所有的 AVD 设备信息，包括名称、存储路径、SD 卡容量和使用的皮肤等。

```
android list avds
```

如图 3-14 所示为运行结果，从中可以看到当前包含的两个 AVD 设备，名称分别是 myPhone 和 rr。

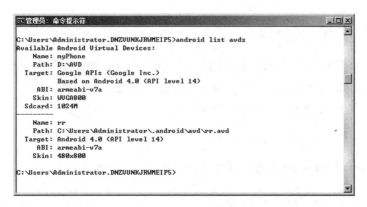

图 3-14 查看所有 AVD 设备

【练习 11】
假设要删除名为 myPhone 的 AVD 设备，可以用如下语句。

```
android delete avd -n myPhone
```

执行后再次使用 android list avds 命令即可看到 myPhone 没有出现在列表中，如图 3-15 所示。

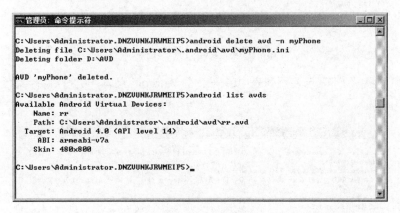

图 3-15　删除 AVD 设备

3.3　emulator 工具

通过 Android 模拟器实例我们可以不需要真实的 Android 设备即可预览、开发和测试 Android 应用程序。emulator 是一款命令行的模拟器管理工具，它可以控制模拟器实例的所有参数，如是否允许使用视/音频、接收数据、使用调试和屏幕信息等。

emulator 的语法格式如下：

```
emulator [option] [-qemu args]
```

option 表示选项，args 是选项的具体参数。

3.3.1　参数详解

emulator 为 Android 模拟器工具提供了很多启动选项，可以在启动模拟器时指定，控制其外观和行为。

1．数据命令选项

数据命令选项主要有四个，下面分别介绍。

```
格式：emulator -data <file>
```

说明：使用<file>当作用户数据的磁盘镜像，如果没有-data，模拟器会在~/.android（Linux/Mac）或 C:\Documents and Settings\<user>\Local Settings\Android（Windows）中查找文件名为"userdata.img"的文件。如果使用了-data<file>但<file>不存在，模拟器会在那个位置创建一个文件。

```
格式：emulator -ramdisk <file>
```

说明：使用<file>作为 RAM 镜像，默认值为<system>/ramdisk.img。

```
格式：emulator -sdcard<file>
```

说明：使用<file>作为 SD 卡镜像，默认值为<system>/sdcard.img。

```
格式：emulator -wipe-data
```

说明：启动前清除用户磁盘镜像中的所有数据（参考-data）。

2．调试命令选项

调试命令选项主要有五个，下面分别介绍。

格式：`emulator -console`

说明：允许当前中断使用控制台。

格式：`emulator -debug-kernel`

说明：将内核输出发送到控制台。

格式：`emulator -logcat <logtags>`

说明：允许根据给定的标签为输出分类，如果定义了环境变量 ANDROID_LOG_TAGS，并且不为空，它的值将被作为 logcat 的默认值。

格式：`emulator -trace <name>`

说明：允许代码剖析（按 F9 键开始）。

格式：`emulator -verbose`

说明：允许详细信息输出。

3．媒体命令选项

媒体命令选项主要有四个，下面分别介绍。

格式：`emulator -mic <device or file>`

说明：使用设备或者 WAV 文件作为音频输出。

格式：`emulator -noaudio`

说明：禁用 Android 的音频支持，默认禁用。

格式：`emulator -radio <device>`

说明：将无线调制解调器接口重定向到主机特征设备。

格式：`emulator -useaudio`

说明：启用 Android 音频支持，默认不启用。

4．网络命令选项

网络命令选项主要有两个，分别是 -netdelay 和 -netspeed。

格式：`emulator -netdelay <delay>`

说明：设置网络延迟模拟的延迟时间为 <delay>，默认值是 none。具体参考以下值格式。

- **gprs**　min 150, max 550。
- **edge**　min 80, max 400。
- **umts**　min 35, max 200。
- **none**　无延迟。
- **<num>**　模拟一个准确的延迟（毫秒）。
- **<min>:<max>**　模拟一个指定的延迟范围（毫秒）。

格式：`emulator -netspeed <speed>`

说明：设置网速模拟的加速值为 <speed>，默认值为 full。具体参考如下所示。

- **gsm**　up : 14.4, down 14.4。
- **hscsd**　up : 14.4, down : 43.2。
- **gprs**　up : 40.0, down : 80.0。
- **edge**　up :118.4, down : 236.8。
- **umts**　up : 128.0, down : 1920.0。
- **hsdpa**　up : 348.0, down : 14400.0。
- **full**　无限。
- **<num>**　设置一个上行和下行公用的准确速度。
- **<up>：<down>**　分别为上行和下行设置准确的速度。

5．系统命令选项

系统命令选项主要有五个，下面分别介绍。

格式： `emulator -image <file>`

说明：使用<file>作为系统镜像。

格式： `emulator -kernel <file>`

说明：使用<file> 作为模拟器内核。

格式： `emulator -qemu`

说明：传递 qemu 参数。

格式： `emulator -qemu -h`

说明：显示 qemu 帮助信息。

格式： `emulator -system <dir>`

说明：在<dir>目录下查找系统、RAM 和用户数据镜像。

6．界面命令选项

界面命令选项主要有六个，下面分别介绍。

格式： `emulator -flashkeys`

说明：在设备皮肤上闪烁按下的键。

格式： `emulator -noskin`

说明：不使用任何模拟器皮肤。

格式： `emulator -onion <image>`

说明：在屏幕上使用覆盖图，不支持 JPEG 格式图片，仅支持 PNG 格式。

格式： `emulator -onion-alpha <percent>`

说明：指定 onion 皮肤的半透明值，默认值 50，单位为%。

格式： `emulator -skin <skinID>`

说明：用指定皮肤启动模拟器，SDK 提供了如下 4 个可选皮肤。

- QVGA-L（320*240，风景）默认。

- QVGA-P（240*320，肖像）。
- HVGA-L（480*320，风景）。
- HVGA-P（320*480，肖像）。

格式：`emulator -skindir <dir>`

说明：在<dir>目录下查找皮肤。

3.3.2 使用模拟器控制台

每个运行中的模拟器实例都包括一个控制台，可以通过控制台来查询和控制模拟器设备的环境。连接到模拟器实例控制台的命令如下。

`telnet localhost <port>`

例如，第一个模拟器实例的控制台一般情况下使用 5554 端口，因此可以使用如下命令连接到模拟器 5554 上。

`telnet localhost 5554`

连接上控制台后，可以输入 help [command]命令来查看命令列表和某一命令的帮助文档，可以通过 quit 和 exit 命令离开控制台。

下面介绍一些常用的控制台命令。

1．端口重定向命令

使用此命令可以在模拟器运行期间添加和删除端口重定向。

格式：`redir <list>`

说明：redir list 列出当前的端口重定向，最小值 150，最大值 550。

格式：`redir add <protocol> : <host-port> : <guest-port>`

说明：添加新的端口重定向。<protocol>必须是"TCP"或"UDP"，<host-port>是主机上打开的端口号，<guest-port>是向模拟器/设备发送数据的端口号。

格式：`redir del <protocol> : <host-port>`

说明：删除端口重定向，<protocol>和<host-port>的含义同上。

2．网络状况查询命令

可以使用如下命令检测网络状态。

`network status`

执行后的输出结果类似如下：

```
 Current network status:
download speed:         0 bits/s (0.0 KB/s)
upload speed:           0 bits/s (0.0 KB/s)
minimum latency:  0 ms
maximum latency:  0 ms
```

3．电话功能模拟命令

与电话相关的有三个命令，下面分别介绍。

格式：`gsm call <phonenumber>`

说明：模拟来自电话号码为<phonenumber>的呼叫。

格式：`gsm voice <state>`

说明：修改 GPRS 语音连接的状态为<state>。其中 unregistered 为无可用网络；home 为处于本地网，无漫游；roaming 为处于漫游网；searching 为查找网络；denied 为仅能用紧急呼叫；off 同 unregistered; on 同 home。

格式：`gsm data <state>`

说明：修改 GPRS 数据连接的状态为<state>，可选值与 voice 相同，不再介绍。

3.4 mksdcard 工具

在 Android 模拟器实例上测试程序时经常需要使用 SD 卡。为此 Android SDK 提供了 SD 卡创建工具——mksdcard，它位于 tools 目录中。

mksdcard 工具的语法格式如下所示：

```
mksdcard [-l label] <size> <file>
```

语法中各个参数含义如下所示：

- **-l**　指定 SD 卡的卷标，可选参数。
- **size**　指定 SD 卡的容量大小，默认单位是 bytes，也可以使用 KB 或者 MB 作为单位。
- **file**　指定 SD 卡镜像文件的路径。

【练习 12】

创建一个卷标为 myCard，大小为 100MB 的 SD 卡，将文件保存到 D:\data\myCard.img，语句如下所示。

```
mksdcard -l myCard 100M d:\data\myCard.img
```

执行成功后没有输出结果，如图 3-16 所示。如图 3-17 所示为创建的 100MB 镜像文件 myCard.img。

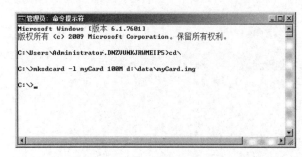

图 3-16　创建 SD 卡镜像文件

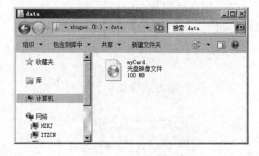

图 3-17　查看镜像文件

如果要管理 myCard 里面的内容，可以通过如下步骤。

（1）使用 AVD Manager 或者 emulator 工具加载 myCard 的镜像文件 myCard.img。emulator 工具的加载命令如下所示：

```
emulator -sdcard D:\data\myCard.img
```

（2）使用 adb push 上传文件或者目录，也可以使用 ADT 的 File Explorer 工具管理。

3.5 拓展训练

拓展训练 1：ADB 工具的使用

本课 3.1 小节详细介绍了 ADB 工具的各种使用语法及其示例，本次训练要求读者使用 ADB 完成如下操作。

（1）关闭并重新启动 ADB 服务。
（2）查看当前有多少连接，及它们的状态。
（3）从本地上传一个软件包到 Android 设备。
（4）在服务器上安装软件包。
（5）最后删除软件包安装文件。

3.6 课后练习

一、填空题

1. ADB 默认情况下监听端口为_____的 Android 设备或者模拟器实例连接。
2. 假设要将 C:\qq.apk 安装到 Android 远程端，可以使用命令_____。
3. 假设希望暂时卸载 qq，保留配置和缓存文件，可以使用命令_____。
4. 假设要模拟来自电话号码为 12312345678 的呼叫，可以使用命令_____。

二、选择题

1. Android 设备的状态值为_____表示在线。

    A. online

    B. device

    C. offline

    D. enable

2. 下列 ADB 工具的使用方法中，错误的是_____。

    A. adb -v

    B. adb version

    C. adb devices

    D. adb bugreport

3. 下列 android 工具的使用方法中，错误的是_____。

    A. android list targets

    B. android list avds

    C. android list devices

    D. android delete avd -n abc

4. 使用 emulator 工具时指定_____选项可以禁用音频支持。

   A. -console

   B. -mic

   C. -noaudio

   D. -radio

5. 下列 mksdcard 工具的使用方法中，错误的是_____。

   A. mksdcard -l myCard 10M d:\card.img

   B. mksdcard 10M d:\card.img

   C. mksdcard d:\card.img

   D. mksdcard 1G d:\card.img

三、简答题

1. ADB 工具的主要作用是什么？
2. 举例说明使用 ADB 管理软件的方法。
3. 举例说明使用 ADB 管理文件的方法。
4. 简述创建一个 AVD 设备的过程。
5. 如何创建一个自定义的 SD 卡。

第 4 课
定义应用程序布局

为了适应各式各样的页面风格，Android 提供了几种布局方式。利用这几种布局方式，可以将屏幕上的视图随心所欲地摆放，而且视图的大小和位置会随着手机屏幕大小的变化做出调整。

本课主要讲解 Android 平台下的布局管理器，包括线性布局、相对布局、表格布局、帧布局、绝对布局和网格布局。

本课学习目标：
- ❑ 掌握 Android 的几种常见布局
- ❑ 熟练应用线性布局进行布局
- ❑ 熟练掌握线性布局的两种方式
- ❑ 熟练应用相对布局进行布局
- ❑ 熟练应用表格布局进行布局
- ❑ 了解帧布局的布局方式
- ❑ 了解绝对布局的布局方式
- ❑ 熟练应用网格布局进行布局
- ❑ 熟练应用几种布局嵌套布局页面

4.1 View 类简介

Android 提供了一组 View 类，它们作为视图的容器，这些容器类称为布局（布局管理器）。每个布局实现一种管理其子控件的大小和位置的特定策略，例如，LinearLayout 类水平或垂直的依次摆放其子控件。所有的布局管理器都派生自 View 类，因此它们之间的使用可以彼此嵌套。

在一个 Android 应用程序中，用户界面通过 View 和 ViewGroup 对象构建。Android 中有很多种 View 和 ViewGroup，它们都继承自 View 类。

View 对象是 Android 平台上表示用户界面的基本单元。View 的布局显示方式直接影响用户界面，View 的布局方式是指一组 View 元素如何布局。

ViewGroup 类是布局（layout）和视图容器（View container）的基类。此类定义了 ViewGroup.LayoutParams 类，它作为布局参数的基类，告诉父视图其中的子视图如何显示。

关于 View 及其子类的相关属性，既可以在布局 XML 文件中进行设置，也可以通过成员方法在代码中动态设置。

Android 提供了如表 4-1 所示的几种布局。随着 Android 版本的更新发布，其中的绝对布局（AbsoluteLayout）因满足不了现在不同分辨率的 Android 设备。已经过期，但是该种布局的方式还是非常精准。在 Android 4.0 的版本中新增加了两种布局，Space 和 Gridlayout。

表 4-1 Android 布局管理器

布　　局	说　　明
LinearLayout	水平或垂直控制其子控件
RelativeLayout	以与其他子控件或者父控件相对应的形式控制子控件的位置
TableLayout	以表格的形式组织控制子控件的位置
Frame Layout	支持在布局中动态更改控件
GridLayout 和 Space	把布局以行和列进行分割
AbsoluteLayout	使用坐标控制子控件的布局

4.2 线性布局

线性布局（LinearLayout）是最简单的布局之一，它包含垂直线性布局和水平线性布局。在 LinearLayout 里面可以放置其他控件，但是一行（列）只能放置一个控件。使用此布局时可以通过设置控件的 weight 参数控制各个控件在容器中的相对大小。LinearLayout 布局的属性既可以在布局文件 XML 中设置，也可以通过成员方法进行设置，LinearLayout 常用的属性以及这些属性的对应设置方法如表 4-2 所示。

表 4-2 LinearLayout 常用的属性以及设置方法

属 性 名 称	对 应 方 法	说　　明
android:orientation	setOrientation()	设置该线性布局方式，有 vertical（垂直）和 horizontal（水平）两种方式
android:gravity	setGravity()	设置线性布局的内部元素的布局方式

在线性布局中可以使用 gravity 属性来设置控件的对齐方式。其中，该属性常用的属性值和说明如表 4-3 所示。

表 4-3 gravity 属性常用的属性值和说明

属　　性	说　　明
top	不改变控件大小，对齐到容器顶部
bottom	不改变控件大小，对齐到容器底部
left	不改变控件大小，对齐到容器左侧
right	不改变控件大小，对齐到容器右侧
center_vertical	不改变控件大小，对齐到容器纵向中央位置
fill_vertical	纵向拉伸，以填满容器
center_horizontal	不改变控件大小，对齐到容器横向中央位置
fill_horizontal	横向拉伸，以填满容器
center	不改变控件大小，对齐到容器中央位置
fill	纵向横向同时拉伸，以填满容器

当需要为 gravity 设置多个值时，要使用 "|" 进行分隔。

4.2.1 垂直线性布局

在线性布局中将布局设置为 android:orientation="vertical"就表示垂直线性布局，在一行中只能放置一个控件。页面中的控件将会按照垂直方向进行排列。

【练习 1】

在 Eclipse 中创建一个 ch04_01 的项目，打开 res/layout/activity_main.xml 文件，在该文件中使用垂直线性布局，设置不同的属性进行布局，具体代码如下所示。

```
<LinearLayout
    android:layout_width="fill_parent"
    android:layout_height="fill_parent"
    android:orientation="vertical" >
    <TextView
        android:id="@+id/textView1"
        android:layout_width="fill_parent"
        android:layout_height="wrap_content"
        android:background="#FFD700"
        android:gravity="top"
        android:text="第一行"
        android:textSize="12pt" />
    <TextView
        android:id="@+id/textView2"
        android:layout_width="fill_parent"
        android:layout_height="wrap_content"
        android:background="#FFA07A"
        android:gravity="center_horizontal"
        android:text="第二行"
        android:textSize="14pt" />
    <TextView
        android:id="@+id/textView3"
        android:layout_width="fill_parent"
        android:layout_height="wrap_content"
        android:layout_weight="1"
```

```xml
            android:background="#FF00FF"
            android:gravity="bottom"
            android:text="第三行"
            android:textSize="16pt" />
    <TextView
            android:id="@+id/textView4"
            android:layout_width="fill_parent"
            android:layout_height="wrap_content"
            android:layout_weight="1"
            android:background="#FF0000"
            android:gravity="right"
            android:text="第四行"
            android:textSize="18pt" />
</LinearLayout>
```

在上述代码中，通过 android:orientation="vertical"声明了这个线性布局垂直方向排列。使用 android:layout_width="fill_parent"定义当前视图的宽度填充整个屏幕。

android:layout_weight="1"用于给线性布局中的诸多视图的重要程度进行赋值，所有视图都包含 layout_weight 值，默认情况为 "0"，意思是根据该视图本身的大小进行分割显示。如果该值大于 0，则将父视图的可用空间进行分割，具体的分割取决于每一个视图的 layout_weight 值，以及该值在当前屏幕布局的整体 layout_weight 值和其他视图屏幕布局的 layout_weight 值中所占的比率而定。使用 android:gravity 设置控件的对齐方式。运行该项目，结果如图 4-1 所示。

图 4-1　LinearLayout 垂直线性布局

4.2.2　水平线性布局

水平线性布局表示每一列只能放置一个控件，在页面中的控件将会按照水平方向进行布局显示。与垂直线性布局不同的是，通过 android:orientation="horizontal"来声明布局方式。

【练习 2】

在 Eclipse 中创建一个 ch04_02 的项目，打开 res/layout/activity_main.xml 文件，在该文件中使用水平线性布局，设置不同的属性值进行布局，具体代码如下所示。

```xml
<LinearLayout
    android:layout_width="fill_parent"
    android:layout_height="match_parent"
    android:orientation="horizontal" >
    <TextView
        android:id="@+id/textView1"
        android:layout_width="wrap_content"
        android:layout_height="fill_parent"
        android:background="#FFD700"
        android:gravity="center_horizontal"
        android:text="第一列"
        android:layout_weight="1"
        android:textSize="10pt"/>
    <TextView
        android:id="@+id/textView2"
        android:layout_width="wrap_content"
        android:layout_height="fill_parent"
        android:background="#FFA07A"
        android:gravity="top"
        android:text="第二列"
        android:layout_weight="1"
        android:textSize="8pt"/>
    <TextView
        android:id="@+id/textView3"
        android:layout_width="wrap_content"
        android:layout_height="fill_parent"
        android:background="#FF00FF"
        android:gravity="fill_horizontal"
        android:text="第三列"
        android:layout_weight="1"
        android:textSize="10pt"/>
    <TextView
        android:id="@+id/textView4"
        android:layout_width="wrap_content"
        android:layout_height="fill_parent"
        android:layout_weight="1"
        android:background="#FF0000"
        android:text="第四列"
        android:textSize="8pt"/>
</LinearLayout>
```

上述代码中，android:orientation="horizontal" 设置了水平线性布局，android:gravity="center_horizontal"设置了水平居中对齐。运行该项目，结果如图 4-2 所示。

图 4-2　LinearLayout 水平线性布局

4.3 相对布局

有些时候，线性布局不能满足对用户界面进行布局的要求。比如，我们需要在一列或者一行上显示多个控件，就需要 RelativeLayout 进行相对布局。在相对布局中，子控件的位置是相对兄弟控件或者父容器而决定的，出于性能考虑，在设计相对布局时要按照控件之间的依赖关系排列,如 View A 的位置相对于 View B 来决定,则需要保证在布局文件中 View B 在 View A 的前面。

在进行相对布局时要用到许多属性，其中有只取 false 或 true 的属性，有属性值是其他控件 id 的属性，有控制控件像素的属性。其中只取 true 或 false 的属性如表 4-4 所示。

表 4-4 相对布局中取值为 true 或 false 的属性

属 性	说 明
android:layout_centerHorizontal	当前控件是否位于父控件的横向中间位置
android:layout_centerVertical	当前控件是否位于父控件的纵向中间位置
android:layout_centerInParent	当前控件是否位于父控件的中央位置
android:layout_alignParentBottom	当前控件底端是否与父控件底端对齐
android:layout_alignParentLeft	当前控件左侧是否与父控件左侧对齐
android:layout_alignParentRight	当前控件右侧是否与父控件右侧对齐
android:layout_alignParentTop	当前控件顶端是否与父控件顶端对齐
android:layout_alignWithParentIfMissing	参照控件不存在或不可见时是否要参照父控件

属性值为其他控件 id 的属性，如表 4-5 所示。

表 4-5 相对布局中取值为其他控件 id 的属性

属 性	说 明
android:layout_toRightOf	使当前控件位于给出 id 控件的右侧
android:layout_toLeftOf	使当前控件位于给出 id 控件的左侧
android:layout_above	使当前控件位于给出 id 控件的上方
android:layout_below	使当前控件位于给出 id 控件的下方
android:layout_alignTop	使当前控件的上边界与给出 id 控件的上边界对齐
android:layout_alignBottom	使当前控件的下边界与给出 id 控件的下边界对齐
android:layout_alignLeft	使当前控件的左边界与给出 id 控件的左边界对齐
android:layout_alignRight	使当前控件的右边界与给出 id 控件的右边界对齐

下面介绍的是属性值以像素为单位的属性及说明，如表 4-6 所示。

表 4-6 以像素为单位的属性

属 性	说 明
android:layout_marginLeft	当前控件距左侧的距离
android:layout_marginRight	当前控件距右侧的距离
android:layout_marginTop	当前控件距上方的距离
android:layout_marginBottom	当前控件距下方的距离

需要注意的是在进行相对布局时要避免出现循环依赖。例如，设置相对布局在父容器中的排列方式为"wrap_content"，就不能再将相对布局的子控件设置为"android:layout_alignParentBottom"。因为这样会造成子控件和父控件相互依赖和参照的错误。

【练习 3】

在 Eclipse 中创建一个 ch04_03 的项目，打开 res/layout/activity_main.xml 文件，在该文件中使用相对布局，设计一个用户名和密码的注册，具体代码如下所示。

```xml
<RelativeLayout xmlns:android="http://schemas.android.com/apk/res/android"
    xmlns:tools="http://schemas.android.com/tools"
    android:layout_width="match_parent"
    android:layout_height="match_parent"
    android:background="@drawable/back">
    <TextView
        android:id="@+id/user"
        android:layout_width="fill_parent"
        android:layout_height="wrap_content"
        android:layout_marginTop="60pt"
        android:text="用户名" />
    <EditText
        android:id="@+id/username"
        android:layout_width="fill_parent"
        android:layout_height="wrap_content"
        android:layout_below="@id/user"
        android:background="@android:drawable/edit_text" />
    <TextView
        android:id="@+id/psw"
        android:layout_width="fill_parent"
        android:layout_height="wrap_content"
        android:layout_marginTop="90pt"
        android:text="密码" />
    <EditText
        android:id="@+id/password"
        android:layout_width="fill_parent"
        android:layout_height="wrap_content"
        android:layout_below="@id/psw"
        android:background="@android:drawable/edit_text" />
    <Button
        android:id="@+id/cancle"
        android:layout_width="wrap_content"
        android:layout_height="wrap_content"
        android:layout_alignParentRight="true"
        android:layout_below="@id/password"
        android:layout_marginLeft="10dip"
        android:text="取消"
        android:textColor="#FF00FF" />
    <Button
        android:layout_width="wrap_content"
        android:layout_height="wrap_content"
        android:layout_alignTop="@id/cancle"
        android:layout_toLeftOf="@id/cancle"
        android:text="确定"
        android:textColor="#FF00FF" />
```

```
</RelativeLayout>
```

上述代码中,在 TextView 中 android:layout_marginTop="60pt"设置了该 TextView 的具体位置。在 EditText 中,android:layout_below="@id/user"设置了用户名 EditText 位于用户名 TextView 下方。在 Button 中,android:layout_below="@id/password"和 android:layout_marginLeft="10dip"设置了 Button 的位置。运行该项目,结果如图 4-3 所示。

图 4-3　RelativeLayout 相对布局

4.4　表格布局

表格布局(TableLayout)是指将页面用表格分割方式进行布局。TableLayout 类以行和列的形式管理控件,每行为一个 TableRow 对象,也可以为一个 View 对象,当为 View 对象时,该 View 对象将跨越该行的所有列。在 TableRow 中可以添加子控件,每添加一个子控件为一列。

TableLayout 布局中并不会为每一行、每一列或每个单元格绘制边框,每一行可以有 0 个或多个单元格,每个单元格为一个 View 对象。TableLayout 中可以有空的单元格,单元格也可以向 HTML 中跨越多个列。

在表格布局中,一个列的宽度由该列中最宽的那个单元格指定,而表格的宽度是由父容器指定的。在 TableLayout 中可以为列设置以下三种属性。

- **Shrinkable**　表示列的宽度可以进行收缩,以使表格能够适应其父容器的大小。
- **Stretchable**　表示列的宽度可以进行拉伸,以使填满表格中空余的空间。
- **Collapsed**　表示列会被隐藏。

> **注意**　一个列可以同时具有 Shrinkable 和 Stretchable 属性,在这种情况下,该列的宽度将任意拉伸或者收缩,以适应父容器。

TableLayout 继承自 LinearLayout 类,除了继承来自父类的属性和方法,TableLayout 类中还有表格布局所特有的属性和方法,如表 4-7 所示。

表 4-7 TableLayout 类中特有的属性

属性	方法	说明
android:collapseColumns	setColumnCollapsed(int,boolean)	设置指定列号的列为 Collapsed，列号从 0 开始计算
android:shrinkColumns	setShrinkAllColumns(boolean)	设置指定列号的列为 Shrinkable，列号从 0 开始计算
android:stretchColumns	setStretchAllColumns(boolean)	设置指定列号的列为 Stretchable，列号从 0 开始计算

setShrinkAllColumns 和 setStretchAllColumns 实现的功能是将表格中的所有列设置为 Shrinkable 或 Stretchable。

【练习 4】

在 Eclipse 中创建一个 ch04_04 项目，打开 res/layout/activity_main.xml 文件，在该文件中使用表格布局，设计一个用户注册信息的显示页面，具体代码如下所示。

```xml
<TextView
    android:layout_width="fill_parent"
    android:layout_height="wrap_content"
    android:text="欢迎使用表格布局" />
<TableLayout
    android:layout_width="fill_parent"
    android:layout_height="fill_parent"
    android:layout_marginTop="20dip"
    android:stretchColumns="1" >
    <TableRow>
        <TextView
            android:layout_column="1"
            android:padding="3dip"
            android:text="姓名..." />
        <TextView
            android:gravity="right"
            android:padding="3dip"
            android:text="陈思" />
    </TableRow>
    <TableRow>
        <TextView
            android:layout_column="1"
            android:padding="3dip"
            android:text="性别..." />
        <TextView
            android:gravity="right"
            android:padding="3dip"
            android:text="女" />
    </TableRow>
    <TableRow>
        <TextView
            android:layout_column="1"
```

```xml
            android:padding="3dip"
            android:text="年龄..." />
        <TextView
            android:gravity="right"
            android:padding="3dip"
            android:text="20" />
    </TableRow>
        <View
            android:layout_height="2dip"
            android:background="#FF909090" />
    <TableRow>
        <TextView
            android:padding="3dip"
            android:text="*" />
        <TextView
            android:padding="3dip"
            android:text="爱好..." />
    </TableRow>
    <TableRow>
        <TextView
            android:padding="3dip"
            android:text="*" />
        <TextView
            android:padding="3dip"
            android:text="专业..." />
        <TextView
            android:gravity="right"
            android:padding="3dip"
            android:text="计算器" />
    </TableRow>
        <View
            android:layout_height="2dip"
            android:background="#FF909090" />
    <TableRow>
        <TextView
            android:layout_column="1"
            android:padding="3dip"
            android:text="退出" />
    </TableRow>
    <TableRow>
        <TextView
            android:layout_column="1"
            android:gravity="right"
            android:text="以上部分,带*号为可选项"
            android:textColor="#FF0000" />
    </TableRow>
</TableLayout>
```

上述代码中,TableLayout 定义了一个表格,且这个表格包含 7 行数据,每一行中的数据都是使用了相对布局。运行该项目，结果如图 4-4 所示。

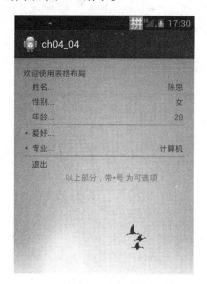

图 4-4　TableLayout 表格布局

4.5 帧布局

帧布局（FrameLayout）是最简单的一种布局，可以理解为在屏幕上故意保留的空白区域，然后可以在这个区域中添加其他子控件。但是所有子控件都要被对齐到屏幕的左上角，不能单独为子控件指定位置。第一个添加到帧布局中的子控件显示在最底层，最后一个添加的被放在最顶层，上一层的子控件会覆盖下一层的子控件。这种显示方式类似于堆栈，栈顶的元素显示在最顶层，而栈底的元素显示在最底层，因此可以将 Frame Layout 称为堆栈布局。

帧布局的大小由子控件中尺寸最大的子控件来决定。如果子控件同样大，同一时刻只能看到最上面的子控件。

FrameLayout 继承自 ViewGroup，除了继承自父类的属性和方法，FrameLayout 类中也包含自己特有的属性和方法，如表 4-8 所示。

表 4-8　FrameLayout 的属性及方法

属　　性	方　　法	说　　明
android:foreground	setForeGround(Grawable)	设置绘制在子控件之上的内容
android:foregroundGravity	setForegroundGravity(int)	设置绘制在所有子控件之上内容的 gravity 属性

在 FrameLayout 中，子控件是通过栈来绘制的，所以后来添加的子控件会被绘制在上层。

【练习 5】

在 Eclipse 中创建一个 ch04_05 的项目，打开 res/layout/activity_main.xml 文件，在该文件中使用帧布局，设计不同颜色的字体进行叠加，具体代码如下所示。

```
<TextView
    android:id="@+id/textView1"
    android:layout_width="wrap_content"
    android:layout_height="wrap_content"
```

```xml
        android:text="欢迎使用FrameLayout布局" />
    <FrameLayout
    android:layout_width="fill_parent"
    android:layout_height="fill_parent"
    android:layout_below="@+id/textView1" >
        <TextView
            android:id="@+id/first"
            android:layout_width="wrap_content"
            android:layout_height="wrap_content"
            android:text="第一个"
            android:textColor="#FF7256"
            android:textSize="22pt" />
        <TextView
            android:id="@+id/second"
            android:layout_width="wrap_content"
            android:layout_height="wrap_content"
            android:text="第二个"
            android:textColor="#EE82EE"
            android:textSize="16pt" />
        <TextView
            android:id="@+id/third"
            android:layout_width="wrap_content"
            android:layout_height="wrap_content"
            android:text="第三个"
            android:textColor="#9932CC"
            android:textSize="10pt" />
    </FrameLayout>
```

上述代码中，FrameLayout定义了帧布局，其中id为first的TextView显示在下面，根据叠放的顺序，依次显示id为second和third的TextView。运行该项目，结果如图4-5所示。

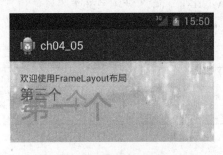

图4-5　FrameLayout帧布局

4.6 绝对布局

绝对布局（AbsoluteLayout）是一种用起来比较费时的布局管理器，但是对于页面的布局管理十分精准。所谓绝对布局，是指屏幕中所有控件的摆放由开发人员通过设置坐标来指定，控件容器不再负责管理子控件的位置。由于子控件的位置和布局都是通过坐标来制定，因此AbsoluteLayout类中没有特有的属性和方法。

第4课 定义应用程序布局

【练习6】

（1）在 Eclipse 中创建一个 ch04_06 的项目，打开 res/layout/activity_main.xml 文件，在该文件中使用绝对布局，显示用户名和密码信息，具体代码如下所示。

```xml
<?xml version="1.0" encoding="utf-8"?>
<AbsoluteLayout xmlns:android="http://schemas.android.com/apk/res/android"
    android:layout_width="fill_parent"
    android:layout_height="fill_parent"
    android:background="@drawable/back" >
    <TextView
        android:id="@+id/textuser"
        android:layout_width="wrap_content"
        android:layout_height="wrap_content"
        android:layout_x="20dip"
        android:layout_y="30dip"
        android:text="用户名:" />
    <EditText
        android:id="@+id/edituser"
        android:layout_width="180dip"
        android:layout_height="wrap_content"
        android:layout_x="80dip"
        android:layout_y="20dip"
        android:background="@android:drawable/edit_text" />
    <TextView
        android:id="@+id/textpassword"
        android:layout_width="wrap_content"
        android:layout_height="wrap_content"
        android:layout_x="20dip"
        android:layout_y="90dip"
        android:text="密码:" />
    <EditText
        android:id="@+id/editpassword"
        android:layout_width="180dip"
        android:layout_height="wrap_content"
        android:layout_x="80dip"
        android:layout_y="80dip"
        android:background="@android:drawable/edit_text"
        android:password="true" />
    <Button
        android:id="@+id/commit"
        android:layout_width="wrap_content"
        android:layout_height="wrap_content"
        android:layout_x="135dip"
        android:layout_y="140dip"
        android:text="确定"
        android:textColor="#0000CD" />
    <Button
        android:id="@+id/cancel"
        android:layout_width="wrap_content"
```

```
            android:layout_height="wrap_content"
            android:layout_x="200dip"
            android:layout_y="140dip"
            android:text="取消"
            android:textColor="#0000CD" />
    <View
            android:layout_width="260dp"
            android:layout_height="2dip"
            android:layout_x="20dip"
            android:layout_y="195dip"
            android:background="#FF909090" />
    <ScrollView
            android:id="@+id/scrollview"
            android:layout_width="250dip"
            android:layout_height="150dip"
            android:layout_x="20dip"
            android:layout_y="200dip" >
        <EditText
            android:id="@+id/message"
            android:layout_width="fill_parent"
            android:layout_height="wrap_content"
            android:gravity="top"
            android:singleLine="false" />
    </ScrollView>
</AbsoluteLayout>
```

上述代码中，AbsoluteLayout 声明了一个绝对布局，并设置了容器中的填充方式。android:layout_x="20dip"和 android:layout_y="30dip"设置了该控件的坐标。

（2）开发应用程序为上述布局中的按钮添加事件，关键代码如下所示。

```
protected void onCreate(Bundle savedInstanceState) {
    super.onCreate(savedInstanceState);
    setContentView(R.layout.activity_main);
    //获取确定和取消按钮
    final Button commitButton = (Button)findViewById(R.id.commit);
    final Button cancelButton = (Button)findViewById(R.id.cancel);
    //获取文本框
    final EditText edituser = (EditText)findViewById(R.id.edituser);
    final EditText editpassword = (EditText)findViewById(R.id.editpassword);
    final EditText message = (EditText)findViewById(R.id.message);
    //为按钮添加监听器
    commitButton.setOnClickListener(new View.OnClickListener() {
        public void onClick(View v) {//重写onClick方法
            String user = edituser.getText().toString();
            String password = editpassword.getText().toString();
            message.append("用户名: "+user+"\n"+"密    码: "+password+"\n");
            edituser.setText("");
            editpassword.setText("");
        }
```

```
        });
        cancelButton.setOnClickListener(new View.OnClickListener() {
            public void onClick(View v) {
                //清空用户名文本框和密码文本框内容
                edituser.setText("");
                editpassword.setText("");
            }
        });
    }
```

上述代码中，为确定按钮和取消按钮设置监听器，用于处理文本框中输入的信息。单击【确定】按钮，将输入信息进行显示。单击【取消】按钮，将输入的信息进行清空处理。运行该项目，输入信息，单击【确定】按钮之前如图4-6所示，单击【确定】按钮之后如图4-7所示。

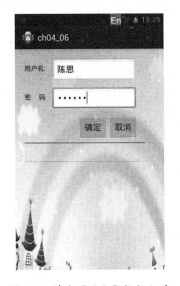
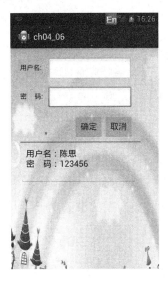

图 4-6　单击【确定】按钮之前　　　　图 4-7　单击【确定】按钮之后

> **注意**
> 现在的 Android 设备都有不同的分辨率，采用绝对布局不能适应这些不同的分辨率设备。Google 官方文档中也已经注明该布局已经过时，所以一般情况下，不提倡使用这种布局方式。

4.7 网格布局

Android 4.0 提供了两种新的控件，就是 Space 和 GridLayout，是专门为大屏幕设备提供更丰富的用户交互体验而设计。网格是由被无数虚细线分割成多个单元格的可视区域组成。贯穿整个界面的网格线通过网格索引数来指定。一个 N 列的网格在运行中包含 0~N 的 N+1 个索引，不管怎么配置 GridLayout，网格索引 0 是固定网格容器的前边距，索引 N 是固定容器的后边距。

4.7.1 网格布局简介

GridLayout 用一组无限细的直线将它的绘图区域分割成行、列、单元。它支持行、列拼接合并，这就使得一个子元素控件能够排布在一系列连续单元格组成的矩形区域。本小节将直接使用"行"、

"列"、"单元格"这些术语来分别代表"行集合"、"列集合"、"单元格集合",这里集合的意思是指一个或多个连续元素。

1. 关于行和列的规格

在定义 rowSpec 和 columnSpec 布局参数后,子视图占用一个或者多个连续单元格,每个规范是定义被占用的行或列的设置和子视图在单元格是如何对齐。尽管各个单元格在一个 GridLayout 中不重叠,GridLayout 并没有阻止子视图被定义为占据相同的单元格或者单元格组。然而在这种情况下,也不能保证子视图在布局操作完成后自己不会重叠。

2. 关于空间

子视图之间的空间可能会通过使用专用的空间视图来设置,或通过设置 leftMargin,topMargin,rightMargin 和 bottomMargin 布局参数后指定。当设置为 useDefaultMargins 属性,根据当前平台的用户界面风格,子视图周围的默认边距将自动分配。每个被定义的边距可通过分配到相应的布局参数来独立覆盖。默认值通常在不同组成部分会产生一个合理的间距,但在不同平台版本之间可能会改变。

3. 关于多余空间的分布

一个子视图的伸展程度是通过行和列对其属性推算来控制的。如果对齐是沿着给定的轴定义,那么该组件在这个方向具有灵活性;如果没有对齐,相反组件会缺乏灵活性。

多个组件在同一行或列组被认为平行的。如果组中所有在内的组件是灵活的,那么这个小组是灵活的。位置在一个共同边界两侧的行和列组,反而认为采取同一系列。如果复合组的一个元素是灵活的,则这个复合组是灵活的。

为了使一列伸展,确保所有的组件里面定义一个 gravity 属性。为了防止从列伸展,确保列中的组成部分之一没有定义的 gravity 属性。

> GridLayout 的多余空间分布是基于优先级,而不是根据比例。

4. 关于局限性

GridLayout 不提供支持空间(weight)分配的原则。在一般情况下,可以配置一个 GridLayout 多余的空间分布在多个行或列之间的不相同的比例。

5. 关于其属性

GridLayout 常用的属性如表 4-9 所示。

表 4-9 GridLayout 常用的属性

属　　性	说　　明
android:alignmentMode	该属性用来设置视图与边界的校准方式。当设置为 alignMargins,使视图的外边界之间进行校准,定义其边距;当设置为 alignBounds,使视图的边界之间进行校准;默认设置 alignMargins
android:columnCount	自动定位子视图时创建的最大列数
android:columnOrderPreserved	当设置为 true,使列边界显示的顺序和列索引的顺序相同。默认值是 true
android:orientation	Orientation 属性在布局时不被使用,它仅当子视图布局参数没有指定的时候分配行和列,GridLayout 在这种情况下和 LinearLayout 使用方法一样,根据标志的值将所有组件放在单个行或者放在单列中。在水平情况下,当一行的所有列都填充满时,columnCount 属性额外提供创建新行。同样在垂直情况下,rowCount 属性有相同的作用,默认是水平的
android:rowCount	自动定位子视图时创建的最大行数
android:rowOrderPreserved	当设置为 true,使行边界显示的顺序和行索引的顺序相同。默认值是 true
android:useDefaultMargins	当没有指定视图的布局参数时设置为 true,告诉 GridLayout 使用默认的边距。默认值是 false

6. 关于其方法

在 GridLayout 中包含一些经常使用的公共方法，用于设置页面布局，如表 4-10 所示。

表 4-10　GridLayout 中常用的方法

方　　法	说　　明
GridLayout.LayoutParams generateLayoutParams (AttributeSet attrs)	在提供的属性集基础上返回一个新的布局参数设置
int getAlignmentMode()	返回对齐方式
int getColumnCount()	返回当前的列数。通过 setColumnCount（int）方法最后一次设置的值，如果没有这样的值被设置，返回在 columnSpec 定义中的每一个上限的最大值
int getOrientation()	返回当前方向
int getRowCount()	返回当前的行数。通过 setRowCount（int）方法最后一次设置的值，如果没有这样的值被设置，返回在 rowSpec 定义中的每一个上限的最大值
boolean getUseDefaultMargins()	在 GridLayout 分配时，是否有相应布局分配默认边距
boolean isColumnOrderPreserved()	返回是否通过表格索引顺序定制列边界
boolean isRowOrderPreserved()	返回是否通过表格索引顺序定制行边界
void requestLayout()	当无效的视图布局发生变化时调用它，将通过视图树进行布局传递
void setAlignmentMode (int alignmentMode)	设置该容器中所有子视图之间的对齐方式默认的值是 ALIGN_MARGINS
void setColumnCount (int columnCount)	当没有任何布局参数指定列数时，生成默认的列/行索引
void setColumnOrderPreserved (boolean columnOrderPreserved)	当此属性为 true，GridLayout 视图中以升序顺序放置列的边界。当此属性是 false，GridLayout 是放置在任何最适合给定的约束水平列边界的顺序，默认值是 true
void setOrientation (int orientation)	Orientation 是仅用于当没有一个布局参数指定时，生成默认的列/行索引。默认的属性值是 HORIZONTAL
void setRowCount (int rowCount)	RowCount 是仅用于当没有一个布局参数指定时，生成默认的列/行索引
void setRowOrderPreserved (boolean rowOrderPreserved)	当此属性为 true，GridLayout 是强制它们相关的网格指数在视图中以升序顺序放置行的边界。当此属性是 false，GridLayout 是放置在任何最适合给定的约束水平行边界的顺序。此属性的默认值是 true
setUseDefaultMargins (boolean useDefaultMargins)	当设置为 true，GridLayout 根据子视图的视觉特征分配在子视图周围的默认边距，每个定义的边距，可独立分配到相应的布局参数覆盖，考虑设置的 alignmentMode 属性值 ALIGN_BOUNDS。如果为 false，所有边距的默认值是零。此属性的默认值是 false

4.7.2　网格布局的使用

在使用网格布局 GridLayout 时，可以通过使用 XML 属性进行设置，也可以通过使用类方法进行设置页面风格布局。以下使用两种不同的方法进行设置一个用户注册页面。

【练习 7】

在 Eclipse 中创建一个 ch04_07 的项目，打开 res/layout/activity_main.xml 文件，在该文件中使用 GridLayout 布局，设计一个用户注册模块。具体代码如下所示。

```
<?xml version="1.0" encoding="utf-8"?>
```

```xml
<GridLayout xmlns:android="http://schemas.android.com/apk/res/android"
    android:layout_width="match_parent"
    android:layout_height="match_parent"
    android:alignmentMode="alignBounds"
    android:background="@drawable/background"
    android:columnCount="4"
    android:rowOrderPreserved="false"
    android:useDefaultMargins="true" >
    <TextView
        android:layout_columnSpan="4"
        android:layout_gravity="center_horizontal"
        android:text="使用GridLayout布局"
        android:textSize="32dip" />
    <TextView
        android:layout_columnSpan="4"
        android:layout_gravity="left"
        android:text="请根据步骤，注册一个用户"
        android:textSize="16dip" />
    <TextView
        android:layout_gravity="right"
        android:text="用户名：" />
    <EditText
        android:background="@android:drawable/edit_text"
        android:ems="10" />
    <TextView
        android:layout_column="0"
        android:layout_gravity="right"
        android:text="密　　码：" />
    <EditText
        android:background="@android:drawable/edit_text"
        android:ems="10" />
    <Space
        android:layout_column="2"
        android:layout_gravity="fill"
        android:layout_row="2"
        android:layout_rowSpan="3" />
    <Button
        android:layout_column="3"
        android:layout_row="5"
        android:text="下一步" />
    <Button
        android:layout_column="3"
        android:layout_gravity="fill_horizontal"
        android:text="重置" />
</GridLayout>
```

在上面的代码中，需要注意的是在 GridLayout 布局中，已经不需要使用 WRAP_CONTENT 和 MATCH_PARENT 等属性。在上面的代码中，并没有显式地说明哪个控件摆放在什么单元格，每一个控件其实是使用了 layout_columnSpan 及 rowSpan 或 columnSpan 去指定其相关的位置和宽度。

android:columnCount=4 指定了 4 列，列的编号注意从左到右，第一列是 0，依此类推。行的编号从上到下，序号也是从 0 开始。

space 是 Android 4.0 中新增的一个控件，它实际上可以用来分隔不同的控件，其中形成一个空白的区域。通过 android:layout_row 及 android:layout_column 指定了其起始位置。运行该项目，结果如图 4-8 所示。

图 4-8　GridLayout 网格布局

如果一个子视图没有指定占据的行和列索引，GridLayout 会自动指定单元格位置，包括方向、行数和列数的属性。

【练习 8】

在 Eclipse 中创建一个 ch04_08 的项目，打开 src/com.example.ch04_08/MainActivit.java 文件，在该文件中使用 GridLayout 布局，设计一个用户注册模块，具体代码如下所示。

```
package com.example.ch04_08;
import android.app.Activity;
import android.content.Context;
import android.content.res.Resources;
import android.graphics.drawable.Drawable;
import android.os.Bundle;
import android.view.View;
import android.widget.*;
import static android.text.InputType.*;
import static android.widget.GridLayout.*;
public class MainActivity extends Activity {
    public static View create(Context context) {
        GridLayout p = new GridLayout(context);
        Resources resources = context.getResources();
        Drawable background = resources.getDrawable(R.drawable.background);
        Drawable editback = resources.getDrawable(android.R.drawable.edit_text);
        p.setBackgroundDrawable(background);
        p.setUseDefaultMargins(true);
        p.setAlignmentMode(ALIGN_BOUNDS);
        p.setRowOrderPreserved(false);
        Spec row1 = spec(0);
        Spec row2 = spec(1);
```

```java
        Spec row3 = spec(2, BASELINE);
        Spec row4 = spec(3, BASELINE);
        // 让上面两行重叠
        Spec row5 = spec(2, 3, FILL);
        Spec row6 = spec(5);
        Spec row7 = spec(6);
        Spec col1a = spec(0, 4, CENTER);
        Spec col1b = spec(0, 4, LEFT);
        Spec col1c = spec(0, RIGHT);
        Spec col2 = spec(1, LEFT);
        Spec col3 = spec(2, FILL);
        Spec col4a = spec(3);
        Spec col4b = spec(3, FILL);
        {
            TextView c = new TextView(context);
            c.setTextSize(32);
            c.setText("使用GridLayout布局");
            p.addView(c, new LayoutParams(row1, col1a));
        }
        {
            TextView c = new TextView(context);
            c.setTextSize(16);
            c.setText("请根据指示，注册一个用户账号");
            p.addView(c, new LayoutParams(row2, col1b));
        }
        {
            TextView c = new TextView(context);
            c.setText("用户名: ");
            p.addView(c, new LayoutParams(row3, col1c));
        }
        {
            EditText c = new EditText(context);
            c.setEms(10);
            c.setBackgroundDrawable(editback);
            c.setInputType(TYPE_CLASS_TEXT | TYPE_TEXT_VARIATION_EMAIL_ADDRESS);
            p.addView(c, new LayoutParams(row3, col2));
        }
        {
            TextView c = new TextView(context);
            c.setText("密    码: ");
            p.addView(c, new LayoutParams(row4, col1c));
        }
        {
            EditText c = new EditText(context);
            c.setEms(10);
            c.setBackgroundDrawable(editback);
            c.setInputType(TYPE_CLASS_TEXT | TYPE_TEXT_VARIATION_PASSWORD);
            p.addView(c, new LayoutParams(row4, col2));
```

```
        }
        {
            Space c = new Space(context);
            p.addView(c, new LayoutParams(row5, col3));
        }
        {
            Button c = new Button(context);
            c.setText("下一步");
            p.addView(c, new LayoutParams(row6, col4a));
        }
        {
            Button c = new Button(context);
            c.setText("重置");
            p.addView(c, new LayoutParams(row7, col4b));
        }
        return p;
    }
    protected void onCreate(Bundle savedInstanceState) {
        super.onCreate(savedInstanceState);
        setContentView(create(this));
    }
}
```

运行该项目，结果如图 4-9 所示，与上面练习中结果一样。

图 4-9 使用 GridLayout 布局

4.8 实例应用：创建计算器

4.8.1 实例目标

本课前面几节都是使用单独的布局进行设计页面。但是在实际的 Android 开发中，经常将几种不同的布局进行嵌套使用，方便进行页面的显示。本节实例将采用 Android 4.0 新增加的网格布局与其他布局方式嵌套使用，进行页面布局，设计一个计算器。

4.8.2 技术分析

本课主要讲解布局的使用，因此该实例对于其中计算的操作在以后的内容中会进行详细的讲解。对于计算器布局，采用相对布局（RelativeLayout）和网格布局（GridLayout）进行嵌套使用。对计算器背景的设计在 RelativeLayout 中设置，对于每个按钮和数据的显示在 GridLayout 中设计。

4.8.3 实现步骤

在 Eclipse 中创建一个 test04 的项目，打开 res/layout/activity_main.xml 文件，在该文件中使用 RelativeLayout 布局和 GridLayout 布局，设计一个计算器显示页面，具体代码如下所示。

（1）将一个相对布局和网格布局嵌套，用于布局计算器的整体结构，如下所示。

```xml
<RelativeLayout xmlns:android="http://schemas.android.com/apk/res/android"
    xmlns:tools="http://schemas.android.com/tools"
    android:layout_width="match_parent"
    android:layout_height="match_parent"
    android:background="@drawable/test04"
    tools:context=".MainActivity" >
    <GridLayout
        android:layout_width="wrap_content"
        android:layout_height="wrap_content"
        android:columnCount="4"
        android:orientation="horizontal"
        android:rowCount="5" >
```

（2）添加文本框，用于显示计算器按钮按下的数据，如下所示。

```xml
<TextView
android:layout_columnSpan="4"
android:layout_gravity="left"
android:text="使用 GridLayout 布局创建计算器" />
<EditText
android:layout_columnSpan="4"
android:layout_gravity="left"
android:width="240dp"
android:background="@android:drawable/edit_text" />
```

（3）添加计算器按钮，布局按钮分布，如下所示。

```xml
<Button
 android:id="@+id/one"
 android:text="1"/>
<Button
 android:id="@+id/two"
 android:text="2"/>
<Button
 android:id="@+id/three"
 android:text="3"/>
<Button
 android:id="@+id/devide"
 android:text="/"/>
<Button
```

```xml
    android:id="@+id/four"
    android:text="4"/>
<Button
    android:id="@+id/five"
    android:text="5"/>
<Button
    android:id="@+id/six"
    android:text="6"/>
<Button
    android:id="@+id/multiply"
    android:text="×"/>
<Button
    android:id="@+id/seven"
    android:text="7"/>
<Button
    android:id="@+id/eight"
    android:text="8"/>
<Button
    android:id="@+id/nine"
    android:text="9"/>
<Button
    android:id="@+id/minus"
    android:text="-"/>
<Button
    android:id="@+id/zero"
    android:layout_columnSpan="2"
    android:layout_gravity="fill"
    android:text="0"/>
<Button
    android:id="@+id/point"
    android:text="."/>
<Button
    android:id="@+id/plus"
    android:layout_width="60dp"
    android:layout_gravity="fill"
    android:layout_rowSpan="2"
    android:text="+" />
<Button
    android:id="@+id/equal"
    android:layout_columnSpan="3"
        android:layout_gravity="fill"
        android:text="="/>
    </GridLayout>
</RelativeLayout>
```

运行该项目，结果如图 4-10 所示。

图 4-10 嵌套设计计算器

4.9 扩展训练

拓展训练：创建一个新闻信息显示列表

使用前面讲到的几种布局方式，创建一个新闻信息显示页面，其中包括新闻种类的显示和新闻标题的显示。要求新闻种类要使用网格的形式进行显示，而新闻标题要使用列表显示方式。

页面要包含一个返回按钮，用于返回到新闻信息主页面（具体的功能可以不做实现），在实际布局时，可以将几种布局进行嵌套使用。

4.10 课后练习

一、填空题

1. 在 Android 中包含垂直布局和水平布局的是_____布局。
2. 在一列或者一行上显示多个控件，就需要_____布局来进行排列。
3. _____布局是指将页面用表格分割方式进行布局。
4. 在几种布局中_____布局的子控件是通过栈来绘制的。
5. Android 4.0 中添加的两种新的布局方式是 Space 和_____。
6. 在设置该控件的宽度时 android:layout_width="_____"表示该控件占据屏幕宽度。
7. GridLayout 的多余的空间分布是基于_____，而不是根据比例。

二、选择题

1. 在以下几个属性中，不属于相对布局中取值为 true 或 false 的属性是_____。

    A. android:layout_centerHorizontal

    B. android:layout_centerVertical

    C. android:layout_alignParentLeft

D. android:layout_toRightOf

2. 下列属性中，属性值不是以像素为单位的属性是_____。

   A. android:layout_marginLeft

   B. android:layout_marginRight

   C. android:layout_width

   D. android:layout_marginTop

3. 在表格布局中一个列被标识为_____，则该列会被隐藏。

   A. Collapsed

   B. Shrinkable

   C. Stretchable

   D. TableRow

4. 在布局的过程中需要依据控件之间的依赖关系排列的是_____。

   A. 线性布局

   B. 相对布局

   C. 帧布局

   D. 网格布局

5. 以下_____布局是 Android 4.0 之后添加的。

   A. LinearLayout

   B. RelativeLayout

   C. TableLayout

   D. GridLayout

6. 当为属性 gravity 设置多个值时，要使用"_____"进行分隔。

   A. |

   B. ,

   C. \

   D. &&

三、简答题

1. 简述 Android 中常用的几种布局。
2. 说出两种线性布局的不同点以及设置方式。
3. Android 4.0 之后增加的两种布局是什么，它们的优点是什么？

第 5 课
Android 基础控件详解

Android 应用程序的人机交互界面有很多 Android 控件组成。几乎所有的 Android 都会涉及到控件技术，如文本框、编辑框、按钮、列表等控件。这些在 Android 应用程序中随处可见，本课将对 Android 提供的基础控件进行详细的介绍。

本课学习目标：
- ❏ 掌握文本框与编辑框的基本应用
- ❏ 掌握单选按钮和复选按钮的应用
- ❏ 掌握普通按钮和图片按钮的基本应用
- ❏ 掌握列表选择框、列表视图和图像视图的使用方法
- ❏ 掌握日期与时间选择器的基本使用
- ❏ 了解计时器控件的使用方法

5.1 文本框与编辑框

在应用程序中，经常需要编辑和显示文本，在 Android 中提供了文本框（TextView）控件和编辑框（EditText）控件。前者用于在屏幕上显示文本；后者用于在屏幕上显示可编辑的文本框。其中，EditText 是 TextView 的子类。下面将详细介绍这两种控件。

5.1.1 文本框

TextView 控件主要用于在屏幕上显示文本，通过在 XML 布局文件中配置<TextView>标记来使用文本框控件。其基本语法格式如下所示。

```
<TextView
    android:id="@+id/textView1"
    android:layout_width="wrap_content"
    android:layout_height="wrap_content"
    android:text="/hello world" />
```

在以上代码中，id 表示定义了 TextView 的变量名称为 textView1，会自动写进 R.java，在 R.java 文件中会生成内部类 id，可在主程序调用 R.id.textView1 来获取这个控件变量实体。layout_width 和 layout_height 表示 TextView 的高度和宽度，都设置为 wrap_content，表示将完整显示其内部的文本，布局元素将根据内容更改大小。text 属性表示要显示的文本的内容。

TextView 控件有很多属性，根据不同的属性显示 TextView 的效果也不同。常用的 XML 属性如表 5-1 所示。

表 5-1　TextView 支持的 XML 属性

属 性 名 称	描　　述
android:autoLink	设置是否当文本为 URL 链接/邮箱/电话号码/map 时，文本显示为可单击的链接。可选值 none、web、email、phone、map、all
android:digits	设置允许输入哪些字符，如 "1234567890.+-*/%\n()"
android:drawableBottom	用于在文本框内文本的底端绘制指定图像，该图像可以是放在 res\drawable 目录下的图片，通过 "@drawable/文件名" 设置
android:drawableLeft	用于在文本框内文本的左侧绘制指定图像，该图像可以是放在 res\drawable 目录下的图片，通过 "@drawable/文件名" 设置
android:drawablePadding	设置 text 与 drawable(图片)的间隔，与 drawableLeft、drawableRight、drawableTop、drawableBottom 一起使用，可设置为负数，单独使用没有效果
android:drawableRight	用于在文本框内文本的右侧绘制指定图像，该图像可以是放在 res\drawable 目录下的图片，通过 "@drawable/文件名" 设置
android:drawableTop	用于在文本框内文本的顶部绘制指定图像，该图像可以是放在 res\drawable 目录下的图片，通过 "@drawable/文件名" 设置
android:gravity	用于设置文本框内文本的对齐方式，可选值有 top、bottom、left、right、fill 等，这些属性也可以同时指定，各个属性之间用竖线隔开。例如，要指定控件靠右下角对齐，可以使用属性值 right|bottom
android:hint	Text 为空时显示的文字提示信息，可通过 textColorHint 设置提示信息的颜色
android:inputType	设置文本的类型，用于帮助输入法显示合适的键盘类型
android:linksClickable	设置链接是否单击链接

续表

属性名称	描述
android:marqueeRepeatLimit	在 ellipsize 指定 marquee 的情况下，设置重复滚动的次数，当设置为 marquee_forever 时表示无限次
android:maxLength	限制显示的文本长度，超出部分不显示
android:lines	设置文本的行数，设置两行就显示两行，即使第二行没有数据
android:maxLines	设置文本的最大显示行数，与 width 或者 layout_width 结合使用，超出部分自动换行，超出行数将不显示
android:minLines	设置文本的最小行数，与 lines 类似
android:lineSpacingExtra	设置行间距
android:lineSpacingMultiplier	设置行间距的倍数
android:numeric	如果被设置，该 TextView 有一个数字输入法
android:password	以小点"."显示文本
android:phoneNumber	设置为电话号码的输入方式
android:privateImeOptions	设置输入法选项
android:scrollHorizontally	设置文本超出 TextView 宽度的情况下，是否出现横拉条
android:selectAllOnFocus	如果文本是可选择的，让它获取焦点而不是将光标移动为文本的开始位置或者末尾位置
android:shadowColor	指定文本阴影的颜色，需要与 shadowRadius 一起使用
android:shadowDx	设置阴影横向坐标开始位置
android:shadowDy	设置阴影纵向坐标开始位置
android:shadowRadius	设置阴影的半径。设置为 0.1 就变成字体的颜色了，一般设置为 3.0 的效果比较好
android:singleLine	设置单行显示。如果和 layout_width 一起使用，当文本不能全部显示时，后面用"…"来表示。如果不设置 singleLine 或者设置为 false，文本将自动换行
android:text	设置显示文本
android:textAppearance	设置文字外观
android:textColor	设置文本颜色
android:textColorHighlight	被选中文字的底色，默认为蓝色
android:textColorHint	设置提示信息文字的颜色，默认为灰色。与 hint 一起使用
android:textColorLink	文字链接的颜色
android:textScaleX	设置文字之间间隔，默认为 1.0f
android:textSize	设置文字大小，推荐度量单位"sp"
android:textStyle	设置字形[bold(粗体)， italic(斜体)，bolditalic(又粗又斜)]，可以设置一个或多个，用"|"隔开
android:typeface	设置文本字体，必须是以下常量值之一：normal、sans、serif 或者 monospace
android:height	设置文本区域的高度，支持度量单位：dp/sp/in/mm(毫米)
android:maxHeight	设置文本区域的最大高度
android:minHeight	设置文本区域的最小高度
android:width	设置文本区域的宽度，支持度量单位：dp/sp/in/mm(毫米)
android:maxWidth	设置文本区域的最大宽度
android:minWidth	设置文本区域的最小宽度

【练习 1】

在 Eclipse 中创建一个 Android 项目，名称为 ch05_01，实现在文本框中显示超链接、邮箱、显示带图片的文本，单行和多行显示文本的功能。

（1）在项目中的 res/layout 目录下修改 activity_main.xml 文件，作为文本框显示的布局文件，在其中添加 4 个文本框，分别设置属性如下所示。

```xml
<LinearLayout xmlns:android="http://schemas.android.com/apk/res/android"
    xmlns:tools="http://schemas.android.com/tools"
    android:layout_width="match_parent"
    android:layout_height="match_parent"
    android:orientation="vertical" >
<TextView
        android:id="@+id/textView01"
        android:layout_width="wrap_content"
        android:layout_height="wrap_content"
        android:autoLink="all"
        android:text="@string/text01"
        android:layout_margin="10dp"/>
<TextView
        android:id="@+id/textView02"
        android:layout_width="wrap_content"
        android:layout_height="wrap_content"
        android:drawableTop="@drawable/logo"
        android:text="@string/text02"
        android:gravity="center"
        android:layout_margin="10dp"/>
<TextView
        android:id="@+id/textView03"
        android:layout_width="wrap_content"
        android:layout_height="wrap_content"
        android:singleLine="true"
        android:text="@string/text03"/>
<TextView
        android:id="@+id/textView04"
        android:layout_width="wrap_content"
        android:layout_height="wrap_content"
        android:singleLine="false"
        android:text="@string/text03"
        android:lineSpacingMultiplier="1.5"/>
</LinearLayout>
```

其中第一个文本框添加了属性 autoLink，并且设置值为 all，表示该文本框中所含有的 URL 和邮箱地址，将用超链接显示。第二个文本框中添加了属性 drawableTop，是用来在文本框的上部显示图片，而且该文本在图片下方的正中间。第三个和第四个文本框中都设置了属性 singleLine，其中第三个值设置为 true，代表单行显示文本，多余的将用"…"代替。属性 lineSpacingMultiplier 表示行间距，layout_margin 表示边距。在上述代码中的 text 表示显示的文本，都来自项目的 res/values 中的 strings.xml 文件。

（2）在项目的 res 目录下的 drawable_ldpi 文件夹中，放入一张名称为 logo.gif 的图片，用以在第二个文本框上部显示。

（3）在项目的 res/values 中的 strings.xml 文件中添加文本框中文本的显示内容，代码如下所示。

```xml
<string name="text01">汇智学习视频网站: http://www.itzcn.com 邮箱地址为: admin@itzcn.com</string>
```

```
<string name="text02">带图片的文本框</string>
<string name="text03">Android是一种基于Linux的自由及开放源代码的操作系统，主要使用
于移动设备，如智能手机和平板电脑，由Google公司和开放手机联盟领导及开发。</string>
```

运行项目后，文本框显示的效果如图 5-1 所示。

图 5-1　文本框的显示效果

5.1.2　编辑框

编辑框主要用于在屏幕上显示文本输入框，便于用户输入信息，通过在 XML 布局文件中配置 <EditView> 标记来使用编辑框控件，其基本语法格式如下。

```
<EditText
    android:layout_width="wrap_content"
    android:layout_height="wrap_content"
    android:id="@+id/editView"
    android:hint="在编辑框内容为空时，显示该内容"
    android:singleLine="true"
    android:inputType="textPersonName"/>
```

在上述代码中，定义的编辑框的宽度和高度均为 wrap_content，表示将完整显示其内部的文本，布局元素将根据内容更改大小。hint 属性表示当编辑框内容为空的时候，显示的默认内容。singleLine 属性表示是否单行，设置为"true"表示输入内容为单行。inputType 属性是用于指定当前编辑框输入内容的文本类型。

编辑框的 XML 属性与文本框属性一样，这里就不再一一列举了。

【练习2】

下面给出一个使用编辑框的实例。在 Eclipse 中创建 Android 项目，名称为 ch05_02，实现会员注册界面。

（1）在项目中的 res/layout 目录下修改 activity_main.xml 文件，作为编辑框显示的布局文件，为了使应用程序布局显示不杂乱，这里添加了一个 TableLayout 表格布局管理器，并添加了 5 个 TableRow 表格行，修改后布局文件的主要代码如下所示。

```
<?xml version="1.0" encoding="utf-8"?>
<TableLayout xmlns:android="http://schemas.android.com/apk/res/android"
    android:layout_width="match_parent"
```

```xml
        android:layout_height="match_parent"
        android:orientation="vertical" >
        <TableRow
            android:layout_width="wrap_content"
            android:layout_height="wrap_content"
            android:id="@+id/tableRow1">
<!--在此处添加文本框与编辑框配置属性-->
        </TableRow>
```

由于表格行的代码基本一致,因此在此处省略其他四个表格行的代码,需要注意的是在编写其他几个表格行的时候应将各个表格行的 id 重新设置。

(2)在第一个表格中添加一个用于显示提示信息的文本框和一个用于输入会员昵称的编辑框控件,具体代码如下。

```xml
<TextView
    android:layout_width="wrap_content"
    android:layout_height="wrap_content"
    android:id="@+id/textView05"
    android:text="用  户  名"/>
<EditText
    android:layout_width="300dp"
    android:layout_height="wrap_content"
    android:id="@+id/nickName"
    android:hint="@string/edit01"
    android:singleLine="true"
    android:inputType="textPersonName"/>
```

上述代码中,EditView 控件中的 singleLine="true"表示单行输入文本。在 EditView 控件中,inputType="textPersonName"表示输入类型为用户名。

(3)在第二个表格中添加一个用于显示提示信息的文本框和一个用于输入密码的编辑框控件,具体代码如下。

```xml
<TextView
    android:layout_width="wrap_content"
    android:layout_height="wrap_content"
    android:id="@+id/textView06"
    android:text="密    码"/>
<EditText
    android:layout_width="match_parent"
    android:layout_height="wrap_content"
    android:id="@+id/pwd"
    android:hint="@string/edit02"
    android:password="true"
    android:singleLine="true"/>
```

上述代码中,EditView 控件的 password="true"表示输入的内容为密码,将用"."代替输入的内容,不过这种方法已经过时,主要用以下方法设置密码。

(4)在第三个表格中添加一个用于显示提示信息的文本框和一个用于输入确认密码的编辑框控件,具体代码如下。

```xml
<TextView
    android:layout_width="wrap_content"
    android:layout_height="wrap_content"
    android:id="@+id/textView07"
    android:text="确认密码"/>
<EditText
    android:layout_width="fill_parent"
    android:layout_height="wrap_content"
    android:id="@+id/pwd2"
    android:hint="@string/edit02"
    android:inputType="textPassword"
    android:singleLine="true"/>
```

上述代码中，EditView 控件中的 inputType="textPassword"表示输入的内容为密码，将用"."代替输入的内容。

（5）在第四个表格中添加一个用于显示提示信息的文本框和一个用于输入电话号码的编辑框控件，具体代码如下。

```xml
<TextView
    android:layout_width="wrap_content"
    android:layout_height="wrap_content"
    android:id="@+id/textView08"
    android:text="电话号码"/>
<EditText
    android:layout_width="300dp"
    android:layout_height="wrap_content"
    android:id="@+id/phone"
    android:hint="@string/edit03"
    android:singleLine="true"
    android:inputType="phone"/>
```

上述代码中的 EditView 控件，inputType="phone"表示输入的内容为电话号码，仅仅能输入整数。

（6）在第五个表格中添加一个用于显示提示信息的文本框和一个用于输入邮箱地址的编辑框控件，具体代码如下。

```xml
<TextView
    android:layout_width="wrap_content"
    android:layout_height="wrap_content"
    android:id="@+id/textView09"
    android:text="邮箱地址"/>
<EditText
    android:layout_width="300dp"
    android:layout_height="wrap_content"
    android:id="@+id/email"
    android:hint="@string/edit04"
    android:singleLine="true"
    android:inputType="textEmailAddress"/>
```

上述代码中的 EditView 控件中，inputType="textEmailAddress"表示输入内容为电子邮件，将会在虚拟键盘中加入字符"@",用于电子邮件地址的输入。

(7)添加一个水平线性布局管理器,并在该布局管理器中添加两个按钮,具体代码如下。

```xml
<LinearLayout
    android:orientation="horizontal"
    android:layout_width="wrap_content"
    android:layout_height="wrap_content">
<Button
    android:layout_width="wrap_content"
    android:layout_height="wrap_content"
    android:id="@+id/reg"
    android:text="@string/reg"/>
<Button
    android:layout_width="wrap_content"
    android:layout_height="wrap_content"
    android:id="@+id/rest"
    android:text="@string/rest"/>
</LinearLayout>
```

上述代码中主要是设置了两个按钮控件,按钮控件将会在以后详细介绍,这里就不再说明。

(8)在项目的 res/values 中的 strings.xml 文件中添加编辑框中所用到的字符串内容,代码如下所示。

```xml
<string name="edit01">请输入用户名</string>
<string name="edit02">请输入密码</string>
<string name="edit03">请输入电话号码</string>
<string name="edit04">请输入邮箱地址</string>
<string name="reg">注册</string>
<string name="rest">重置</string>
```

(9)为了使注册信息能够在控制台下输出,在 com.android.activity 包中的 MainActivity.java 文件中,添加如下代码。

```java
protected void onCreate(Bundle savedInstanceState) {
    super.onCreate(savedInstanceState);
    setContentView(R.layout.activity_editview);
    Button reg = (Button) findViewById(R.id.reg);   //获取注册按钮控件
    reg.setOnClickListener(new regOnClickListener());   //为注册按钮设置监听
}
class regOnClickListener implements OnClickListener{   //监听器实现
    public void onClick(View v) {
        EditText nickName = (EditText) findViewById(R.id.nickName);
                                            //获取会员用户名控件
        EditText pwd = (EditText) findViewById(R.id.pwd);
                                            //获取会员注册密码控件
        EditText pwd2 = (EditText) findViewById(R.id.pwd2);
                                            //获取会员确认密码控件
        EditText phone = (EditText) findViewById(R.id.phone);
                                            //获取会员注册电话号码控件
        EditText email = (EditText) findViewById(R.id.email);
```

```
                                                   //获取会员注册邮箱控件
            Log.i("用户名为: ", nickName.getText().toString());
            Log.i("密码为: ", pwd.getText().toString());
            Log.i("确认密码为: ", pwd2.getText().toString());
            Log.i("电话号码为: ", phone.getText().toString());
            Log.i("邮箱地址为: ", email.getText().toString());
        }
    }
```

上述代码中，findViewById()根据控件的 id 来获取控件对象，由于获取的控件对象为 View 类型，所以要根据需要转换成所想要得到的控件对象。Button 是按钮控件，获取后为按钮使用 setOnClickListener()添加一个监听，当单击该按钮的时候将会执行监听中的 OnClick(View v)方法，Button 控件将会在下个小节详细介绍，这里就不再赘述了。Log.i(String tag,String msg)用于将信息添加到日志文件中，然后在控制台的日志管理中显示。

运行项目后，编辑框的应用效果如图 5-2 所示。在编辑框中输入内容后的效果如图 5-3 所示。

图 5-2　编辑框的应用效果

图 5-3　编辑框输入内容后的效果

在控制台日志中显示内容如图 5-4 所示。

Level	Time	PID	TID	Application	Tag	Text
I	08-06 09:20:45.720	3099	3099	com.android.activity	用户名为:	admin
I	08-06 09:20:45.720	3099	3099	com.android.activity	密码为:	admin888
I	08-06 09:20:45.720	3099	3099	com.android.activity	确认密码为:	admin888
I	08-06 09:20:45.720	3099	3099	com.android.activity	电话号码为:	1593710000
I	08-06 09:20:45.720	3099	3099	com.android.activity	邮箱地址为:	admin@itzcn.com

图 5-4　在日志中显示编辑框中输入的内容

5.2 按钮

在 Android 中提供了普通按钮（Button）和图片按钮（ImageButton）两个控件。这两个控件都可以在应用程序界面显示一个按钮。当用户单击按钮时，将会触发一个 onClick 事件，可以通过为按钮添加单击事件监听器指定所要触发的动作。

5.2.1 普通按钮

Button 控件在布局中的配置在前面也有用到，Button 控件的基本使用方法与 TextView、EditView 并无太大的差别。其在 XML 布局文件中简单的配置如下所示。

```
<Button
    android:id="@+id/button"
```

```
            android:layout_width="match_parent"
            android:layout_height="match_parent"
            android:text="普通按钮" />
```

在上面的代码中，id 表示定义了 Button 的变量名称为 button，会自动写进 R.java，在 R.java 文件中会生成内部类 id，可在主程序里面调用 R.id.button 来获取这个控件变量实体。layout_width 和 layout_height 表示 Button 的高度和宽度，都设置为 wrap_content，表示布局元素将根据内容更改大小。text 属性表示普通按钮上所显示的内容。

按钮最常用的就是单击事件，Android 提供了两种为按钮添加单击事件监听器的方法，一种是在 Java 代码中完成，具体代码如下所示。

```
Button button = (Button) findViewById(R.id.button);
                                            //通过 Id 来获取布局文件中的按钮
button.setOnClickListener(new buttonOnClickListener());
                                            //为按钮添加单击事件监听器
class buttonOnClickListener implements OnClickListener{//监听器实现接口
    @Override
    public void onClick(View v) {
    //编写需要执行的动作代码
    }
}
```

另一种方法是在 Activity 中写一个包含 View 类型的参数的方法，其主要代码如下。

```
public void loginClick(View v) {
    //编写需要执行的动作代码
    }
```

那么就可以在布局文件中通过给按钮添加属性 android:onClick="loginClick"语句为按钮添加单击事件监听器。

5.2.2 图片按钮

图片按钮与普通按钮的使用方法基本相同，只不过图片按钮可以选择自定义的图片来作为按钮，在布局文件中加载图片按钮的基本代码如下所示。

```
<ImageButton
    android:id="@+id/imageButton"
    android:layout_width="match_parent"
    android:layout_height="match_parent"
    android:src="@drawable/imagebutton" />
```

上述代码中，图片按钮的宽和高设置为 match_parent，表示填满整个父窗口，src 属性表示图片的路径。

> **提示**
> 和普通按钮一样，使用图片按钮的时候也需要为按钮添加单击事件监听器，具体方法与普通按钮方法一致，这里就不再赘述。

【练习 3】

在 Eclipse 中创建一个 Android 项目，名称为 ch05_03。在布局中添加一个普通按钮和图片按钮,并为两个按钮设置单击事件监听器,单击按钮时触发事件。

(1)在项目 res 目录下的 drawable_ldpi 文件夹中,放入一张名称为 imagebutton.bmp 的图片,用于作为图片按钮的图片。

(2)在项目中的 res/layout 目录下修改 activity_main.xml 文件,改为线性布局。添加一个文本框控件,用于显示当前正在单击的按钮控件,主要代码如下。

```xml
<TextView
    android:layout_width="wrap_content"
    android:layout_height="wrap_content"
    android:id="@+id/textView01"
    android:text="@string/textShow"/>
```

当没有单击按钮的时候,该文本框显示的内容为项目下 res/values 的 strings.xml 文件中的属性为 textShow 的字符串,当单击按钮后内容将发生改变。

(3)添加一个水平线性布局管理器,并在该布局管理器中添加一个普通按钮和一个图片按钮,主要代码如下。

```xml
<LinearLayout
    android:layout_width="wrap_content"
    android:layout_height="wrap_content"
    android:orientation="horizontal" >
    <Button
        android:id="@+id/button"
        android:layout_width="match_parent"
        android:layout_height="fill_parent"
        android:text="@string/button" />
    <ImageButton
        android:id="@+id/imageButton"
        android:layout_width="match_parent"
        android:layout_height="match_parent"
        android:contentDescription="@string/button"
        android:src="@drawable/imagebutton" />
</LinearLayout>
```

上述代码中,Button 控件中的 text 属性表示该 Button 上所显示的内容;ImageButton 控件中的 src 表示该图片控件的图片来源。

(4)添加两个文本框控件,用于统计单击每个按钮的次数,主要代码如下。

```xml
<TextView
android:layout_width="wrap_content"
android:layout_height="wrap_content"
android:id="@+id/textView02"
android:text="@string/text01"/>
<TextView
android:layout_width="wrap_content"
android:layout_height="wrap_content"
android:id="@+id/textView03"
android:text="@string/text02/>
```

（5）在项目的 res/values 中的 strings.xml 文件中添加文本框文本的显示内容，代码如下所示。

```xml
<string name="button">登录</string>
<string name="textShow">您没有单击按钮</string>
<string name="text01">您没有单击普通按钮</string>
<string name="text02">您没有单击图片按钮</string>
```

（6）在 com.android.activity 包中的 MainActivity.java 文件中，添加按钮单击事件监听器和设置文本框显示内容，其主要代码如下。

```java
private TextView textShow = null;
private int count1 = 0;                              //统计普通按钮单击次数
private int count2 = 0;                              //统计图片按钮单击次数
protected void onCreate(Bundle savedInstanceState) {
    super.onCreate(savedInstanceState);
    setContentView(R.layout.activity_main);
    Button button = (Button) findViewById(R.id.button);//获取普通按钮对象
    ImageButton imageButton = (ImageButton) findViewById(R.id.imageButton);
                                                    //获取图片按钮
    button.setOnClickListener(new buttonOnClickListener());
                                                    //为普通按钮添加事件监听器
    imageButton.setOnClickListener(new imageButtonOnClickListener());
                                                    //为图片按钮添加事件监听器
}
class buttonOnClickListener implements OnClickListener{
    public void onClick(View v) {
        TextView buttonCount = (TextView) findViewById(R.id.textView02);
                                                    //获取文本框对象
        count1 ++ ;
        textShow = (TextView) findViewById(R.id.textView01);
        textShow.setText("您正在单击普通按钮");      //设置文本框显示内容
        buttonCount.setText("您一共单击了" + count1 + "次普通按钮");
                                                    //设置文本框显示内容
    }
}
class imageButtonOnClickListener implements OnClickListener{
    public void onClick(View v) {
        TextView buttonCount = (TextView) findViewById(R.id.textView03);
        count2 ++ ;
        textShow = (TextView) findViewById(R.id.textView01);
        textShow.setText("您正在单击图片按钮");
        buttonCount.setText("您一共单击了" + count2 + "次图片按钮");
    }
}
```

上述代码中 findViewById()根据控件的 id 来获取控件对象，由于获取的控件对象为 View 类型，所以要根据需要转换成所想要得到的控件对象。Button 是按钮控件，获得后为按钮使用 setOnClickListener()添加一个事件监听器，当单击该按钮的时候将会执行监听中的 OnClick(View v)方法。每执行一次 onClick(View v)方法，都会将单击次数加 1，这样就将按钮的单击次数统计出来，并在文本框内显示。

运行项目后，按钮显示效果如图 5-5 所示。当单击按钮后，效果如图 5-6 所示。

图 5-5　按钮显示效果　　　　　　　　　图 5-6　单击按钮后效果

5.3 单选按钮与复选框

单选按钮和复选框都继承了普通按钮。因此它们都可以直接使用普通按钮支持各种属性和方法。同时，单选按钮控件和复选框控件提供了是否选中的功能。下面分别对单选按钮和复选框进行详细的介绍。

5.3.1 单选按钮

单选按钮用于多选一的状态，一般情况下，单选按钮默认为一个圆形的图片，在图标旁有该单选按钮的说明文字。在程序中，一般将同类单选按钮放在同一个单选按钮组中。在同一个单选按钮组中，当某个单选按钮被选中的时候，其他单选按钮则自动取消被选中的状态。

单选按钮用 RadioButton 表示，RadioButton 是 Button 的子类，所以支持 Button 所支持的属性。在屏幕上添加单选按钮可以通过在 XML 布局文件中使用<RadioButton>标记添加，其基本语法格式如下所示。

```
<RadioButton
    android:layout_width="wrap_content"
    android:layout_height="wrap_content"
    android:text="男"
    android:checked="true"
    android:id="@+id/radio"/>
```

上述代码中，text 属性表示单选按钮的标签文字；checked 表示该单选按钮默认是否处于选中状态，当为 true 时表示该单选按钮处于选中状态；为 false 时，表示取消选中，默认为 false。

多数情况下，在使用单选按钮的时候都会使用到单选按钮组，将单选按钮放在单选按钮组中。单选按钮组在 XML 中通过添加<RadioGroup>标记来添加单选按钮组，基本语法格式如下所示。

```
<RadioGroup
    android:layout_width="wrap_content"
    android:layout_height="wrap_content"
    android:orientation="horizontal"
    android:id="@+id/radioGroup">
<!--添加单选按钮控件-->
</RadioGroup>
```

在上述代码中，orientation="horizontal"表示单选按钮组中的单选按钮水平放置。

与普通按钮的使用方法相同，在使用单选按钮的时候也要给单选按钮添加事件监听器，不过在这里是给单选按钮组添加监听，其主要代码如下所示。

```
RadioGroup radioGroup = (RadioGroup) findViewById(R.id.radioGroup);
radioGroup.setOnCheckedChangeListener(new RadioGroup.OnCheckedChange-
Listener() {
    public void onCheckedChanged(RadioGroup group, int checkedId) {
        RadioButton radioButton = (RadioButton) findViewById(checkedId);
        radioButton.getText();                //获取被选中的单选按钮的值
    }
});
```

上述代码中，在获取单选按钮的值时，首先通过单选按钮组的 id 来获取单选按钮组，然后为其添加 OnCheckedChangeListener 监听器，并在 onCheckedChanged()方法中根据参数 checkedId 获取被选中的单选按钮，并通过 getText()方法获取该单选按钮所对应的值。

5.3.2 复选框

复选框用于在多个选择中选择一个或多个的情况。在默认的情况下，复选框显示为一个方块图标，并在该图标旁有该复选框的说明文字。每一个复选框都有"选中"和"未选中"两种状态。

复选框在 Android 中用 CheckBox 表示，CheckBox 也是 Button 的子类，所以也支持 Button 所支持的属性。在屏幕上添加单选按钮可以通过在 XML 布局文件中使用<CheckBox>标记添加，其基本语法格式如下所示。

```
<CheckBox
    android:layout_width="wrap_content"
    android:layout_height="wrap_content"
    android:text="游泳"
    android:id="@+id/checkBox"/>
```

上述代码中，text 属性表示 CheckBox 的标签文字。id="@+id/checkBox"表示一个 id 为 checkBox 的 CheckBox 控件。

由于在使用复选框的时候可以同时选中多项，所以为了确定用户是否选中了该项，则需要给每一个复选框选项都添加一个事件监听器，为复选框添加监听器的主要代码如下所示。

```
private CheckBox checkBox = null;
    protected void onCreate(Bundle savedInstanceState) {
        //省略部分代码
        checkBox = (CheckBox) findViewById(R.id.checkBox);  //获取复选框对象
        checkBox.setOnCheckedChangeListener(new
CheckBoxOnCheckedChangedListener());
    }
    class CheckBoxOnCheckedChangedListener implements OnCheckedChange-
    Listener{
        @Override
        public void onCheckedChanged(CompoundButton arg0, boolean arg1) {
            if (checkBox.isChecked()) {             //判断该复选框是否被选中
                checkBox.getText();                 //获取选中复选框的值
```

```
                }
            }
        }
```

在上述代码中，获取复选框的值的时候，首先通过复选框的 id 来获取复选框对象，然后为其添加 OnCheckedChangeListener 监听器，并在 onCheckedChanged()方法中根据方法 isChecked()来获取该复选框是否被选中，如果被选中，则通过 getText()方法获取该复选框所对应的值。

【练习 4】

在 Eclipse 中创建一个 Android 项目，名称为 ch05_04，实现一个性别和兴趣的选择界面。

（1）在项目中的 res/layout 目录下修改 activity_main.xml 文件，首先添加一个线性布局，用于添加一个文本框控件和一个单选按钮组，其中在单选按钮组中添加两个单选按钮控件，主要代码如下所示。

```xml
<LinearLayout
android:layout_width="wrap_content"
android:layout_height="wrap_content"
android:orientation="vertical" >
<TextView
    android:layout_width="wrap_content"
    android:layout_height="wrap_content"
    android:text="@string/sex"/>
<RadioGroup
    android:layout_width="wrap_content"
    android:layout_height="wrap_content"
    android:orientation="horizontal"
    android:id="@+id/sex">
    <RadioButton
        android:layout_width="wrap_content"
        android:layout_height="wrap_content"
        android:text="@string/man"
        android:id="@+id/man"/>
<!-- 省略性别为女的单选按钮 -->
</RadioGroup>
</LinearLayout>
```

在布局文件中的 orientation="vertical"表示在其中的控件将垂直放置；单选按钮组中的 orientation="horizontal"表示在单选按钮组中的两个单选按钮将水平放置；由于两个单选按钮的布局文件一致，这里就省略了性别为女的单选按钮的配置，其中性别为女的单选按钮的 text="@string/woman"，id="@+id/woman"。

（2）在上述步骤完成后，进行复选框和普通按钮的布局文件。添加一个文本框控件、五个复选框控件和一个普通按钮控件，主要代码如下所示。

```xml
<TextView
    android:layout_width="wrap_content"
    android:layout_height="wrap_content"
    android:text="@string/fav"/>
<CheckBox
    android:layout_width="wrap_content"
    android:layout_height="wrap_content"
```

```
        android:text="@string/like1"
        android:id="@+id/like1"/>
<!-- 省略其他四个兴趣复选框 -->
<Button
    android:layout_height="wrap_content"
    android:layout_width="wrap_content"
    android:text="@string/button"
    android:id="@+id/button"/>
```

在上述代码中，复选框控件中的 text="@string/like1"表示该复选框显示的内容，由于这 5 个选框控件配置相同，这里就省去其他四个复选框的配置，其中其他四个复选框的内容分别为 text="@string/like2、text="@string/like3、text="@string/like4、text="@string/like5，id 分别为 id="@+id/like2"、id="@+id/like3"、id="@+id/like4"、id="@+id/like5"。

（3）在项目 res/values 中的 strings.xml 文件中添加文本框文本的显示内容，代码如下所示。

```
<string name="sex">请选择您的性别</string>
<string name="fav">请选择您的兴趣</string>
<string name="man">男</string>
<string name="woman">女</string>
<string name="button">确定</string>
<string name="like1">体育</string>
<string name="like2">美术</string>
<string name="like3">看电影</string>
<string name="like4">上网</string>
<string name="like5">购物</string>
```

（4）在 com.android.activity 包中的 MainActivity.java 文件中，添加了单选按钮组、复选框控件和普通按钮控件的监听器，其主要代码如下所示。

```
private RadioGroup sex = null;                          //声明单选按钮组对象
private CheckBox like1 = null;                          //声明复选框控件对象
//省略其他四个复选框对象的声明
private RadioButton radio = null;                       //声明单选按钮对象
protected void onCreate(Bundle savedInstanceState) {
    super.onCreate(savedInstanceState);
    setContentView(R.layout.activity_main);
    Button button = (Button) findViewById(R.id.button);
    button.setOnClickListener(new buttonOnClickListener());
                                                        //为普通按钮添加监听器
    sex = (RadioGroup) findViewById(R.id.sex);          //根据id属性获取单选按钮组
    like1 = (CheckBox) findViewById(R.id.like1);        //根据id属性获取复选框
    like1.setOnCheckedChangeListener(new checkBoxListener());
                                                        //为复选框设置监听
//省略其他四个复选框的获取和监听器的添加
    sex.setOnCheckedChangeListener(new RadioGroup.OnCheckedChangeListener() {
        public void onCheckedChanged(RadioGroup group, int checkedId) {
            radio = (RadioButton) findViewById(checkedId);
        }
    });
}
```

```
class checkBoxListener implements OnCheckedChangeListener{
    public void onCheckedChanged(CompoundButton buttonView,
            boolean isChecked) {

    }
}
class buttonOnClickListener implements OnClickListener{
public void onClick(View v) {
    if (radio != null) {                              //单选按钮对象是否为空
        Log.i("您选择的性别是: ", radio.getText().toString());
    }else{
        Log.i("您选择的性别是: ", "无");
    }
    String like = "";
    if (like1.isChecked()) {                          //复选框是否被选中
        like = like + like1.getText().toString() + " ";
    }
//省略其他四个复选框的判断
        if ("".equals(like.trim())) {                 //没有复选框被选中
            Log.i("您的兴趣是: ", "无");
        } else {
            Log.i("您的兴趣是: ", like);
        }
    }
}
```

上述代码中，在获取单选按钮的值时，首先通过单选按钮组的 id 来获取单选按钮组，然后为其添加 OnCheckedChangeListener 监听器，并在 onCheckedChanged()方法中根据参数 checkedId 获取被选中的单选按钮，并将声明的 RadioButton 对象实例化。如果 radio 为空，表示未选中该单选按钮组中的任何一个单选按钮；若不为空，则通过 radio.getText().toString()方法将单选按钮的内容输出，并用 Log.i(String tag,String msg)添加到日志文件中。

在获取复选框值的时候，首先通过复选框的 id 来获取复选框对象，然后为其添加 OnCheckedChangeListener 监听器，并在 onCheckedChanged()方法中根据方法 isChecked()来获取该复选框是否被选中。如果被选中，则通过 like = like + like1.getText().toString() + " "将获取的复选框所对应的值拼接到字符串 like 中。最后再根据"".equals(like.trim())来判断该 like 字符串是否为空，为空则表示未选中任何一个复选框。

运行该项目后，未选择性别和兴趣时效果如图 5-7 所示。选择性别和兴趣后效果如图 5-8 所示。

图 5-7　未选择性别和兴趣

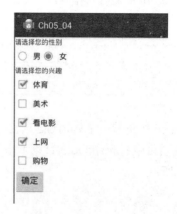

图 5-8　选择性别和兴趣

单击【确定】按钮后，在日志控制台中输出选中的性别和兴趣如图5-9所示。

Level	Time	PID	TID	Application	Tag	Text
I	08-07 07:20:18.782	598	598	com.android.activity	您选择的性别是：	女
I	08-07 07:20:18.782	598	598	com.android.activity	您的兴趣是：	体育 看电影 上网

图 5-9　在日志控制台中输出选中的性别和兴趣

5.4 列表选择框

列表选择框（Spinner）控件与网页中的下拉列表框类似，通常是提供一些可选择的列表项以提供用户选择。

在使用列表选择框的时候，需要在 XML 布局文件中加入<Spinner>标记来实现，其基本语法格式如下所示。

```xml
<Spinner
    android:entries="@array/type"
    android:layout_width="wrap_content"
    android:layout_height="wrap_content"
    android:id="@+id/spinner"/>
```

在上述代码中，entries 为可选属性，用于指定列表项。通常是在项目下的 res\values 中新建一个 XML 文件，用于添加列表项的数组资源文件，其代码格式如下所示。

```xml
<?xml version="1.0" encoding="utf-8"?>
<resources>
    <string-array name="type">
        <item>水果</item>
        <item>蔬菜</item>
        <item>衣服</item>
        <item>电器</item>
        <item>其他</item>
    </string-array>
</resources>
```

其中 string-array name="type"表示该数组资源名称，也是在 Spinner 中 entries 属性所引用的内容。如果 entries 属性不指定时，也可以在 Java 代码中通过为其指定适配器的方式来指定数组资源。

> **提示**
> 通常情况下，如果列表选择框中要显示的列表项是已知的，那么可以将其内容保存在数组资源中，然后通过数组资源来为列表选择框指定列表项。

【练习5】

在 Eclipse 中创建一个 Android 项目，名称为 ch05_05，实现列表选择框加载已知的数组资源。

（1）在项目中的 res/layout 目录下修改 activity_main.xml 文件，并添加一个列表选择框控件，其代码如下所示。

```xml
<LinearLayout xmlns:android="http://schemas.android.com/apk/res/android"
    android:layout_width="match_parent"
```

```xml
        android:layout_height="match_parent"
        android:orientation="vertical">
    <Spinner
        android:entries="@array/type"
        android:layout_width="wrap_content"
        android:layout_height="wrap_content"
        android:id="@+id/spinner"/>
</LinearLayout>
```

在上述代码中，为 Spinner 添加了一个名称为 type 的字符串数组。

（2）在项目中的 res\values 目录中新建数组资源文件 arrays.xml，在该文件中添加一个字符串数组，名称为 type，具体代码如下。

```xml
<?xml version="1.0" encoding="utf-8"?>
<resources>
    <string-array name="type">
        <item>水果</item>
        <item>蔬菜</item>
        <item>衣服</item>
        <item>电器</item>
        <item>其他</item>
    </string-array>
</resources>
```

（3）在 com.android.activity 包中的 MainActivity.java 文件中，为 Spinner 控件添加选择列表项事件监听器，以此来获取列表选择框所选定的内容，其主要代码如下所示。

```java
protected void onCreate(Bundle savedInstanceState) {
    super.onCreate(savedInstanceState);
    setContentView(R.layout.activity_main);
    Spinner spinner = (Spinner) findViewById(R.id.spinner);
                                                //获取 Spinner 对象
    spinner.setOnItemSelectedListener(new spinnerOnItemSelected-
    Listener());//添加监听器
}
class spinnerOnItemSelectedListener implements OnItemSelectedListener{
    public void onItemSelected(AdapterView<?> arg0, View arg1, int arg2,long
    arg3)
    {
        Log.i("您选择了: ", arg0.getItemAtPosition(arg2).toString());
                                                //添加到日志
        //Log.i("您选择了: ", arg0.getSelectedItem().toString());
    }
    public void onNothingSelected(AdapterView<?> arg0) {
    }
}
```

在上述代码中，为选择列表框添加了 OnItemSelectedListener 事件监听器，当选择选择列表框中的某一项时会触发监听，通过使用 getSelectedItem()方法获取到选择项的值，并输出在 Log 控制台。

运行该项目，Spinner 控件的运行效果如图 5-10 所示。选择列表选择框的效果如图 5-11 所示。

图 5-10　Spinner 控件的运行效果　　　　　图 5-11　选择列表框中选项的效果

选中选择列表框时，在控制台输出的日志信息如图 5-12 所示。

图 5-12　控制台输出选择列表框选中的内容

上述练习的前提是选择列表框中所要显示的列表项是已知的，下面将讲述如果不在 XML 布局文件中配置 Spinner 控件的 entries 属性，通过在 Java 代码中定义数组来实现。

【练习 6】

在 Eclipse 中创建一个 Android 项目，名称为 ch05_06，通过为选择列表框加载适配器来实现选择列表框的显示。

（1）在项目中的 res/layout 目录下修改 activity_main.xml 文件，并添加一个列表选择框控件，其代码如下所示。

```
<Spinner
    android:layout_width="wrap_content"
    android:layout_height="wrap_content"
    android:id="@+id/spinner"/>
```

由于要通过指定适配器来实现选择列表框，这里就不再指定数组资源。

（2）在 com.android.activity 包中的 MainActivity.java 文件中，为 Spinner 控件添加选择列表项事件监听器，并为其指定适配器，以此来获取列表选择框所选定的内容，其主要代码如下。

```
//省略部分代码
Spinner spinner = (Spinner) findViewById(R.id.spinner);
String type[] = new String[]{"水果","蔬菜","衣服","电器","其他"};
ArrayAdapter<String> adapter = new ArrayAdapter<String>(this,android.R.layout.simple_spinner_item, type);
adapter.setDropDownViewResource(android.R.layout.simple_spinner_dropdown_item);//为适配器设置列表框下拉的选项样式
spinner.setAdapter(adapter);                    //适配器与选择列表框关联
spinner.setOnItemSelectedListener(new spinnerOnItemSelectedListener());
//省略部分代码
```

上述代码中的选择列表项事件监听器与练习 5 中的一样。在 Java 文件中使用字符串数组创建适配器，首先要创建一个一维数组，用于保存下拉列表框显示的内容，然后使用 ArrayAdapter 类的构造方法 ArrayAdapter(Context context,int textViewResourceId,T[] objects) 实例化一个 ArrayAdapter 类的实例。之后通过 setDropViewResource() 方法为适配器设置下拉列表框的选项样式，然后使用 setAdapter() 将适配器与选择列表框关联。

运行该项目，Spinner 控件的运行效果如图 5-13 所示。选择列表选择框的效果如图 5-14 所示。

图 5-13　Spinner 控件的运行效果

图 5-14　选择列表框中选项的效果

选中选择列表框时，在控制台输出的日志信息如图 5-15 所示。

图 5-15　控制台输出选择列表框选中的内容

5.5 列表视图

列表视图（ListView）在 Android 中以垂直列表的形式列出需要显示的列表项。在 Android 中可以使用两种方法向屏幕中添加列表视图。一种是直接使用 ListView 控件在 XML 布局文件中配置；另一种是让 Activity 继承 ListActivity 来实现。下面将详细介绍这两种实现方法。

5.5.1　使用 ListView 控件创建列表视图

在 XML 布局文件中添加 <ListView> 标记来实现使用 ListView 创建列表视图，这与其他控件的配置基本相同，其基本语法格式如下：

```
<ListView
    android:entries="@array/type"
    android:layout_width="match_parent"
    android:layout_height="wrap_content"
    android:id="@+id/listView"/>
```

与列表选择框的语法格式一样，在上述代码中，entries 为可选属性，用于指定列表项，也可以不设置该属性，在 Java 代码中通过为其指定适配器的方式来指定数组资源。

ListView 支持的 XML 属性如表 5-2 所示。

表 5-2 ListView 支持的 XML 属性

属性名称	描述
android:divider	用于为列表视图设置分隔条，既可以用颜色分割，也可以用 Drawable 资源分离
android:dividerHeight	用于设置分隔条的高度
android:entries	用于通过数组资源为 ListView 指定列表项
android:footerDividersEnabled	用于设置是否在 footer View 之前绘制分隔条，默认为 true，设置为 false 时，表示不绘制。使用该属性时，需要通过 ListView 控件提供的 addFooterView()方法为 ListView 设置 footer View
android:headerDividersEnabled	用于设置是否在 footer View 之后绘制分隔条，默认为 true，设置为 false 时，表示不绘制。使用该属性时，需要通过 ListView 控件提供的 addHeaderView()方法为 ListView 设置 header View

ListView 指定的外观形式通常有以下几个。

❑ **simple_list_item_1** 每个列表项都是一个普通的文本。
❑ **simple_list_item_2** 每个列表项都是一个普通的文本（字体略大）。
❑ **simple_list_item_checked** 每个列表项都有一个选中的列表项。
❑ **simple_list_item_multiple_choice** 每个列表项都是带复选框的文本。
❑ **simple_list_item_single_choice** 每个列表项都是带单选按钮的文本。

在使用列表视图时，与列表选择框一样，如果没有在布局文件中为 ListView 指定要显示的内容，也可以通过为其设置 Adapter 来指定所需要显示的列表项。

【练习 7】

在 Eclipse 中创建一个 Android 项目，名称为 ch05_07，使用 ListView 控件来创建列表视图。

（1）在项目中的 res/layout 目录下修改 activity_main.xml 文件，并添加一个列表视图控件，其代码如下所示。

```
<LinearLayout xmlns:android="http://schemas.android.com/apk/res/android"
    android:layout_width="match_parent"
    android:layout_height="match_parent"
    android:orientation="vertical">
    <ListView
        android:entries="@array/type"
        android:layout_width="match_parent"
        android:layout_height="wrap_content"
        android:id="@+id/listView"/>
</LinearLayout>
```

在上述代码中，为 ListView 添加了一个名称为 type 的字符串数组。

（2）在项目中的 res\values 目录中新建数组资源文件 arrays.xml，在该文件中添加一个字符串数组，名称为 type，这里与练习 5 中（2）一致，这里就省略了。

（3）在 com.android.activity 包中的 MainActivity.java 文件中，为 ListView 控件添加事件监听器，以此来获取列表视图所选定的内容，其主要代码如下。

```
ListView listView = (ListView) findViewById(R.id.listView);
listView.setOnItemClickListener(new ListView.OnItemClickListener() {
    public void onItemClick(AdapterView<?>arg0,View arg1,int arg2,long arg3) {
```

```
            Log.i("您选择了: ", arg0.getItemAtPosition(arg2).toString());
        }
    });
```

在上述代码中，为列表视图添加了 setOnItemClickListener 事件监听器，当选择选择列表框中的某一项时会触发监听，通过使用 getItemAtPosition(int position)方法获取到选择项的值，并输出在 Log 控制台。

运行该项目，列表视图运行效果如图 5-16 所示。当选中某一列表，如选中衣服时，控制台输出信息如图 5-17 所示。

图 5-16　列表视图运行效果　　　　图 5-17　控制台输出列表视图选中的内容

> **注意**
> 在列表视图布局文件中如果不设置数组资源，不配置 ListView 控件的 entries 属性，那么也可以通过在 Java 代码中定义数组来实现。与列表选择框一样，也是通过设置适配器来实现。

5.5.2　Activity 继承 ListActivity 实现列表视图

如果程序的窗口仅仅需要显示一个列表，那么就可以使用 Activity 继承 ListActivity 来实现。继承了 ListActivity 的类不需要调用 setContentView()方法来显示界面，而是可以直接为其设置适配器，从而显示一个列表。

【练习 8】

在 Eclipse 中创建一个 Android 项目，名称为 ch05_08，通过让 Activity 继承 ListActivity 来实现列表视图。

在 com.android.activity 包中的 MainActivity.java 文件中修改 MainActivity 类，使其继承 ListActivity，然后为列表视图添加适配器，并使用 setListAdapter()方法将其添加到列表中。为了单击 ListView 各个列表时获取到选择项的值，需要重写父类的 OnListItemClick()方法，MainActivity 的主要方法如下。

```
protected void onCreate(Bundle savedInstanceState) {
    super.onCreate(savedInstanceState);
    String type[] = new String[]{"水果","蔬菜","衣服","电器","其他"};
    ArrayAdapter<String> adapter = new ArrayAdapter<String>(this, android.R.layout.simple_spinner_item,type);
        setListAdapter(adapter);
}
protected void onListItemClick(ListView l, View v, int position, long id) {
        super.onListItemClick(l, v, position, id);
        Log.i("您选择了: ", l.getItemAtPosition(position).toString());
}
```

在上述代码中，为列表视图添加了 setOnItemClickListener 事件监听器，当选择选择列表框中的某一项时会触发监听，通过使用 getItemAtPosition(int position)方法获取到选择项的值，并输出在 Log 控制台。

运行该项目，列表视图运行效果如图 5-18 所示。当选中某一列表，例如选中水果时，控制台输出信息如图 5-19 所示。

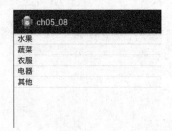

图 5-18　列表视图运行效果　　　图 5-19　控制台输出列表视图选中的内容

5.6 图像视图

图像视图（ImageView）用于在屏幕中显示 Drawable 对象，通常用来显示图片。在使用 ImageView 控件为程序加载图片时，是通过在 XML 布局文件中添加<ImageView>标记来实现。

在使用 ImageView 控件显示图像时，通常先将要显示的图片放置在 res/drawable 目录下，然后将其显示在布局管理器中，其基本语法如下。

```
<ImageView
    android:layout_width="wrap_content"
    android:layout_height="wrap_content"
    android:src="@drawable/logo"
    android:id="@+id/imageView01"/>
```

在上述代码中，android:src="@drawable/logo"表示 ImageView 所显示的 Drawable 对象的 ID 为 logo。

ImageView 常用的 XML 属性如表 5-3 所示。

表 5-3　ImageView 支持的 XML 属性

属 性 名 称	描　　述
android:adjustViewBounds	用于设置 ImageView 是否调整自己的边界来保持所需要显示图片的长度变化
android:baseline	在视图中的偏移
android:baselineAlignBottom	如果值为 true，图像的视图将基线对齐基于其底部边缘
android:cropToPadding	如果设置为 true，图像将被裁剪以适合其填充
android:maxHeight	设置 ImageView 的最大高度（android:adjustViewBounds 属性值为 true 时起作用）
android:maxWidth	设置 ImageView 的最大宽度（android:adjustViewBounds 属性值为 true 时起作用）
android:scaleType	用于设置所显示的图片如何缩放或移动以适应 ImageView 的大小
android:src	用于设置 ImageView 所显示的 Drawable 对象的 ID
android:tint	设置图像着色的颜色

【练习9】

在 Eclipse 中创建一个 Android 项目，名称为 ch05_09，通过使用 ImageView 控件来显示图片。

（1）在项目 res 目录下的 drawable_ldpi 文件夹中，放入两张名称分别为 logo.gif 和 background.gif 的图片，用于作为显示的图片和背景图片。

（2）在项目中的 res/layout 目录下修改 activity_main.xml 文件，改为线性布局。在其中添加一个 ImageView 控件，其代码如下。

```xml
<LinearLayout xmlns:android="http://schemas.android.com/apk/res/android"
    android:layout_width="match_parent"
    android:layout_height="match_parent"
    android:orientation="vertical"
    android:background="@drawable/background">
    <ImageView
        android:layout_width="wrap_content"
        android:layout_height="wrap_content"
        android:src="@drawable/logo"
        android:id="@+id/imageView01"
        android:layout_margin="5dp"/>
</LinearLayout>
```

上述代码中，android:background 属性为该程序指定了背景图片，android:src 属性指定了所要显示图片，android:layout_margin 表示该控件的边距。

（3）在布局管理器中添加一个 ImageView 控件，并设置该控件的最大高度和宽度，具体代码如下。

```xml
<ImageView
    android:layout_width="wrap_content"
    android:layout_height="wrap_content"
    android:src="@drawable/logo"
    android:id="@+id/imageView02"
    android:layout_margin="5dp"
    android:adjustViewBounds="true"
    android:maxWidth="75dp"
    android:maxHeight="50dp"/>
```

在上述代码中，android:adjustViewBounds 用于设置 ImageView 是否调整自己的边界来保持所需显示图片的长度变化，为 true 时表示调整自己的边界来保持所需显示图片的长度变化；android:maxWidth 和 android:maxHeight 分别表示 ImageView 的最大宽度和最大高度。

（4）在布局管理器中添加一个 ImageView 控件，实现保持纵横比缩放图片，直到该图片能完全显示在 ImageView 控件中，并让该图片显示在 ImageView 控件的右下角，具体代码如下。

```xml
<ImageView
    android:layout_width="100dp"
    android:layout_height="100dp"
    android:src="@drawable/logo"
    android:id="@+id/imageView03"
    android:scaleType="fitEnd"
    android:layout_margin="5dp"
    android:background="#666666"/>
```

上述代码中，android:scaleType 用于设置所显示的图片如何缩放或移动以适应 ImageView 的大小，fitEnd 表示保持纵横比缩放图片，直到该图片能完全显示在 ImageView 中，缩放完成后，该图片放在 ImageView 的右下角。

（5）在布局管理器中添加一个 ImageView 控件，实现为显示在 ImageView 控件中的图像着色的功能，具体代码如下。

```xml
<ImageView
    android:layout_width="100dp"
    android:layout_height="100dp"
    android:src="@drawable/logo"
    android:id="@+id/imageView04"
    android:tint="#77889900"
    android:layout_margin="5dp"
    android:background="#666666"/>
```

在上述代码中，android:tint 用于给图片着色。

运行该项目，使用 ImageView 显示图像的效果如图 5-20 所示。

图 5-20　应用 ImageView 显示图像

5.7 日期与时间选择器

为了让用户选择设置日期和时间，Android 提供了日期/时间选择器，分别是 DatePicker 和 TimePicker 控件。这两个控件的使用比较简单，可以在 Eclipse 的可视化界面设计器中选择对应的控件放在布局文件中。下面将详细介绍这两种控件。

5.7.1　日期选择器

在使用 DatePicker 控件显示日期时，通常是使用<DatePicker>标记在 XML 布局文件中配置，其基本语法如下。

```xml
<DatePicker
    android:id="@+id/datePicker"
    android:layout_width="wrap_content"
    android:layout_height="wrap_content"/>
```

为了可以在程序中获取到用户选择的日期,需要为 DatePicker 控件添加事件监听器。其事件监听器是 OnDateChangedListener,监听器配置的主要代码如下。

```
DatePicker date = (DatePicker) findViewById(R.id.datePicker);
date.init(year, month, day, new dateOnDateChangetdListener());
//省略部分代码
class dateOnDateChangetdListener implements OnDateChangedListener{
    public void onDateChanged(DatePicker view, int year, int monthOfYear, int dayOfMonth) {
        MainActivity.this.year = year;
        MainActivity.this.month = monthOfYear;
        MainActivity.this.day = dayOfMonth;
    }
}
```

5.7.2 时间选择器

在使用 TimePicker 控件显示时间时,通常是使用<TimePicker>标记在 XML 布局文件中配置,其基本语法如下。

```
<TimePicker
    android:id="@+id/timePicker"
    android:layout_width="wrap_content"
    android:layout_height="wrap_content"/>
```

与日期选择器一样,使用时间选择器时也要添加事件监听器,TimePicker 控件的事件监听器是 OnTimeChangedListener。实现的主要代码如下。

```
TimePicker time = (TimePicker) findViewById(R.id.timePicker);
time.setOnTimeChangedListener(new timeOnTimeChangedListener());
//省略部分代码
class timeOnTimeChangedListener implements OnTimeChangedListener{
    public void onTimeChanged(TimePicker view, int hourOfDay, int minute) {
        MainActivity.this.hour = hourOfDay;
        MainActivity.this.minute = minute;
    }
}
```

【练习 10】

在 Eclipse 中创建一个 Android 项目,名称为 ch05_10,在屏幕中添加日期和时间选择器,在改变日期和时间时,能够得到改变后的日期和时间。

(1)在项目中的 res/layout 目录下修改 activity_main.xml 文件,然后添加一个 TextView 控件、一个 DatePicker 控件和 TimePicker 控件,其代码如下所示。

```
<LinearLayout xmlns:android="http://schemas.android.com/apk/res/android"
    android:layout_width="match_parent"
    android:layout_height="match_parent"
    android:orientation="vertical" >
    <TextView
        android:id="@+id/text"
```

```xml
        android:layout_width="wrap_content"
        android:layout_height="wrap_content"/>
    <DatePicker
        android:id="@+id/datePicker"
        android:layout_width="wrap_content"
        android:layout_height="wrap_content"/>
    <TimePicker
        android:id="@+id/timePicker"
        android:layout_width="wrap_content"
        android:layout_height="wrap_content"/>
</LinearLayout>
```

上述代码中，TextView 是用来显示日期和时间。

（2）在 com.android.activity 包中的 MainActivity.java 文件中，为 DatePicker 和 TimePicker 控件添加事件监听器，来获取到用户选择的日期和时间，其主要代码如下。

```java
private int year = -1;
private int month = -1;
private int day = -1;
private int hour = -1;
private int minute = -1;
private TextView text = null;
protected void onCreate(Bundle savedInstanceState) {
super.onCreate(savedInstanceState);
setContentView(R.layout.activity_main);
DatePicker date = (DatePicker) findViewById(R.id.datePicker);
                                            //获取日期选择器控件
TimePicker time = (TimePicker) findViewById(R.id.timePicker);
                                            //获取时间选择器控件
text = (TextView) findViewById(R.id.text);
time.setIs24HourView(true);                 //设置时间为24小时制式
Calendar calendar = Calendar.getInstance(); //创建日历对象
year = calendar.get(Calendar.YEAR);         //获取当前年份
month = calendar.get(Calendar.MONTH);       //获取当前月份
day = calendar.get(Calendar.DAY_OF_MONTH);  //获取当前日
hour = calendar.get(Calendar.HOUR_OF_DAY);  //获取当前小时
minute = calendar.get(Calendar.MINUTE);     //获取当前分钟
date.init(year, month, day, new dateOnDateChangetdListener());
                                            //为日期添加监听器
time.setOnTimeChangedListener(new timeOnTimeChangedListener());
                                            //为时间添加监听器
text.setText("现在是: " + year+"年"+(month+1)+"月"+day+"日"+hour+"时"+minute +"
分");//设置文本框内容
}
class dateOnDateChangetdListener implements OnDateChangedListener{
    public void onDateChanged(DatePicker view, int year, int monthOfYear, int
    dayOfMonth) {
        MainActivity.this.year = year;              //改变 year 的值
        MainActivity.this.month = monthOfYear;      //改变 month 的值
```

```
                MainActivity.this.day = dayOfMonth;       //改变 day 的值
            show(year, month, day, hour, minute);        //在文本框内显示日期和时间
        }
    }
    class timeOnTimeChangedListener implements OnTimeChangedListener{
    public void onTimeChanged(TimePicker view, int hourOfDay, int minute) {
        MainActivity.this.hour = hourOfDay;               //改变 hour 的值
        MainActivity.this.minute = minute;                //改变 minute 的值
        show(year, month, day, hour, minute);             //在文本框内显示日期和时间
    }
    }
    private void show(int year,int month,int day,int hour,int minute){
                                                  //用于获取选择的日期和时间
        text.setText("您选择的日期是: " + year+"年"+(month+1)+"月"+day+"日"+hour+"时"+minute +"分");
    }
```

> **注意**
> 由于通过 DatePicker 对象获取到的月份是 0~11 月，所以需要将获取到的月份加 1，才能代表真正的月份。

运行该项目后，屏幕上显示的效果如图 5-21 所示，当改变日期时，屏幕上显示的效果如图 5-22 所示，当改变时间时，屏幕上显示的效果如图 5-23 所示。

图 5-21　项目运行效果图　　　图 5-22　改变日期时效果图　　　图 5-23　改变时间时效果图

5.8 计时器

计时器（Chronometer）控件可以显示从某个起始时间开始，一共过去了多长时间。由于该控件继承 TextView，所以它以文本的形式显示内容。一般在使用该控件的时候，会调用以下几个方法。

- setBase(long base)　设置计时器计时的基准（开始）时间。
- setFormat(String format)　设置用于格式化显示格式的字符串，计时器将用 "MM:SS" 或 "H:MM:SS" 形式的值替换格式化字符串中的第一个 "%s"。

- **setOnChronometerTickListener(OnChronometerTickListener listener)** 设置计时器变化时调用的监听器。
- **start()** 开始计时，该操作不会影响到由 setBase(long)设置的基准（开始）时间，仅影响显示的视图。
- **stop()** 停止计时，不会影响用 setBase(long)方法设置的基准（开始）时间，只影响视图的显示。

在使用计时器控件时，需要在 XML 布局文件中添加<Chronometer>标记，其主要代码如下。

```xml
<Chronometer
    android:layout_width="wrap_content"
    android:layout_height="wrap_content"
    android:id="@+id/chronometer"
 />
```

【练习 11】

在 Eclipse 中创建一个 Android 项目，名称为 ch05_11，在屏幕中添加一个计时器。

（1）在项目中的 res/layout 目录下修改 activity_main.xml 文件，然后添加一个 Chronometer 控件和一个普通按钮控件，其代码如下所示。

```xml
<LinearLayout xmlns:android="http://schemas.android.com/apk/res/android"
    android:layout_width="match_parent"
    android:layout_height="match_parent">
    <Chronometer
        android:layout_width="wrap_content"
        android:layout_height="wrap_content"
        android:id="@+id/chronometer"/>
    <Button
        android:layout_width="wrap_content"
        android:layout_height="wrap_content"
        android:id="@+id/rest"
        android:text="@string/rest"
        android:visibility="gone"/>
</LinearLayout>
```

上述代码中，Button 控件的 android:visibility 属性用来设置该控件的可见与不可见的状态，设置为"gone"表示不可见并且不占用空间。

（2）在 com.android.activity 包中的 MainActivity.java 文件中，获取计时器控件，并设置起始时间和显示时间的格式，开启计时器等，其代码如下。

```java
private Chronometer chronometer = null;
private Button rest = null;
protected void onCreate(Bundle savedInstanceState) {
//省略部分代码
    rest = (Button) findViewById(R.id.rest);                //获取按钮控件
    chronometer = (Chronometer) findViewById(R.id.chronometer);
                                                            //获取计时器控件
    chronometer.setBase(SystemClock.elapsedRealtime());//设置起始时间
    chronometer.setFormat("已用时间: %s");               //设置显示时间的格式
    chronometer.start();                                    //开启计时器
```

```
        chronometer.setOnChronometerTickListener(new chronometerListener());
        rest.setOnClickListener(new restOnClickListener());
    }
    class restOnClickListener implements OnClickListener{
        public void onClick(View v) {
            chronometer.setBase(SystemClock.elapsedRealtime());    //设置起始时间
            chronometer.start();                    //开启计时器
            rest.setVisibility(View.GONE);          //设置Button控件不可见
        }
    }
    class chronometerListener implements OnChronometerTickListener{
        public void onChronometerTick(Chronometer chronometer) {
        if (SystemClock.elapsedRealtime() - chronometer.getBase() >= 10000) {
            chronometer.stop();                     //停止计时器
            rest.setVisibility(View.VISIBLE);       //设置Button控件可见
            }
        }
    }
```

上述代码中，先获取到计时器控件，然后使用 setBase(SystemClock.elapsedRealtime())方法为计时器设置起始时间，setFormat()为计时器设置格式，然后使用 start()方法开启计时器。在监听器中判断如果(SystemClock.elapsedRealtime() - chronometer.getBase() >= 10000)为真，则使用stop()方法来停止计时器，并且使用 setVisibility()方法设置 Button 控件可见。在按钮控件的监听器中为计时器添加了起始时间和开启计时器的方法，在单击按钮的时候，计时器将重新开始，同时Button 控件设置为不可见。

运行该项目，计时器显示效果如图 5-24 所示。当计时器停止时如图 5-25 所示。

图 5-24　计时器运行时效果

图 5-25　计时器停止时效果

5.9 实例应用：设计用户注册界面

5.9.1 实例目标

根据本课所讲内容，设计一个用户注册界面，在其中要使用到本课所讲的基础控件，如文本框、编辑框、按钮、复选框等控件。

5.9.2 技术分析

首先在布局文件中使用控件的标记来配置所需要的各个控件,然后在主 Activity 中获取到该控件,给其添加监听器来监听其操作,最后在控制台输出所操作的内容。

5.9.3 实现步骤

在 Eclipse 中创建 Android 项目,名称为 ch05。设计一个用户注册界面,在其中要使用到文本框、编辑框、按钮、单选按钮、复选框、列表选择框、列表视图、图片视图等控件。

(1)在项目 res 目录下的 drawable_ldpi 文件夹中,放入两张名称分别为 logo.gif 和 background.gif 的图片,用于作为显示的 logo 图片和背景图片。

(2)在项目的 res\values 目录中新建数组资源文件 arrays.xml,在该文件中添加两个字符串数组,名称分别为 type 和 care,具体代码如下。

```xml
<?xml version="1.0" encoding="utf-8"?>
<resources>
    <string-array name="type">
        <item>学生</item>
        <item>老师</item>
        <item>白领</item>
        <item>工程师</item>
        <item>其他</item>
    </string-array>
    <string-array name="care">
        <item>1.保护用户个人信息是汇智的一项基本原则</item>
        <item>2.用户在本网站上不得发布违法信息</item>
        <item>3.保护好自己的账号和密码安全</item>
        <item>4.本网站所有权和解释权归本网站拥有</item>
    </string-array>
</resources>
```

(3)在项目的 res\values 目录中的 strings.xml 中添加如下代码。

```xml
<string name="edit01">请输入用户名</string>
<string name="edit02">请输入密码</string>
<string name="reg">注册</string>
<string name="rest">重置</string>
<string name="sex">请选择您的性别</string>
<string name="fav">请选择您的兴趣</string>
<string name="man">男</string>
<string name="woman">女</string>
<string name="checkText">我同意上述条款</string>
```

(4)在项目的 res/layout 目录下修改 activity_main.xml 文件,首先将界面整体布局改为表格布局,并设置背景,之后添加一个图像视图作为 logo 图像显示,代码如下。

```xml
<?xml version="1.0" encoding="utf-8"?>
<TableLayout xmlns:android="http://schemas.android.com/apk/res/android"
    android:layout_width="match_parent"
    android:layout_height="match_parent"
```

```
        android:orientation="vertical"
        android:background="@drawable/background" >
        <ImageView
        android:layout_width="wrap_content"
        android:layout_height="wrap_content"
        android:src="@drawable/logo"
        android:id="@+id/imageView02"
        android:layout_margin="5dp"
        android:adjustViewBounds="true"
        android:maxWidth="75dp"
        android:maxHeight="50dp"/>
</TableLayout>
```

在上述代码中，android:adjustViewBounds 用于设置 ImageView 是否调整自己的边界来保持所需显示图片的长度变化，为 true 时表示调整自己的边界来保持所需显示图片的长度变化；android:maxWidth 和 android:maxHeight 分别表示 ImageView 的最大宽度和最大高度。

（5）添加 3 个 TableRow 表格行，并在其中添加 3 个文本框和编辑框控件，用来显示和填写用户名、密码和确认密码，这与练习 2 中的步骤（2）代码一样，在这里就省略了。

（6）添加一个线性布局，在其中添加一个文本框控件和一个单选按钮组，其中在单选按钮组中添加两个单选按钮控件，这与练习 4 中的步骤（1）代码一样，在这里省略，其中线性布局的 android:orientation 属性设置为"horizontal"。

（7）添加一个线性布局，在其中添加一个文本框控件和一个列表选择框控件，线性布局的 android:orientation 属性设置为"horizontal"，列表选择框控件代码与练习 5 中步骤（1）代码一样，在此省略，其中列表选择框的 android:entries 属性为"@array/care"。

（8）添加一个文本框控件、列表视图控件、复选框控件和一个普通按钮控件，代码如下。

```
<TextView
   android:layout_width="wrap_content"
   android:layout_height="wrap_content"
   android:text="服务条款"
   android:gravity="center_horizontal"
   />
<!--省略列表视图控件的布局代码-->
<CheckBox
   android:layout_width="wrap_content"
   android:layout_height="wrap_content"
   android:id="@+id/checkBox"
   android:text="@string/checkText"/>
<Button
   android:layout_width="wrap_content"
   android:layout_height="wrap_content"
   android:id="@+id/reg"
   android:text="@string/reg"
   android:gravity="center_horizontal"
   android:visibility="invisible"/>
```

在上述代码中，文本框控件的 android:gravity="center_horizontal"表示文本框控件在屏幕中水平放置，android:textSize 表示字体大小；普通按钮中的 android:visibility 属性表示该控件是否可见，在这里设置的是不可见。

（9）在 com.android.activity 包中的 MainActivity.java 文件中，获取到复选框控件、普通按钮控件、单选按钮组控件和列表选择框控件，并为它们添加监听器，其主要代码如下。

```java
//省略其他控件的定义
    private Button reg = null;                              //定义一个按钮控件
    private int position = -1;
    protected void onCreate(Bundle savedInstanceState) {
        super.onCreate(savedInstanceState);
        setContentView(R.layout.activity_main);
//省略其他控件的获取
        reg = (Button) findViewById(R.id.reg);              //获取普通按钮控件
        ArrayAdapter<CharSequence> adapter = ArrayAdapter.createFromResource(this,
R.array.care, android.R.layout.simple_spinner_item);
        listView.setAdapter(adapter);                       //适配器与列表视图关联
        checkBox.setOnCheckedChangeListener(new checkBoxOnCheckedChange-
Listener());//为复选框控件添加监听器
        sex.setOnCheckedChangeListener(new RadioGroup.OnCheckedChangeListener()
        {//为单选按钮组添加监听器
            public void onCheckedChanged(RadioGroup group, int checkedId) {
                radio = (RadioButton) findViewById(checkedId);
            }
        });
        spinner.setOnItemSelectedListener(new spinnerOnItemSelectedListener());
                                                            //为列表选择框控件添加监听器
        reg.setOnClickListener(new regOnClickListener());
    }
    class checkBoxOnCheckedChangeListener implements OnCheckedChangeListener{
                                                            //复选框控件监听器
        public void onCheckedChanged(CompoundButton buttonView,
            boolean isChecked) {
            if (isChecked) {                                //复选框控件是否被选中
                reg.setVisibility(View.VISIBLE);            //注册按钮设置可见
            } else {
                reg.setVisibility(View.INVISIBLE);          //注册按钮设置不可见
            }
        }
    }
    class spinnerOnItemSelectedListener implements OnItemSelectedListener{
                                                            //下拉列表框控件监听器
        public void onItemSelected(AdapterView<?> arg0, View arg1, int arg2,long
        arg3)
        {
            position = arg2;                                //获取下拉列表框控件选中的位置
        }
        public void onNothingSelected(AdapterView<?> arg0) {
        }
    }
    class regOnClickListener implements OnClickListener{    //注册按钮监听器
```

```java
public void onClick(View v) {
    Log.i("您输入的用户名为: ", nickName.getText().toString());
    Log.i("您输入的密码为: ", pwd.getText().toString());
    Log.i("您输入的确认密码为: ", pwd2.getText().toString());
    if (radio != null) {
        Log.i("您选择的性别是: ", radio.getText().toString());
    }else{
        Log.i("您选择的性别是: ", "无");
    }
    Log.i("您选择的身份是: ",spinner.getItemAtPosition(position).
    toString());
}
```

在上述代码中，通过下拉列表框控件的监听器来获取所选内容的位置，然后赋值给 position 变量；在复选框控件的监听器中，如果该复选框被选中，则注册按钮显示可见，否则不可见。

运行该项目，效果如图 5-26 所示。填写信息后的效果如图 5-27 所示。单击注册后控制台输出的信息如图 5-28 所示。

图 5-26　项目运行效果

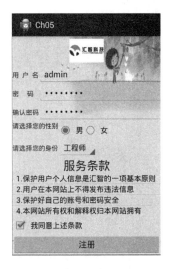

图 5-27　填写信息后效果

Level	Time	PID	TID	Application	Tag	Text
I	08-1...	2020	2020	com.android.activity	您输入的用户名为:	admin
I	08-1...	2020	2020	com.android.activity	您输入的密码为:	admin888
I	08-1...	2020	2020	com.android.activity	您输入的确认密码为:	admin888
I	08-1...	2020	2020	com.android.activity	您选择的性别是:	男
I	08-1...	2020	2020	com.android.activity	您选择的身份是:	工程师

图 5-28　控制台输出信息

5.10 扩展训练

拓展训练 1：实现图标在上、文字在下的 ListView

根据本节所学内容，创建一个 Android 项目，要求实现图标在上、文字在下的 ListView。

5.11 课后练习

一、填空题

1. 在 Android 的布局中，用于设置文本框内文本的对齐方式属性的是_____。
2. 在编辑框中需要输入的文本为密码时，需要将 inputType 属性值设置为_____。
3. 在 Android 的布局中，_____是编辑框为空时显示的文字提示信息的属性。
4. 在 Android 的布局中，_____是设置该控件显示或者不显示的属性。

二、选择题

1. 下列 Android 控件中，不属于基础控件的是_____。

    A. TextView

    B. Button

    C. ProgressBar

    D. Chronometer

2. 在使用下列 Android 控件时，_____不需要添加监听器。

    A. TextView

    B. Button

    C. ListView

    D. RadioButton

3. 在使用 DatePicker 对象获取到月份 month 时，需要将 month_____才能获取到真正的月份。

    A. 减 1

    B. 加 1

    C. 不操作

    D. 加 2

4. 在使用属性 typeface 设置文本字体的时候，下列_____不是该属性的值。

    A. normal

    B. sans

    C. serif

    D. nospace

三、简答题

1. 在屏幕中添加控件时，除了使用 XML 布局文件中添加标记，是否有其他方法呢？请详细说明。
2. 在使用 Android 基础控件时，必须添加监听器吗？如果不是，请给出例子说明。
3. 分别使用 ListView 控件五种指定的外观形式来显示列表视图，并说出这几种样式的区别。

第 6 课
Android 高级界面设计

通过对第 5 课的学习,相信大家对 Android 的控件有了一定的掌握和了解。本课我们将继续学习 Android 的控件——Android 高级控件,如自动完成文本框、进度条等。通过对本课的学习,大家会对 Android 控件有一个全新的认识。

本课学习目标:
- ☐ 掌握自动完成文本框的基本应用
- ☐ 掌握进度条的应用
- ☐ 掌握拖动条与星级评分条的基本应用
- ☐ 掌握选项卡的使用方法
- ☐ 掌握图像切换器、网格视图和画廊视图的基本使用
- ☐ 了解滚动视图的基本应用

6.1 自动完成文本框

自动完成文本框控件（AutoCompleteTextView）用于实现输入一定的字符后，显示出一个以输入字符开头的下拉菜单供用户选择。当用户选择某项后，该控件中的字符为当前用户所选项。

在屏幕中添加自动完成文本框，可以通过在 XML 布局文件中添加<AutoCompleteTextView>标记来实现，其基本语法格式如下。

```
<AutoCompleteTextView
    android:layout_width="fill_parent"
    android:layout_height="wrap_content"
    android:id="@+id/autoComplete"/>
```

AutoCompleteTextView 控件继承自 EditText 控件，因此它支持 EditText 控件所提供的属性，同时该控件支持的 XML 属性如表 6-1 所示。

表 6-1　AutoCompleteTextView 支持的 XML 属性

属性名称	描述
android:completionHint	用于为弹出的下拉菜单指定提示标题
android:completionThreshold	用于指定用户至少输入几个字符才会显示下拉菜单
android:dropDownHeight	用于指定下拉菜单的高度
android:dropDownHorizontalOffset	用于指定下拉菜单与文本之间的水平偏移。下拉菜单默认与文本框左对齐
android:dropDownVerticalOffset	用于指定下拉菜单与文本之间的垂直偏移。下拉菜单默认紧跟文本框
android:dropDownWidth	用于指定下拉菜单的宽度

【练习 1】

在 Eclipse 中创建一个 Android 项目，名称为 ch06_01，使用 AutoCompleteTextView 控件完成搜索时的自动匹配。

（1）在项目中的 res/layout 目录下修改 activity_main.xml 文件，并添加一个自动完成文本框控件和一个普通按钮控件，其代码如下。

```
<LinearLayout xmlns:android="http://schemas.android.com/apk/res/android"
    android:layout_width="match_parent"
    android:layout_height="match_parent"
    android:orientation="horizontal">
    <AutoCompleteTextView
        android:layout_width="250dp"
        android:layout_height="wrap_content"
        android:completionHint="请输入您要搜索的内容"
        android:id="@+id/autoComplete"
        android:completionThreshold="2"
        android:singleLine="true"/>
    <Button
        android:layout_width="wrap_content"
        android:layout_height="wrap_content"
        android:id="@+id/button"
        android:text="搜索"/>
</LinearLayout>
```

上述代码中，android:completionHint 用于为弹出的下拉菜单指定提示标题；android:completionThreshold 用于指定用户至少输入几个字符才会显示下拉菜单，这里设置的值为2，表示输入两个字符或两个字符以上，就会显示提示的下拉菜单；android:singleLine 表示是否单行显示文本，这里的值为 true，表示单行显示文本。

（2）在 com.android.activity 包中的 MainActivity.java 文件中，定义一个字符串数组常量，用于保存要在下拉菜单中显示的列表内容。在获取到自动完成文本框控件后，为其添加适配器，在获取到搜索按钮后，为其添加监听器，其主要代码如下。

```java
private AutoCompleteTextView autoComTextView = null;    //定义自动完成文本框控件
private Button button = null;                           //定义普通按钮控件
//省略部分代码
final String[] COUNTRIES = { "Afghanistan", "Albania", "Algeria", "American
Samoa", "Andorra",
"Cayman Islands", "Central African Republic", "Chad", "Chile", "China"};
autoComTextView = (AutoCompleteTextView) findViewById(R.id.autoComplete);
                                                        //获取自动完成文本框控件
button = (Button) findViewById(R.id.button);            //获取搜索按钮
ArrayAdapter<String> adapter = new ArrayAdapter<String>(this, android.R.layout.
simple_list_item_1, COUNTRIES);                         //创建ArrayAdapter适配器
autoComTextView.setAdapter(adapter);                    //为自动完成文本框控件添加适配器
button.setOnClickListener(new OnClickListener() {       //为搜索按钮添加监听器
    public void onClick(View arg0) {
        Log.i("您要搜索的是: ", autoComTextView.getText().toString());
    }
});
```

在上述代码中，final String[] COUNTRIES 定义的字符串数组常量用于下拉菜单中显示的列表内容。创建 ArrayAdapter 适配器用于保存下拉菜单中要显示的列表项，最后使用 setAdapter()方法将该适配器与自动完成文本框相关联。在搜索按钮监听器中的 OnClick()方法中，通过 Log.i()方法将所选择的内容显示在日志控制台中。

运行该项目，效果如图 6-1 所示。在编辑框中输入内容后，效果如图 6-2 所示。

选中某一项后，单击搜索按钮，控制台显示信息如图 6-3 所示。

图 6-1 项目运行后效果图

图 6-2 输入内容后效果图

图 6-3 控制台显示信息

6.2 进度条

当一个应用程序在后台执行时，为了使用户能够看到程序所执行的进度，因此采用进度条（ProgressBar）控件向用户显示某个进程的完成程度。

在屏幕中添加进度条，可以在 XML 布局文件中通过<ProgressBar>标记来添加，其基本语法格式如下。

```
<ProgressBar
        android:layout_width="fill_parent"
        android:layout_height="wrap_content"
        android:id="@+id/ progressBar "/>
```

ProgressBar 控件支持的 XML 属性如表 6-2 所示。

表 6-2 ProgressBar 支持的 XML 属性

属 性 名 称	描 述
android:animationResolution	以毫秒为单位的动画帧之间时间间隔，必须是一个整数的值
android:indeterminate	允许启用不确定模式
android:max	用于设置进度条的最大值
android:maxHeight	为视图提供最大高度的可选参数
android:maxWidth	为视图提供最大宽度的可选参数
android:progress	用于指定进度条已完成的进度值
android:progressDrawable	用于设置进度条轨道的绘制形式
android:secondaryProgress	定义二次进度值

除了表 6-2 中介绍的属性外，进度条还提供了几个常用的方法用于操作进度。

- setProgress(int progress)　设置进度完成的多少。
- incrementProgressBy(int diff)　用于设置进度条的进度增加或减少。当参数为正数时，表示进度增加；参数为负数时，表示进度减少。
- isIndeterminate()　判断进度条是否在不确定模式下。
- setIndeterminate(boolean indeterminate)　设置是否为不确定模式。
- setVisibility(int v)　设置该进度条是否可见。

在 XML 布局文件中添加进度条时，可以通过设置 style 属性为进度条控件指定风格，常用的风格属性值如表 6-3 所示。

表 6-3 ProgressBar 的 style 属性值表

XML 属性值	描 述
?android:attr/progressBarStyleHorizontal	细水平长度进度条
?android:attr/progressBarStyleLarge	大圆形进度条
?android:attr/progressBarStyleSmall	小圆形进度条
@android:style/Widget.ProgressBar.Large	大跳跃、旋转画面的进度条
@android:style/Widget.ProgressBar.Small	小跳跃、旋转画面的进度条
@android:style/Widget.ProgressBar.Horizontal	粗水平长度进度条

在使用上述属性值时，只需将 ProgressBar 控件中的 style 属性值设置为上述属性值即可。

【练习 2】

在 Eclipse 中创建一个 Android 项目，名称为 ch06_02，在其中添加进度条和按钮，并能够通过单击按钮来模拟实现进度条的功能演示。

（1）在项目中的 res/layout 目录下修改 activity_main.xml 文件，将布局改为线性布局，方向设置为垂直，修改后代码如下。

```
<LinearLayout xmlns:android="http://schemas.android.com/apk/res/android"
```

```
    android:layout_width="match_parent"
    android:layout_height="match_parent"
    android:orientation="vertical">
</LinearLayout>
```

（2）添加一个线性布局，方向为水平，并在其中添加一个文本框控件和一个水平进度条，其代码如下。

```
<LinearLayout
    android:layout_width="fill_parent"
    android:layout_height="wrap_content"
    android:orientation="horizontal">
    <TextView
        android:layout_width="wrap_content"
        android:layout_height="wrap_content"
        android:id="@+id/text01"
        android:text="@string/start"/>
    <ProgressBar
    android:layout_width="fill_parent"
    android:layout_height="wrap_content"
    style="@android:style/Widget.ProgressBar.Horizontal"
    android:id="@+id/horizonPro"
    android:max="200"
    android:visibility="gone"/>
</LinearLayout>
```

在上述代码中，ProgressBar 控件的 style 属性为其指定了一个风格，这里设置的风格是一个细水平长度的进度条；max 设置了进度条的最大值为 200；android:visibility 属性设置的是该控件是否可见，这里设置的值为"gone"，表示不可见，并且不占用空间。

（3）添加一个线性布局，方向为水平，并在其中添加一个文本框控件和一个圆形进度条，这步操作的代码与步骤（2）中的代码一致，只需将 style 属性的属性值改为"?android:attr/progressBarStyleLarge"即可，表示添加一个圆形进度条，并设置 id 为"@+id/circlePro"。

（4）添加一个线性布局，方向为水平，并在其中添加两个普通按钮，其代码如下。

```
<LinearLayout
    android:layout_width="fill_parent"
    android:layout_height="fill_parent"
    android:orientation="horizontal">
    <Button
        android:layout_width="wrap_content"
        android:layout_height="wrap_content"
        android:id="@+id/button"
        android:text="@string/startBtn"/>
    <Button
        android:layout_width="wrap_content"
        android:layout_height="wrap_content"
        android:id="@+id/restart"
        android:visibility="gone"
        android:text="@string/restart"/>
</LinearLayout>
```

在上述代码中,第二个 Button 控件设置的 visibility 值为"gone",表示该控件不显示,且不占用控件。

(5)在项目 res\values 目录中的 strings.xml 中添加如下代码。

```xml
<string name="start">开始加载</string>
<string name="run">正在加载</string>
<string name="done">加载完成</string>
<string name="startBtn">开始</string>
<string name="addBtn">增加</string>
<string name="restart">重新开始</string>
```

(6)在 com.android.activity 包中的 MainActivity.java 文件中,声明和获取进度条控件和 Button 控件后,其主要代码如下所示。

```java
private ProgressBar horizonPro = null;                              //水平进度条
private ProgressBar circlePro = null;                               //圆形进度条
private int status = 0;                                             //完成进度
//省略部分控件的定义和获取
horizonPro = (ProgressBar) findViewById(R.id.horizonPro);   //获取水平进度条控件
circlePro = (ProgressBar) findViewById(R.id.circlePro);     //获取圆形进度条控件
button = (Button) findViewById(R.id.button);                //获取开始按钮控件
restart = (Button) findViewById(R.id.restart);              //获取重新开始按钮控件
```

(7)在获取到开始按钮后为其控件添加监听器,并在监听器中添加进度条的操作,其主要代码如下。

```java
button.setOnClickListener(new OnClickListener() {           //为开始按钮添加监听器
    public void onClick(View arg0) {
        if(status == 0){//当前进度为 0
            button.setText(R.string.addBtn);                //设置开始按钮上的文字
            horizonPro.setVisibility(View.VISIBLE);         //设置水平进度条可见
            circlePro.setVisibility(View.VISIBLE);          //设置圆形进度条可见
            text01.setText(R.string.run);                   //设置文本框控件显示内容
            text02.setText(R.string.run);                   //设置文本框控件显示内容
            horizonPro.setSecondaryProgress(status + 10);
                                                            //为水平进度条的第二进度赋值
        }else if(status <= 200){
            horizonPro.setProgress(status);                 //为水平进度条的进度赋值
            horizonPro.setSecondaryProgress(status + 10);
                                                            //为水平进度条的第二进度赋值
            circlePro.setProgress(status);                  //为圆形进度条的进度赋值
        }else{
            horizonPro.setVisibility(View.GONE);//设置水平进度条不可见,并且不占用空间
            circlePro.setVisibility(View.GONE);//设置圆形进度条不可见,并且不占用空间
            text01.setText(R.string.done);                  //设置文本框控件显示内容
            text02.setText(R.string.done);                  //设置文本框控件显示内容
            button.setVisibility(View.GONE);     //设置开始按钮不可见,并且不占用空间
            restart.setVisibility(View.VISIBLE);//设置重新开始按钮可见,并且不占用空间
        }
        status = status + 10;                               //进度每次增加 10
```

（8）在获取到重新开始按钮后为其控件添加监听器，并重写其 onClick()方法，其主要代码如下。

```
restart.setOnClickListener(new OnClickListener() {  //为重新开始按钮添加监听器
    public void onClick(View arg0) {
        status = 0;
        button.setText(R.string.startBtn);          //设置开始按钮上的文字
        button.setVisibility(View.VISIBLE);         //设置开始按钮可见
        restart.setVisibility(View.GONE);   //设置重新开始按钮不可见，且不占用空间
        text01.setText(R.string.start);             //设置文本框控件显示内容
        text02.setText(R.string.start);             //设置文本框控件显示内容
        horizonPro.setProgress(status);             //为水平进度条的进度赋值
        horizonPro.setSecondaryProgress(status + 10);//为水平进度条的第二进度赋值
        circlePro.setProgress(status);              //为圆形进度条的进度赋值
    }
});
}
```

在步骤（7）和步骤（8）中，获取到开始按钮和重新开始按钮后，分别给它们添加监听器，一个用于增加进度条的进度，另一个用于在进度条加载完成时重新开始。setVisibility()方法用来设置控件是否可见，setProgress()方法为进度条的进度赋值，setSecondaryProgress()表示为第二进度赋值。secondaryProgress 表示第二进度，也就是进度条将要加载的进度。

运行该项目，效果如图 6-4 所示。单击开始后，单击增加按钮增加进度如图 6-5 所示。当进度加载完成时效果如图 6-6 所示。

图 6-4　项目运行效果图

图 6-5　增加进度效果图

图 6-6　进度加载完成效果图

6.3 拖动条与星级评分条

在 Android 中提供了两种允许用户通过拖动来改变进度的控件，分别是拖动条（SeekBar）和星级评分条（RatingBar）。

6.3.1 拖动条

拖动条与进度条类似，不同的是，拖动条允许用户拖动滑块来改变值，通常用于实现对某种数值的调节。如调节屏幕亮度或音量大小。

在屏幕中添加拖动条控件，可以通过在 XML 布局文件中添加<SeekBar>标记来实现。其基本语法格式如下。

```
<SeekBar
    android:layout_width="match_parent"
    android:layout_height="wrap_content"
    android:id="@+id/seekBar"/>
```

SeekBar 控件允许用户改变拖动滑块的外观，这里可以使用 android:thumb 属性实现，该属性的属性值为一个 Drawable 对象，该对象将作为自定义滑块。

在使用拖动条控件时，需要为其添加 OnSeekBarChangeListener 监听器，其基本代码如下。

```
seekBar.setOnSeekBarChangeListener(new OnSeekBarChangeListener() {
    public void onStopTrackingTouch(SeekBar arg0) {
        //停止滑动时要执行的代码
    }
    public void onStartTrackingTouch(SeekBar arg0) {
        //开始滑动时要执行的代码
    }
    public void onProgressChanged(SeekBar arg0, int arg1, boolean arg2) {
        //位置改变时要执行的代码
    }
});
```

【练习 3】

在 Eclipse 中创建一个 Android 项目，名称为 ch06_03 来实现一个滑动拖动条的实例。

（1）在项目中的 res/layout 目录下修改 activity_main.xml 文件，将布局改为线性布局，方向设置为垂直，并添加两个文本框控件和一个拖动条控件，其代码如下。

```
<LinearLayout xmlns:android="http://schemas.android.com/apk/res/android"
    android:layout_width="match_parent"
    android:layout_height="match_parent"
    android:orientation="vertical" >
    <TextView
        android:layout_width="wrap_content"
        android:layout_height="wrap_content"
        android:id="@+id/text01"/>
    <SeekBar
        android:layout_width="match_parent"
        android:layout_height="wrap_content"
        android:id="@+id/seekBar"/>
    <TextView
        android:layout_width="wrap_content"
        android:layout_height="wrap_content"
        android:id="@+id/text02"/>
</LinearLayout>
```

（2）在项目 res\values 目录中的 strings.xml 中添加如下代码。

```
<string name="start">开始滑动</string>
```

```xml
<string name="doing">正在滑动</string>
<string name="end">结束滑动</string>
```

(3)在 com.android.activity 包中的 MainActivity.java 文件中,首先获取到两个文本框控件和拖动条控件,然后为拖动条控件添加 OnSeekBarChangeListener 监听器,将拖动条的动态和位置在文本框控件中显示出来,其主要代码如下。

```java
private SeekBar seekBar = null;                                    //定义拖动条控件
private TextView text01 = null;                                    //定义文本框控件
private TextView text02 = null;                                    //定义文本框控件
protected void onCreate(Bundle savedInstanceState) {
    super.onCreate(savedInstanceState);
    setContentView(R.layout.activity_main);
    seekBar = (SeekBar) findViewById(R.id.seekBar);                //获取拖动条控件
    text01 = (TextView) findViewById(R.id.text01);                 //获取文本框控件
    text02 = (TextView) findViewById(R.id.text02);                 //获取文本框控件
    seekBar.setOnSeekBarChangeListener(new OnSeekBarChangeListener() {
                                                                   //添加监听器
        public void onStopTrackingTouch(SeekBar arg0) {  //停止滑动
            text01.setText(R.string.end);
        }
        public void onStartTrackingTouch(SeekBar arg0) { //开始滑动
            text01.setText(R.string.start);
        }
        public void onProgressChanged(SeekBar arg0, int arg1, boolean arg2) {
                                                                   //位置改变
            text01.setText(R.string.doing);
            text02.setText("当前值为: " + arg1);  //将文本框的值修改为拖动条当前的位置
        }
    });
}
```

在上述代码中,先获取到拖动条控件,然后为其添加监听器,监听对拖动条控件的操作。在监听器中的 onStartTrackingTouch(SeekBar arg0)方法开始滑动拖动条时调用,onStopTrackingTouch(SeekBar arg0)方法在结束滑动拖动条时调用,onProgressChanged(SeekBar arg0, int arg1, boolean arg2)方法在滑块位置改变时调用。其中 arg1 参数表示当前进度,也就是拖动条的值。在滑动滑块时调用相应的方法,通过改变文本框控件的值,显示对拖动条的操作。

运行该项目,效果如图 6-7 所示。在滑动滑块时,效果如图 6-8 所示。停止滑动时,效果如图 6-9 所示。

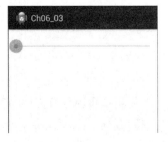

图 6-7 项目运行效果图　　　图 6-8 滑动滑块时效果图　　　图 6-9 停止滑动滑块时效果图

6.3.2 星级评分条

星级评分条与拖动条类似，都允许用户拖动来改变进度。不同的是，星级评分条是通过星形图案表示进度。通常情况下，使用星级评分条表示对某一事物的支持度或对某一服务的满意度等。例如对软件的满意度就是通过星级评分条来实现的。

在屏幕中添加星级评分条控件，可以通过在 XML 布局文件中添加<RatingBar>标记来实现。其基本语法格式如下。

```
<RatingBar
    android:layout_width="wrap_content"
    android:layout_height="wrap_content"
    android:id="@+id/ratingBar"
    android:numStars="5"/>
```

其中 android:numStars 属性表示星形的数量，在这里设置的是 5 个。
RatingBar 控件支持的 XML 属性如表 6-4 所示。

表 6-4 RatingBar 支持的 XML 属性

属 性 名 称	描 述
android:isIndicator	用于指定该星级评分条是否允许用户改变，值为"true"时不允许改变
android:numStars	用于指定该星级评分条总共有多少颗星
android:rating	用于指定该星级评分条默认的星级
android:stepSize	用于指定每次最少需要改变多少个星级，默认为 0.5 个

另外，星级评分条还提供了以下几种比较常用的方法。
- **getRating()** 用于获取等级，表示选中了几颗星。
- **getStepSize()** 用于获取每次最少要改变多少颗星。
- **getProgress()** 用于获取进度，获取到的进度值为 getRating()方法返回值与 getStepSize()方法返回值之积。
- **setRating (float rating)** 设置等级（星形的数量）。
- **setStepSize (float stepSize)** 设置每次最少要改变多少颗星。
- **setNumStars (int numStars)** 设置显示的星形的数量。
- **setMax (int max)** 设置评分等级的范围，从 0 到 max。

在使用星级评分条控件时，需要为其添加 setOnRatingBarChangeListener 监听器，基本代码如下。

```
ratingBar.setOnRatingBarChangeListener(new OnRatingBarChangeListener() {
    public void onRatingChanged(RatingBar arg0, float arg1, boolean arg2) {
        //需要执行的代码
    }
});
```

【练习 4】
在 Eclipse 中创建一个 Android 项目，名称为 ch06_04，实现一个使用星级评分条控件的实例。
（1）在项目中的 res/layout 目录下修改 activity_main.xml 文件，将布局改为线性布局，方向设置为垂直，并添加一个文本框控件和一个星级评分条控件，其代码如下。

```xml
<LinearLayout xmlns:android="http://schemas.android.com/apk/res/android"
    android:layout_width="match_parent"
    android:layout_height="match_parent"
    android:orientation="vertical">
    <TextView
        android:layout_width="wrap_content"
        android:layout_height="wrap_content"
        android:id="@+id/text" />
    <RatingBar
        android:layout_width="wrap_content"
        android:layout_height="wrap_content"
        android:id="@+id/ratingBar"
        android:numStars="5"/>
</LinearLayout>
```

在上述代码中，RatingBar 控件的 android:numStars 属性表示设置星形的数量，这里设置的是 5 个。

（2）在 com.android.activity 包中的 MainActivity.java 文件中，首先获取到文本框控件和星级评分条控件，然后为星级评分条控件添加 OnRatingBarChangeListener 监听器，将选定星级评分条时获得的信息在文本框控件中显示出来，其主要代码如下。

```java
private RatingBar ratingBar = null;                              //定义星级评分条控件
private TextView text = null;                                    //定义文本框控件
protected void onCreate(Bundle savedInstanceState) {
    super.onCreate(savedInstanceState);
    setContentView(R.layout.activity_main);
    ratingBar = (RatingBar) findViewById(R.id.ratingBar);        //获取星级评分条控件
    text = (TextView) findViewById(R.id.text);                   //获取文本框控件
    ratingBar.setOnRatingBarChangeListener(new OnRatingBarChangeListener() {
        public void onRatingChanged(RatingBar arg0, float arg1, boolean arg2) {
            text.setText("你得到了" + arg1 + "颗星");
                                            //将获取的星形的数量的信息显示在文本框控件
        }
    });
}
```

在上述代码中，获取到星级评分条控件时，为其添加 OnRatingBarChangeListener 监听器，然后通过使用 onRatingChanged(RatingBar arg0, float arg1, boolean arg2)方法来获取到星形的数量，并通过 setText()方法显示在文本框控件中。

运行该项目，效果如图 6-10 所示。改变选中星级评分条的星形的数量时，效果如图 6-11 所示。

图 6-10　项目运行效果图

图 6-11　改变星形数量时效果图

6.4 选项卡

选项卡主要由 TabHost、TabWidget 和 FrameLayout 三个控件组成，用于实现一个多标签界面，通过它可以将一个复杂的对话框分割成若干个标签页，实现对信息的分类显示和管理。使用该组件不仅可以使界面简洁大方，还可以有效地减少界面的个数。

在 Android 中，一般实现选项卡的步骤如下。

（1）在布局文件中添加实现选项卡所需的 TabHost、TabWidget 和 FrameLayout 控件。

（2）编写各标签页中要显示内容所对应的 XML 布局文件。

（3）在 Activity 中，获取并初始化 TabHost 控件。

（4）为 TabHost 对象添加标签页。

【练习 5】

在 Eclipse 中创建一个 Android 项目，名称为 ch06_05，实现一个使用选项卡控件的实例。

（1）在项目中的 res/layout 目录下修改 activity_main.xml 文件，将其布局文件代码删除，添加实现选项卡所需的 TabHost、TabWidget 和 FrameLayout 控件，其布局文件代码如下。

```xml
<TabHost xmlns:android="http://schemas.android.com/apk/res/android"
    android:layout_width="match_parent"
    android:layout_height="match_parent"
    android:id="@android:id/tabhost">
    <LinearLayout
        android:layout_width="match_parent"
        android:layout_height="match_parent"
        android:orientation="vertical" >
        <TabWidget
            android:layout_width="fill_parent"
            android:layout_height="wrap_content"
            android:id="@android:id/tabs">
        </TabWidget>
        <FrameLayout
            android:layout_width="match_parent"
            android:layout_height="match_parent"
            android:id="@android:id/tabcontent">
        </FrameLayout>
    </LinearLayout>
</TabHost>
```

在使用 XML 布局文件添加选项卡时，必须使用系统的 id 为各个控件指定 id 属性，否则将会出现异常。

（2）编写第一个标签页中要显示内容对应的 XML 布局文件。新建一个 XML 布局文件，名称为 tab.xml，用于指定第一个标签页中要显示的内容，具体代码如下。

```xml
<?xml version="1.0" encoding="utf-8"?>
<LinearLayout xmlns:android="http://schemas.android.com/apk/res/android"
    android:layout_width="match_parent"
    android:layout_height="match_parent"
```

```xml
        android:orientation="vertical"
        android:id="@+id/linearLayout01">
<TextView
    android:layout_width="fill_parent"
    android:layout_height="wrap_content"
    android:text="13080111110"/>
<TextView
    android:layout_width="fill_parent"
    android:layout_height="wrap_content"
    android:text="15580111110"/>
</LinearLayout>
```

（3）编写第二个标签页中要显示内容对应的 XML 布局文件。新建一个 XML 布局文件，名称为 tab1.xml，用于指定第二个标签页中要显示的内容，由于这两个布局文件类似，这里就省略了，需要注意的是第二个布局文件中 LinearLayout 的 android:id 属性值为"@+id/linearLayout02"，TextView 控件中的 android:text 属性的值也需要改变。

（4）在 com.android.activity 包中的 MainActivity.java 文件中，获取 TabHost 对象后，开始初始化 TabHost，其主要代码如下。

```
private TabHost tabhost = null;           //声明 TabHost 控件的对象
//省略部分代码
tabhost = (TabHost) findViewById(android.R.id.tabhost);   //获取 TabHost 对象
tabhost.setup();                          //初始化 TabHost 组件
LayoutInflater inflater = LayoutInflater.from(this);
                                          //声明并实例化一个 LayoutInflater 对象
inflater.inflate(R.layout.tab, tabhost.getTabContentView());
inflater.inflate(R.layout.tab1, tabhost.getTabContentView());
tabhost.addTab(tabhost.newTabSpec("tab").setIndicator("未接来电").setContent
(R.id.linearLayout01));                   //添加第一个标签页
tabhost.addTab(tabhost.newTabSpec("tab1").setIndicator("已接来电").setContent
(R.id.linearLayout02));                   //添加第二个标签页
```

在上述代码中，获取到 TabHost 对象后对其进行初始化，然后通过 addTab()方法来进行添加标签页的操作。

运行该项目，效果如图 6-12 所示。当选择已接来电时，效果如图 6-13 所示。

图 6-12　项目运行效果图

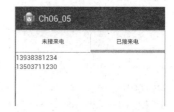

图 6-13　选择已接来电时效果图

6.5 图像切换器

图像切换器（ImageSwitcher）用于实现图片的切换。在使用 ImageSwitcher 控件时，必须实现 ViewSwitcher.ViewFactory 接口，并通过 makeView()方法来创建用于显示图片的 ImageView。makeView()方法将返回一个显示图片的 ImageView。在使用图像切换器时使用 setImageResource()方法来指定要在 ImageSwitcher 中显示的图片资源。

【练习6】

在 Eclipse 中创建一个 Android 项目，名称为 ch06_06，实现一个使用图像切换器控件的实例。

（1）首先准备一些图片文件，然后放在项目 res 目录下的 drawable_ldpi 文件夹中，作为图片切换器显示的图片资源。

（2）在项目中的 res/layout 目录下修改 activity_main.xml 文件，将布局文件改为线性布局，方向设置为垂直，并添加一个文本框控件，用于显示图片的总数以及当前所查看的是第几张图片，其代码如下所示。

```xml
<LinearLayout xmlns:android="http://schemas.android.com/apk/res/android"
    android:layout_width="match_parent"
    android:layout_height="match_parent"
    android:id="@+id/layout"
    android:orientation="vertical">
    <TextView
        android:layout_width="wrap_content"
        android:layout_height="wrap_content"
        android:id="@+id/text"/>
</LinearLayout>
```

（3）添加一个线性布局，并在其中添加两个 Button 控件和一个 ImageSwitcher 控件，其代码如下所示。

```xml
<LinearLayout
    android:layout_width="fill_parent"
    android:layout_height="fill_parent"
    android:orientation="horizontal"
    android:gravity="center">
<Button
    android:layout_width="50dp"
    android:layout_height="wrap_content"
    android:text="@string/pre"
    android:id="@+id/pre"/>
<ImageSwitcher
    android:layout_width="230dp"
    android:layout_height="300dp"
    android:id="@+id/imageSwitch"
    android:layout_gravity="center"
    android:background="#666666">
</ImageSwitcher>
    <!-- 省略用于控制图片显示下一张按钮的配置 -->
</LinearLayout>
```

（4）在 com.android.activity 包中的 MainActivity.java 文件中，声明并获取按钮、文本框和图像切换器控件对象，其主要代码如下。

```java
private ImageSwitcher imageSwitch = null;          //声明图像切换器对象
private int index = 0;                             //当前显示图像的索引
//省略部分代码
```

```java
final int[] images= new int[] {R.drawable.a1006,R.drawable.a1007,R.drawable.a1008};
                                      //声明并初始化一个保存要显示图像id的数组
imageSwitch = (ImageSwitcher) findViewById(R.id.imageSwitch);
                                      //获取图像切换器对象
pre = (Button) findViewById(R.id.pre);         //获取上一个图像按钮对象
next = (Button) findViewById(R.id.next);       //获取下一个图像按钮对象
text = (TextView) findViewById(R.id.text);     //获取文本框控件对象
```

（5）为获取到的 ImageSwitcher 控件添加显示效果，然后为其设置一个 ViewFactory，并重写 makeView()方法，其代码如下所示。

```java
imageSwitch.setInAnimation(AnimationUtils.loadAnimation(this, android.R.anim.fade_in));           //设置淡入动画
imageSwitch.setOutAnimation(AnimationUtils.loadAnimation(this, android.R.anim.fade_out));         //设置淡出动画
imageSwitch.setFactory(new ViewFactory() {
    public View makeView() {
        return new ImageView(MainActivity.this);
    }
});
imageSwitch.setImageResource(images[index]);          //显示默认的图像
text.setText("一共有" + images.length +"图片,当前是第" + (index + 1) + "张图片");
```

在上述代码中，使用 ImageSwitcher 类的父类 ViewAnimator 的 setInAnimation()方法和 setOutAnimation()方法为图像切换器设置动画效果。调用其父类 ViewSwitcher 的 setFactory()方法指定视图切换工程，其参数为 ViewSwitcher.ViewFactory 类型的对象。

（6）为控制显示图片的"上一张"按钮添加监听器，其主要代码如下所示。

```java
pre.setOnClickListener(new OnClickListener() {      //为"上一张"按钮添加监听
    public void onClick(View v) {
        if(index > 0){
            index --;
        }else{
            index = images.length - 1;
        }
        imageSwitch.setImageResource(images[index]);
        text.setText("一共有" + images.length +"图片,当前是第" + (index + 1) + "张图片");
    }
});
```

（7）为控制显示图片的"下一张"按钮添加监听器，其代码如下所示。

```java
next.setOnClickListener(new OnClickListener() {     //为"下一张"按钮添加监听
    public void onClick(View v) {
        if(index < images.length -1){
            index ++;
        }else{
            index = 0;
        }
```

```
            imageSwitch.setImageResource(images[index]);
            text.setText("一共有" + images.length +"图片,当前是第" + (index + 1) + "
            张图片");
        }
    });
```

在单击【上一张】按钮的时候,如果当前显示图像的索引不大于零,则显示的图片为最后一张;在单击【下一张】按钮的时候,如果当前显示图像的索引不小于最后一张图片的索引,则图像显示为第一张。

> **注意**
> 当运行项目时出现 java.lang.OutOfMemoryError 这样的错误,则需要修改模拟器 AVD 目录下 config 中 vm.heapSize 的值,然后重新运行项目。

运行该项目,效果如图 6-14 所示。当单击【下一张】按钮时,效果如图 6-15 所示。

图 6-14　项目运行效果

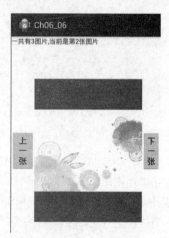

图 6-15　单击下一张时显示效果

6.6 滚动视图

滚动视图(ScrollView)是可以按照行、列来滚动图片,通常在内容很多时使用。添加 ScrollView 控件后,右边有垂直滚动条,水平滚动使用<HorizontalScrollView>标记来进行实现。

【练习7】

在 Eclipse 中创建一个 Android 项目,名称为 ch06_06,实现使用滚动视图控件来查看图片。

(1)首先准备一些图片文件,然后放在项目的 res 目录下的 drawable_ldpi 文件夹中,作为显示的图片资源。

(2)在项目中的 res/layout 目录下修改 activity_main.xml 文件,布局改为滚动视图布局,并在其中添加一个水平滚动布局,并添加一个 ImageView 控件用来显示图片,其代码如下所示。

```
<ScrollView xmlns:android="http://schemas.android.com/apk/res/android"
    android:layout_width="fill_parent"
    android:layout_height="wrap_content"
    android:scrollbarThumbVertical="@drawable/ver"
    android:scrollbarSize="10dp">
```

```
        <HorizontalScrollView
            android:layout_width="fill_parent"
            android:layout_height="wrap_content"
            android:scrollbarThumbHorizontal="@drawable/hor"
            android:scrollbarSize="10dp">
            <ImageView
                android:id="@+id/imageview1"
                android:layout_width="wrap_content"
                android:layout_height="wrap_content"
                android:src="@drawable/book"
                />
        </HorizontalScrollView>
</ScrollView>
```

在上述代码中，android:scrollbarThumbVertical 和 android:scrollbarThumbHorizontal 分别表示垂直方向和水平方向的滚动条设置的图片。

运行该项目，项目运行效果如图 6-16 所示。向右滚动图片，效果如图 6-17 所示。向下滚动图片，效果如图 6-18 所示。

图 6-16　项目运行效果图　　　图 6-17　水平滚动效果图　　　图 6-18　垂直滚动效果图

6.7 网格视图

网格视图（GridView）是按照行、列分布的方式来显示多个组件，通常用于显示图片或图标等。在使用网格视图时，首先需要在屏幕上添加 GridView 控件，通常使用 <GridView> 标记在 XML 布局文件中添加，其基本语法如下。

```
<GridView
    android:layout_width="fill_parent"
    android:layout_height="wrap_content"
    android:id="@+id/gridView"
    android:stretchMode="columnWidth"
    android:numColumns="3">
</GridView>
```

GridView 控件支持的 XML 属性如表 6-5 所示。

表 6-5 GridView 支持的 XML 属性

属 性 名 称	描 述
android:columnWidth	用于设置列的宽度
android:gravity	用于设置对齐方式
android:horizontalSpacing	用于设置各元素之间的水平间距
android:numColumns	用于设置列数，其属性值为整数
android:stretchMode	用于设置拉伸模式，其中属性值可以是 none、spacingWidth、columnWidth、或 spacingWidthUniform
android:verticalSpacing	用于设置各元素之间的垂直间距

GridView 与 ListView 类似，都需要通过 Adapter 来提供要显示的数据。在使用 GridView 控件时，通常使用 SimpleAdapter 或者 BaseAdapter 类为 GridView 控件提供数据。

【练习 8】

在 Eclipse 中创建一个 Android 项目，名称为 ch06_08，实现在屏幕中添加用于显示图片和文字的网格视图。

（1）首先准备一些图片文件，然后放在项目的 res 目录下的 drawable_ldpi 文件夹中，作为显示的图片资源。

（2）在项目中的 res/layout 目录下修改 activity_main.xml 文件，将布局文件改为线性布局，并添加一个 GridView 控件，其代码如下所示。

```xml
<LinearLayout xmlns:android="http://schemas.android.com/apk/res/android"
    android:layout_width="match_parent"
    android:layout_height="match_parent">
    <GridView
        android:layout_width="fill_parent"
        android:layout_height="wrap_content"
        android:id="@+id/gridView"
        android:stretchMode ="columnWidth"
        android:numColumns="3">
    </GridView>
</LinearLayout>
```

上述代码中，android:stretchMode 属性用于设置 GridView 控件拉伸模式，值为"columnWidth"表示仅拉伸表格元素本身；android:numColumns 属性用于设置列数，这里设置的值为"3"表示设置其列数为 3，也就是每行显示 3 张图片。

（3）新建 XML 布局文件 items.xml。并在该布局管理器中添加一个 ImageView 控件和一个 TextView 控件，分别用于显示网格视图中的图片和说明文字，其代码如下。

```xml
<?xml version="1.0" encoding="utf-8"?>
<LinearLayout xmlns:android="http://schemas.android.com/apk/res/android"
    android:layout_width="match_parent"
    android:layout_height="match_parent"
    android:orientation="vertical" >
    <ImageView
        android:layout_width="100dp"
        android:layout_height="100dp"
```

```xml
        android:id="@+id/imageView"
        android:scaleType="fitCenter"
        android:background="#666666"/>
    <TextView
        android:layout_width="wrap_content"
        android:layout_height="wrap_content"
        android:padding="5dp"
        android:layout_gravity="center"
        android:id="@+id/text"/>
</LinearLayout>
```

在上述代码中，ImageView 控件的 android:scaleType 属性用于设置所显示的图片如何缩放或移动以适应 ImageView 的大小，属性值为"fitCenter"表示保持纵横比缩放图片，直到该图片能完全显示在 ImageView 中，缩放完成后该图片放在 ImageView 的中央；android:background 属性设置控件的背景，可以为图片也可以为颜色。

（4）com.android.activity 包中的 MainActivity.java 文件，在 MainActivity 中的 onCreate()方法中，声明并获取 GridView 控件对象，其代码如下。

```
GridView    gridView = (GridView) findViewById(R.id.gridView);
                                    //声明并获取 GridView 对象
```

（5）创建两个分别用于保存图片 id 和说明文字的数组，并将该数组添加到 Map 对象中，然后将该 Map 对象添加到 List 集合中，其代码如下所示。

```java
final int[] images= new int[] {R.drawable.image01,R.drawable.image02,R.drawable.image03,
R.drawable.image04,R.drawable.image05,R.drawable.image06,R.drawable.image07,
R.drawable.image08,R.drawable.image09,R.drawable.image10,R.drawable.image11,R.drawable.image12};                   //定义并初始化保存图片 id 的数组
final String[] titles = new String[]{"背景 1","背景 2","背景 3","背景 4","背景 5","背景 6","背景 7","背景 8","背景 9","背景 10","背景 11","背景 12"};
                                    //定义并初始化保存说明文字的数组
List<Map<String,Object>> listItem = new ArrayList<Map<String,Object>>();
                                    //创建一个 List 集合
for (int i = 0; i < images.length; i++) {
            //通过 for 循环将图片 id 和列表项文字放到 Map 中，并添加到 List 集合
    Map<String,Object> map = new HashMap<String, Object>();
    map.put("image", images[i]);
    map.put("title", titles[i]);
    listItem.add(map);  //将 map 对象添加到 List 集合中
}
```

在上述代码中，定义并初始化保存图片 id 和图片说明的数组，并将其放到 Map 中，再使用 add(Map map)方法将 Map 对象添加到 List 集合中。

（6）创建一个 SimpleAdapter 适配器，并使用 setAdapter()方法将适配器与 GridView 关联，其代码如下所示。

```java
SimpleAdapter adapter = new SimpleAdapter(this, listItem, R.layout.items,
new String[]{"title","image"}, new int[]{R.id.text,R.id.imageView });
                                    //创建 SimpleAdapter
```

```
        gridView.setAdapter(adapter);  //将适配器与GridView关联
}
```

运行该项目后,网格视图效果如图6-19所示。

图6-19 网格视图效果

6.8 画廊视图

画廊视图(Gallery)能够按水平方向显示内容,并且可以拖动图片的移动,通常用于浏览图片等。在使用画廊视图时,首先需要在屏幕上添加Gallery控件,通常使用<Gallery>标记在XML布局文件中添加,其基本语法如下。

```
<Gallery
    android:layout_width="match_parent"
    android:layout_height="wrap_content"
    android:id="@+id/gallery"/>
```

Gallery控件支持的XML属性如表6-6所示。

表6-6 Gallery支持的XML属性

属 性 名 称	描 述
android:animationDuration	用于设置列表项切换时的动画持续时间
android:gravity	用于设置对齐方式
android:spacing	用于设置各列表项之间的水平间距
android:unselectedAlpha	用于设置没有被选中的列表项的透明度

在使用画廊视图时,也需要使用Adapter提供要显示的数据。通常使用BaseAdapter类为Gallery提供数据。

【练习9】

在Eclipse中创建一个Android项目,名称为ch06_09,实现在屏幕中添加画廊视图控件,用于浏览图片。

(1)首先准备一些图片文件,然后放在项目的res目录下的drawable_ldpi文件夹中,作为显示的图片资源。

(2)在项目中的res/layout目录下修改activity_main.xml文件,将布局文件改为线性布局,并添加一个Gallery控件和一个TextView控件,其代码如下所示。

```xml
<LinearLayout xmlns:android="http://schemas.android.com/apk/res/android"
    android:layout_width="match_parent"
    android:layout_height="match_parent"
    android:orientation="vertical">
    <TextView
        android:layout_width="wrap_content"
        android:layout_height="wrap_content"
        android:id="@+id/text"
        android:layout_gravity="center"/>
    <Gallery
        android:layout_width="match_parent"
        android:layout_height="wrap_content"
        android:id="@+id/gallery"
        android:spacing="5dp"
        android:unselectedAlpha="0.9"
        android:layout_gravity="center_vertical"
        android:background="?android:galleryItemBackground" />
</LinearLayout>
```

在上述代码中，android:spacing 表示各列表项之间的水平间距，android:unselectedAlpha 表示没有被选中的列表项的透明度，android:background 表示该控件的背景。

（3）在 com.android.activity 包中的 MainActivity.java 文件中，声明 Gallery 控件对象和 TextView 控件对象，其代码如下。

```java
private Gallery gallery = null;                //声明 Gallery 对象
private TextView text = null;                  //声明 TextView 对象
```

（4）在 MainActivity 中的 onCreate()方法中，获取 Gallery 控件对象和 TextView 控件对象，其代码如下。

```java
gallery = (Gallery) findViewById(R.id.gallery);//获取 Gallery 控件对象
text = (TextView) findViewById(R.id.text);     //获取 TextView 控件对象
```

（5）定义并初始化一个用于保存图片 id 的数组，其代码如下。

```java
final int[] images= new int[] {R.drawable.image01,R.drawable.image02,R.drawable.image03,
R.drawable.image04,R.drawable.image05,R.drawable.image06,R.drawable.image07
,R.drawable.image08,R.drawable.image09,R.drawable.image10,R.drawable.image11,R.drawable.image12};                       //定义并初始化保存图片 id 的数组
```

（6）创建 BaseAdapter 类的对象，并重写其中的 getView()、getItemId()、getItem()和 getCount()方法，其代码如下。

```java
BaseAdapter adapter = new BaseAdapter() {
    ImageView imageView = null;                           //声明 ImageView 对象
    public View getView(int arg0, View arg1, ViewGroup arg2) {
        imageView = new ImageView(MainActivity.this);    //实例化 ImageView 对象
        imageView.setScaleType(ImageView.ScaleType.FIT_XY);//设置缩放方式
```

```
            imageView.setLayoutParams(new Gallery.LayoutParams(300, 300));
            imageView.setPadding(5, 0, 5, 0);          //设置 ImageView 的内边距
            imageView.setImageResource(images[arg0]);//为 ImageView 设置要显示的图片
            return imageView;                           //返回 ImageView 对象
        }
        public long getItemId(int arg0) {              //获取当前选项的 id
            return arg0;
        }
        public Object getItem(int arg0) {              //获取当前选项
            return arg0;
        }
        public int getCount() {                         //获取数量
            return images.length;
        }
    };
```

（7）将适配器与 Gallery 关联，并为 Gallery 控件添加监听器，当选中图片时触发事件，其代码如下。

```
gallery.setAdapter(adapter);                            //将适配器与Gallery关联
gallery.setSelection(images.length/2);                  //选中中间的图片
text.setText("一共有"+ images.length +"张图片");
gallery.setOnItemClickListener(new OnItemClickListener() {
    public void onItemClick(AdapterView<?> arg0, View arg1, int arg2,
            long arg3) {
        int postion = arg2 + 1;
        text.setText("一共有"+ images.length +"张图片,当前您选中的是第"+ postion
        +"张图片");
    }
});
}
```

注意
由于在使用监听器的 onItemClick() 方法获取图片下标时，这里的 arg2 获取的值是从 0~(images.length-1)，所以在说明是第几张图片时，需要将 arg2 加 1。

运行该项目，效果如图 6-20 所示。当拖动图片移动到其他图片并选中时，效果如图 6-21 所示。

图 6-20　项目运行效果

图 6-21　选中图片时效果

6.9 实例应用：幻灯片式图片浏览器

6.9.1 实例目标

根据本课所讲的内容，设计并实现一个图片浏览器，其中要使用到本课所讲的高级控件，如进度条、图像切换器、画廊视图等。

6.9.2 技术分析

首先在布局文件中使用控件的标记来添加一个进度条和普通按钮控件，然后在主 Activity 中获取到这些控件，并给 Button 控件添加监听器来监听其操作。当单击按钮时，控制进度条加载，当进度条加载完成的时候，在屏幕中添加画廊视图和图像切换器控件。当选中某张图片时，图像切换器中的图片也相应的改变，并在 TextView 控件中输出当前图片。

6.9.3 实现步骤

在 Eclipse 中创建一个 Android 项目，名称为 ch06，实现幻灯片图片浏览器的功能。

（1）首先准备一些图片文件，然后放在项目的 res 目录下的 drawable_ldpi 文件夹中，作为显示的图片资源。

（2）在项目中的 res/layout 目录下修改 activity_main.xml 文件，将布局文件改为线性布局，方向设置为垂直，并添加一个 ProgressBar 控件和一个 Button 控件，其代码如下所示。

```xml
<LinearLayout xmlns:android="http://schemas.android.com/apk/res/android"
    android:layout_width="match_parent"
    android:layout_height="match_parent"
    android:orientation="vertical"
    android:id="@+id/layout">
        <ProgressBar
        android:layout_width="fill_parent"
        android:layout_height="wrap_content"
        style="@android:style/Widget.ProgressBar.Horizontal"
        android:id="@+id/horizonPro"
        android:max="200"
        android:visibility="visible"/>
    <Button
        android:layout_width="wrap_content"
        android:layout_height="wrap_content"
        android:id="@+id/button"
        android:text="开始"/>
</LinearLayout>
```

在上述代码中，ProgressBar 控件的 style 属性为其指定了一个风格，这里设置的风格是一个细水平长度的进度条；max 设置了进度条的最大值为 200；android:visibility 属性设置的是该控件是否可见，这里设置的值为"gone"，表示不可见，并且不占用空间。

（3）在 com.android.activity 包中的 MainActivity.java 文件中，定义三个线性布局管理器的对象、水平进度条对象、Button 对象、TextView 对象、ImagSwitcher 对象和保存图片 id 的数组，并将该数组初始化，其代码如下所示。

```java
    private LinearLayout layout = null;                 //声明线性布局对象
    private LinearLayout layout2 = null;                //声明线性布局对象
    private LinearLayout layout3 = null;                //声明线性布局对象
    private ProgressBar horizonPro = null;              //声明水平进度条控件对象
    private Button button = null;                       //定义开始按钮
    private int status = 0;                             //定义完成进度
    private TextView text = null;                       //声明文本框控件对象
    private ImageSwitcher imageSwitch = null;           //声明图像切换器控件对象
    private final int[] images= new int[] {R.drawable.image01,R.drawable.
    image02,R.drawable.image03,
    R.drawable.image04,R.drawable.image05,R.drawable.image06,R.drawable.ima
    ge07,R.drawable.image08,R.drawable.image09,R.drawable.image10,R.drawable.
    image11,R.drawable.image12};//定义并初始化保存图片id的数组
```

（4）在 MainActivity 中的 onCreate()方法中，获取或实例化所声明的控件，其代码如下。

```java
horizonPro = (ProgressBar) findViewById(R.id.horizonPro);  //获取水平进度条控件
button = (Button) findViewById(R.id.button);               //获取开始按钮控件
layout = (LinearLayout) findViewById(R.id.layout);         //获取线性布局对象
imageSwitch = new ImageSwitcher(MainActivity.this);        //实例化图像切换器对象
layout3 = new LinearLayout(MainActivity.this);             //实例化线性布局对象
layout3.setOrientation(1);                                 //设置线性布局为垂直方向
layout.addView(layout3);                                   //将layout3添加到线性布局layout中
text = new TextView(MainActivity.this);                    //实例化文本框对象
```

（5）为获取到的 ImageSwitcher 控件添加显示效果，然后为其设置一个 ViewFactory，并重写 makeView()方法，这与练习 6 中的步骤（5）代码一致，不过在这里不需要设置默认图像和为文本框设置显示内容。

（6）为 Button 控件添加监听器，并重写 onClick()方法，这里的 onClick()方法与练习 2 中步骤（7）类似，其中需要将 else 中的代码修改即可，其代码如下。

```java
horizonPro.setVisibility(View.GONE);//设置水平进度条不可见，并且不占用空间
button.setVisibility(View.GONE);//设置开始按钮不可见，并且不占用空间
layout2 = new LinearLayout(MainActivity.this);
layout2.setOrientation(1);
layout2.setLayoutParams(newLinearLayout.LayoutParams(LinearLayout.LayoutPar
ams.MATCH_PARENT, LinearLayout.LayoutParams.MATCH_PARENT));
layout.addView(layout2);
Gallery gallery = new Gallery(MainActivity.this);
//省略创建BaseAdapter类的对象与重写其中的方法
```

> **注意** 创建 BaseAdapter 类的对象，并重写其中的 getView()、getItemId()、getItem()和 getCount()方法，这里与练习 9 的步骤（6）中的代码一样，在此省略。

（7）为实例化的画廊视图控件与适配器关联，并为 Gallery 控件添加监听器，当选中图片时触发事件，其代码如下所示。

```java
gallery.setUnselectedAlpha((float) 0.9);          //设置没有被选中的列表项的透明度
gallery.setGravity(android.view.Gravity.CENTER);  //设置位置
gallery.setLayoutParams(new LinearLayout.LayoutParams(LinearLayout.
LayoutParams.MATCH_PARENT,
LinearLayout.LayoutParams.WRAP_CONTENT));
gallery.setAdapter(adapter);                      //将适配器与Gallery关联
gallery.setSelection(images.length/2);            //选中中间的图片
gallery.setOnItemClickListener(new OnItemClickListener() {
public void onItemClick(AdapterView<?> arg0, View arg1, int arg2,long arg3) {
        layout3.removeView(imageSwitch);          //去除图像切换器控件
        layout3.removeView(text);                 //去除TextView控件
        imageSwitch.setLayoutParams(new Gallery.LayoutParams(400, 400));
        imageSwitch.setImageResource(images[arg2]); //设置显示的图片
        text.setGravity(Gravity.CENTER_HORIZONTAL); //设置文本框位置
        text.setText("\n\n当前是: " + (arg2 + 1) +"/" + images.length );
        layout3.addView(text);                    //添加TextView控件
        layout3.addView(imageSwitch);             //添加图像切换器控件
}
    });
    layout2.addView(gallery);
}
```

在上述代码中,Gallery 控件监听器的 onItemClick()方法中,使用方法 removeView()去除图像切换器控件和 TextView 控件,并设置要显示的图片,然后将 TextView 控件和 ImageSwitcher 控件添加到 layout3 中,并在 layout2 中添加 Gallery 控件。

运行该项目后,运行效果如图 6-22 所示。

单击开始按钮,加载进度条进度。当进度条加载完成后,进入到画廊视图界面,效果如图 6-23 所示。向左或向右滑动并选中图片,效果分别如图 6-24、图 6-25 所示。

图 6-22 项目运行界面效果

图 6-23 画廊视图界面　　图 6-24 向左滑动选中图片　　图 6-25 向右滑动选中图片

6.10 扩展训练

拓展训练1：星级评分条与图像切换器的综合使用

创建一个 Android 项目，使用图片切换器查看并选择图片，然后使用星级评分条给所选中的图片评分。

6.11 课后练习

一、填空题

1. 在使用自动完成文本框控件时，用于指定用户至少输入几个字符才会显示下拉菜单的属性的是_____。
2. 设置进度条进度完成的多少的方法是_____。
3. 在使用进度条控件时，_____定义二次进度值的属性。
4. 在使用星级评分条时，_____属性用于指定该星级评分条总共有多少颗星。
5. 用于设置网格视图列数的属性是_____。

二、选择题

1. 在下列自动完成文本框控件属性的说法中，不正确的是_____。
   A. completionHint 属性用于为弹出的下拉菜单指定提示标题
   B. completionThreshold 属性用于指定用户至少输入几个字符才会显示下拉菜单
   C. dropDownHorizontalOffset 属性用于指定下拉菜单的高度
   D. dropDownWidth 属性用于指定下拉菜单的宽度
2. 在下列星级评分条控件属性的说法中，不正确的是_____。
   A. isIndicator 属性用于指定该星级评分条是否允许用户改变，值为"true"时允许改变
   B. numStars 属性用于指定该星级评分条总共有多少颗星
   C. rating 属性用于指定该星级评分条默认的星级
   D. stepSize 属性用于指定每次最少需要改变多少个星级
3. 在下列网格视图控件属性的说法中，不正确的是_____。
   A. columnWidth 属性用于设置列的宽度
   B. numColumns 属性用于设置行数，其属性值为整数
   C. stretchMode 属性用于设置拉伸模式
   D. gravity 属性用于设置对齐方式
4. 在下列网格视图控件属性的说法中，不正确的是_____。
   A. animationDuration 用于设置列表项切换时的动画持续时间
   B. gravity 用于设置对齐方式
   C. spacing 用于设置各列表项之间的垂直间距
   D. unselectedAlpha 用于设置没有被选中的列表项的透明度

三、简答题

1. 简要说明一下自动完成文本框在生活中的应用，并说明使用该控件的优缺点。
2. 在使用选项卡时，是否可以在屏幕中添加 3 个或 3 个以上的标签页，试举例说明。
3. 在使用网格视图控件时，除了创建 SimpleAdapter 适配器外，还有哪些方法？试举例说明。

第 7 课
程序菜单与对话框

在前面课程中介绍了关于 Android 常用的基本控件和高级控件，但是在实际开发中，单独使用控件是不能解决实际问题的。本课将主要介绍菜单与对话框的开发，同时还会对 Android 平台下的 Toast 和 Notification 进行介绍。

本课学习目标：
- ❏ 掌握菜单的使用
- ❏ 熟练使用子菜单
- ❏ 熟练掌握普通对话框
- ❏ 熟练掌握列表对话框
- ❏ 了解单选按钮对话框
- ❏ 了解复选框对话框
- ❏ 熟练应用进度对话框
- ❏ 熟练掌握日期及时间选择对话框
- ❏ 熟练掌握基本的 Toast 使用
- ❏ 掌握关于 Notification 的使用

7.1 菜单使用

菜单是 Android 系统中重要的用户接口之一，使用这些菜单可以让应用程序在功能上更加完善。Android SDK 对菜单提供了广泛的支持。常见的 Android 菜单有系统的主菜单，也可以称之为选项菜单（Options Menu），带图像、复选框和选项按钮的子菜单（SubMenu），以及上下文菜单（Context Menu）。

7.1.1 菜单类 Menu

一个 Menu 对象代表了一个菜单，Menu 对象中可以添加菜单项 MenuItem，也可以添加子菜单 SubMenu。关于 Menu 类中常用方法的说明如下所示。

向 Menu 添加一个菜单项，返回 MenuItem 对象。

```
MenuItem add(int titleRes);
MenuItem add(CharSequence title);
MenuItem add(int groupId, int itemId,int order,int titleRes);
MenuItem add(int groupId, int itemId,int order, CharSequence title);
```

其中具体参数的含义如下所示。

- **titleRes**　String 对象的资源标识符。
- **title**　菜单项显示的文本内容。
- **groupId**　菜单项所在组的 id，通过分组可以对菜单项进行批量操作，如果菜单项不需要属于任何组，可以传入 NONE。
- **order**　菜单项的顺序，可以传入 NONE。
- **itemId**　当前添加的菜单项的 id，可以传入 NONE。

向 Menu 添加一个子菜单，返回 SunMenu 对象。

```
SubMenu addSubMenu(int titleRes);
SubMenu addSubMenu(CharSequence title);
SubMenu addSubMenu(int groupId, int itemId,int order,int titleRes);
SubMenu addSubMenu(int groupId, int itemId,int order, CharSequence title);
```

其中具体参数的含义如下所示。

- **titleRes**　String 对象的资源标识符。
- **title**　子菜单显示的文本内容。
- **groupId**　子菜单所在组的 id，通过分组可以对子菜单进行批量操作，如果子菜单不需要属于任何组，传入 NONE。
- **order**　子菜单的顺序，可以传入 NONE。
- **itemId**　当前添加的子菜单的 id，可以传入 NONE。

移除菜单中的所有子项，如下所示：

```
void clear();
```

如果菜单正常显示，关闭菜单，如下所示：

```
void close();
```

返回指定 id 的 MenuItem 对象，如下所示：

```
MenuItem findItem(int id);
```

其中,参数 id 表示 MenuItem 的标识符。

如果指定的 id 组不为空,从菜单中移除该组,如下所示:

```
void removeGroup(int groupId);
```

其中 groupId 表示指定组 id。

移除指定 id 的 MenuItem,如下所示:

```
void removeItem(int id);
```

其中 id 表示指定 MenuItem 的 id。

返回 Menu 中菜单项的个数,如下所示:

```
int size();
```

7.1.2 选项菜单

当 Activity 在前台运行时,如果用户按下手机上的菜单键,就会在屏幕上弹出相应的选项菜单。对于携带图标的选项菜单,每次最多只能显示 6 个菜单选项,如果不足 6 个菜单项,可根据实际情况来排列菜单,例如 5 个菜单项,第一行就显示两个菜单项、第二行显示 3 个菜单项,如果菜单项超过 6 个,系统会显示前 5 个菜单项,而最后一个菜单项是扩展菜单选项,单击扩展菜单选项将会弹出其余的菜单选项,扩展菜单中将不会显示图标,但是可以显示单选按钮和复选框。

在 Android 中通过回调方法来创建菜单按下的事件,这些回调方法及说明如表 7-1 所示。

表 7-1 选项菜单相关的回调方法及说明

方 法	说 明
onCreateOptionsMenu(Menu menu)	初始化选项菜单,该方法只在第一次显示菜单时调用,如果需要每次显示菜单时更新菜单项,则需要重写 onPrepareOptionsMenu(Menu menu)方法
onPrepareOptionsMenu(Menu menu)	为程序准备选项菜单,每次选项菜单显示前会调用此方法,可以通过该方法设置某些菜单项可用或者不可用或者修改菜单项的内容。重写该方法时,需返回 true,否则选项菜单将不会显示
onOptionsItemSelected(MenuItem item)	当选项菜单中某个选项被选中时调用该方法,默认的是一个返回 false 的空实现
onOptionMenuClosed(Menu menu)	当选项菜单关闭时(或者由于用户按下了返回键或者是选择了某个菜单选项)调用该方法

提示

除了开发回调方法 onOptionItemSelected 来处理用户选中菜单事件,还可以为每个菜单项 MenuItem 对象添加 OnMenuItemClickListener 监听器来处理菜单选项中的事件。

【练习 1】

创建一个包含四个选项的菜单,分别是添加、删除、选项和文件,具体代码如下所示。

```
public boolean onCreateOptionsMenu(Menu menu) {
    //创建菜单选项
    getMenuInflater().inflate(R.menu.main, menu);
    MenuItem addItem =  menu.add(1, 1, 1, "添加");
    MenuItem deleteItem = menu.add(1, 2, 2, "删除");
```

```
    MenuItem optionItem = menu.add(1, 3, 3, "选项");
    MenuItem fileItem = menu.add(1, 4, 4, "文件");
    return true;
}
```

上述代码中的 add()方法用于添加选项菜单，运行该练习，结果如图 7-1 所示。

处理菜单项单击事件的方法有很多，其中设置菜单项的单击事件的对象实例是最直接的方法。通过 MenuItem 接口的 setOnMenuItemClickListener() 方法可以设置菜单项的单击事件。该方法有一个 setOnMenuItemClickListener 参数。菜单项的单击事件类必须实现 setOnMenuItemClickListener 接口。

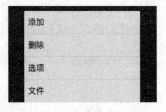

图 7-1 使用选项菜单

【练习 2】

基于练习 1 中创建的菜单选项，对"删除"选项添加事件处理，单独对 deleteItem 按钮添加事件，要求显示 button 按钮提示事件处理，关键代码如下。

```
//继承 OnMenuItemClickListener 接口
public class MainActivity extends Activity implements OnMenuItemClickListener {
//创建提醒按钮 Button1
    Button button1;
    protected void onCreate(Bundle savedInstanceState) {
        super.onCreate(savedInstanceState);
        setContentView(R.layout.activity_main);
        //设置按钮 button1，在初始情况下不可见
        button1 = (Button) findViewById(R.id.button1);
        button1.setVisibility(View.INVISIBLE);
    }
    //初始化选项菜单
    public boolean onCreateOptionsMenu(Menu menu) {
        getMenuInflater().inflate(R.menu.main, menu);
        //删除菜单选项调用 setOnMenuItemClickListener()方法,设置对于按下菜单之后的操作
        deleteItem.setOnMenuItemClickListener(this);
        return true;
    }
    //实现 OnMenuItemClickListener 接口
    public boolean onMenuItemClick(MenuItem item) {
        //TODO Auto-generated method stub
        //可以根据菜单项单击 item 参数的 getItemId()方法来确定当今的是哪个菜单项
        setTitle("button1 可见");
        button1.setVisibility(View.VISIBLE);//可见
        return false;
    }
}
```

运行该项目，结果如图 7-2 所示。单击【删除】按钮，结果如图 7-3 所示。

除了设置菜单项的单击事件外，还可以使用 Activity 类的 onOptionsItemSelected()和 onMenuItemSelected()方法来响应菜单项的单击事件。这两个方法的定义如下：

```
public boolean onOptionsItemSelected(MenuItem item);
public boolean onMenuItemSelected(int featureId,MenuItem item)
```

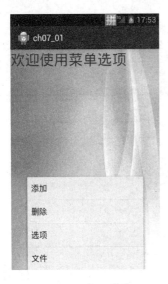 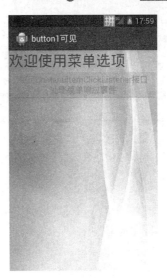

图 7-2　选项菜单　　　　　　　图 7-3　选项菜单操作事件

这两个方法都有一个 item 参数，用于传递被单击的菜单项的 MenuItem 对象。可以根据 MenuItem 接口的相应方法（例如 getTitle()方法和 getItemId()方法）判断单击的是哪个菜单项。

既然有 3 种响应菜单项单击事件的方法，就会产生一系列的问题。实际上，当设置了菜单项的单击事件后，另两种单击事件的响应方式就都失效了（仅当 onMenuItemClick()方法返回 true 时）。也就是说，单击菜单项时，系统不会再调用 onOptionsItemSelected()和 onMenuItemSelected()方法。如果未设置菜单项的单击事件，而同时使用了另外两种响应单击事件的方式，系统会根据在 onMenuItemSelected()方法中调用父类（Activity 类）的 onMenuItemSelected()方法的位置来决定先调用 onOptionsItemSelected()方法还是先调用 onMenuItemSelected()方法。

7.1.3　子菜单

传统的子菜单是以层次结构显示的，而在 Android 系统中子菜单采用了弹出式的方式。也就是说当单击带有子菜单的菜单项之后，父菜单会关闭，而只在屏幕上显示子菜单。

子菜单 SubMenu 继承自 Menu。每个 SubMenu 实例代表一个子菜单，SubMenu 中常用的方法及说明如表 7-2 所示。

表 7-2　SubMenu 常用方法

方　　法	参　　数	说　　明
setHeaderIcon(Drawable icon)	标题图标 Drawable 对象	设置子菜单的标题图标
setHeaderIcon(int iconRes)	标题图标的资源 id	
setHeaderTitle(int titleRes)	标题文本的资源 id	设置子菜单的标题
setHeaderTitle(CharSequence title)	标题文本对象	
setIcon(Drawable icon)	图标 Drawable 对象	设置子菜单在父菜单中显示的图标
setIcon(in iconRes)	图标资源 id	
setHeaderView(View view)	用于子菜单标题的 View 对象	指定 View 对象作为子菜单图标

在子菜单上不能显示图像，但是子菜单可以带复选框和单选按钮。

【练习 3】

创建一个带有子菜单的选项菜单，要求子菜单中的前两个子菜单项设置成复选框类型，将后两个子菜单项设置为选项按钮类型，具体代码如下所示。

```java
public class MainActivity extends Activity {
    public boolean onCreateOptionsMenu(Menu menu) {
        getMenuInflater().inflate(R.menu.main, menu);
        //添加子菜单
        SubMenu fileSubMenu = menu.addSubMenu(1, 1, 2, "文件");
        //设置在选项菜单中显示的图像
        fileSubMenu.setIcon(R.drawable.icon_1);
        //设置子菜单头的图像
        fileSubMenu.setHeaderIcon(R.drawable.icon_2);
        //创建复选框样式的子菜单
        MenuItem newMenuItem = fileSubMenu.add(1, 2, 2, "新建");
        MenuItem openMenuItem = fileSubMenu.add(1, 3, 3, "打开");
        //将第1个子菜单项设置成复选框类型
        newMenuItem.setCheckable(true);
        openMenuItem.setCheckable(true);
        //选中第1个子菜单项中的复选框
        newMenuItem.setChecked(true);
        //创建单选按钮样式的子菜单
        MenuItem exitMenuItem = fileSubMenu.add(2, 4, 4, "退出");
        MenuItem saveMenuItem = fileSubMenu.add(2, 5, 5, "退出");
        //将第3个子菜单项的选项按钮设为选中状态
        exitMenuItem.setChecked(true);
        //将后两个子菜单项设置成选项按钮类型
        fileSubMenu.setGroupCheckable(2, true, true);
        return true;
    }
    public boolean onOptionsItemSelected(MenuItem item) {
        return super.onOptionsItemSelected(item);
    }
}
```

在该项目中，添加子菜单并不是直接在 MenuItem 下添加菜单，而需要使用 addSubMenu() 方法创建一个 SubMenu 对象，并在 SubMenu 下添加子菜单。SubMenu 和 MenuItem 是平级，这一点在添加子菜单时需要注意。

将子菜单项设置为复选框类型，需要使用 MenuItem 接口的 setCheckable() 方法。设置选项按钮类型，不需要使用 setCheckable() 方法，但必须将同一组的选项按钮的 groupId 设置成相同的值，而且需要使用 setGroupCheckable() 方法。setGroupCheckable() 方法的第1个参数指定子菜单项的 groupId，第2个参数必须为 true。如果第3个参数为 true，相同 groupId 的子菜单项会被设置为选项按钮类型，如果为 false，相同 groupId 的子菜单项会被设置为复选框类型。

使用 setChecked() 方法可以将复选框或选项按钮设置为选中状态。运行该程序，结果如图 7-4 所示。单击文件菜单，显示结果如图 7-5 所示。

选项菜单不支持嵌套子菜单，也就是说，不能在子菜单项下再建立子菜单，否则系统会抛出异常。

图 7-4　选项菜单　　　　　　　图 7-5　带有子菜单的选项菜单

7.1.4　上下文菜单

上下文菜单可以和任意 View 对象进行关联，例如 TextView、EditText 和 Button 等控件都可以关联上下文菜单。上下文菜单效果和子菜单效果有些类似，也分为菜单头和菜单项。

要想创建上下文菜单，需要覆盖 Activity 类的 onCreateContextMenu()方法。该方法的定义如下。

```
public void onCreateContextMenu(ContextMenu menu,View view,ContextMenuInfo menuInfo);
```

可以使用 ContextMenu 接口的 setHeaderTitle()和 setHeaderIcon()方法设置上下文菜单头的标题和图像。上下文菜单项不能带图像，但可以带复选框或选项按钮。上下文菜单与选项菜单一样，也不支持嵌套子菜单。

【练习 4】

创建一个上下文菜单，为 TextView 绑定一个 ContextMenu，具体方法如下。

（1）创建布局，为每个 TextView 设置 id，长按这些 TextView 会弹出上下文菜单。

（2）重写 onCreate()方法、onCreateContextMenu()方法和处理菜单项事件的 onContextItemSelected()方法。具体代码如下所示。

```
public class MainActivity extends Activity {
    private static final int ITEM1 = 1;
    private static final int ITEM2 = 2;
    private static final int ITEM3 = 3;
    protected void onCreate(Bundle savedInstanceState) {
        super.onCreate(savedInstanceState);
        setContentView(R.layout.activity_main);
        //为所有的 TextEdit 注册 ContextMenu
        this.registerForContextMenu(findViewById(R.id.text_01));
        //省略此处其他的注册...
    }
    //上下文菜单，本例会通过长按条目激活上下文菜单
```

```java
public void onCreateContextMenu(ContextMenu menu, View view,
        ContextMenuInfo menuInfo) {
    menu.setHeaderIcon(R.drawable.ic_launcher);
    //添加需要的上下文菜单
    menu.add(0, ITEM1, 0, "人物简介");
    menu.add(0, ITEM2, 0, "战斗力");
    menu.add(0, ITEM3, 0, "经典语录");
}
//菜单单击响应
public boolean onContextItemSelected(MenuItem item) {
    //获取当前被选择的菜单项的信息
    switch (item.getItemId()) {
    case ITEM1:
        EditText et01 = (EditText) findViewById(R.id.edit_01);//获得对象
        et01.append("人物简介...");
        break;
        //对于每个TextView的具体操作
        ...
    }
    return true;
}
```

上述代码中,使用运行 switch-case 语句,处理单击不同上下文菜单的事件,使用 item.getItemId() 获取单击的每个菜单项。该结果效果如图 7-6 所示。长按不同的 TextView,可以显示不同的上下文菜单,如图 7-7 所示。

图 7-6 使用上下文菜单

图 7-7 呼出上下文菜单

7.2 使用对话框

在用户界面中,除了经常使用的菜单之外,对话框也是应用程序与用户进行交互的主要途径之一。自从 GUI(图像用户接口)问世以来,对话框几乎在所有的程序中可以看到，无论是桌面程序还是 Web 程序，都少不了各式各样的对话框。在 Android 系统中，对话框已经成为最常见的用户接口之一。

Android 平台下的对话框主要包括普通对话框、列表对话框、单选按钮对话框、复选框对话框、进度对话框和日期与时间对话框等。

7.2.1　对话框简介

对话框是 Activity 运行时显示的小窗口。显示对话框时，当前 Activity 失去焦点而由对话框负责所有的人机交互。一般来说，对话框用于提示消息或者弹出一个与程序主进程直接相关的程序。

通过对话框可以显示模式窗口（也称为独占式，显示该窗口后，系统的其他窗口没法访问），我们可以在这个窗口上放置不同的按钮和各种控件，并向用户展示各种信息。

在 Android 平台下主要支持以下几种对话框。

- 提示对话框 **AlertDialog**　AlertDialog 对话框可以包含若干个按钮（0～4个不等）和一些可选的单选按钮或复选框。一般来说，AlertDialog 的功能能够满足常见的对话框用户界面的需求。
- 进度对话框 **ProgressDialog**　ProgressDialog 可以显示进度轮（wheel）和进度条（bar），由于 ProgressDialog 继承自 AlertDialog，所以在进度对话框中也可以添加按钮。
- 日期选择对话框 **DatePickerDialog**　DatePickerDialog 对话框可以显示并允许用户选择日期。
- 时间选择对话框 **TimePickerDialog**　TimePickerDialog 对话框可以显示并允许用户选择时间。

> **提示**
> 如果需要自定义对话框的外观形式，可以继承 Dialog 或将其子类定义为自己的布局。

在 API 13（Android 3.2）之前，对话框是作为 Activity 的一部分被创建和显示。在程序中，通过开发回调 onCreateDialog()方法来完成对话框的创建，该方法需要传入代表对话框 id 参数。如果需要显示对话框，则调用 showDialog()方法传入对话框的 id 来显示指定的对话框。但是在 API 13（Android 3.2）之后使用 DialogFragment 类来实现对话框。

7.2.2　普通对话框

普通对话框是提示对话框中最基本的一种，只显示提示信息和一个"确定"按钮，可以通过 AlertDialog 类生成。

使用 AlertDialog 类创建对话框需要使用的常用方法，如表 7-3 所示。

表 7-3　AlertDialog 常用方法

方　　法	说　　明
setTitle()	设置对话框 title
setIcon()	设置对话框图标
setMessage()	设置对话框提示信息
setButton()	用于为提示对话框添加按钮，可以是取消按钮、中立按钮和确定按钮。需要通过为其指定 int 类型的 whichButton 参数实现，其参数值可以是 DialogInterface.BUTTON_POSITIVE（确定按钮）、BUTTON_NEGATIVE（取消按钮）或者 BUTTON_NEUTRAL（中立按钮）

【练习 5】

创建一个带有【确定】按钮的普通对话框，单击【确定】按钮，会将对话框上提示的信息显示在编辑框中。

（1）设置垂直线性布局，包含一个 EditText 和 Button 控件，如下所示。

```
<LinearLayout
```

```xml
            android:layout_width="fill_parent"
            android:layout_height="fill_parent"
            android:orientation="vertical" >
        <TextView
            android:layout_width="wrap_content"
            android:layout_height="wrap_content"
            android:text="欢迎使用对话框" />
        <EditText
            android:id="@+id/edit_one"
            android:layout_width="fill_parent"
            android:layout_height="wrap_content"
            android:background="@android:drawable/edit_text"
            android:cursorVisible="false"
            android:editable="false"
            android:text="" />
        <Button
            android:id="@+id/button_one"
            android:layout_width="fill_parent"
            android:layout_height="wrap_content"
            android:text="显示对话框内容" />
</LinearLayout>
```

上述代码中，android:cursorVisible="false"和 android:editable="false"用于控制该控件不可编辑并且不显示光标。

（2）在 MainActivity.java 中创建关于对话框的信息，具体代码如下所示。

```java
@SuppressLint("ValidFragment")
public class MainActivity extends Activity {
    final int COMMON_DIALOG = 1;
    @Override
    protected void onCreate(Bundle savedInstanceState) {
        super.onCreate(savedInstanceState);
        setContentView(R.layout.activity_main);
        Button btn = (Button) findViewById(R.id.button_one);
        //为button设置监听器
        btn.setOnClickListener(new View.OnClickListener() {
            public void onClick(View v) {
                showDialog();
            }
        });
    }
    private void showDialog() {
        MyDialogFragment myDialogFragment = new MyDialogFragment();
        myDialogFragment.show(getFragmentManager(), "警告");
    }
    @SuppressLint("ValidFragment")
    class MyDialogFragment extends DialogFragment{
        public Dialog onCreateDialog(Bundle savedInstanceState) {
            Dialog dialog = null;
```

```
        android.app.AlertDialog.Builder b = new AlertDialog.Builder
        (getActivity());
        b.setIcon(R.drawable.ic_launcher);//设置对话框图标
        b.setTitle("显示普通对话框");//设置标题
        b.setMessage("这里显示普通对话框中的内容");//设置显示内容
        b .setPositiveButton("确定", new OnClickListener() {
            @Override
            public void onClick(DialogInterface dialog, int which) {
                EditText edit = (EditText)findViewById(R.id.edit_one);
                edit.setText("这里显示普通对话框中的内容");
            }
        });
        dialog = b.create();//生成dialog对象
        return dialog;//返回生成的dialog对象
    }
}
```

上述代码中，定义 MyDialogFragment 类继承 DialogFragment 类，重写其 onCreateDialog() 方法。运行该实例，结果如图 7-8 所示。单击【显示对话框内容】按钮，如图 7-9 所示。单击【确定】按钮，在编辑框上显示该对话框中的内容，如图 7-10 所示。

图 7-8　使用普通对话框　　　图 7-9　单击"显示对话框内容"　　　图 7-10　显示对话框内容

7.2.3 列表对话框

列表对话框和普通对话框类似，也属于提示对话框的一种。但是该对话框不能依靠简单的 AlertDialog 类来生成，需要使用 AlertDialog.Builder 类。AlertDialog.Builder 类的常用方法如表 7-4 所示。

表 7-4　AlertDialog.Builder 常用的方法

方　　法	说　　明
setTitle()	设置对话框 title
setIcon()	设置对话框图标

续表

方法	说明
setMessage()	设置对话框提示信息
setItems()	设置对话框要显示的 list，一般用于显示多个命令
setSingleChoiceItems()	设置对话框显示一个单选 List
setMultiChoiceItems()	设置对话框显示一系列的复选框
setPositiveButton()	给对话框添加确定按钮
setNegativeButton()	给对话框添加取消按钮
setNeutralButton()	给对话框添加中立按钮

【练习6】

创建一个列表对话框，可以选择相应的省份来完成某些网站的注册信息，如下所示。

（1）创建布局文件，包含一个用于显示列表对话框的按钮，具体代码如下所示。

```
<TextView
    android:layout_width="wrap_content"
    android:layout_height="wrap_content"
    android:text="使用列表对话框" />
<Button
    android:id="@+id/button_one"
    android:layout_width="fill_parent"
    android:layout_height="wrap_content"
    android:layout_marginTop="60dip"
    android:text="显示简单列表对话框" />
```

（2）创建 MainActivity.java 文件实现 MyDialogFragment 类，用于获取该列表对话框，具体代码如下所示。

```
@SuppressLint("ValidFragment")
public class MainActivity extends Activity {
    private Button btnListDialog;
    //创建用于显示的列表信息
    private String[] provinces = new String[] { "上海", "北京", "湖南", "湖北", "海南" };
    public void onCreate(Bundle savedInstanceState) {
        super.onCreate(savedInstanceState);
        setContentView(R.layout.activity_main);
        //获取 button_one 按钮
        btnListDialog = (Button) findViewById(R.id.button_one);
        //为 button 设置监听器
        btnListDialog.setOnClickListener(new View.OnClickListener() {
            public void onClick(View v) {
                showDialog();
            }
        });
    }
    //重写 showDialog()方法，用于显示该对话框
    private void showDialog() {
        MyDialogFragment myDialogFragment = new MyDialogFragment();
        myDialogFragment.show(getFragmentManager(), "警告");
```

```
        }
    //创建用于生成列表对话框的 MyDialogFragment 类...
}
```

（3）创建 MyDialogFragment 类继承自 DialogFragment，用于生成需要的列表对话框，具体代码如下所示。

```
class MyDialogFragment extends DialogFragment {
    public Dialog onCreateDialog(Bundle savedInstanceState) {
        Dialog dialog = null;
        Builder builder = new Builder(getActivity());
        //为该对话框添加标题
        builder.setTitle("请选择省份");
        //为该对话框添加图标
        builder.setIcon(R.drawable.ic_launcher);
        builder.setItems(provinces, new DialogInterface.OnClickListener() {
            public void onClick(DialogInterface dialog, int which) {
                /*
                * ad 变量用 final 关键字定义，因为在隐式实现的 Runnable 接口
                *的 run()方法中 需要访问 final 变量。
                */
                final AlertDialog ad = new AlertDialog.Builder(
                        MainActivity.this).setMessage(
                            "你选择的是: " + which + ": " + provinces[which]).show();
                Handler handler = new Handler();
                Runnable runnable = new Runnable() {
                    public void run() {
                        //调用 AlertDialog 类的 dismiss()或者 cancel()方法关闭对话框，
                        ad.dismiss();
                    }
                };
                //5 秒后运行 run()方法。
                handler.postDelayed(runnable, 5 * 1000);
            }
        });
        dialog = builder.create();//生成 dialog 对象
        return dialog;//返回生成的 dialog 对象
    }
}
```

上述代码中，使用的 public Builder setItems(int itemsId, final OnClickListener listener)方法中 itemsId 表示字符串数组的资源 ID，该资源指定的数组会显示在列表中。而 public Builder setItems(CharSequence[] items, final OnClickListener listener)中 items 表示用于显示在列表中的字符串数组。运行该项目，如图 7-11 所示。单击【显示简单列表对话框】按钮，获得列表，如图 7-12 所示。选择"湖南"，获取该值的 id。如图 7-13 所示。

7.2.4 单选按钮对话框

单选按钮对话框是指在对话框的提示信息中包含单选按钮，该对话框同样也是使用

DialogFragment 来实现的。

图 7-11　使用列表对话框　　　图 7-12　单击显示列表　　　图 7-13　获得列表值

【练习 7】
创建一个单选按钮对话框，可以选择相应的单选项，具体步骤如下所示。
（1）创建布局文件，包含一个用于显示单选对话框的按钮，具体代码如下所示。

```xml
<TextView
    android:layout_width="wrap_content"
    android:layout_height="wrap_content"
    android:text="使用单选按钮对话框" />
<EditText
    android:id="@+id/editText"
    android:layout_width="fill_parent"
    android:layout_height="wrap_content"
    android:layout_marginTop="20dip"
    android:background="@android:drawable/edit_text"
    android:cursorVisible="false"
    android:editable="false"
    android:text="" />
<EditText
    android:id="@+id/editText_one"
    android:layout_width="fill_parent"
    android:layout_height="wrap_content"
    android:layout_marginTop="80dip"
    android:background="@android:drawable/edit_text"
    android:cursorVisible="false"
    android:editable="false"
    android:text="" />
<Button
    android:id="@+id/button_one"
    android:layout_width="fill_parent"
    android:layout_height="wrap_content"
    android:layout_marginTop="200dip"
```

```
android:text="显示单选按钮对话框" />
```

（2）创建 MainActivity.java 文件实现 MyDialogFragment 类，用于获取该单选按钮对话框，具体代码如下所示。

```java
public class MainActivity extends Activity {
    private String[] hobbylist = new String[] { "唱歌", "游泳", "打篮球" };
    private EditText editText;
    private EditText editText_one;
    private final static int DIALOG = 1;
    @Override
    protected void onCreate(Bundle savedInstanceState) {
        super.onCreate(savedInstanceState);
        setContentView(R.layout.activity_main);
        editText = (EditText) findViewById(R.id.editText);
        editText_one = (EditText) findViewById(R.id.editText_one);
        Button button = (Button) findViewById(R.id.button_one);
        //为 button 设置监听器
        button.setOnClickListener(new View.OnClickListener() {
            public void onClick(View v) {
                showDialog();
            }
        });
    }
    private void showDialog() {
        MyDialogFragment myDialogFragment = new MyDialogFragment();
        myDialogFragment.show(getFragmentManager(), "警告");
    }
    //创建自定义类 MyDialogFragment 生成按钮对话框...
}
```

（3）创建 MyDialogFragment 类继承自 DialogFragment，用于生成需要的单选按钮对话框，具体代码如下所示。

```java
@SuppressLint("ValidFragment")
class MyDialogFragment extends DialogFragment {
    public Dialog onCreateDialog(Bundle savedInstanceState) {
        Dialog dialog = null;
        Builder builder = new Builder(getActivity());
        //设置对话框的图标
        builder.setIcon(R.drawable.ic_launcher);
        //设置对话框的标题
        builder.setTitle("单选按钮对话框");
        //0：默认第一个单选按钮被选中
        builder.setSingleChoiceItems(hobbylist, 0, new OnClickListener() {
            public void onClick(DialogInterface dialog, int which) {
                //TODO Auto-generated method stub
                editText.setText("您选择了： " + which + ":" + hobbylist[which]);
            }
        });
```

```
            //添加一个确定按钮
            builder.setPositiveButton(" 确 定 ",
                    new DialogInterface.OnClickListener() {
                        public void onClick(DialogInterface dialog, int which) {
                            editText_one.setText("单击确定按钮，结束该程序");
                        }
                    });
            //创建一个单选按钮对话框
            dialog = builder.create();
            return dialog;
        }
    }
```

上述代码中，使用 setPositiveButton()方法为该单选按钮添加了一个【确定】按钮，用于将选择的选项显示在 EditText，也可以使用 setNegativeButton()方法，添加一个【取消】按钮，用于返回程序主页面。

运行该项目如图 7-14 所示。单击【显示单选按钮对话框】按钮，显示如图 7-15 所示的单选按钮对话框。单击【确定】按钮，显示如图 7-16 所示结果。

  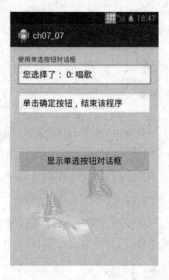

图 7-14　使用单选按钮对话框　　　图 7-15　单选按钮对话框　　　图 7-16　单击确定显示结果

7.2.5　复选框对话框

与单选按钮对话框经常在一起使用的是复选框对话框，该对话框包含有复选框。与单选按钮对话框相同的是该对话框也是使用 DialogFragment 来开发的。

【练习 8】

创建一个复选框对话框，可以选择相应的多选项，具体步骤如下。

（1）创建布局文件，包含一个用于显示复选框对话框的按钮，具体代码如下所示。

```
<TextView
    android:layout_width="wrap_content"
    android:layout_height="wrap_content"
    android:text="使用单选按钮对话框" />
<EditText
```

```xml
    android:id="@+id/editText"
    android:layout_width="fill_parent"
    android:layout_height="wrap_content"
    android:layout_marginTop="20dip"
    android:background="@android:drawable/edit_text"
    android:cursorVisible="false"
    android:editable="false"
    android:text="" />
<EditText
    android:id="@+id/editText_one"
    android:layout_width="fill_parent"
    android:layout_height="wrap_content"
    android:layout_marginTop="80dip"
    android:background="@android:drawable/edit_text"
    android:cursorVisible="false"
    android:editable="false"
    android:text="" />
<Button
    android:id="@+id/button_one"
    android:layout_width="fill_parent"
    android:layout_height="wrap_content"
    android:layout_marginTop="200dip"
    android:text="显示复选框对话框" />
```

（2）创建 MainActivity.java 文件实现 MyDialogFragment 类，用于获取该复选框对话框，具体代码如下所示。

```java
public class MainActivity extends Activity {
    private String[] hobbylist = new String[] { "唱歌", "游泳", "打篮球" };
    private EditText editText;
    private EditText editText_one;
    private final static int DIALOG = 1;
    boolean[] flags = new boolean[] { false, false, false };//初始复选情况
    @Override
    protected void onCreate(Bundle savedInstanceState) {
        super.onCreate(savedInstanceState);
        setContentView(R.layout.activity_main);
        editText = (EditText) findViewById(R.id.editText);
        editText_one = (EditText) findViewById(R.id.editText_one);
        Button button = (Button) findViewById(R.id.button_one);
        //为 button 设置监听器
        button.setOnClickListener(new View.OnClickListener() {
            public void onClick(View v) {
                showDialog();
            }
        });
    }
    private void showDialog() {
        MyDialogFragment myDialogFragment = new MyDialogFragment();
        myDialogFragment.show(getFragmentManager(), "警告");
```

}
}

（3）创建 MyDialogFragment 类继承自 DialogFragment，用于生成需要的单选按钮对话框，具体代码如下所示。

```java
@SuppressLint("ValidFragment")
class MyDialogFragment extends DialogFragment {
    public Dialog onCreateDialog(Bundle savedInstanceState) {
        Dialog dialog = null;
        Builder builder = new Builder(getActivity());
        //设置对话框的图标
        builder.setIcon(R.drawable.ic_launcher);
        //设置对话框的标题
        builder.setTitle("复选框对话框");
        //0：默认第一个单选按钮被选中
        builder.setMultiChoiceItems(hobbylist, flags,
                new DialogInterface.OnMultiChoiceClickListener() {
                    public void onClick(DialogInterface dialog, int which,
                            boolean isChecked) {
                        flags[which] = isChecked;
                        String result = "您选择了: ";
                        for (int i = 0; i < flags.length; i++) {
                            if (flags[i]) {
                                result = result + hobbylist[i] + "、";
                            }
                        }
                        editText.setText(result.substring(0,
                                result.length() - 1));
                    }
                });
        //添加一个确定按钮
        builder.setPositiveButton(" 确 定 ",
                new DialogInterface.OnClickListener() {
                    public void onClick(DialogInterface dialog, int which) {
                        editText_one.setText("单击确定按钮，结束该程序");
                    }
                });
        //创建一个复选框对话框
        dialog = builder.create();
        return dialog;
    }
}
```

上述代码中，onClick()方法定义了一个 String 类型的数组，用于存放选择的复选框信息。运行该项目如图 7-17 所示，单击【显示复选框对话框】按钮，显示如图 7-18 所示的复选框对话框。单击【确定】按钮，显示如图 7-19 所示结果。

7.2.6 进度对话框

进度对话框通过 android.app.ProgressDialog 类实现，该类是 AlertDialog 的子类。但是并不需

要使用 AlertDialog.Bulider 类的 create()方法来实现，只需要使用 new 关键字创建 ProgressDialog 对象即可。

图 7-17　使用复选框对话框　　　　图 7-18　复选框对话框　　　　图 7-19　单击确定显示结果

进度对话框有两种显示风格，分别是水平进度对话框和圆形进度对话框。进度对话框中常用的方法如表 7-5 所示。

表 7-5　进度对话框常用的方法

方　　法	说　　明
setMax()	确定（indeterminate=false）的进度条对话框里进度最大值的设置
setProgress()	当前进度值的设置
setSecondaryProgress()	第 2 个进度值的设置
incrementProgressBy()	当前进度值的增减
incrementSecondaryProgressBy()	第 2 进度值的增减
setProgressStyle()	进度对话框风格的设置，其中 STYLE_SPINNER 表示旋体进度条风格，STYLE_HORIZONTAL 表示横向进度条风格，默认情况是 STYLE_SPINNER 风格

【练习9】

创建一个项目，包含水平进度对话框和圆形进度对话框，如下所示。

（1）创建该项目的布局文件，包含两个按钮，用于显示对话框。

（2）在 MainActivity.java 文件中实现对这两种对话框的创建，具体代码如下所示。

```java
public class MainActivity extends Activity implements OnClickListener {
    private static final int MAX_PROGRESS = 100;//定义进度最大值
    private ProgressDialog progressDialog;
    private Handler handler;
    private int progress;
    protected void onCreate(Bundle savedInstanceState) {
        super.onCreate(savedInstanceState);
        setContentView(R.layout.activity_main);
        //分别获得每个按钮，并且为每个按钮添加监听事件
        Button button1 = (Button) findViewById(R.id.Button01);
        button1.setOnClickListener(this);
```

```
            Button button2 = (Button) findViewById(R.id.Button02);
            button2.setOnClickListener(this);
    }
    //显示进度对话框,style 表示进度对话框的风格
    ...
    //分别为不同的按钮设置不同的对话框风格
    ...
}
```

(3)创建对话框信息,使用 setProgressStyle()方法设置对话框的风格,具体代码如下所示。

```
//显示进度对话框,style 表示进度对话框的风格
private void showProgressDialog(int style) {
    //创建 ProgressDialog 类的实例对象
    progressDialog = new ProgressDialog(this);
    progressDialog.setIcon(R.drawable.ic_menu_more);
    progressDialog.setTitle("正在处理数据");
    progressDialog.setMessage("请稍后...");
    //设置进度对话框的风格
    progressDialog.setProgressStyle(style);
    //设置进度对话框的进度最大值
    progressDialog.setMax(MAX_PROGRESS);
    //设置进度对话框的暂停按钮和取消按钮
    progressDialog.show();
    handler = new Handler() {
        @Override
        public void handleMessage(Message msg) {
            super.handleMessage(msg);
            //if (progressDialog.getProgress() >= MAX_PROGRESS)
            if (progress >= MAX_PROGRESS) {
                //进度达到最大值,关闭对话框
                progress = 0;
                progressDialog.dismiss();
            } else {
                progress++;
                //将进度递增 1
                progressDialog.incrementProgressBy(1);
                //随机设置下一次递增进度(调用 handleMessage 方法)的时间
                handler.sendEmptyMessageDelayed(1,
                        50 + new Random().nextInt(500));
            }
        }
    };
    //设置进度初始值
    progress = (progress > 0) ? progress : 0;
    progressDialog.setProgress(progress);
    handler.sendEmptyMessage(1);
}
```

(4)设计暂停和取消按钮的功能,具体代码如下所示。

```
//设置进度对话框的暂停按钮和取消按钮
progressDialog.setButton("暂停", new DialogInterface.OnClickListener()
{
    public void onClick(DialogInterface dialog, int whichButton)
    {
        //通过删除消息代码的方式停止定时器
        handler.removeMessages(1);
    }
});
//设置进度对话框的【取消】按钮
progressDialog.setButton2("取消", new DialogInterface.OnClickListener()
{
    public void onClick(DialogInterface dialog, int whichButton)
    {
        //通过删除消息代码的方式停止定时器的执行
        handler.removeMessages(1);
        //恢复进度初始值
        progress = 0;
        progressDialog.setProgress(0);
    }
});
```

（5）为不同 id 的按钮设置不同的对话框风格，具体代码如下所示。

```
public void onClick(View view) {
    switch (view.getId()) {
    case R.id.Button01:
        //显示进度条风格的进度对话框
        showProgressDialog(ProgressDialog.STYLE_HORIZONTAL);
        break;
    case R.id.Button02:
        //显示旋转指针风格的进度对话框
        showProgressDialog(ProgressDialog.STYLE_SPINNER);
        break;
    }
}
```

在该项目中，分别为两个按钮添加监听事件，通过为两个按钮的 showProgressDialog()方法中的 style 传入不同的值，来显示不同风格的进度对话框。

运行该项目，如图 7-20 所示，单击【水平进度对话框】按钮，显示水平进度条，如图 7-21 所示。单击【暂停】按钮，回返回到主页面，但是继续单击【水平进度对话框】按钮会继续暂停之前的进度，而单击【取消】则关闭该对话框。单击【圆形进度对话框】，显示圆形进度对话框，如图 7-22 所示。

7.2.7 日期及时间选择对话框

日期和时间比较常见，是任何一个手机上都会有的基本功能。实现日期及时间选择对话框的开发需要分别使用 DatePickerDialog 和 TimePickerDialog 类。

【练习 10】

创建一个项目，包含日期和时间的设置。具体步骤如下：

图 7-20 使用进度对话框

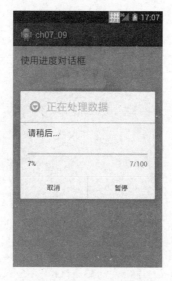
图 7-21 水平进度对话框

图 7-22 圆形进度对话框

（1）创建一个 LinearLayout 布局，包含 EditText 编辑框以及用来显示日期和时间对话框的按钮，具体代码如下。

```xml
<LinearLayout xmlns:android="http://schemas.android.com/apk/res/android"
    android:layout_width="match_parent"
    android:layout_height="match_parent"
    android:background="@drawable/back10"
    android:orientation="vertical" >
    <EditText
        android:id="@+id/et_date"
        android:layout_width="fill_parent"
        android:layout_height="wrap_content"
        android:layout_marginTop="5dip"
        android:background="@android:drawable/edit_text"
        android:cursorVisible="false"
        android:editable="false" />
    <EditText
        android:id="@+id/et_time"
        android:layout_width="fill_parent"
        android:layout_height="wrap_content"
        android:layout_marginTop="10dip"
        android:background="@android:drawable/edit_text"
        android:cursorVisible="false"
        android:editable="false" />
    <Button
        android:id="@+id/dateBtn"
        android:layout_width="fill_parent"
        android:layout_height="wrap_content"
        android:text="日期对话框" />
    <Button
        android:id="@+id/timeBtn"
        android:layout_width="fill_parent"
        android:layout_height="wrap_content"
```

```xml
        android:text="时间对话框" />
    <DigitalClock
        android:id="@+id/DigitalClock01"
        android:layout_width="fill_parent"
        android:layout_height="wrap_content"
        android:gravity="center"
        android:text="@+id/digitalClock"
        android:textSize="20dip" />
    <AnalogClock
        android:id="@+id/analogClock"
        android:layout_width="fill_parent"
        android:layout_height="wrap_content"
        android:gravity="center" />
</LinearLayout>
```

上述代码中，DigitalClock 和 AnalogClock 声明了一个数字时钟和模拟时钟控件。

（2）在 MainActivity 类中实现每个按钮的单击事件，用来显示日期和时间对话框，具体代码如下。

```java
public class MainActivity extends Activity {
    private Button dateBtn = null;
    private Button timeBtn = null;
    private EditText et_date = null;
    private EditText et_time = null;
    private final static int DATE_DIALOG = 0;
    private final static int TIME_DIALOG = 1;
    private Calendar c = null;
    //重写onCreate()方法，用于创建事件日期选择对话框
    ...
    private void myshowDialog(int dateDialog) {
        MyDialogFragment myDialogFragment = new MyDialogFragment()
                .newInstance(dateDialog);
        myDialogFragment.show(getFragmentManager(), "警告");
    }
}
```

（3）重写 onCreate()方法，获取用于显示信息的编辑框，并且对每个按钮添加监听事件，具体代码如下所示。

```java
public void onCreate(Bundle savedInstanceState) {
    super.onCreate(savedInstanceState);
    setContentView(R.layout.activity_main);
    //创建日期和时间编辑框
    et_date = (EditText) findViewById(R.id.et_date);
    et_time = (EditText) findViewById(R.id.et_time);
    //打开日期对话框按钮
    dateBtn = (Button) findViewById(R.id.dateBtn);
    dateBtn.setOnClickListener(new OnClickListener() {
        @Override
        public void onClick(View v) {
            //TODO Auto-generated method stub
```

```
                myshowDialog(DATE_DIALOG);//打开日期单选列表对话框
            }
        });
        //打开时间对话框按钮
        timeBtn = (Button) findViewById(R.id.timeBtn);
        timeBtn.setOnClickListener(new OnClickListener() {
            @Override
            public void onClick(View v) {
                //TODO Auto-generated method stub
                myshowDialog(TIME_DIALOG);//打开时间单选列表对话框
            }
        });
```

（4）在 MainActivity 类中创建 MyDialogFragment 类，继承自 DialogFragment，用于实现两种不同的关于时间日期的对话框，具体代码如下。

```
@SuppressLint("ValidFragment")
class MyDialogFragment extends DialogFragment {
    public MyDialogFragment newInstance(int title) {
        MyDialogFragment myDialogFragment = new MyDialogFragment();
        Bundle bundle = new Bundle();
        bundle.putInt("cmd", title);
        myDialogFragment.setArguments(bundle);
        return myDialogFragment;
    }
    public Dialog onCreateDialog(Bundle savedInstanceState) {
        int id = getArguments().getInt("cmd");
        Dialog dialog = null;
        switch (id) {
        case DATE_DIALOG://生成日期对话框
            c = Calendar.getInstance();//获取日期对象
            dialog = new DatePickerDialog(
                    //创建 DatePickerDialog 对象
                    getActivity(),
                    new DatePickerDialog.OnDateSetListener() {
                        //创建 OnDateSetListener 监听器
                        @Override
                        public void onDateSet(DatePicker view, int year,
                            int monthOfYear, int dayOfMonth) {
                                et_date.setText("您选择了: " + year + "年"
                                    + (monthOfYear + 1) + "月" + dayOfMonth
                                    + "日");
                            }
                    }, c.get(Calendar.YEAR), //传入年份
                    c.get(Calendar.MONTH), //传入月份
                    c.get(Calendar.DAY_OF_MONTH));//传入天数
            break;
        case TIME_DIALOG://生成时间对话框
            c = Calendar.getInstance();//获取时间对象
            dialog = new TimePickerDialog(
                    //创建 TimePickerDialog 对象
                    getActivity(),
                    new TimePickerDialog.OnTimeSetListener() {
```

```
                        @Override
                        public void onTimeSet(TimePicker view,
                                int hourOfDay, int minute) {
                            //TODO Auto-generated method stub
                            et_time.setText("您选择了: " + hourOfDay + "时"
                                    + minute + "分");
                        }
                    }, c.get(Calendar.HOUR_OF_DAY), //传入当前小时
                    c.get(Calendar.MINUTE),//传入当前分钟
                    false);
            break;
        }
        return dialog;
    }
}
```

上述代码中，newInstance()方法用于保存传入的对话框类型。先获取日历 Calendar 对象，然后分别调用 DatePickerDialog 和 TimePickerDialog 构建一个日期时间选择对话框。运行该项目，结果如图 7-23 所示。单击【日期对话框】按钮，显示日期对话框，结果如图 7-24 所示。单击【设置】按钮设置日期，将时间显示在编辑框上，如图 7-25 所示。单击【时间对话框】按钮，显示时间对话框，结果如图 7-26 所示。单击【设置】设置时间，将时间显示在编辑框上，如图 7-27 所示。

图 7-23　日期时间对话框

图 7-24　设置日期对话框

图 7-25　设置日期

图 7-26　设置时间对话框

图 7-27　显示时间

7.3 消息提示

除了使用应用程序对话框向用户提示消息之外。Android 还提供了另外两种提示用户的方式，就是 Toast 和 Notification。本小节将主要讲解关于这两种消息提示的方法。

7.3.1 Toast 的使用

Toast 向用户提供比较快速的限时消息，当 Toast 被显示时，虽然悬浮在应用程序的最上方，但是 Toast 无法获得焦点。因为涉及 Toast 就是为了让其在提示有用信息时，不影响其他程序的使用。例如在提示用户输入信息正确与否的时候就可以使用 Toast。

Toast 对象的创建是通过 Toast 类的静态方法 makeText()来实现的，该方法有两个重载实现，主要的不同之处在于一个是接受字符串，而另外一个是接受字符串的资源标识符作为参数。Toast 对象创建好之后，调用其 show()方法即可将消息显示在屏幕上。

一般来讲 Toast 只显示比较简短的文本消息提示，但 Toast 也可以显示图片。

【练习 11】

创建一个项目，包含多种简单的 Toast，对比每种 Toast 的不同，具体步骤如下。

（1）在 activity_main.xml 文件中设计布局，主要代码如下所示。

```xml
<LinearLayout xmlns:android="http://schemas.android.com/apk/res/android"
    android:layout_width="match_parent"
    android:layout_height="match_parent"
    android:background="@drawable/backtoast"
    android:orientation="vertical" >
    <Button
        android:id="@+id/btnSimpleToast"
        android:layout_width="fill_parent"
        android:layout_height="wrap_content"
        android:text="默认" />
    <Button
        android:id="@+id/btnSimpleToastWithCustomPosition"
        android:layout_width="fill_parent"
        android:layout_height="wrap_content"
        android:text="自定义显示位置" />
    <Button
        android:id="@+id/btnSimpleToastWithImage"
        android:layout_width="fill_parent"
        android:layout_height="wrap_content"
        android:text="带图片" />
    <Button
        android:id="@+id/btnCustomToast"
        android:layout_width="fill_parent"
        android:layout_height="wrap_content"
        android:text="完全自定义" />
    <Button
        android:id="@+id/btnRunToastFromOtherThread"
```

```xml
        android:layout_width="fill_parent"
        android:layout_height="wrap_content"
        android:text="其他线程" />
</LinearLayout>
```

（2）在 Layout 文件中创建一个 custom.xml 文件用于存放完全自定义模式的布局，具体代码如下所示。

```xml
<?xml version="1.0" encoding="utf-8"?>
<LinearLayout xmlns:android="http://schemas.android.com/apk/res/android"
    android:layout_width="match_parent"
    android:layout_height="match_parent"
    android:orientation="vertical"
    android:id="@+id/llToast >
    <TextView
        android:id="@+id/tvTitleToast"
        android:layout_width="fill_parent"
        android:layout_height="wrap_content"
        android:layout_margin="1dip"
        android:background="#bb000000"
        android:gravity="center"
        android:textColor="#ffffffff" />
    <LinearLayout
        android:id="@+id/llToastContent"
        android:layout_width="wrap_content"
        android:layout_height="wrap_content"
        android:layout_marginBottom="1dip"
        android:layout_marginLeft="1dip"
        android:layout_marginRight="1dip"
        android:background="#44000000"
        android:orientation="vertical"
        android:padding="15dip" >
        <ImageView
            android:id="@+id/tvImageToast"
            android:layout_width="wrap_content"
            android:layout_height="wrap_content"
            android:layout_gravity="center" />
        <TextView
            android:id="@+id/tvTextToast"
            android:layout_width="wrap_content"
            android:layout_height="wrap_content"
            android:gravity="center"
            android:paddingLeft="10dip"
            android:paddingRight="10dip"
            android:textColor="#ff000000" />
    </LinearLayout>
</LinearLayout>
```

（3）在 MainActivity.java 中重写 onCreate()方法，为每个按钮添加 OnClickListener 监听器，具体代码如下所示。

```java
public class MainActivity extends Activity {
    Handler handler = new Handler();
    @Override
    public void onCreate(Bundle savedInstanceState) {
        super.onCreate(savedInstanceState);
        setContentView(R.layout.activity_main);
//创建需要的按钮对象
        Button btnSimpleToast = (Button) findViewById(R.id.btnSimpleToast);
        Button btnSimpleToastWithCustomPosition
            = (Button) findViewById(R.id.btnSimpleToastWithCustomPosition);
        Button btnSimpleToastWithImage = (Button) findViewById(R.id.
        btnSimpleToastWithImage);
        Button btnCustomToast = (Button) findViewById(R.id.btnCustomToast);
        Button btnRunToastFromOtherThread =
            (Button) findViewById(R.id.btnRunToastFromOtherThread);
        //分别为每个按钮添加监听器
        ...
    }
}
```

（4）为 btnSimpleToast 按钮添加普通默认的 Toast，具体代码如下所示。

```java
btnSimpleToast.setOnClickListener(new OnClickListener() {
    public void onClick(View v) {
        //TODO Auto-generated method stub
        Toast toastSimpleToast = Toast.makeText(
            getApplicationContext(), "默认Toast样式",
            Toast.LENGTH_SHORT);
        toastSimpleToast.show();
    }
});
```

（5）为 btnSimpleToastWithCustomPosition 按钮添加自定义显示位置的 Toast，具体代码如下所示。

```java
btnSimpleToastWithCustomPosition.setOnClickListener(new OnClickListener() {
    @Override
    public void onClick(View v) {
        Toast toastSimpleToastWithCustomPosition = Toast
            .makeText(getApplicationContext(),
                "自定义位置Toast", Toast.LENGTH_LONG);
        toastSimpleToastWithCustomPosition.setGravity(
            Gravity.CENTER, 0, 0);
        toastSimpleToastWithCustomPosition.show();
    }
});
```

（6）为 btnSimpleToastWithImage 添加带有图片的 Toast，具体代码如下所示。

```java
btnSimpleToastWithImage.setOnClickListener(new OnClickListener() {
    @Override
```

```
        public void onClick(View v) {
            Toast toastSimpleToastWithImage = Toast
                    .makeText(getApplicationContext(), "带图片的Toast",
                            Toast.LENGTH_LONG);
            toastSimpleToastWithImage.setGravity(Gravity.CENTER, 0, 0);
            LinearLayout toastView = (LinearLayout) toastSimpleToastWithImage
                    .getView();
            ImageView imageCodeProject = new ImageView(
                    getApplicationContext());
            imageCodeProject.setImageResource(R.drawable.ic_launcher);
            toastView.addView(imageCodeProject, 0);
            toastSimpleToastWithImage.show();
        }
});
```

（7）为btnCustomToast按钮添加完全自定义的Toast，具体代码如下所示。

```
btnCustomToast.setOnClickListener(new OnClickListener() {
    @Override
    public void onClick(View v) {
        LayoutInflater inflater = getLayoutInflater();
        View layout = inflater.inflate(R.layout.custom,
                (ViewGroup) findViewById(R.id.llToast));
        ImageView image = (ImageView) layout.findViewById(R.id.tvImageToast);
        image.setImageResource(R.drawable.ic_launcher);
        TextView title = (TextView) layout.findViewById(R.id.tvTitleToast);
        title.setText("Attention");
        TextView text = (TextView) layout  .findViewById(R.id.tvTextToast);
        text.setText("完全自定义Toast");
        Toast toastCustomToast = new Toast(getApplicationContext());
        //设置该自定义Toast的位置以及显示方式
        toastCustomToast.setGravity(Gravity.RIGHT | Gravity.TOP, 40, 400);
        toastCustomToast.setDuration(Toast.LENGTH_LONG);
        toastCustomToast.setView(layout);
        toastCustomToast.show();
    }
});
```

（8）为btnRunToastFromOtherThread按钮添加其他线程相关的Toast，具体代码如下所示。

```
//为btnRunToastFromOtherThread按钮添加监听事件，单击之后调用showToast()方法
btnRunToastFromOtherThread.setOnClickListener(new OnClickListener() {
    @Override
    public void onClick(View v) {
        new Thread(new Runnable() {
            public void run() {
                showToast();
            }
            private void showToast() {
                handler.post(new Runnable() {
```

```
                    @Override
                    public void run() {
                        Toast.makeText(getApplicationContext(),
                            "我来自其他线程！",Toast.LENGTH_SHORT).show();
                    }
                });
            }
        }).start();
    }
});
```

运行该项目，结果如图 7-28 所示。单击【默认】按钮，显示默认 Toast 样式，如图 7-29 所示。单击【自定义显示位置】按钮，显示自定义位置的 Toast 样式，如图 7-30 所示。单击【带图片】按钮，显示带图片的 Toast 样式，如图 7-31 所示。单击【完全自定义】按钮，显示完全自定义的 Toast 样式，如图 7-32 所示。单击【其他线程】按钮，显示包含其他线程的 Toast 样式，如图 7-33 所示。

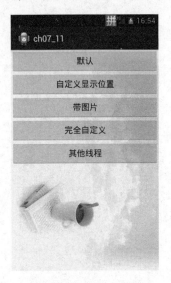
图 7-28　使用 Toast

图 7-29　默认 Toast 样式

图 7-30　自定义位置 Toast

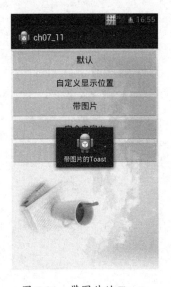
图 7-31　带图片的 Toast

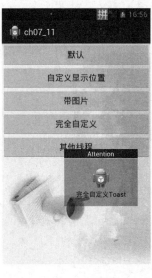
图 7-32　完全自定义 Toast

图 7-33　其他线程 Toast

7.3.2 Notification

Notification 是另外的一种消息提示方式,Notification 位于手机的状态栏(Status Bar),状态栏位于手机屏幕的最上层,通常用于显示电池电量、信号强度等信息。

在 Android 中,可以用手指按下状态栏并往下拉,可以打开状态栏查看系统的提示消息。在应用程序中可以开发自己的 Notification,并将其添加到系统的状态栏中。

【练习 12】

创建一个带有提示的 Notification,向下拖动可以显示该提示标题,单击信息可以显示该提示内容,具体步骤如下所示。

(1)在 activity_main.xml 中进行布局,包含 Button 按钮,单击可以提示 Notification,具体代码如下所示。

```xml
<LinearLayout
    android:orientation="vertical"
    android:layout_width="fill_parent"
    android:layout_height="fill_parent"
    >
    <TextView
        android:layout_width="fill_parent"
        android:layout_height="wrap_content"
        android:layout_weight="0"
        android:paddingBottom="4dip"
        />
    <Button
        android:id="@+id/Button01"
        android:layout_width="wrap_content"
        android:layout_height="wrap_content"
        android:text="Button01"
        >
        <requestFocus/>
    </Button>
...
</LinearLayout>
```

(2)查看 Notification 信息时需要一个页面(activity_main2.xml)来显示,文件包含一个 TextView 来显示的页面信息,创建 MainActivity2.java,具体代码如下所示。

```java
package com.example.ch7_12;
import android.os.Bundle;
import android.app.Activity;
public class MainActivity2 extends Activity {
    protected void onCreate(Bundle savedInstanceState) {
        super.onCreate(savedInstanceState);
        //这里直接限制一个 TextView
        setContentView(R.layout.activity_main2);
    }
}
```

（3）因为本练习中使用了两个 Activity，因此需要在 AndroidManifest.xml 文件中进行注册，在 application 标签中添加以下代码。

```xml
<activity android:name="com.example.ch7_12.MainActivity2" android:label=
"@string/title_activity_two">
</activity>
```

（4）在 MainActivity.java 文件中创建关于 Notification 的使用，具体代码如下所示。

```java
public class MainActivity extends Activity {
    Button m_Button1, m_Button2, m_Button3, m_Button4;
    //声明通知（消息）管理器
    NotificationManager m_NotificationManager;
    Intent m_Intent;
    PendingIntent m_PendingIntent;
    //声明 Notification 对象
    Notification m_Notification;
    public void onCreate(Bundle savedInstanceState) {
        super.onCreate(savedInstanceState);
        setContentView(R.layout.activity_main);
        //初始化 NotificationManager 对象
        m_NotificationManager=(NotificationManager)getSystemService
        (NOTIFICATION_SERVICE);
        //获取 4 个按钮对象
        m_Button1 = (Button) findViewById(R.id.Button01);
        …
        //点击通知时转移内容
        m_Intent = new Intent(MainActivity.this, MainActivity2.class);
        //主要是设置点击通知时显示内容的类
        m_PendingIntent = PendingIntent.getActivity(MainActivity.this, 0,
            m_Intent, 0);
        //构造 Notification 对象
        m_Notification = new Notification();
        //分别为每个按钮添加监听事件
        …
    }
}
```

（5）分别为每个按钮添加相应的监听事件，用于处理每个按钮单击之后的操作，具体代码如下所示。

```java
m_Button1.setOnClickListener(new Button.OnClickListener() {
    public void onClick(View v) {
        //设置通知在状态栏显示的图标
        m_Notification.icon = R.drawable.img1;
        //当我们点击通知时显示的内容
        m_Notification.tickerText = "Button1通知内容..........";
        //通知时发出默认的声音
        m_Notification.defaults = Notification.DEFAULT_SOUND;
```

```
            //设置通知显示的参数
            m_Notification.setLatestEventInfo(MainActivity.this, "Button1",
                    "Button1通知", m_PendingIntent);
            //可以理解为执行这个通知
            m_NotificationManager.notify(0, m_Notification);
        }
    });
    ...
```

上述项目中使用了 Activity 之间的跳转,用于显示该 Notification 的信息。注意,在使用多个 Activity 显示用户信息时,要在 AndroidManifest.xml 中进行注册。

运行该项目,结果如图 7-34 所示。单击 Button01 按钮,会发现状态栏多了一个自定义的图标,如图 7-35 所示。将状态栏拉开,可以看到添加的 Notification 信息,如图 7-36 所示。单击该信息,显示具体的提示信息,如图 7-37 所示。

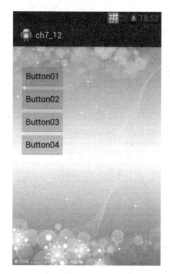

图 7-34　使用 Notification 提示

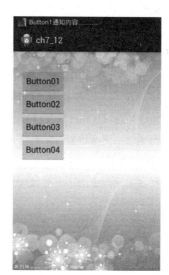

图 7-35　状态栏图标改变

图 7-36　显示 Button01 提示信息

图 7-37　具体提示信息

7.4 扩展训练

拓展训练：创建闹钟

使用前面讲到的日期时间选择对话框，设计一个闹钟。当用户单击页面上的数字时钟或者是模拟时钟，就可以弹出日期时间选择对话框，进行设置时间和闹钟。

7.5 课后练习

一、填空题

1. 常见的 Android 菜单有选项菜单、子菜单、以及_____。
2. 在子菜单（SubMenu）上不能显示_____，但是子菜单可以带复选框和单选按钮。
3. 上下文菜单中_____子菜单的嵌套。
4. 对话框主要包括普通对话框、列表对话框、单选按钮对话框、复选框对话框、进度对话框和_____。
5. 实现日期及时间选择对话框的开发需要分别使用_____和 TimePickerDialog 类。
6. Toast 对象创建好之后，调用其_____方法即可将消息显示在屏幕上。
7. 进度对话框根据显示风格的不同可以分为两种，分别是水平进度对话框和_____。

二、选择题

1. 在以下几个方法中，设置对话框 title 的是_____。

    A. setTitle()

    B. setIcon()

    C. setMessage()

    D. setItems()

2. 在以下几个方法中，设置对话框图标的是_____。

    A. setTitle()

    B. setIcon()

    C. setMessage()

    D. setItems()

3. 在以下几个方法中，设置对话框提示信息的是_____。

    A. setTitle()

    B. setIcon()

    C. setMessage()

    D. setItems()

4. 除了 Toast 之外的另一种提示信息的方式是_____。

    A. AlertDialog

    B. ProgressDialog

    C. DatePickerDialog

    D. Notification

5. 以下哪种对话框可以将当前时间进行调整_____。
    A. AlertDialog
    B. ProgressDialog
    C. DatePickerDialog
    D. TimePickerDialog

三、简答题

1. 简述在 Android 中创建选项菜单的步骤。
2. 简述 Toast 与 Notification 的相同点与不同点。
3. 常用的对话框有哪些?

第 8 课
Android 事件处理机制

在前面的课程中，简单的介绍了 Android 常用的各种控件，它们组成了应用程序的界面。此外，还应当学习如何处理用户对这些控件的操作，如对按钮的单击事件的操作等。本课将对 Android 平台用户界面的各种事件响应进行详细的介绍。

本课学习目标：
- ❑ 掌握事件处理的两种机制
- ❑ 了解 Android 物理键盘
- ❑ 掌握处理键盘事件和触摸事件的方法
- ❑ 掌握手势的创建与识别应用

8.1 Android 事件处理概述

现代的用户界面，都是以事件的驱动来实现人机交换的。而 Android 上的一套 UI 控件是通过鼠标事件和键盘事件，然后每个控件收到相应的事件之后，做相应的处理。在 Android 中，主要包括键盘和触摸两大事件。键盘事件包括按下、弹起等。触摸事件包括按下、弹起、滑动、双击等。

Android 提供了强大的事件处理机制，包括两种处理机制，一种是基于回调机制的，一种是基于监听接口的。下面我们分别介绍这两种事件处理机制。

8.1.1 基于回调机制的事件处理

Android 基于回调机制的事件处理，主要做法是重写 Android 控件特定的回调方法，或者重写 Activity 的方法。

Android 平台中每个 View 都有自己处理事件的回调方法，开发人员可以通过重写 View 中的这些回调方法来实现需要的响应事件。当某个事件没有被任何一个 View 处理时，便会调用 Activity 中相应的回调方法。Android 提供了以下回调方法供用户使用。

- **boolean onKeyDown (int keyCode, KeyEvent event)**　当用户在按下某个按键时触发该方法。
- **boolean onKeyLongPress (int keyCode, KeyEvent event)**　当用户长时间按住某按键时触发该方法。
- **boolean onKeyShortcut (int keyCode, KeyEvent event)**　当用户按下键盘上快捷键时触发该方法。
- **boolean onKeyUp (int keyCode, KeyEvent event)**　当用户松开某个按键时触发该方法。
- **boolean onTouchEvent (MotionEvent event)**　当用户触发触摸屏幕事件时触发该方法。
- **boolean onTrackballEvent (MotionEvent event)**　当用户触发轨迹球事件时触发该方法。

几乎所有基于回调的事件处理方法都有一个 boolean 类型的返回值，该方法用于标识该处理方法是否能完全处理该事件。

如果处理事件的回调方法返回 true，表明该处理方法已完全处理该事件，该事件不会传播出去。如果处理事件的回调方法返回 false，表明该处理方法并未完全处理该事件，该事件会传播出去。

8.1.2 基于监听接口的事件处理

基于监听的事件处理是一件"面向对象"的事件处理，主要涉及以下三个对象。

（1）EventSource（事件源）：事件发生的场所，通常指的是事件所发生的控件，各个控件在不同情况下触发的事件不尽相同，而且产生的事件对象也可能不同。

（2）Event（事件）：事件封装了界面控件上发生的特定事情，通常是一次用户操作，如果程序需要获得界面控件上所发生事件的相关信息，一般通过 Event 对象来获取。

（3）EventListener（事件监听器）：负责监听事件源所发生的事件，并对各种事件做出相应的处理。

将事件源与事件监听器联系到一起，就需要为事件源注册监听，当事件发生时，系统才会自动通知事件监听器来处理相应的事件。

基于监听的事件处理首先要获取界面控件（事件源），也就是被监听的对象。之后实现事件监听类，即必须实现其对应的 Listener 接口，然后为该控件添加监听。

对于一个 Android 应用程序来说，事件处理是必不可少的，用户与应用程序之间的交互便是通过事件处理来完成的。事件处理的过程一般分为三个步骤，如下所示。

（1）应该为事件源对象添加监听，这样当某个事件被触发时，系统才会知道通知谁来处理该事件，如图 8-1 所示。

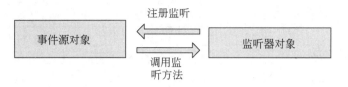

图 8-1 事件处理流程 I

（2）当事件发生时，系统会将事件封装成相应类型的事件对象，并发送给注册到事件源的事件监听器，如图 8-2 所示。

（3）当监听器对象接收到事件对象之后，系统会调用监听器中相应的事件处理方法来处理事件并给出响应，如图 8-3 所示。

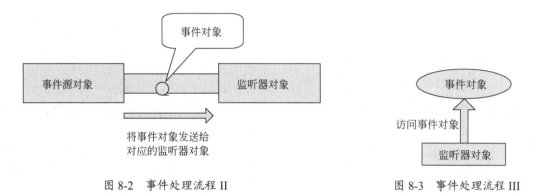

图 8-2 事件处理流程 II　　　　　　　　图 8-3 事件处理流程 III

8.2 处理键盘事件

首先介绍一下简单的处理键盘事件的方法。处理键盘事件的方法有两种，一种是基于回调机制的处理方法；一种是基于监听接口的处理方法。下面我们将详细介绍这两种方法。

8.2.1 物理按键简介

对于一个标准的 Android 设备，包含了多个能够触发事件的物理按键，如图 8-4 所示。

图 8-4 带有物理按键的 Android 模拟器

各个可用的物理按键能够触发的事件及其说明如表 8-1 所示。

表 8-1　Android 设备可用物理按键及其触发事件

物 理 按 键	KeyEvent	说　　明
电源键	KEYCODE_POWER	启动或唤醒设备，将界面切换到锁定的屏幕
后退键	KEYCODE_BACK	返回到前一个界面
菜单键	KEYCODE_MENU	显示当前应用的可用菜单
Home 键	KEYCODE_HOME	返回到 Home 界面
查找键	KEYCODE_SEARCH	在当前应用中启动搜索
相机键	KEYCODE_CAMERA	启动相机
音量键	KEYCODE_VOLUME_UP KEYCODE_VOLUME_DOWN	控制当前上下文音量，如音乐播放器、手机铃声、通话音量等
方向键	KEYCODE_DPAD_CENTER KEYCODE_DPAD_UP KEYCODE_DPAD_DOWN KEYCODE_DPAD_LEFT KEYCODE_DPAD_RIGHT	某些设备中包含方向键，用于移动光标等
键盘键	KEYCODE_0，…，KEYCODE_9， KEYCODE_A，…KEYCODE_Z	数字 0~9、字母 A~Z 等按键

> **注意**
> 如果出现 "dpad not enabled in avd" 的提示，则需要将模拟器 AVD 目录下 config 中 hw.dPad 的值设为 yes。

8.2.2　基于回调机制的按键事件处理

【练习 1】

在 Eclipse 中创建一个 Android 项目，名称为 ch08_01，使用基于回调机制的事件处理对物理按键进行操作。

（1）在项目中的 res/layout 目录下修改 activity_main.xml 文件，修改后代码如下所示。

```xml
<LinearLayout xmlns:android="http://schemas.android.com/apk/res/android"
    android:layout_width="match_parent"
    android:layout_height="match_parent" >
    <TextView
        android:layout_width="fill_parent"
        android:layout_height="wrap_content"
        android:id="@+id/text"
        android:gravity="center_horizontal"/>
</LinearLayout>
```

（2）在 com.android.activity 包中的 MainActivity.java 文件中，声明 TextView 对象并获取该控件对象，然后为其设置内容。由于代码比较简单，在此处省略。

（3）添加 showText()方法和 showToast()方法分别用来设置和显示按下按键和松开按键时的信息，其主要代码如下所示。

```java
public void showText(String string){    //用于设置按下按键 TextView 控件显示的内容
    text.setText(string);
}
public void showToast(String string){    //用于设置松开按键时 Toast 显示的内容
```

```
        Toast toast = Toast.makeText(this,string, Toast.LENGTH_SHORT);
                                                     //创建Toast对象
        toast.setGravity(Gravity.TOP , 0, 100);      //设置显示的Toast的位置
        toast.show();                                //显示Toast信息
}
```

在上述代码中，setText()方法用于设置控件上显示的内容。makeText()方法用于设置 Toast 所要显示的信息，setGravity()方法设置控件的位置，show()方法用来显示 Toast 的内容。

（4）重写 onKeyDown()方法，其主要代码如下所示。

```
public boolean onKeyDown(int keyCode, KeyEvent event) {
        switch(keyCode){
        case KeyEvent.KEYCODE_0:
            showText("您按下了数字键0");
            break;
        case KeyEvent.KEYCODE_BACK:
            showText("您按下了后退键");
            break;
        //省略部分代码
        }
        return super.onKeyDown(keyCode, event);
}
```

在上述代码中，当按下按键时，如按下数字 0 时，就会调用 showText()方法来改变 TextView 控件中的内容。

（5）重写 onKeyUp()方法，其主要代码如下所示。

```
public boolean onKeyUp(int keyCode, KeyEvent event) {
        switch(keyCode){
        case KeyEvent.KEYCODE_0:
            showToast("您松开了数字键0");
            break;
        case KeyEvent.KEYCODE_BACK:
            showToast("您松开了后退键");
            break;
        //省略部分代码
        }
        text.setText("您没有按下按键");
        return super.onKeyUp(keyCode, event);
}
```

在上述代码中，当松开某个按键时，就会调用 showToast()方法，使用 Toast 显示信息。

运行该项目后，效果如图 8-5 所示。当按下按键时，如按下上方向键时，效果如图 8-6 所示。松开上方向按键时，效果如图 8-7 所示。

图 8-5　项目运行效果图

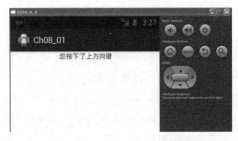

图 8-6　按下上方向键时效果图

8.2.3 基于监听接口的按键事件处理

【练习2】

在 Eclipse 中创建一个 Android 项目，名称为 ch08_02，使用基于监听接口的事件处理来对物理按键进行操作。

（1）首先准备一些图片文件，然后放在项目的 res 目录下的 drawable_ldpi 文件夹中，作为图片按钮的图片。

（2）在项目中的 res/layout 目录下修改 activity_main.xml 文件，修改后代码如下所示。

图 8-7 松开上方向键时显示效果图

```
<LinearLayout xmlns:android="http://schemas.android.com/apk/res/android"
    android:layout_width="match_parent"
    android:layout_height="match_parent"
    android:orientation="vertical">
    <TextView
        android:layout_width="match_parent"
        android:layout_height="wrap_content"
        android:id="@+id/text01"
        android:gravity="center_horizontal"/>
    <TextView
        android:layout_width="match_parent"
        android:layout_height="wrap_content"
        android:id="@+id/text02"
        android:gravity="center_horizontal"/>
</LinearLayout>
```

（3）在该布局文件中的两个 TextView 控件之间添加两个线性布局，分别在其中添加两个图片按钮，这里以其中的一个为例，其代码如下所示。

```
<LinearLayout
    android:layout_width="wrap_content"
    android:layout_height="wrap_content"
    android:orientation="horizontal">
    <ImageButton
        android:layout_width="140dp"
        android:layout_height="120dp"
        android:src="@drawable/a"
        android:layout_margin="10dp"
        android:id="@+id/buttonA"/>
<!-- 省略图片按钮B的布局代码 -->
</LinearLayout>
```

另外一个线性布局和这个线性布局代码一样，只需要将图片按钮控件的 id 和图片按钮所使用的图片修改一下即可，这里就省略了。

（4）在 com.android.activity 包中的 MainActivity.java 文件中，使 MainActivity 实现监听类器 OnKeyListener。声明两个 TextView 对象和一个图片按钮数组，并获取 TextView 对象和图片按钮对象，其主要代码如下。

```
private ImageButton[] imageButtons = null;        //声明图片按钮数组
imageButtons = new ImageButton[4];
imageButtons[0] = (ImageButton) findViewById(R.id.buttonA);
//省略部分代码
text01.setText("使用键盘上的字母ABCD来选择图片按钮");
```

在上述代码中，省略了 TextView 对象的声明和获取。由于其他三个图片按钮的获取方法与图片按钮 A 的获取方法一样，这里就省略了。

（5）为每个图片按钮设置监听器，其主要代码如下所示。

```
for (ImageButton imageButton : imageButtons) {
    imageButton.setOnKeyListener(MainActivity.this);     //添加键盘监听
}
```

（6）重写 onKey()方法，其主要代码如下所示。

```
public boolean onKey(View arg0, int arg1, KeyEvent arg2) {    //键盘监听
    switch(arg1){                                             //判断键盘码
    case 29:                                                  //按键A
        text02.setText("您选择了按钮A! ");
        break;
    //省略部分代码
    default:                                                  //其他按键
        text02.setText("你输入的为其他按键! ");
        break;
    }
    return false;
}
```

> **提示**
> 在 Android 中键盘 A 的按键码为 29，B 的按键码为 30，依此类推，Z 的为 54。

运行该项目后，其效果如图 8-8 所示。当单击键盘上的按键 A 时，其效果如图 8-9 所示。单击键盘上除 A、B、C、D 以外的按键，如单击按键 V 时，其效果如图 8-10 所示。

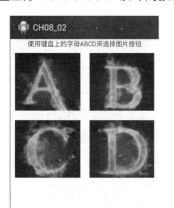
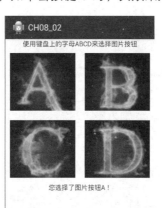
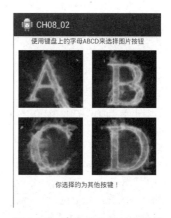

图 8-8　项目运行效果　　　图 8-9　单击键盘上 A 时效果　　　图 8-10　单击其他按键时效果

8.3 处理触摸事件

目前，大多数手机都以较大的屏幕取代了外置键盘，这些设备都需要通过触摸来操作。下面将简单介绍一下 Android 中实现触摸事件的处理。

8.3.1 基于回调机制的触摸事件处理

手机屏幕事件的处理方法是 onTouchEvent。该方法在 View 类中定义，并且所有的 View 子类全部重写了该方法，应用程序可以通过该方法处理手机屏幕的触摸事件。该方法如下所示。

```
public boolean onTouchEvent (MotionEvent event)
```

参数 event 为手机屏幕触摸事件封装类的对象，其中封装了该事件的所有信息。例如，触摸的位置、触摸的类型以及触摸的时间等。该对象会在用户触摸手机屏幕时被创建。

onTouchEvent()方法的返回值与键盘响应的事件相同，同样是当已经完整地处理了该事件且不希望其他回调方法再次处理时返回 true，否则返回 false。

onTouchEvent()方法并不像之前介绍过的方法只处理一种事件，一般情况下以下三种情况的事件全部由 onTouchEvent()方法处理，只是三种情况中的动作值不同。

- **屏幕被按下**　当屏幕被按下时，会自动调用该方法来处理事件，此时 MotionEvent.getAction() 的值为 MotionEvent.ACTION_DOWN，如果在应用程序中需要处理屏幕被按下的事件，只需重新执行回调方法，然后在方法中进行动作的判断即可。
- **离开屏幕**　当手指离开屏幕时触发的事件，该事件同样需要 onTouchEvent()方法来捕捉，然后在方法中进行动作判断。当 MotionEvent.getAction()的值为 MotionEvent.ACTION_UP 时，表示是离开屏幕的事件。
- **在屏幕中拖动**　该方法还负责处理手指在屏幕上滑动的事件，同样是调用 MotionEvent.getAction() 方法来判断动作值是否为 MotionEvent.ACTION_MOVE 再进行处理。

【练习3】

在 Eclipse 中创建一个 Android 项目，名称为 ch08_03，使用基于回调的事件机制来实现对触摸事件的处理。

（1）在 com.android.activity 包中的 MainActivity.java 文件中修改 onCreate()方法，修改后代码如下所示。

```
super.onCreate(savedInstanceState);                    //调用父类构造方法
LinearLayout layout = new LinearLayout(this);          //定义线性布局
setContentView(layout);                                //使用布局
```

（2）添加 showToast()方法用来显示触摸和离开屏幕时的信息，这里的代码与练习步骤（3）中的 showToast()方法代码一致，这里就省略了。

（3）重写 onTouchEvent()方法，分别为触摸屏幕、离开屏幕和移动屏幕添加要执行的动作，其代码如下所示。

```
public boolean onTouchEvent(MotionEvent event) {
    switch(event.getAction()){
    case MotionEvent.ACTION_DOWN:
        showToast("触摸屏幕");
        break;
    case MotionEvent.ACTION_UP:
        showToast("离开屏幕");
        break;
    case MotionEvent.ACTION_MOVE:
        showToast("在屏幕中拖动");
```

```
            break;
    }
    return super.onTouchEvent(event);
}
```

当我们移动屏幕时,那么 ACTION_MOVE 这个事件会被 Android 一直响应。其原因有两点:第一点是因为 Android 对于触屏事件很敏感。第二点是虽然我们的手指感觉是静止的,没有移动,其实事实不是如此。当我们的手指触摸到手机屏幕上之后,感觉静止没动,其实手指在不停的微颤抖震动。

运行该项目后,当触摸屏幕时,其效果如图 8-11 所示。离开屏幕时,效果如图 8-12 所示。当在屏幕中拖动时,效果如图 8-13 所示。

图 8-11　触摸屏幕效果　　　图 8-12　离开屏幕时效果　　　图 8-13　在屏幕中拖动时效果

8.3.2　基于监听接口的触摸事件处理

【练习 4】
在 Eclipse 中创建一个 Android 项目,名称为 ch08_04,使用基于监听接口的事件来处理对实现触摸事件的操作处理。

(1)在项目中的 res/layout 目录下修改 activity_main.xml 文件,修改后添加一个 Button 控件和一个 TextView 控件,其代码如下所示。

```
<LinearLayout xmlns:android="http://schemas.android.com/apk/res/android"
    android:layout_width="match_parent"
    android:layout_height="match_parent"
    android:orientation="vertical">
    <TextView
        android:layout_width="match_parent"
        android:layout_height="wrap_content"
        android:id="@+id/text"
        android:gravity="center_horizontal"/>
    <Button
        android:layout_width="wrap_content"
        android:layout_height="wrap_content"
        android:id="@+id/button"
        android:text="按钮"
        android:layout_gravity="center_horizontal"/>
</LinearLayout>
```

(2)在 com.android.activity 包中的 MainActivity.java 文件中,声明并获取一个 TextView 对象和一个 Button 对象,并为 Button 对象添加监听器,其主要代码如下。

```
//省略了声明和获取 TextView 和 Button 控件对象代码
text.setText("您没有单击按钮");
button.setOnClickListener(new OnClickListener() {              //单击
    public void onClick(View v) {
        text.setText("单击按钮");
```

```
        }
    });
    button.setOnLongClickListener(new OnLongClickListener() {  //长时间单击
        public boolean onLongClick(View v) {
            text.setText("长时间单击按钮");
            return false;
        }
    });
```

在上述代码中，button.setOnClickListener()表示为按钮添加了一个单击事件监听器，当单击按钮时调用。button.setOnLongClickListener()表示为按钮添加了一个长时间单击事件监听器，长时间单击按钮时调用。

运行该项目，效果如图 8-14 所示。当单击按钮时，效果如图 8-15 所示。当长时间单击按钮时，效果如图 8-16 所示。

图 8-14　项目运行效果

图 8-15　单击按钮时效果

图 8-16　长时间单击按钮时效果

8.4 手势的创建与识别

前面介绍的触摸事件比较简单，以下将介绍如何在 Android 中创建和识别手势。目前大多数手机都支持手写输入，其原理就是根据用户输入的内容，在预先定义的词库中查找最佳匹配项供用户选择。

8.4.1 手势的创建

运行 Android 模拟器后，进入到应用程序界面，如图 8-17 所示。在图 8-17 中，单击 Gestures Builder 应用，如图 8-18 所示。首次进入时，里面没有手势。单击 Add gesture 按钮，增加手势，如图 8-19 所示。

图 8-17　应用程序界面

图 8-18　Gestures Builder 程序界面

图 8-19　添加手势界面

添加完成后，单击 Done 按钮，保存该手势。类似地，继续添加数字 1、2、3…9 所对应的手势，如图 8-20 所示。当要修改或删除某个手势时，在图 8-20 中选中该手势，长时间单击该手势，出现如图 8-21 所示的界面，即可对该手势进行删除或修改操作。

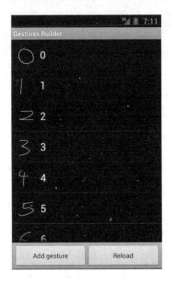
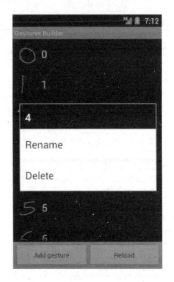

图 8-20　显示当前保存的手势　　　　　　　图 8-21　修改或删除某手势的界面

> **注意**
>
> 如果出现 "Could not load /sdcard/gestures. Make sure you have a mounted SD card" 的错误，则需要给 SD 卡设置大小。

8.4.2　手势的导出

在手势创建完成后，需要将保存手势的文件导出，以便在应用程序中使用。打开 Eclipse 并切换到 DDMS 视图。在 File Explorer 中找到\mnt\sdcard\gestures 文件，然后单击右上角的导出按钮将该文件导出，如图 8-22 所示。

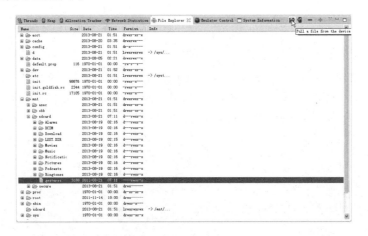

图 8-22　导出保存手势的文件

8.4.3　手势的识别

在手势识别时，需要在 XML 中配置 GestureOverlayView 控件。GestureOverlayView 是一种用于手势输入的透明覆盖层，可覆盖在其他控件的上方，也可以包含其他控件。

GestureOverlayView 控件的 XML 属性如表 8-2 所示。

表 8-2 GestureOverlayView 支持的 XML 属性

属 性 名 称	描 述
android:eventsInterceptionEnabled	定义当手势已经被识别出来时，是否拦截手势动作
android:fadeDuration	当用户画完手势时，手势淡出效果的持续时间，单位为毫秒 (milliseconds)
android:fadeEnabled	定义识别完手势后，手势是否自动淡出
android:fadeOffset	淡出延迟，单位为毫秒，即用户画完手势之后到手势淡出之间的时间间隔
android:gestureColor	描绘手势的颜色
android:gestureStrokeAngleThreshold	识别是否为手势前，一笔必须包含的最小曲线度
android:gestureStrokeLengthThreshold	识别是否为手势前，一笔的最小长度
android:gestureStrokeSquarenessThreshold	识别是否为手势前，一笔的偏斜度阀值
android:gestureStrokeType	定义手势的类型
android:gestureStrokeWidth	画手势时，笔画的宽度
android:orientation	指出是水平（当 Orientation 为 vertical），还是垂直（当 orientation 为 horizontal）笔画自动定义为手势
android:uncertainGestureColor	未确定为手势之前，描绘用户笔画的颜色

【练习 5】

在 Eclipse 中创建一个 Android 项目，名称为 ch08_05，实现识别用户输入手势的功能。

（1）在 res 文件夹中创建子文件夹，名称为 raw。将导出的手势文件导入该文件夹中。

（2）在项目中的 res/layout 目录下修改 activity_main.xml 文件，修改后添加一个 GestureOverlayView 控件来接收用户的手势，其代码如下所示。

```
<LinearLayout xmlns:android="http://schemas.android.com/apk/res/android"
    android:layout_width="match_parent"
    android:layout_height="match_parent"
    android:orientation="vertical">
    <TextView
        android:layout_width="match_parent"
        android:layout_height="wrap_content"
        android:text="绘制手势"
        android:gravity="center_horizontal" />
    <android.gesture.GestureOverlayView
        android:id="@+id/gesture"
        android:layout_width="match_parent"
        android:layout_height="0dip"
        android:layout_weight="1.0"
        android:gestureStrokeType="multiple">
    </android.gesture.GestureOverlayView>
</LinearLayout>
```

在上述代码中，android:gestureStrokeType 属性表示是否一笔画成。当设置的值为 multiple 时，表示多笔完成。

（3）在 com.android.activity 包中的 MainActivity.java 文件中，使 MainActivity 实现监听类器 OnGesturePerformedListener。声明 GestureLibrary 对象，并加载手势文件，其主要代码如下。

```
private GestureLibrary library = null;                              //声明手势库对象
```

```
//省略部分代码
library = GestureLibraries.fromRawResource(this, R.raw.gestures);
                                                        //加载手势文件
if (!library.load()) {                                  //如果加载失败则退出
    finish();
}
GestureOverlayView gesture = (GestureOverlayView) findViewById(R.id.gesture);
//声明并获取GestureOverlayView对象
gesture.addOnGesturePerformedListener(this);            //添加监听
```

在上述代码中，使用 GestureLibraries.fromRawResource()加载手势文件。load()方法判定是否加载成功，如果加载失败，则调用 finish()方法，退出该程序，然后声明并获取 GestureOverlayView 对象，并为其添加监听。

（4）添加 showToast()方法，这里的代码与练习1步骤（3）中的showToast()方法代码一致，这里就省略了。

（5）重写 onGesturePerformed()方法，在该方法中获取得分最高的预测结果并显示，其主要代码如下。

```
public void onGesturePerformed(GestureOverlayView overlay, Gesture gesture) {
    ArrayList<Prediction> gestures = library.recognize(gesture);
                                                        //获取全部预测结果
    int index = 0;                                      //保存当前预测的索引号
    double score = 0;                                   //保存当前预测的得分
    for (int i = 0; i < gestures.size(); i++) {         //获取最佳匹配结果
        Prediction result = gestures.get(i);            //获取一个匹配结果
        if (result.score > score) {
            index = i;
            score = result.score;
        }
    }
    showToast(gestures.get(index).name);                //显示所绘制的手势
}
```

在上述代码中，recognize()方法获取全部的预测结果，然后获取得分最高预测的索引号。使用 get(index)方法得到该手势，并调用 showToast()方法将该手势内容显示。

运行该项目，当在屏幕上绘制手势，如绘制数字5时，其效果如图8-23所示。在手势绘制完成后，显示提示信息，如图8-24所示。

图 8-23 用户绘制的手势

图 8-24 绘制的手势对应的信息

8.5 实例应用：实现一个简单的计算器

8.5.1 实例目标

根据本课所讲内容，设计并实现一个简单的计算器，在其中要使用到本课所讲手势的识别功能以及对键盘事件和触摸事件的处理。

8.5.2 技术分析

首先创建数字 0~9 对应的手势，并导出该手势文件。在布局文件中添加用于手势识别的 GestureOverlayView 控件，然后在 MainActivity 类中加载手势文件并获取 GestureOverlayView 控件。重写 onGesturePerformed() 方法为运算的两个数字赋值，并将最终的运算结果显示在屏幕上。

8.5.3 实现步骤

在 Eclipse 中创建一个 Android 项目，名称为 Ch08，用于实现简单的计算器。

（1）创建数字 0~9 的手势，并将手势文件导出。在 res 文件夹中创建子文件夹，名称为 raw。将导出的手势文件导入该文件夹中。

（2）在项目中的 res/layout 目录下修改 activity_main.xml 文件，将其中布局文件删除后，添加一个线性布局，方向为垂直，并在其中添加两个 EditText 控件，其代码如下所示。

```xml
<LinearLayout xmlns:android="http://schemas.android.com/apk/res/android"
    android:layout_width="match_parent"
    android:layout_height="match_parent"
    android:orientation="vertical">
    <EditText
        android:layout_width="match_parent"
        android:layout_height="wrap_content"
        android:id="@+id/edit01"
        android:inputType="number"
        android:hint="请输入第一个数字"/>
    <EditText
        android:layout_width="match_parent"
        android:layout_height="wrap_content"
        android:id="@+id/edit02"
        android:inputType="number"
        android:hint="请输入第二个数字"/>
</LinearLayout>
```

在上述代码中，EditText 控件的 inputType 属性设置为 number，表示只能输入整数。hint 属性表示在 EditText 控件中没有输入内容时的默认值。

（3）添加一个线性布局，方向为水平。并在其中添加一个 TextView 控件和一个 RadioGroup 控件。并且在 RadioGroup 控件中添加两个 RadioButton 控件，其主要代码如下所示。

```xml
<LinearLayout
    android:layout_width="match_parent"
```

```xml
        android:layout_height="wrap_content"
        android:orientation="horizontal">
     <TextView
         android:layout_width="wrap_content"
         android:layout_height="wrap_content"
         android:text="请选择运算符:  " />
     <RadioGroup
         android:layout_width="wrap_content"
         android:layout_height="wrap_content"
         android:orientation="horizontal"
         android:id="@+id/oper">
         <RadioButton
            android:layout_width="wrap_content"
            android:layout_height="wrap_content"
            android:text="加"
            android:id="@+id/plus"/>
         <!-- 省略减号单选按钮的配置代码 -->
     </RadioGroup>
</LinearLayout>
```

在上述代码中，由于两个单选按钮的配置类似，因此省略代表减号单选按钮的配置代码，这里减号单选按钮的 id 为 minus。

（4）添加一个 Button 控件和两个 TextView 控件，由于代码简单，这里就省略了。其中 Button 控件的 id 为 button，两个 TextView 控件的 id 分别为 show 和 result。

（5）添加一个 GestureOverlayView 控件来接收用户的手势，其代码如下所示。

```xml
<android.gesture.GestureOverlayView
    android:id="@+id/gesture"
    android:layout_width="match_parent"
    android:layout_height="0dip"
    android:layout_weight="1.0"
    android:gestureStrokeType="multiple">
</android.gesture.GestureOverlayView>
```

（6）在 com.android.activity 包的 MainActivity.java 文件中，使 MainActivity 实现监听类器 OnGesturePerformedListener。声明 TextView、Button、GestureLibrary、EditText 等控件对象，其代码如下所示。

```java
//省略 EditText 和 TextView 控件的声明
private Button button = null;
private GestureLibrary library = null;             //声明手势库对象
private String operator = null;                    //定义运算符符号
private RadioButton radio = null;
private RadioGroup oper = null;
```

（7）在 onCreate()方法中获取声明的各个控件，其主要代码如下所示。

```java
library = GestureLibraries.fromRawResource(this, R.raw.gestures);
                                                   //加载手势文件
//省略部分代码
```

（8）声明并获取 GestureOverlayView 对象，并为其添加监听，其代码如下所示。

```
GestureOverlayView gesture = (GestureOverlayView) findViewById(R.id.gesture);
                                            //声明并获取 GestureOverlayView 对象
gesture.addOnGesturePerformedListener(this);//添加监听
```

（9）判断手势文件是否加载成功，如果加载失败，则退出，其代码如下所示。

```
if (!library.load()) {                          //如果加载失败则退出
    finish();
}
```

在上述代码中，通过 load() 方法判断 library 文件是否加载成功，如果加载失败，程序退出。

（10）为 Button 控件添加监听，用来获取编辑框控件中的值并计算结果，其代码如下所示。

```
button.setOnClickListener(new OnClickListener() {
    public void onClick(View arg0) {
        if (radio != null) {                     //单选按钮是否被选中
            operator=radio.getText().toString(); //获取运算符名称
        show.setText("您运行的算式为: " + num01.getText() + operator + num02.
        getText());
        if (num01.getText() != null && num02.getText()!=null) {
            String numStr01 = num01.getText().toString();
            String numStr02 = num02.getText().toString();
            int num1 = Integer.parseInt(numStr01);
            int num2 = Integer.parseInt(numStr02);
            result.setText("结果为: " + getResult(operator, num1, num2));
            }
        }
    }
});
```

在上述代码中，首先判断单选按钮是否被选中，如果被选中，则获取该运算符对应的名称。通过 num01.getText() != null && num02.getText()!=null 来判断这两个编辑框中是否有内容。如果有内容，将获取编辑框控件中的字符串，并通过 Integer.parseInt() 方法将该字符串转化为数值。调用 getResult() 方法来获取运算的结果，并将该结果显示在 result 文本框中。

（11）为单选按钮组添加监听，用来获取所选择的运算符号，其代码如下所示。

```
oper.setOnCheckedChangeListener(new RadioGroup.OnCheckedChangeListener() {
    public void onCheckedChanged(RadioGroup group, int checkedId) {
        radio = (RadioButton) findViewById(checkedId);
    }
});
```

（12）在 MainActivity 中添加方法 getResult()，用来计算两个数的运算结果，其代码如下所示。

```
public  int getResult(String oper,int num1,int num2){
    int result = -1;
    if(oper.trim().equals("减")){                //判断是否是减号运算
        result = num1 - num2;
    }else{
```

```
        result = num1 + num2;
    }
    return result;
}
```

在上述代码中,参数 oper 表示运算符。先通过 equals()方法判断该运算符是否与减号运算匹配,如果匹配,则将两个数相减。否则取得两数之和,最后返回两个数的运算结果。

(13) 重写 onGesturePerformed()方法用于将手势获取到的值赋给编辑框控件,其主要代码如下所示。

```
public void onGesturePerformed(GestureOverlayView overlay, Gesture gesture) {
    ArrayList<Prediction> gestures = library.recognize(gesture);
//获取全部预测结果
    int index = 0;                                    //保存当前预测的索引号
    double score = 0;                                 //保存当前预测的得分
    for (int i = 0; i < gestures.size(); i++) {       //获取最佳匹配结果
        Prediction result = gestures.get(i);          //获取一个匹配结果
        if (result.score > score) {
            index = i;
            score = result.score;
        }
    }
    String text = gestures.get(index).name;
    if (num01.isFocused()) {
        num01.setText(num01.getText().toString() + text);
    } else {
        num02.setText(num02.getText().toString() + text);
    }
}
```

在上述代码中,通过 gestures.get(index).name 来获取该手势所对应的值。使用 isFocused()方法来判断当前的焦点在哪个编辑框中,然后将获取到的手势的值赋给该编辑框。

(14) 重写 onKeyDown()方法,其主要代码如下所示。

```
public boolean onKeyDown(int keyCode, KeyEvent event) {
    if(keyCode == KeyEvent.KEYCODE_EQUALS){
        button.performClick();                        //模拟单击
        button.requestFocus();                        //尝试使之获得焦点
    }
    return super.onKeyDown(keyCode, event);
}
```

在上述代码中,当按下等号键时调用 button.performClick()方法来模拟单击按钮,同时调用 button.requestFocus()方法获取该控件的焦点。

运行该项目,其运行效果如图 8-25 所示。在屏幕上分别选中第一个编辑框和第二个编辑框,并分别绘制手势,给其输入内容,效果如图 8-26 所示。输入内容后效果如图 8-27 所示。当选中加号单选按钮并单击【计算】按钮后,效果如图 8-28 所示。当选中减号单选按钮并按下键盘上等号按键时,效果如图 8-29 所示。

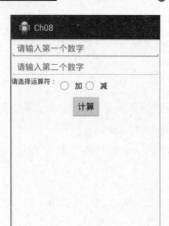
图 8-25　项目运行效果

图 8-26　绘制手势效果

图 8-27　输入完成效果图

图 8-28　单击计算按钮效果

图 8-29　按下键盘等号按键效果

8.6 扩展训练

拓展训练：实现字母手势的识别功能
首先创建字母手势文件，然后创建一个 Android 项目，来识别创建的字母手势文件。

8.7 课后练习

一、填空题

1. 在基于回调机制的事件处理中，_____方法是当用户在按下某个按键时触发。
2. 在基于回调机制的事件处理中，_____方法是当用户松开某个按键时触发。
3. _____负责监听事件源所发生的事件，并对各种事件做出相应的响应。
4. 当屏幕被按下时，此时 MotionEvent.getAction()的值为_____。

5. 定义手势的类型的属性是_____。

二、选择题

1. 在下列基于回调机制的事件处理的说法中，不正确的是_____。
   A. 当用户在按下某个按键时触发 onKeyDown()方法
   B. 当用户长时间按住某按键时触发 onKeyLongPress()方法
   C. 当用户按下键盘上快捷键时触发 onKeyShort()方法
   D. 当用户松开某个按键时触发 onKeyUp()方法

2. 下列关于基于监听接口的事件处理的说法中，不正确的是_____。
   A. EventSource 是事件发生的场所，通常指的是事件所发生的控件。
   B. EventListener 负责监听所发生的事件，并对各种事件源作出相应处理。
   C. 基于监听的事件处理首先要获取界面控件（事件源），也就是被监听的对象。
   D. 将事件源与事件监听器联系到一起，就需要为事件源注册监听。

3. 在下列 Android 设备可用物理按键的 KeyEvent 中，表示显示当前应用的可用菜单的是_____。
   A. KEYCODE_POWER
   B. KEYCODE_BACK
   C. KEYCODE_MENU
   D. KEYCODE_HOME

4. 在使用基于回调机制的触摸事件处理触摸事件时，下面说法不正确的是_____。
   A. 当屏幕被按下时，此时 MotionEvent.getAction()的值为 MotionEvent.ACTION_DOWN。
   B. 当手指全部离开屏幕时，此时 MotionEvent.getAction()的值为 MotionEvent.ACTION_UP。
   C. 当手指在屏幕上滑动时，此时 MotionEvent.getAction()的值为 MotionEvent.ACTION_MOVE。
   D. 当手指全部离开屏幕时，此时 MotionEvent.getAction()的值为 MotionEvent.ACTION_POINTER_UP

三、简答题

1. 请简要地说一下基于回调机制事件的处理与基于监听接口事件的处理的区别。
2. 请用自己的话简要概括一下基于监听接口的事件处理的过程。

第 9 课
应用程序之间的通信

在 Android 中不同的 Activity 实例可能运行在同一个进程中，也可能运行在不同的进程中，因此需要一种特别的机制帮助我们在 Activity 之间传递消息。Android 通过 Intent 对象来表示一条消息，一个 Intent 对象不仅包含这个消息的目的地，还可以包含消息的内容，例如一封 Email，不仅应该包含收件地址，还可以包含具体的内容。对于一个 Intent 对象，消息"目的地"是必须的，而内容则是可选项。

本课将详细介绍进行数据传递的 Activity 和 Intent。其中包括 Activity 的状态、生命周期、配置和使用，Intent 对象的成员以及关于 Intent 的应用。

本课学习目标：
- 了解 Activity 及其生命周期
- 掌握创建、配置、启动和关闭 Activity 的方法
- 掌握使用 Bundle 在 Activity 之间的转换
- 掌握多个 Activity 的调用并返回结果
- 掌握创建 Fragment 的方法
- 掌握在 Activity 中添加 Fragment 的方法
- 掌握 Intent 对象
- 掌握 Intent 对象的基本结构
- 掌握 Intent 对象过滤器的使用
- 掌握 Intent 对象发送广播消息的方法

9.1 Activity 的概述

Activity 的中文意思是活动。在 Android 中，Activity 代表手机屏幕的一屏或是平板电脑中的一个窗口。它是 Android 应用的重要组成单元之一，提供了用户交互的可视化界面。在一个 Activity 中可以添加很多组件，这些组件负责具体的功能。

9.1.1 Activity 的状态及状态间的转换

在 Android 应用中可以有多个 Activity，这些 Activity 组成了 Activity 栈（Stack），当前活动的 Activity 位于栈顶，之前的 Activity 被压入下面，成为非活动的 Activity，等待是否可能被恢复为活动状态。

在 Activity 的生命周期中，有四个重要状态。

- 活动状态（Active/Runing） 一个新 Activity 启动入栈后，它在屏幕最前端，处于栈的最顶端，此时它处于可见并且可以和用户交互的激活状态。
- 暂停状态（Paused） 当 Activity 被另一个透明或者 Dialog 样式的 Activity 覆盖时的状态。此时它依然与窗口管理器保持连接，系统继续维护其内部状态，所以它仍然可见，但它已经失去了焦点所以不可以与用户交互。
- 停止状态（Stoped） 当 Activity 被另外一个 Activity 覆盖、失去焦点并不可见时处于停止状态。
- 销毁状态（Killed） Activity 被系统回收或者没有被启动时处于销毁状态。

当一个 Activity 实例被创建、销毁或者启动另外一个 Activity 时，它在这四种状态之间进行转换，这种转换的发生依赖于用户程序的动作。图 9-1 说明了 Activity 在不同状态间转换的时机和条件。

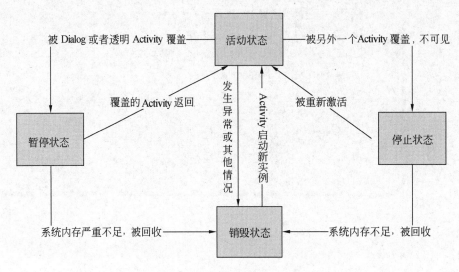

图 9-1 Activity 转换的时机和条件

如图 9-1 所示，手动情况下可以控制一个 Activity 的"生"，但不能决定它的"死"。也就是说可以手动启动一个 Activity，但是却不能手动地"结束"一个 Activity。当调用 Activity.finish() 方法时，结果和用户按下 BACK 键一样，告诉 Activity Manager 该 Activity 实例完成了相应的工作，可以被"回收"。随后 Activity Manager 激活处于栈第二层的 Activity 并重新入栈，同时原 Activity 被压入到栈的第二层，从 Active 状态转到 Paused 状态。

例如从 Activity1 中启动了 Activity2，则当前处于栈顶端的是 Activity2，第二层是 Activity1，当我们调用 Activity2.finish()方法时，Activity Manager 重新激活 Activity1 并入栈，Activity2 从 Active 状态转换为 Stoped 状态，Activity1.onActivityResult()方法被执行，Activity2 返回的数据通过 data 参数返回给 Activity1。

9.1.2 Activity 栈

Android 是通过一种 Activity 栈的方式来管理 Activity 的，一个 Activity 实例的状态决定它在栈中的位置。处于前台的 Activity 总是在栈的顶端，当前台的 Activity 因为异常或其他原因被销毁时，处于栈第二层的 Activity 将被激活，上浮到栈顶。当新的 Activity 启动入栈时，原 Activity 会被压入到栈的第二层。一个 Activity 在栈中的位置变化反映了它在不同状态间的转换。Activity 的状态与它在栈中的位置关系如图 9-2 所示。

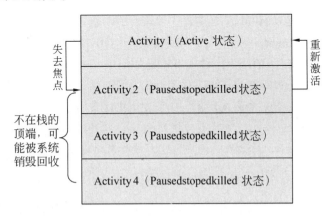

图 9-2 Activity 的状态与它在栈中位置的关系

如图 9-2 所示，除了最顶层即处在 Active 状态的 Activity 外，其他的 Activity 都有可能在系统内存不足时被回收，一个 Activity 的实例越是处在栈的底层，它被系统回收的可能性越大。系统负责管理栈中 Activity 的实例，它根据 Activity 所处的状态来改变其在栈中的位置。

9.1.3 Activity 生命周期

在 android.app.Activity 类中，Android 定义了一系列与生命周期相关的方法，在 Activity 中只是根据需要重写需要的方法，Java 的多态性会保证我们自己的方法被虚拟机调用，这点与 J2ME 中的 MIDlet 类似。

Activity 生命周期的方法，如下所示：

```
public class OurActivity extends Activity {
    protected void onCreate(Bundle savedInstanceState);
    protected void onStart();
    protected void onRestart ();
    protected void onResume();
    protected void onPause();
    protected void onStop();
    protected void onDestroy();
}
```

上述方法说明如下所示：

❑ **onCreate()** 一个 Activity 的实例被启动时调用的是第一个方法。一般情况下，我们都覆盖该方法作为应用程序的一个入口点，在这里做一些初始化数据、设置用户界面等工作。大多数情况下，我们都要在这里从 XML 中加载设计好的用户界面。例如：

```
setContentView(R.layout.main);
```

当然，也可以从 savedInstanceState 中读取保存到存储设备中的数据，但是需要判断 savedInstanceState 是否为 null，因为 Activity 第一次启动时并没有数据被存储在设备中。

```
if(savedInstanceState!=null){
 savedInstanceState.get("Key");
 }
```

- **onStart()** 　该方法在 onCreate()方法之后被调用，或者在 Activity 从 Stoped 状态转换为 Active 状态时被调用。
- **onRestart()** 　重新启动 Activity 时调用，该方法总是在 onStart()方法之后执行。
- **onResume()** 　在 Activity 从 Paused 状态转换到 Active 状态时被调用。调用该方法时，该 Activity 位于 Activity 栈的栈顶。该方法总是在 onPause()方法之后执行。
- **onPause()** 　暂停 Activity 时被回调。该方法需要被非常快速的运行，因为直到该方法执行完毕之后，下一个 Activity 才能被恢复，在该方法中通常用于持久保存数据。
- **onStop()** 　在 Activity 从 Active 状态转换到 Stoped 状态时被调用。
- **onDestroy()** 　在 Active 被结束时调用，它是被结束时调用的最后一个方法，在这里一般做些释放资源、清理内存等工作。

9.2　使用 Activity

在 Activity 中提供了与用户交互的可视化界面。在使用 Activity 时，需要先对其进行创建和配置，然后还可能需要启动和关闭 Activity。

9.2.1　创建 Activity

创建一个 Activity 大致可以分为两个步骤，如下所示。

（1）创建一个 Activity 类，一般是继承 android.app 包中的 Activity 类，不过在不同的应用场景下，也可以继承 Activity 的子类。例如，在一个 Activity 中只想实现一个列表，那么就可以继承 ListActivity。如果只想实现选项卡效果，可以继承 TabActivity。

```
import android.app.Activity;
public class MainActivity extends Activity {

…}
```

（2）重写需要的回调方法。通常情况下都需要重写 onCreate()方法，并且在该方法中调用 setContentView()方法设置要显示的视图。

```
@Override
public void onCreate(Bundle savedInstanceState) {
    super.onCreate(savedInstanceState);
    setContentView(R.layout.activity_main);
```

}

使用带 ADT 插件的 Eclipse 创建 Android 项目后，默认会创建一个 Activity。该 Activity 继承 Activity 类，并且重写 onCreate()方法。

9.2.2 配置 Activity

创建 Activity 后还需要在 AndroidMainifest.xml 文件中进行配置。如果没有配置，而在程序中启动了该 Activity，那么将抛出异常。

具体的配置方法是在 <application></application> 标记中添加<activity></activity> 标记。<activity>标记的基本格式如下所示。

```
<activity
    android:name="实现类"
    android:label="说明性文字"
    android:icon="@drawable 图标文件名称"
    android:theme="要应用的主题"
    …
>
…
</activity>
```

在 <activity></activity> 标记中，android:name 属性用于指定对应的 Activity 实现类；android:label 属性用于为该 Activity 指定标签；android:icon 属性用于为 Activity 指定对应的图标，其中的图标文件名不包含扩展名；android:theme 属性用于设置要应用的主题。

如果该 Activity 类在<manifest>标记指定的包中，则 android:name 的属性值可以直接写类名，也可以加一个"."点号；如果在<manifest>标记指定包的子包中，则属性值需要设置为".子包序列.类名"或者是完整的类名（包含包路径）。

在 AndroidManifest.xml 文件中配置名称为 MainActivity 的 Activity，该类保存在<manifest>标记指定的包中，关键代码如下。

```
<activity
    android:name="MainActivity"
    android:label="Activity配置"
    android:icon="@drawable/ic_launcher">
</activity>
```

9.2.3 启动和关闭 Activity

在同一个 Android 项目应用中，如果只有一个 Activity，那么只需要在 AndroidManifest.xml 文件中对其进行配置，并且将其设置为程序入口。这样，当运行该项目的时候，就会自动启动该 Activity。否则需要应用 startActivity()方法来启动需要的 Activity。startActivity()方法的语法格式如下。

```
public void startActivity(Intent intent)
```

该方法没有返回值，只有一个 Intent 类型的入口参数，Intent 是 Android 应用里各个组件之间的通信方式，一个 Activity 通过 Intent 来表达自己的"意图"。在创建 Intent 对象时，需要指定想要被启动的 Activity。例如，启动一个名称为 TestActivity 的 Activity，可以使用如下代码。

```
Intent intent = new Intent(MainActivity.this, TestActivity.class);
startActivity(intent);
```

关闭当前 Activity 可以使用 Activity 提供的 finish()方法。finish()方法的语法格式如下所示。

```
public void finish()
```

该方法的使用比较简单，既没有参数，也没有返回值，只需要在 Activity 中相应的事件中调用该方法即可。例如，在调用确定按钮之后就关闭该 Activity，可以使用如下代码。

```
Button commit = (Button)findViewById(R.id.commit);
    commit.setOnClickListener(new OnClickListener() {
        
        @Override
        public void onClick(View v) {
            //TODO Auto-generated method stub
            finish();
        }
    });
```

> **提示**
> 如果当前 Activity 不是主活动，那么执行 finish()方法之后，将返回到调用它的那个 Activity；否则将返回到主屏幕。

9.3 多个 Activity 交换数据

在 Android 中经常会有多个 Activity，而这些 Activity 之间又经常需要交换数据。本课将介绍如何使用 Bundle 在 Activity 之间交换数据，以及如何调用另一个 Activity 并返回结果。

9.3.1 使用 Bundle 在 Activity 之间交换数据

当一个 Activity 启动另一个 Activity 时，经常需要传递一些数据，就像 Web 应用从一个 Servlet 跳到另一个 Servlet 时，习惯把数据放入到 requestScope 或者 sessionScope 中。而对于 Activity，在 Activity 之间进行数据交换更为简单，因为两个 Activity 之间本来就有一个"信使"——Intent，因此我们把数据放到 Intent 中即可。

Intent 提供了多个重载方法来携带额外的数据，如下所示。

- **putExtras（Bundle data）** 向 Intent 中放入一个携带数据的 Bundle 对象。
- **putXXX（String key，XXX data）** 向 Bundle 放入 Int、Long 等各种类型的数据(XXX 指各种数据类型的名称)。
- **putSerializable（String key，Serializable data）** 向 Bundle 中放入一个可以序列化的对象，此对象实现 java.util.io 中的 Serializable 接口即可。

当然，Intent 也提供了相应的取出"携带"数据的方法。

- **getXXX（String key）** 从 Bundle 取出 Int、Long 等各种数据类型的数据。

❑ **getSerializable（String Key,Serializable data）** 从 Bundle 取出一个可序列化的对象。

Bundle 是一个字符串值到各种 Parcelable 类型的映射，用于保存要携带的数据包。

【练习1】

创建一个用户登录页面，单击【登录】按钮，启动另外一个 Activity 显示用户信息。具体步骤如下。

（1）创建布局文件，包含一个或两个文本框以及编辑框，用于输入用户名和密码，还有确定按钮和取消按钮，用于提交数据和重置数据，具体代码如下。

```
<LinearLayout
    android:layout_width="fill_parent"
    android:layout_height="fill_parent"
    android:layout_marginTop="60dp"
    android:orientation="vertical" >
    <TextView
        android:id="@+id/textView1"
        android:layout_width="wrap_content"
        android:layout_height="wrap_content"
        android:text="使用Bundle在Activity之间传递数据" />
    <TextView
        android:layout_width="fill_parent"
        android:layout_height="wrap_content"
        android:text="输入用户名密码登录窗内网"
        android:textSize="18sp" />
    <LinearLayout
        android:layout_width="fill_parent"
        android:layout_height="wrap_content"
        android:orientation="horizontal" >
        <TextView
            android:layout_width="wrap_content"
            android:layout_height="wrap_content"
            android:text="用户名:"
            android:textSize="16sp"
            android:width="80dp" />
        <EditText
            android:id="@+id/name"
            android:layout_width="wrap_content"
            android:layout_height="wrap_content"
            android:background="@android:drawable/edit_text"
            android:ems="10"
            android:hint="用户名"
            android:selectAllOnFocus="true"
            android:textSize="16sp"
            android:width="200dp" />
    </LinearLayout>
    <LinearLayout>
        ...//页面中的密码，email编辑框和性别的单选按钮
    </LinearLayout>
```

```
</RelativeLayout>
```

上述代码中，android:hint="用户名"表示编辑框中的填充文字。用于提示该编辑框中要输入的内容，当编辑框中输入内容时，该文字消失。android:ems="10"表示该编辑框的宽度为10个字符。当设置该属性后，控件显示的长度就为10个字符的长度，超出的部分将不显示。

（2）创建一个 User.java 类，该文件中包含用户名 name 和密码 password 的 getXXX()和 setXXX()方法。

（3）在 MainActivity.java 文件中重写 onCreate()方法，并分别为每个按钮添加事件监听器，在重写的 onClick()方法中，获取输入的用户名等信息，并且将信息保存在 Bundle 中，具体代码如下。

```java
public class MainActivity extends Activity {
    Button commit; //声明确定按钮
    //声明取消按钮、用户名编辑框、密码编辑框、email编辑框、性别单选按钮
    ...
    protected void onCreate(Bundle savedInstanceState) {
        super.onCreate(savedInstanceState);
        setContentView(R.layout.activity_main);
        commit = (Button)findViewById(R.id.commit);//根据id获得确定按钮
        //根据id获得相应的取消按钮、用户名编辑框、密码编辑框、email编辑框、性别单选按钮
        ...
        commit.setOnClickListener(new OnClickListener()//为确定按钮添加监听器事件
        {
            public void onClick(View v)
            {
                String gender = male.isChecked() ? "男" : "女";
                                                        //获得性别单选按钮的值
                String nametext = name.getText().toString();//获取输入的用户名信息
                String pswtext = password.getText().toString();
                                                        //获取输入的密码信息
                String emailtext = email.getText().toString();
                                                        //获取注册email信息
                //将用户输入信息通过User()方法存入到User类中
                User user = new User(nametext,pswtext,emailtext,gender);
                //创建Bundle对象
                Bundle data = new Bundle();
                data.putSerializable("u", user);
                //创建一个Intent
                Intent intent = new Intent(MainActivity.this,ResultActivity.class);
                intent.putExtras(data);
                //启动intent对应的Activity
                startActivity(intent);
            }
        });
        cancel.setOnClickListener(new OnClickListener() {
                                            //为取消按钮添加监听器事件
            @Override
            public void onClick(View v) {
                name.setText("");//清空name编辑框中内容
```

```
                ...
                male.setChecked(true);//重置单选按钮选择项
            }
        });
    }
}
```

（4）创建一个 result_main.xml 文件，用于存放接收到的数据。

（5）创建一个 ResultActivity.java 文件继承 Activity 类。将获得的页面信息显示在对应的布局中，具体代码如下。

```
public class ResultActivity extends Activity {
    TextView name;   //声明文本框用于显示姓名
    TextView password;//声明文本框用于显示密码
    TextView email;//声明文本框用于显示注册email
    TextView male;//声明文本框用于显示用户性别
    protected void onCreate(Bundle savedInstanceState) {//重写onCreate()方法
        super.onCreate(savedInstanceState);
        setContentView(R.layout.result_main);
        name = (TextView) findViewById(R.id.name);//根据id获得name文本框
        password = (TextView) findViewById(R.id.passwd);
                                    //根据id获得password文本框
        email = (TextView) findViewById(R.id.email); //根据id获得email文本框
        male = (TextView) findViewById(R.id.male);//根据id获得male文本框
        //获取启动该Result的Intent
        Intent intent = getIntent();
        //获取该intent所携带的数据
        Bundle data = intent.getExtras();
        //从Bundle包中取出数据
        User user = (User) data.getSerializable("u");
        name.setText("用户名: " + user.getName());
                            //将用户名信息通过user传递到name中
        ...//密码、注册邮箱和性别值的传递
    }
}
```

上述程序中，使用 Intent 对象传递的用户注册信息。运行该项目，结果如图 9-3 所示。输入要传递的信息，如图 9-4 所示。单击【提交】按钮，显示要传递的信息，如图 9-5 所示。单击【重置】按钮，所有信息全部清空，如图 9-3 所示。

9.3.2 调用另一个 Activity

在 Android 应用开发时，有时需要在一个 Activity 中调用另外一个 Activity。当用户在第二个 Activity 中选择完成后，程序自动返回到第一个 Activity 中，第一个 Activity 必须能够获取并且显示用户在第二个 Activity 中选择的结果。或者在第一个 Activity 中将一些数据传递到第二个 Activity，由于某些原因又要返回到第一个 Activity 中，并显示传递的数据，如程序中经常出现的"返回上述步骤"功能。也可以通过 Bundle 和 Intent 来实现，与在两个 Activity 之间交换数据不同的是，此处需要使用 startActivityForResult()方法来启动另一个 Activity。

图 9-3 使用 Bundle 传递信息　　图 9-4 填写用户信息　　图 9-5 显示用户注册信息

【练习 2】
　　创建一个用于测试计算机知识的试题应用。在试题页面中，单击查看答案按钮可以跳转到试题答案页面，用于对比结果，查看自己成绩。具体步骤如下所示。
　　（1）分别创建两个布局文件，第一个页面包含需要的试题以及查看答案按钮，第二个页面包含答案以及查看试题按钮。
　　（2）在 MainActivity.java 文件中，为查看答案按钮添加单击事件，并且调用下一个 Activity，具体代码如下。

```java
public class MainActivity extends Activity {
    public void onCreate(Bundle savedInstanceState) {
        super.onCreate(savedInstanceState);
        /* 载入 activity_main.xml Layout */
        setContentView(R.layout.activity_main);
        /* 以 findViewById()取得 Button 对象，并添加 onClickListener */
        Button b1 = (Button) findViewById(R.id.button1);
        b1.setOnClickListener(new Button.OnClickListener() {
            public void onClick(View v) {
                /* new 一个 Intent 对象，并指定要启动的 class */
                Intent intent = new Intent();
                intent.setClass(MainActivity.this, OtherActivity.class);
                /* 调用一个新的 Activity */
                startActivity(intent);
                /* 关闭原本的 Activity */
                MainActivity.this.finish();
            }
        });
    }
}
```

　　（3）在 OtherActivity.java 文件中，为查看试题按钮添加单击事件，并且调用上一个 Activity，具体代码如下。

第9课 应用程序之间的通信

```java
public class OtherActivity extends Activity {
    public void onCreate(Bundle savedInstanceState) {
        super.onCreate(savedInstanceState);
        /* 载入 activity_other.xml Layout */
        setContentView(R.layout.activity_other);
        /* 以 findViewById()取得 Button 对象, 并添加 onClickListener */
        Button b2 = (Button) findViewById(R.id.button2);
        b2.setOnClickListener(new Button.OnClickListener() {
            public void onClick(View v) {
                /* new 一个 Intent 对象, 并指定要启动的 class */
                Intent intent = new Intent();
                intent.setClass(OtherActivity.this, MainActivity.class);
                /* 调用一个新的 Activity */
                startActivity(intent);
                /* 关闭原本的 Activity */
                OtherActivity.this.finish();
            }
        });
    }
}
```

上述代码中使用 startActivity()方法调用了一个新的 Activity，使用 finish()方法关闭当前的 Activity。从而实现了两个不同 Activity 之间的调转。

运行该项目，结果如图 9-6 所示。单击【查看答案】按钮，页面跳转到如图 9-7 所示的答案页面。

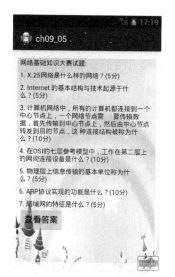

图 9-6　显示查看试题结果

图 9-7　显示查看答案结果

9.4 使用 Fragment

Fragment 是在 Android 3.0 之后增加的一个概念，它与 Activity 十分相似，用于在一个 Activity 中描述一些行为或一部分用户界面。使用多个 Fragment 可以在一个单独的 Activity 中建立多个 UI 面板，也可以在多个 Activity 中重用 Fragment。

一个 Fragment 必须被嵌入到一个 Activity 中，它的生命周期直接受其所属宿主的 Activity 生命周期影响。例如，当 Activity 被暂停时，其中所有的 Fragment 也被暂停；当 Activity 被销毁时，所有属于它的 Fragment 也被销毁。然而，当一个 Activity 处于 resumed 状态（正在运行）时，可以单独的对每一个 Fragment 进行操作，如添加或删除操作等。

9.4.1 创建 Fragment

要创建一个 Fragment，必须创建一个 Fragment 的子类，或者继承自另一个已经存在的 Fragment 的子类。例如，要创建一个名称为 MyFragment 的 Fragment，并重写 onCreateView() 方法，可以使用如下代码。

```java
public class MyFragment extends Fragment{
    public View onCreateView(LayoutInflater inflater,ViewGroup container,
            Bundle saveInstanceState) {
        //从布局文件 activityx_main.xml 加载一个布局文件
        View v = inflater.inflate(R.layout.activity_main, container, true);
        return v;
    }
}
```

提示
当系统首次调用 Fragment 时，如果想要绘制一个 UI 界面，那么在 Fragment 中，必须重写 onCreateView() 方法返回一个 View，否则，如果 Fragment 没有 UI 界面，可以返回 null。

9.4.2 在 Activity 中添加 Fragment

向 Activity 添加 Fragment 有两种方法：一种是直接在布局文件中添加，将 Fragment 作为 Activity 整个布局的一部分；另一种是当 Activity 运行时，将 Fragment 放入在 Activity 布局中。

1. 直接在布局文件中添加 Fragment

直接在布局文件中添加 Fragment 可以使用<fragment>标记实现。例如，需要在一个布局文件中添加两个 Fragment，可以使用如下代码。

```xml
<?xml version="1.0" encoding="utf-8"?>
<LinearLayout xmlns:android="http://schemas.android.com/apk/res/android"
    android:layout_width="fill_parent"
    android:layout_height="fill_parent"
    android:orientation="horizontal" >
    <fragment android:name="com.cs.ArticleListFragment"
        android:id="@+id/list"
        android:layout_weight="1"
        android:layout_width="0dp"
        android:layout_height="match_parent" />
    <fragment android:name="com.cs.ArticleReaderFragment"
        android:id="@+id/viewer"
        android:layout_weight="2"
        android:layout_width="0dp"
        android:layout_height="match_parent" />
</LinearLayout>
```

当系统创建这个 Activity 布局时，实例化在布局中指定的每一个 Fragment，并且分别调用 onCreateView()来获取每个 Fragment 的布局，然后系统会在 Activity 布局中插入通过<fragment>

元素中声明直接返回的视图。

> **注意** 在<fragment>元素中的 android:name 属性指定了在布局中要实例化的 Fragment。

每个 Fragment 需要一个唯一的标识，这样能够在 Activity 被重启时系统使用这个 ID 来恢复 Fragment（并且你能够使用这个 ID 获取执行事务的 Fragment，如删除）。有三种给 Fragment 提供 ID 的方法。

- 使用 android:id 属性来设置唯一 ID。
- 使用 android:tag 属性来设置唯一的字符串。
- 如果没有设置前面两个属性，系统会使用容器视图的 ID。

2. 当 Activity 运行时添加 Fragment

当 Activity 运行时，也可以将 Fragment 添加到 Activity 的布局中，实现方法是获取一个 FragmentTransaction 的实例，然后使用 add() 方法添加一个 Fragment，add() 方法的第一个参数是 Fragment 要放入的 ViewGroup（有 Resource ID 指定），第二个参数是需要添加 Fragment，最后为了使改变生效，还必须调用 commit() 方法提交事务。例如，要在 Activity 运行时添加一个名称为 ListFragment 的 Fragment，可以使用以下代码。

```
//实例化 ListFragment 的对象
ListFragment listFragment = new ListFragment();
/获得一个 FragmentTransaction 实例
FragmentTransaction transaction = getFragmentManager().beginTransaction();
//添加一个显示详细内容的 Fragment
transaction.add(android.R.id.content, listFragment).commit();
//提交事务
transaction.commit();
```

Fragment 比较强大的功能之一就是可以合并两个 Activity，从而让这两个 Activity 在一个屏幕上显示。如图 9-8 所示，右边是两个 Fragment，同一个 activity，不同的配置，显示在不同的屏幕尺寸上。在大的屏幕中，两个 Fragment 可以并排的占用屏幕。左边表示两个 Fragment 必须随着用户的操作相互替换。

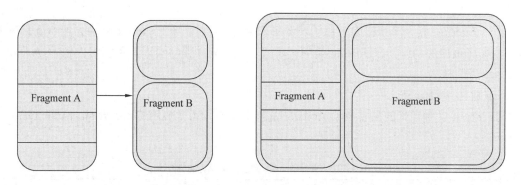

图 9-8 使用 Fragment 合并两个 Activity

9.5 Intent 对象成员

任何一个 Android 项目从一个 Activity 切换到另一个，必须使用 Intent 来激活。实际上，Activity、Service 和 BroadcastReceiver 这三种核心组件都需要使用 Intent 来进行激活。Intent 用于相同或者不同应用程序组件间的后期运行绑定。

对于不同的组件，Android 系统提供了不同的 Intent 发送机制进行激活。

- Intent 对象可以传递给 Context.startActivity()或 Activity.starActivityForResult()方法来启动 Activity 或者让已经存在的 Activity 去做其他任务。Intent 对象也可以作为 Activity.setResult()方法的参数，将信息返回给调用 startActivityForResult()方法的 Activity。
- Intent 对象可以传递给 Context.startService()方法来初始化 Service 或者发送新指令到正在运行的 Service。类似地，Intent 对象可以传递 Context.bindSerice()方法来建立调用组件和目标 Service 之间的链接。它可以有选择的初始化没有运行的服务。
- Intent 对象可以传递给 Context.sendBroadcast()、Context.sendOrderedBroadcast() 或者 Context.sendStickyBroadcast()等广播方法，使其被发送给所有感兴趣的 BroadcastReceiver。

在这种情况下，Android 系统寻找最佳的 Activity、Service 和 BroadcastReceiver 来响应 Intent，并在必要时进行初始化。在这些消息系统中并没有重叠。例如，传递给 startActivity()方法的 Intent 仅能发送给 Activity，而不会发送给 Service 或 BroadcastReceiver。

在 Intent 对象中，包含了接收该 Intent 的组件感兴趣的信息（如执行的操作和操作的数据）以及 Android 系统感兴趣的信息。

Intent 包含组件名称、动作、数据、种类、额外和标记等内容。

9.5.1 组件名称

组件名称（Component Name）是指 Intent 目标组件的名称。它是一个 ComponentName 对象，由目标组件的完全限定类名和组件所在应用程序配置文件中设置的包名组合而成。组件名称的包名部分和配置文件中设置的包名不必匹配。

组件名称是可选的。如果设置，Intent 对象会被发送给指定类的实例；如果没有设置，Android 使用 Intent 对象中的其他信息决定合适的目标。指定了这个属性之后，Intent 的其他属性就都是可选的。

组件名称可以使用 setComponent()、setClass() 或 setClassName()方法设置，使用 getComponent()方法读取。

9.5.2 动作

动作（Action）是一个字符串，用于表示将来执行的动作。在广播 Intent 中，Action 用来表示已经发生即将报告的动作。在 Intent 类中，定义了一系列动作常量，其目标组件包括 Activity 和 Broadcast 两类。

1. 标准 Activity 动作

当前 Intent 类中定义的用于启动 Activity 的标准动作（通常使用 Context.startActivity()）如表 9-1 所示。

表 9-1 标准的 Activity 动作

常量	说明
ACTION_MAIN	作为初始的 Activity 启动，没有数据输入或输出
ACTION_DIAL	使用提供的数字拨打电话
ACTION_CALL	使用提供的数据给某人拨打电话
ACTION_ANSWER	接听电话
ACTION_VIEW	将数据显示给用户
ACTION_EDIT	将数据显示给用户用于编辑

续表

常量	说明
ACTION_ATTACH_DATA	用于指示一些数据应该附属于其他地方
ACTION_PICK	从数据中选择一项，并返回该项
ACTION_CHHOOSE	显示 Activity 选择器，允许用户在继续前按需要选择
ACTION_GET_CONTENT	允许用户选择特定类型的数据并将其返回
ACTION_SEND	向某人发送信息，接收者未指定
ACTION_SENDTO	向某人发送信息，接收者已经指定
ACTION_INSERT	在给定容器中插入空白选项
ACTION_DELETE	从容器中删除给定的数据
ACTION_RUN	无条件运行数据
ACTION_SYNC	执行数据同步
ACTION_SEARCH	执行查询
ACTION_WEB_SEARCH	执行联机查询
ACTION_PICK_ACTIVITY	挑选给定 Intent 的 Activity，返回选择的类
ACTION_FACTORY_TEST	工厂测试的主入口点

在使用这些动作时，需要将这些动作转换为对应的字符串信息，如将 ACTION_CALL 转换为 android.intent.action.CALL。

2. 标准 Broadcast 动作

当前 Intent 类中定义的用于接收广播的标准动作（通常使用 Context.registerReceiver()方法或综合配置文件中的<receiver>标签）如表 9-2 所示。

表 9-2 标准 Broadcast 动作

常量	说明
ACTION_TIME_TICK	每分钟通知一次当前时间改变
ACTION_TIME_CHANGED	通知时间被修改
ACTION_TIMEZONE_CHANGED	通知时区被修改
ACTION_BOOT_COMPLETED	在系统启动完成后发出一次通知
ACTION_PACKAGE_ADDED	通知新应用程序包已经安装到设备上
ACTION_PACKAGE_CHANGED	通知已经安装的应用程序包已经被修改
ACTION_PACKAGE_REMOVED	通知从设备中删除应用程序包
ACTION_PACKAGE_RESTARTED	通知用户重启应用程序包，其所有进程都被关闭
ACTION_PACKAGE_DATA_CLEARED	通知用户情况应用程序包中的数据
ACTION_UID_REMOVED	通知从系统中删除用户 ID 值
ACTION_POWER_CONNECTED	通知设备已经连接外置电源
ACTION_POWER_DISCONNECTED	通知设备已经溢出外置电源
ACTION_BATTERY_CHANGED	包含充电状态、等级和其他电池信息的广播
ACTION_SHUTDOWN	通知设备已经关闭

除了预定义的动作之外，还可以自定义动作字符串来启动应用程序中的组件。这些自定义的字符串应该包含一个应用程序包名作为前缀，如 com.cs.SHOW_TEXT。

动作决定了 Intent 其他部分的组成，特别是数据（data）和额外（extras）部分，就像方法名称决定了参数和返回值。因此，动作名称越具体越好，并且将它与 Intent 其他部分紧密联系。也就是说，应该为组件能处理的 Intent 对象定义完整的协议，而不是单独定义一个动作。

9.5.3 数据

数据（data）表示操作数据的 URI 和 MIME 类型。不同动作与不同类型的数据规范匹配。例如，如果动作是 ACTION_EDIT，数据应该会包含用于编辑的文档的 URI；如果动作是 ACTION_CALL，数据应该是包含呼叫号码的 tel:URI。类似地，如果动作是 ACTION_VIEW 而且数据是 http:URI，接收的 Activity 用来下载和显示 URI 指向的数据。

在将 Intent 与处理它的数据的组件匹配时，除了数据的 URI，也有必要了解其 MIME 类型。例如，能够显示图片数据的组件不应该用来播放音频文件。

在多种情况下，数据类型可以从 URI 中推断，尤其是 content:URI。它表示数据存在于设备上并由 ContentProvider 控制。但是，信息类型也可以显示到设置的 Intent 对象中。setData()方法仅能指定数据的 URI，setType()方法仅能指定数据的 MIME 类型，setDataAndType()方法可以同时设置 URI 和 MIME 类型。使用 getData()方法可以读取 URI，使用 getType()方法可以读取数据类型。

9.5.4 种类

种类（Category）是一个字符串，其中一些还包含了应该处理当前 Intent 的组件类型的附加信息和将要执行的 Action 的其他额外信息。在 Intent 对象中可以增加任意多个种类描述。与动作类似，在 Intent 类中也预定义了一些种类常量，如表 9-3 所示。

表 9-3 Intent 中预定义的种类常量

常量	说明
CATEGORY_DEFAULT	如果 Activity 应该作为执行数据的默认动作的选项，则进行设置
CATEGORY_BROWSABLE	如果 Activity 能够安全地从浏览器中调用，则进行设置
CATEGORY_TAB	如果需要作为 Tabctivity 的选项卡，则进行设置
CATEGORY_LAUNCHER	如果应该在顶层启动器中显示，则进行设置
CATEGORY_INFO	如果需要提供其所在包的信息，则进行设置
CATEGORY_ALTERNATIVE	如果 Activity 应该作为用户正在查看数据的备用动作，则进行设置
CATEGORY_SELECTED_ALTERNATIVE	如果 Activity 应该作为用户当前选择数据的备用动作，则进行设置
CATEGORY_HOME	如果是 Home Activity，则进行设置
CATEGORY_PREFERENCE	如果 Activity 是一个偏好面板，则进行设置
CATEGORY_DESK_DOCK	如果设备插入到 desk dock 时运行 Activity，则进行设置
CATEGORY_CAR_DOCK	如果设备插入到 car dock 时运行 Activity，则进行设置
CATEGORY_TEST	如果用于测试，则进行设置
CATEGORY_LE_DESK_DOCK	如果设备插入到模拟 dock（低端）时运行 Activity，则进行设置
CATEGORY_HE_DESK_DOCK	如果设备插入到数字 dock（高端）时运行 Activity，则进行设置
CATEGORY_CAR_MODE	如果 Activity 可以用于汽车环境，则进行设置
CATEGORY_APP_MARKET	如果 Activity 运行用户浏览和下载新应用，则进行设置

addCategory()方法将种类增加到 Intent 对象中，removeCategory()方法删除上次增加的种类，getCategories()方法获得当前对象中包含的全部种类。

9.5.5 额外

额外（Extras）是一组键值，其中包含了应该传递给处理 Intent 的组件的额外信息（是其他所有附加信息的集合）。使用 extras 可以为组件提供扩展信息。例如，如果要执行"发送电子邮件"这个动作，可以将电子邮件的标题、正文等保存在 extras 里，传给电子邮件发送组件。

Intent 对象中包含了多个 putXXX()方法（如 putExtra()方法）用来插入不用类型的额外数据，也包含了多个 getXXX()方法（如 getDoubleExtra()）来读取数据。这些方法与 Bundle 对象有些类似。实际上，额外（Extras）可以通过 putExtra()方法和 getExtra()方法获取。

9.5.6 标记

标记（Flags）表示不同来源的标记。多数用于指示 Android 系统如何启动 Activity（如 Activity 属于哪个 Task）以及启动后如何对待（如它是否属于近期的 Activity 列表）。所有标记都定义在 Intent 类中。

9.6 Intent 的使用

Android 中提供了 Intent 机制来协助应用之间或者应用程序内部的交互与通信。

Intent 的两种基本用法：一种是显式的 Intent，即在构造 Intent 对象时就指定接收者，这种方式与普通的函数调用类似；另一种是隐式的 Intent，即 Intent 的发送者在构造 Intent 对象时，并不知道接收者是谁，只是指出接收者的一些特性（比如说启动音乐播放软件）。

显示 Intent 通过组建名称来指定目标组件。由于其他应用程序的组件名称对于开发人员通常是未知的，显示 Intent 通常用于应用程序内部消息，例如 Activity 启动子 Service 或者其他的 Activity。

隐式 Intent 不指定组件名称，通常用于激活其他应用程序中的组件。

Android 发送显式 Intent，则需要使用不同的策略。在缺乏指定目标时，Android 系统必须找到处理 Intent 的最佳组件——单个 Activity 或者 Service 来执行请求动作或者一组 BroadcastReceiver 来响应广播通知。它是通过比较 Intent 对象内容和 Intent 过滤器来实现的。Intent 过滤器是与组件关联的结构，它能潜在地接收 Intent。过滤器宣传组件的能力并划分可以处理的 Intent，它们打开可能接收宣传类型的隐式 Intent 的组件。如果组件没有任何 Intent 过滤器，但仅能接收显示 Intent；如果组件包含过滤器，则可以接收显示隐式类型的 Intent。

在使用 Intent 过滤器测试 Intent 对象时，对象中仅有三个方面与其相关。

❑ 动作
❑ 数据（包括 URI 和数据类型）
❑ 种类

额外和标记在决定哪个组件可以接收 Intent 时并无作用。

9.6.1 在 Activity 之间使用 Intent 传递信息

使用多个 Activity 进行信息的传递，除了可以使用 Bundle 进行数据传递，也可以使用 Intent。通过声明一个 Intent，并且将所有数据封装在 Intent 对象中进行传递。

【练习 3】

创建一个注册窗内网的项目，使用 Intent 来传递两个 Activity 之间的注册信息，并且在另一个 Activity 上面显示结果。具体操作步骤如下所示。

（1）分别创建两个 xml 布局文件，与练习 1 中的类似。

（2）在 MainActivity.java 文件中接受用户输入的信息并且使用 Intent 进行封装传递，具体代码如下。

```java
public class MainActivity extends Activity {
    Button commit; //声明确定按钮
    Button cancel; //声明取消按钮
    EditText name;  //声明用户名编辑框
    EditText password ;//声明密码编辑框
    EditText email;//声明email编辑框
    RadioButton male ;   //声明性别单选按钮
    @Override
    protected void onCreate(Bundle savedInstanceState) {
        super.onCreate(savedInstanceState);
        setContentView(R.layout.activity_main);
        commit = (Button)findViewById(R.id.commit);//根据id获得确定按钮
        cancel = (Button)findViewById(R.id.cancel);//根据id获得取消按钮
        name =  (EditText)findViewById(R.id.name);//根据id获得用户名编辑框
        password = (EditText)findViewById(R.id.passwd);//根据id获得密码编辑框
        email = (EditText)findViewById(R.id.email);//根据id获得email编辑框
        male = (RadioButton)findViewById(R.id.male);//根据id获得性别单选按钮
        commit.setOnClickListener(new OnClickListener() {
            @Override
            public void onClick(View v) {
                Intent intent = new Intent();
                //封装用户名信息
                intent.putExtra("com.cs.USERNAME", name.getText().toString());
                //封装密码信息
                intent.putExtra("com.cs.PASSWORD", password.getText().
                toString());
                //封装Email信息
                intent.putExtra("com.cs.EMAIL", email.getText().toString());
                //封装性别信息
                intent.putExtra("com.cs.MALE", male.isChecked() ? "男" : "女");
                intent.setClass(MainActivity.this, OtherActivity.class);
                //传递对象
                startActivity(intent);//将intent对象传递给Activity
            }
        });
        cancel.setOnClickListener(new OnClickListener() {
                //为取消按钮添加监听器事件
            @Override
            public void onClick(View v) {
                name.setText("");//清空name编辑框中内容
                password.setText("");//清空password编辑框中内容
                email.setText("");//清空email编辑框中内容
                male.setChecked(true);//重置单选按钮选择项
            }
        });
    }
}
```

在上述代码中，为cancle按钮添加了事件，用于重置信息。

（3）创建新的 Activity 类 OtherActivity.java。用于从 Intent 中获得传递的信息并且在文本框中显示，具体代码如下。

```java
public class OtherActivity extends Activity {
    TextView nameview; //声明文本框用于显示姓名
    TextView passwordview;//声明文本框用于显示密码
    TextView emailview;//声明文本框用于显示注册email
    TextView maleview;//声明文本框用于显示用户性别
    //重写 onCreate()方法
    protected void onCreate(Bundle savedInstanceState) {
        super.onCreate(savedInstanceState);
        setContentView(R.layout.activity_other);
        nameview = (TextView) findViewById(R.id.name);//根据 id 获得 name 文本框
        passwordview = (TextView) findViewById(R.id.passwd);
                                         //根据 id 获得 password 文本框
        emailview = (TextView) findViewById(R.id.email);
                                         //根据 id 获得 email 文本框
        maleview = (TextView) findViewById(R.id.male);//根据 id 获得 male 文本框
        Intent intent = getIntent();//获得 Intent
        String username = intent.getStringExtra("com.cs.USERNAME");
                                         //获取用户名输入的内容
        String password = intent.getStringExtra("com.cs.PASSWORD");
                                         //获取密码框输入的内容
        String email = intent.getStringExtra("com.cs.EMAIL");
                                         //获取 Email 密码框中输入的内容
        String male = intent.getStringExtra("com.cs.MALE");//获取性别
        nameview.setText("用户名: " + username);//设置文本框 nameview 中的内容
        passwordview.setText("密码: " + password);//设置文本框 passview 中的内容
        emailview.setText("邮箱账号: " + email);//设置文本框 emailview 中的内容
        maleview.setText("性别: " + male);//设置文本框 maleview 中的内容
    }
}
```

运行该程序，结果显示如图 9-9 所示。输入注册信息如图 9-10 所示。单击【提交】按钮，将信息通过 Intent 传递，如图 9-11 所示。

图 9-9　使用 Intent 传递信息　　　图 9-10　输入要传递的信息　　　图 9-11　显示数据

9.6.2 Intent 过滤器

Intent 过滤器是一种根据 Intent 中的动作（Action）、类别（Categorie）和数据（Data）等内容，对适合接收该 Intent 的组件进行匹配和筛选的机制。

Intent 过滤器可以匹配数据类型、路径和协议，还包括可以用来确定多个匹配项顺序的优先级（Priority）。

应用程序的 Activity 组件、Service 组件和 BroadcastReceiver 都可以注册 Intent 过滤器，则这些组件在特定的数据格式上就可以产生相应的动作。

注册 Intent 过滤器的基本步骤为以下三点。

（1）在 AndroidManifest.xml 文件的各个组件的节点下定义<intent-filter>节点，然后在<intent-filter>节点中声明该组件所支持的动作、执行的环境和数据格式等信息。

（2）在程序代码中动态地为组件设置 Intent 过滤器。

（3）<intent-filter>节点支持<action>标签、<category>标签和<data>标签。该节点支持的三种标签的区别如下所示。

- <action>标签定义 Intent 过滤器的"动作"。
- <category>标签定义 Intent 过滤器的"类别"。
- <data>标签定义 Intent 过滤器的"数据"。

其中<intent-filter>节点支持的标签和属性如表 9-4 所示：

表 9-4 <intent-filter>节点支持的标签和属性

标　　签	属　　性	说　　明
<action>	android:name	指定组件所能响应的动作，用字符串表示，通常使用 Java 类名和包的完全限定名构成
<category>	android:category	指定以何种方式去服务 Intent 请求的动作
<data>	android:host	指定一个有效的主机名
	android:mimetype	指定组件能处理的数据类型
	android:path	有效的 URI 路径名
	android:port	主机的有效端口号
	android:scheme	所需要的特定协议

> **注意**
> <category>标签用来指定 Intent 过滤器的服务方式，每个 Intent 过滤器可以定义多个<category>标签，程序开发人员可使用自定义的类别，或使用 Android 系统提供的类别。

AndroidManifest.xml 文件中的每个组件的<intent-filter>都被解析成一个 Intent 过滤器对象。当应用程序安装到 Android 系统时，所有的组件和 Intent 过滤器都会注册到 Android 系统中。这样 Android 系统便知道了如何将任意一个 Intent 请求通过 Intent 过滤器映射到相应的组件上。

Intent 到 Intent 过滤器的映射过程称为"Intent 解析"。Intent 解析可以在所有的组件中，找到一个可以与请求的 Intent 达成最佳匹配的 Intent 过滤器。Intent 解析的匹配规则有以下几点。

- Android 系统把所有应用程序包中的 Intent 过滤器集合在一起，形成一个完整的 Intent 过滤器列表。
- 在 Intent 与 Intent 过滤器进行匹配时，Android 系统会将列表中所有 Intent 过滤器的"动作"和"类别"与 Intent 进行匹配，任何不匹配的 Intent 过滤器都将被过滤掉。没有指定"动作"的 Intent 过滤器可以匹配任何 Intent，但是没有指定"类别"的 Intent 过滤器只能匹配没有"类别"的 Intent。

- 把 Intent 数据 URI 的每个子部与 Intent 过滤器的<data>标签中的属性进行匹配，如果<data>标签指定了协议、主机名、路径名或 MIME 类型，那么这些属性都要与 Intent 的 URI 数据部分进行匹配，任何不匹配的 Intent 过滤器均被过滤掉。
- 如果 Intent 过滤器的匹配结果多于一个，则可以根据在<intent-filter>标签中定义的优先级标签来对 Intent 过滤器进行排序，优先级最高的 Intent 过滤器将被选择。

过滤器有类似于 Intent 对象的动作、数据和分类的字段，过滤器会用这三个域来检测一个隐式的 Intent 对象。对于要传递给拥有过滤器组件的 Intent 对象，必须传递所有的这三个要检测的字段。如果其中之一失败了，Android 系统也不会把它发送给对应的组件——至少在基于那个过滤器的基础上不会发送。但是，因为一个组件能够有多个 Intent 过滤器，即使不能通过组件的一个过滤器来传递 Intent 对象，也可以使用其他的过滤器。

下面详细说明对三个域的检测过程。

1．动作域检测

在清单文件中的<intent-filter>元素内列出对应动作的<action>子元素。例如：

```xml
<intent-filter>
    <action android:name="android.intent.action.MAIN" />
    <action android:name="android.intent.action.VIEW" />
    <action android:name="com.example.project.SHOW_PENDING" />
    …
</intent-filter>
```

如上所示，一个 Intent 对象就是一个命名动作，一个过滤器可以列出多个动作。这个列表不能是空的，一个过滤器必须包含至少一个<action>元素，否则它会阻塞所有的 Intent 对象。要通过这个检测，在 Intent 对象中指定的动作必须跟这个过滤器的动作列表中动作匹配。如果 Intent 对象或过滤器没有指定的动作会产生以下结果。

- 如果对列表中所有动作都过滤失败，那么对于要匹配的 Intent 对象不做任何事情，而且所有的其他 Intent 检测都失败。没有 Intent 对象能够通过这个过滤器。
- 没有指定动作的 Intent 对象会自动的通过检测——只要这个过滤器包含至少一个动作。

2．分类域检测

<intent-filter>元素也要列出分类作为子元素。例如：

```xml
<intent-filter . . . >
    <category android:name="android.intent.category.DEFAULT" />
    <category android:name="android.intent.category.BROWSABLE" />
    …
</intent-filter>
```

注意，对于清单文件中的动作和分类没有使用早先介绍的常量，而是使用了完整字符串值来替代。例如，上例中"android.intent.category.BROWSABLE"字符串对应本文档前面提到的 CATEGOR_BROWSABLE 常量。类似地，"android.intent.action.EDIT"字符串对应 ACTION_EDIT 常量。

对于一个要通过分类检测的 Intent 对象，在 Intent 对象中每个分类都必须跟过滤器中的一个分类匹配。过滤器能够列出额外的分类，但是它不能忽略 Intent 对象中的任何分类。

因此，原则上一个没有分类的 Intent 对象应该始终通过这个检测，而不管过滤器中声明的分类。大多数情况都是这样的，但是有一个例外，Android 处理所有传递给 startActivity()方法的隐式 Intent

对象,就像它们至少包含了一个"android.intent.category.DEFAULT(对应 CATEGORY_DEFAULT 常量)"分类一样。因此接收隐式 Intent 对象的 Activity 必须在它们的 Intent 过滤器中包含"android.intent.category.DEFAULT"分类。(带有"android.intent,action.MAIN"和"android.intent.category.LAUNCHER"设置的过滤器是个例外。因为它们把 Activity 标记为新任务的开始,并且代表了启动屏。它们能够在分类列表中包含"android.intent.category.DEFAULT",但是不需要。)

3. 数据域检测

像动作分类检测一样,针对 Intent 过滤器的数据规则也要包含在一个子元素中,并且跟动作和分类的情况一样,这个子元素也能够出现多次或者不出现。例如:

```
<intent-filter>
    <data android:mimeType="video/mpeg" android:scheme="http" . . . />
    <data android:mimeType="audio/mpeg" android:scheme="http" . . . />
    …
</intent-filter>
```

每个<data>元素能够指定一个 URI 和一个数据类型(MIME 媒体类型),对于每个 URI 部分都会有独立的属性。URI 部分可以分为 scheme、host、port、path 部分。

```
scheme://host:port/path
```

例如下面的 URI:

```
content://com.cs.project:200/folder/subfolder/etc
```

其中,scheme 是"content",host 是"com.cs.project",port 是"200",path 是"folder/subfolder/etc"。host 和 port 一起构成了 URI 授权,如果没有指定 host,那么 port 也会被忽略。

这些属性是可选的,但是它们不是彼此独立的,如一个授权意味着必须指定一个 scheme,一个 path 意味着必须指定 scheme 和授权。

当 Intent 对象中的 URI 跟过滤器的一个 URI 规则比较时,它仅与过滤器中实际提到的 URI 部分相比较。例如,如果一个过滤器仅指定了一个 scheme,那么带有这个 scheme 的所有 URI 都会跟这个过滤器匹配。如果一个过滤器指定了一个 scheme 和授权,但是没有路径,那么带有相同 scheme 和授权的所有 URIs 的 Intent 对象都会匹配,而不管它们的路径。如果一个过滤器指定了一个 scheme、授权和路径,那么就只有相同的 scheme、授权和路径 Intent 对象才会匹配。但是,在过滤器中的路径规则能够包含只要求路径部分匹配的通配符。

<data>元素的 type 属性指定了数据的 MIME 类型。对于子类型域,Intent 对象和过滤器都能够使用"*"通配符。例如,"text/*"或"audio/*"指明可以跟任意子类型匹配。

数据检测会比较 Intent 对象和过滤器中的 URI 和数据类型。规则如下所示:

- 只有过滤器没有指定任何 URI 或数据类型的情况下,既没有 URI 也没有数据类型的 Intent 对象才能通过检测。
- 一个包含 URI 但没有数据类型的 Intent 对象(并且不能从 URI 中推断出数据类型)只有跟过滤器中的一个 URI 匹配,并且同样这个过滤器没有指定数据类型时,才能通过检测。这种情况仅针对不指向实际数据的 URIs,如 mailto:和 tel:。
- 一个包含了数据类型但并没有 URI 的 Intent 对象,只有过滤器也列出相同的数据类型,并在没有指定 URI 的情况下,才能通过检测。

❑ 包含了 URI 和数据类型的 Intent 对象（或者是数据类型能够从 URI 中推断出来）只有它的类型跟过滤器中列出的一个类型匹配，才能通过数据类型部分的检测，如果它的 URI 部分跟过滤器中的一个 URI 匹配或者 Intent 对象有一个 content:或 file:URI 并且过滤器没有指定 URI，那么才能通过 URI 部分的匹配。换句话说，如果过滤器仅列出了数据类型，那么一个组件被假设为支持 content:和 file:数据。

如果一个 Intent 对象能够通过多个过滤器传递给一个 Activity 或 Service，那么可以询问用户要激活哪个组件。如果没有找到目标就会产生一个异常。

9.6.3 使用 Intent 发送广播消息

Intent 的另一种用途是发送广播消息。应用程序和 Android 系统都可以使用 Intent 发送广播消息。广播消息的内容可以是与应用程序密切相关的数据信息，也可以是 Android 的系统信息，例如网络连接变化、电池电量变化、接收到短信和系统设置变化等。如果应用程序注册了 BroadcastReceiver，则可以接收到指定的广播消息。

广播信息的使用方法如下所示。

（1）创建一个 Intent。

在构造 Intent 时必须用一个全局唯一的字符串标识其要执行的动作，通常使用应用程序包的名称。

（2）调用 sendBroadcast()函数，就可以把 Intent 携带的消息广播出去。

（3）如果要在 Intent 传递额外数据，可以用 Intent 的 putExtra()方法。

其过程步骤如下所示。

```
String UNIQUE_STRING = "com.example.BroadcastReceiverDemo";
Intent intent = new Intent(UNIQUE_STRING);
intent.putExtra("key1", "value1");
intent.putExtra("key2", "value2");
sendBroadcast(intent);
```

【练习 4】

利用 Intent 发送广播消息，并添加额外的数据，然后调用 sendBroadcast()发生广播消息，具体步骤如下所示。

（1）创建一个布局文件，包含一个用于发送广播消息的按钮和一个用于显示广播消息内容的编辑框。

（2）创建 MainActivity.java 类，创建 Intent 发送广播消息，并添加了额外的数据，然后调用 sendBroadcast()发生了广播消息，具体代码如下。

```
public class MainActivity extends Activity {
    EditText entryText ;//创建编辑框对象
    Button button ;//创建按钮对象
    protected void onCreate(Bundle savedInstanceState) {
        super.onCreate(savedInstanceState);
        setContentView(R.layout.activity_main);
        button = (Button)findViewById(R.id.button1);//根据 id 或得 button1 按钮
        entryText = (EditText)findViewById(R.id.editText1);
                                        //根据 id 获得 editText1 编辑框
        button.setOnClickListener(new OnClickListener(){
```

```
            public void onClick(View view){
                //创建Intent对象
                Intent intent = new Intent("com.example.ch09_04.
                MainActivity");
                //封装传递的message信息
                intent.putExtra("message", entryText.getText().toString());
                //调用sendBroadcast()函数发送广播消息
                sendBroadcast(intent);
            }
        });
    }
}
```

上述代码中创建Intent，将com.example.ch09_04.MainActivity作为识别广播消息的字符串标识，为intent添加了额外信息。调用sendBroadcast()函数发送广播消息。

（3）创建一个MyBroadcastReceiver.java文件，继承自BroadcastReceiver，用于创建一个自定义的BroadcastReceiver，具体代码如下。

```
public class MyBroadcastReceiver extends BroadcastReceiver {
    //重载了onReveive()函数
    public void onReceive(Context context, Intent intent) {
        //调用getStringExtra()函数，从Intent中获取标识为message的字符串数据
        String msg = intent.getStringExtra("message");
        //调用makeText()函数可将提示信息短时间的浮现在用户界面之上
        Toast.makeText(context, msg, Toast.LENGTH_SHORT).show();
    }
}
```

上述代码首先继承了BroadcastReceiver类，重载了onReveive()函数。当接收到AndroidManifest.xml文件定义的广播消息后，程序将自动调用onReveive()函数。通过调用getStringExtra()函数，从Intent中获取标识为message的字符串数据，并使用Toast将信息显示在屏幕上。

（4）为了能够使应用程序中的BroadcastReceiver接收指定的广播消息，首先要在AndroidManifest.xml文件中添加Intent过滤器，声明BroadcastReceiver可以接收的广播消息，具体代码如下。

```xml
<application
    android:allowBackup="true"
    android:icon="@drawable/ic_launcher"
    android:label="@string/app_name"
    android:theme="@style/AppTheme" >
    <activity
        android:name="com.example.ch09_04.MainActivity"
        android:label="@string/app_name" >
        <intent-filter>
            <action android:name="android.intent.action.MAIN" />
            <category android:name="android.intent.category.LAUNCHER" />
        </intent-filter>
    </activity>
    <receiver android:name=".MyBroadcastReceiver" >
```

```
            <intent-filter>
                <action android:name="com.example.ch09_04.MainActivity" />
            </intent-filter>
        </receiver>
    </application>
```

上述代码中创建了一个 \<receiver\> 节点，声明了 Intent 过滤器的动作为 "com.example.ch09_04.MainActivity"，与 BroadcastReceiverDemo.java 文件中 Intent 的动作一致，表明这个 BroadcastReceiver 可以接收动作为 "edu.hrbeu.BroadcastReceiverDemo" 的广播消息。

运行该实例，结果如图 9-12。单击【发送广播信息】按钮，将编辑框中的内容发送到广播，如图 9-13 所示。

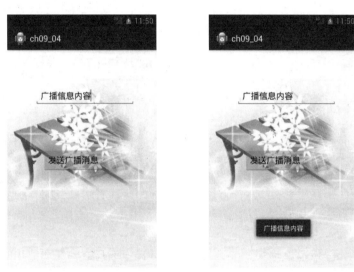

图 9-12　使用 Intent 发送广播消息　　图 9-13　发送内容

9.7 实例应用：自我介绍

9.7.1 实例目标

在以上课程中我们讲解了应用程序之间的通信，在应用程序中进行数据的传递与交换需要结合使用 Activity 与 Intent。接下来我们使用多个 Activity 之间的调用转换，以及 Intent 在各个页面之间进行数据处理创建一个自我介绍的应用。应用中要包含单击按钮可以跳转到另一个 Activity 的功能、信息录入的功能、图像浏览器的功能。

9.7.2 技术分析

在进行页面跳转的过程中，应该使用多个 Activity 之间的跳转。信息录入的功能，要使用 Intent 传递信息。图像浏览器的功能应该使用 Intent 将需要查看的图片传递到相应的 Activity。

9.7.3 实现步骤

（1）在 Eclipse 中创建一个 test09 的项目，打开 res/layout/activity_main.xml 文件，在该文件中使用布局方式，设计一个自我介绍的主页面，包含三个按钮，用于介绍个人信息、信息的输入和美图欣赏，具体代码如下所示。

```xml
<LinearLayout
    android:layout_width="fill_parent"
    android:layout_height="fill_parent"
    android:background="@drawable/back03"
    android:orientation="vertical" >
    <TextView
        android:layout_width="fill_parent"
        android:layout_height="wrap_content"
        android:gravity="center_horizontal"
        android:text="@string/app_name"
        android:textColor="#0000ff"
        android:textSize="10pt" />
    <Button
        android:id="@+id/btn1"
        android:layout_width="wrap_content"
        android:layout_height="wrap_content"
        android:layout_gravity="center_horizontal"
        android:layout_marginTop="20px"
        android:text="个人简介"
        android:textColor="#ff00aa" />
    …//其他的按钮设置
</LinearLayout>
```

（2）创建第一个按钮的个人简介显示页面。在 test09 项目中，创建一个 main1.xml 文件，用于显示个人简介，其中个人简介中包含头像的显示、字体水平滚动的特效等，还有一个用于返回主页面的按钮，具体代码如下。

```xml
<LinearLayout xmlns:android="http://schemas.android.com/apk/res/android"
    android:layout_width="match_parent"
    android:layout_height="match_parent"
    android:background="@drawable/back09"
    android:orientation="vertical" >
    <TextView
        android:id="@+id/textView10"
        android:layout_width="wrap_content"
        android:layout_height="wrap_content"
        android:layout_gravity="center_horizontal"
        android:text="我的个人简介"
        android:textColor="#000000"
        android:textSize="30px" />
    //姓名文本框…
    <LinearLayout
        android:id="@+id/linearLayout2"
        android:layout_width="match_parent"
        android:layout_height="wrap_content" >
        <TextView
            android:id="@+id/textView3"
            android:layout_width="wrap_content"
```

```
            android:layout_height="wrap_content"
            android:layout_marginLeft="15pt"
            android:layout_marginTop="2pt"
            android:text="照片: "
            android:textColor="#000000"
            android:textSize="20px" />
    <ImageView
            android:id="@+id/quickContactBadge1"
            android:layout_width="wrap_content"
            android:layout_height="wrap_content"
            android:layout_marginLeft="10pt"
            android:layout_marginTop="5pt"
            android:src="@drawable/photo" >
    </ImageView>
</LinearLayout>
//职业、家庭住址、专业方向的文本框...
<TextView
        android:layout_width="wrap_content"
        android:layout_height="wrap_content"
        android:layout_gravity="center_horizontal"
        android:id="@+id/scolltext"
        android:layout_marginTop="3pt"
        android:text="我就是我！无可取代！Nothing is impossible!"
        android:textColor="#ff00bb"
        android:layout_centerInParent="true"
        android:ellipsize="marquee"
        android:marqueeRepeatLimit="marquee_forever"
        android:singleLine="true"
        android:scrollHorizontally="true"
        android:focusable="true"
        android:focusableInTouchMode="true"
        android:textSize="30px"
        android:textStyle="bold" />
//返回主页面按钮
```

上述代码中，使用 ImageView 标签来存放头像信息照片，在 id 为 scolltext 的 TextView 中，使用 android:marqueeRepeatLimit="marquee_forever"属性控制滚动次数，此时为无数次；使用 android:singleLine="true"属性控制文字在一行内显示；使用 android:ellipsize="marquee"属性设置可滚动或显示样式。

（3）在 MainActivity.java 文件中为个人简介按钮设置单击事件，具体代码如下。

```
//通过 id 获得该按钮
btn1 = (Button) findViewById(R.id.btn1);
btn1.setWidth(150);//设置该按钮的长度
//为按钮添加单击事件，单击之后，传递到 Activity1 页面
btn1.setOnClickListener(new Button.OnClickListener() {
    public void onClick(View v) {
        Intent intent = new Intent();
        intent.setClass(MainActivity.this, Activity1.class);
```

```
            startActivity(intent);
        }
});
```

（4）创建 Activity1.java 文件，用于显示单击个人简介按钮之后的 main1.xml 页面信息，以及单击返回主页面按钮之后页面跳转的单击事件，具体代码如下。

```
protected void onCreate(Bundle savedInstanceState) {
        super.onCreate(savedInstanceState);
        setContentView(R.layout.main1);
        btn1 = (Button) findViewById(R.id.btn1);
        btn1.setOnClickListener(new Button.OnClickListener() {
            public void onClick(View v) {
                Intent intent = new Intent();
                intent.setClass(Activity1.this, WOActivity.class);
                startActivity(intent);
            }
        });
    }
```

（5）创建第二个按钮的信息录入显示页面。在 **test09** 项目中，创建一个 main2.xml 文件，用于信息录入，其中包括编辑框、单选按钮和复选框以及输入信息的显示，还有一个用于返回主页面的按钮，具体代码如下。

```xml
<TextView
    android:layout_width="wrap_content"
    android:layout_height="wrap_content"
    android:layout_marginLeft="10pt"
    android:text="姓名"
    android:textColor="#ff00bb"
    android:textSize="6pt" />
<EditText
    android:id="@+id/et_name"
    android:layout_width="wrap_content"
    android:layout_height="wrap_content"
    android:layout_marginLeft="10pt"
    android:hint="请输入姓名"
    android:textSize="6pt" />
//班级信息包含文本框和编辑框…
<TextView
    android:layout_width="wrap_content"
    android:layout_height="wrap_content"
    android:layout_marginLeft="10pt"
    android:layout_marginTop="6pt"
    android:text="性别"
    android:textColor="#ff00bb"
    android:textSize="6pt" />
<RadioGroup
    android:id="@+id/RadioGroup01"
    android:layout_width="wrap_content"
```

```
        android:layout_height="wrap_content"
        android:layout_marginLeft="10pt"
        android:orientation="horizontal" >
        <RadioButton
            android:id="@+id/nan"
            android:layout_width="wrap_content"
            android:layout_height="wrap_content"
            android:text="男"
            android:textColor="#ff00bb" />
        //单选按钮女...
    </LinearLayout>
    <TextView
        android:layout_width="wrap_content"
        android:layout_height="wrap_content"
        android:layout_marginLeft="10pt"
        android:text="喜欢的运动"
        android:textColor="#ff00bb"
        android:textSize="6pt" />
    <LinearLayout
        android:id="@+id/linearLayout2"
        android:layout_width="wrap_content"
        android:layout_height="wrap_content" >
        <CheckBox
            android:id="@+id/one"
            android:layout_width="wrap_content"
            android:layout_height="wrap_content"
            android:layout_marginLeft="10pt"
            android:text="长跑"
            android:textColor="#ff00bb" >
        </CheckBox>
        //其他复选项...
    </LinearLayout>
    //确定按钮、取消按钮和返回主页面按钮
```

（6）在 MainActivity.java 文件中为信息录入按钮设置单击事件，具体代码如下。

```
btn2.setOnClickListener(new Button.OnClickListener() {
    public void onClick(View v) {
        Intent intent = new Intent();
        intent.setClass(MainActivity.this, Activity2.class);
        startActivity(intent);
    }
});
```

（7）创建 Activity2.java 文件，用于显示单击个人简介按钮之后的 main1.xml 页面信息，以及单击返回主页面按钮之后页面跳转的单击事件，具体代码如下。

```
commit.setOnClickListener(new Button.OnClickListener(){
    public void onClick(View v)
    {
```

```
            if (nan.isChecked())
            {
                a=nan.getText().toString();
            }
            //如果单选项和复选项被选择,获取选中内容
            …
            String  STR="您提交的信息是: "+"\n"+"姓名:"
                +et_name.getText().toString()+
                ",班级:"+et_banji.getText().toString()+",性别:"+a+",喜欢的运动:"+b;
                tv_info.setText(STR);
        }
    });
    //设置取消按钮的监听器
    cancel.setOnClickListener(new Button.OnClickListener() {
        public void onClick(View v) {
                Activity2.this.finish();
            }
        });
```

（8）创建第二个按钮的美图欣赏显示页面。在 test09 项目中，创建一个 main3.xml 文件，实现在一个 Activity3 中显示图片缩略图，单击任意图片时可以显示该图片，并且屏幕下方的缩略图会随着移动，具体代码如下。

```
<RelativeLayout xmlns:android="http://schemas.android.com/apk/res/android"
    android:layout_width="fill_parent"
    android:layout_height="fill_parent" >
    <ImageSwitcher
      android:id="@+id/switcher"
        android:layout_width="fill_parent"
        android:layout_height="fill_parent"
        android:layout_alignParentTop="true"
        android:layout_alignParentLeft="true" />

    <Gallery android:id="@+id/gallery"
        android:background="#55000000"
        android:layout_width="fill_parent"
        android:layout_height="40dp"
        android:layout_alignParentBottom="true"
        android:layout_alignParentLeft="true"
        android:gravity="center_vertical"
        android:spacing="16dp" />
</RelativeLayout>
```

在该文件中添加一个 ImageSwitcher 用于显示图像，添加一个 Gallery 用于在屏幕下方显示缩略图。

（9）在 MainActivity.java 文件中为美图欣赏按钮设置单击事件，具体代码如下。

```
btn3.setOnClickListener(new Button.OnClickListener() {
    public void onClick(View v) {
        Intent intent = new Intent();
```

```
            intent.setClass(MainActivity.this, Activity3.class);
            startActivity(intent);
        }
    });
```

（10）创建 Activity3.java 文件，用于显示单击美图欣赏按钮之后 main3.xml 的所有图片信息，具体代码如下。

```
public class Activity3 extends Activity implements
        AdapterView.OnItemSelectedListener, ViewSwitcher.ViewFactory {
    @Override
    protected void onCreate(Bundle savedInstanceState) {
        super.onCreate(savedInstanceState);
        //requestWindowFeature(Window.FEATURE_NO_TITLE);//屏蔽标题
        setContentView(R.layout.main3);
        setTitle("余辉，英雄，繁华地...");
        //通过 xml 文件中的 id 获得 ImageSwitcher 对象
        mSwitcher = (ImageSwitcher) findViewById(R.id.switcher);
        mSwitcher.setFactory(this);
        //setInAnimation 设置动画 in 进入，out 离开
        mSwitcher.setInAnimation(AnimationUtils.loadAnimation(this,
                android.R.anim.slide_in_left));//从左边进入
        mSwitcher.setOutAnimation(AnimationUtils.loadAnimation(this,
                android.R.anim.slide_out_right));//从右边离开
        //通过 xml 文件中的 id 获得 Gallery 对象
        Gallery g = (Gallery) findViewById(R.id.gallery);
        g.setAdapter(new ImageAdapter(this));
        g.setOnItemSelectedListener(this);
    }
    public void onItemSelected(AdapterView parent, View v, int position, long id) {
        mSwitcher.setImageResource(mImageIds[position]);
    }
    public void onNothingSelected(AdapterView parent) {
    }
    public View makeView() {
        ImageView i = new ImageView(this);
        i.setBackgroundColor(0xFF000000);
        i.setScaleType(ImageView.ScaleType.FIT_CENTER);
        i.setLayoutParams(new ImageSwitcher.LayoutParams(
                LayoutParams.FILL_PARENT, LayoutParams.FILL_PARENT));
        return i;
    }
    private ImageSwitcher mSwitcher;
    public class ImageAdapter extends BaseAdapter {
        public ImageAdapter(Context c) {
            mContext = c;
        }
        //获得数量
        public int getCount() {
            return mThumbIds.length;
```

```
        }
        获得当前选项
        public Object getItem(int position) {
            return position;
        }
        //获得当前选项的ID
        public long getItemId(int position) {
            return position;
        }
        public View getView(int position, View convertView, ViewGroup parent) {
        ImageView i; //声明一个ImageView对象,用于承装需要全屏显示的图片
            i = new ImageView(mContext);//实例化ImageView对象
            //将需要显示的图片数组放入该ImageView对象中
            setImageResource(mThumbIds[position]);
            //设置图像的显示信息
            i.setAdjustViewBounds(true);
            i.setLayoutParams(new Gallery.LayoutParams(
                LayoutParams.WRAP_CONTENT, LayoutParams.WRAP_CONTENT));
            i.setBackgroundResource(R.drawable.picture_frame);
            return i;
        }
        private Context mContext;
    }
    //创建Integer[]数组mThumbIds用于承装缩略图图片ID
    private Integer[] mThumbIds = { R.drawable.p1, R.drawable.p2,
            R.drawable.p3, R.drawable.p4, R.drawable.p5, R.drawable.p6,
            R.drawable.p7 };
    //创建Integer[]数组mImageIds用于承装显示大图图片ID
    private Integer[] mImageIds = { R.drawable.pp1, R.drawable.pp2,
            R.drawable.pp3, R.drawable.pp4, R.drawable.pp5, R.drawable.pp6,
            R.drawable.pp7 };
}
```

(11)分别为每个页面的返回按钮设置单击事件,具体代码如下。

```
btn1 = (Button) findViewById(R.id.btn1);
    btn1.setOnClickListener(new Button.OnClickListener() {
        public void onClick(View v) {
            Intent intent = new Intent();
            intent.setClass(Activity1.this, MainActivity.class);
            startActivity(intent);
        }
    });
```

运行该项目,主页面显示结果如图9-14。单击【个人简介】按钮,显示结果如图9-15所示,其中专业方向下面的滚动文字根据时间的变化而改变。单击【返回主页面】按钮返回到图9-14所示页面,单击【信息录入】按钮,显示如图9-16所示的文本录入信息,填写相应的信息,单击【提交】按钮,如图9-17所示。单击【返回主页面】按钮,显示如图9-14所示页面,单击【美图欣赏按钮】,显示如图9-18所示的图片缩略图。单击屏幕下方的小图,屏幕上户显示相应的大图,如图9-19

所示。

图 9-14　自我介绍主页面

图 9-15　个人简介

图 9-16　信息录入

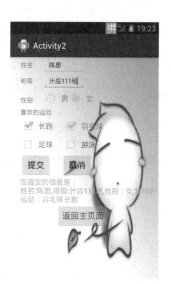

图 9-17　输入信息进行录入

图 9-18　图片管理器

图 9-19　单击不同图片

9.8 扩展训练

拓展训练1：创建用户登录应用

根据本课所讲的关于应用程序之间的通信，使用 Activity 与 Intent 相互结合，创建一个用户登录的应用。

要求主界面上有一个【登录】按钮，单击【登录】按钮后打开一个新的 Activity。新的 Activity 上面有输入用户名和密码的控件，在用户关闭这个 Activity 后，将用户输入的用户名和密码传递到主界面中。

拓展训练 2：使用 Intent 拨打电话

根据本课所讲的关于应用程序之间的通信，使用 Intent 相互结合，创建一个实现拨打电话功能的应用。

要求主界面上包含一个编辑框用于显示拨打电话的号码、一个带有通话图片的图片按钮用于拨打电话、一个带有挂断电话图片的图片按钮用于挂断电话。

单击【通话】按钮后，调用该按钮的单击事件，完成拨号功能。单击【挂断】按钮，结束当前的 Activity。该过程需要在 AndroidMainfest.xml 文件中增加打电话的权限。

9.9 课后练习

一、填空题

1. 在 Android 中，Activity 的四个状态是活动状态、暂停状态、停止状态和_____。
2. 在 Android 项目中，如果需要使用多个 Activity，则应该使用_____方法来启动需要的 Activity。
3. Android 是通过一种_____的方式来管理 Activity 的。
4. 在 Android 中，如果需要关闭当前 Activity，可以使用 Activity 提供的_____方法。
5. 用来在一个 Activity 中描述一些行为或一部分用户界面，并且生命周期直接受其所属的宿主 Activity 的生命周期影响的是_____。
6. Intent 包含组件名称、_____、数据、种类、额外和标记等内容。
7. Intent 的两种基本用法包括显式的 Intent 和_____Intent。

二、选择题

1. 当 Activity 被另一个透明或者 Dialog 样式的 Activity 覆盖时的状态。此时它依然与窗口管理器保持连接。这个时候，Activity 所处的状态是_____。

    A. 活动状态

    B. 暂停状态

    C. 停止状态

    D. 销毁状态

2. 新创建的 Activity 文件，需要在_____文件中进行配置。

    A. MainActivity.java

    B. AndroidMainifest.xml

    C. activity_main.xml

    D. main.xml

3. 在使用 Bundle 在 Activity 之间交换数据时，_____方法表示向 Bundle 中放入一个可以序列化的对象。

    A. putSerializable()

    B. putExtras()

    C. getSerializable()

    D. onCreate()

4. 在 Intent 过滤器中，<action>标签定义 Intent 过滤器的_____。

    A. 类别

    B. 动作

C. 数据

D. 额外

5. 在 Intent 过滤器中，<category>标签定义 Intent 过滤器的_____。

A. 类别

B. 动作

C. 数据

D. 额外

6. 在 Intent 过滤器中，<data>标签定义 Intent 过滤器的_____。

A. 类别

B. 动作

C. 数据

D. 额外

7. 在使用 Intent 过滤器测试 Intent 对象时，对象与下列哪个方面没有相互关系_____。

A. 种类

B. 动作

C. 数据

D. 额外

8. 在 Intent 的所有属性中，指定了_____属性之后，Intent 的其他属性就都是可选的。

A. 组件名称

B. 动作

C. 数据

D. 额外

三、简答题

1. 简述 Android 中 Activity 的几种状态。

2. 说出几种状态的相互转换条件。

3. 启动和关闭 Activity 需要使用的方法。

4. 在 Activity 中添加 Fragment 的两种方法。

5. 简述 Intent 的定义和用途。

6. 简述 Intent 过滤器的定义和功能。

7. 简述 Intent 解析的匹配规则。

第 10 课
数据存储解决方案

作为一个完成的应用程序,数据存储操作是必不可少的。Android 系统提供了四种数据存储方式,分别为 SharePreference、SQLite、Content Provider 和 File。由于 Android 系统中,数据基本是私有的,都是存放于"data/data/程序包名"目录下,所以要实现数据共享,正确方式是使用 Content Provider。本课重点介绍 SharePreference、Content Provider 和 File 三种数据存储方式。

本课学习目标:
- ☐ 掌握使用 SharedPreferences 存储和读取数据的方法
- ☐ 掌握文件存储和读取的方法
- ☐ 掌握使用 Content Provider 共享数据的方法
- ☐ 了解一些常用的访问 SD 卡的权限

10.1 简单存储

SharedPreferences 是 Android 平台上一个轻量级的存储类，主要是保存一些常用的配置。比如窗口状态。SharedPreferences 类似过去 Windows 系统上的 ini 配置文件，但是它分为多种权限，可以全局共享访问。通过 SharedPreferences 可以将 NVP（Name/Value Pair，名称/值对）保存在 Android 的文件系统中。而且 SharedPreferences 完全屏蔽对文件系统的操作过程，用户仅是通过调用 SharedPreferences 对 NVP 进行保存和读取。

SharedPreferences 不仅能够保存数据，还能够实现不同应用程序间的数据共享，SharedPreferences 支持三种访问模式。

- 私有（MODE_PRIVATE） 仅创建程序有权限对其进行读取或写入。
- 全局读（MODE_WORLD_READABLE） 不仅创建程序可以对其进行读取或写入，其他应用程序有读取操作的权限，但没有写入操作的权限。
- 全局写（MODE_WORLD_WRITEABLE） 创建程序和其他程序都可以对其进行写入操作，但没有读取的权限。

10.1.1 使用 SharedPreferences 存取数据

在使用 SharedPreferences 前，先定义 SharedPreferences 的访问模式。如将访问模式定义为私有模式的代码如下所示。

```
public static int MODE = MODE_PRIVATE;
```

其中 Android 支持的访问模式如表 10-1 所示。

表 10-1　Android 支持的访问模式

模　　式	说　　明
MODE_PRIVATE	私有模式，文件仅能够被文件创建程序访问，或具有相同 UID 的程序访问
MODE_APPEND	追加模式，如果文件已经存在，则在文件的结尾处添加新数据
MODE_WORLD_READABLE	全局读模式，允许任何程序读取私有文件
MODE_WORLD_WRITEABLE	全局写模式，允许任何程序写入私有文件
MODE_MULTI_PROCESS	SharedPreference 的装载标记，当设置为该模式时，文件将会在实例 SharedPreferences 被装载到进程的时候检查是否被修改，主要用在一个应用有多个进程的情况

SharedPreferences 的名称与在 Android 文件系统中保存的文件同名。因此，只要具有相同 SharedPreferences 名称的 NVP 内容，都会保存在同一个文件中，其定义名称的代码如下所示。

```
public static final String PREFERENCE_NAME = "test01";
```

为了可以使用 SharedPreferences，需要将访问模式和 SharedPreferences 名称作为参数，传递到 getSharedPreferences()函数，并获取到 SharedPreferences 对象，其代码如下所示。

```
SharedPreferences sharedPreferences = getSharedPreferences(PREFERENCE_NAME, MODE);
```

在获取到 SharedPreferences 对象后，则可以通过 SharedPreferences.Editor 类对 SharedPreferences 进行修改，最后调用 commit()方法保存修改内容。

SharedPreferences 广泛支持各种基本数据类型，包括整型、布尔型、浮点型和长型等。

实现 SharedPreferences 存储的步骤如下。

（1）使用 Activity 类的 getSharedPreferences()方法获得 SharedPreferences 对象。其中存储 key-value 文件的名称由 getSharedPreferences()方法中的第一个参数指定。

（2）使用 SharedPreferences 接口的 edit()方法获取 Editor 对象。

（3）通过 Editor 对象的 putXxx()方法存储 key-value 键值对数据。其中 Xxx 表示 value 的不同数据类型。

（4）通过 commit()方法提交数据。

【练习1】

在 Eclipse 中创建一个 Android 项目，名称为 ch10_01，使用 SharedPreferences 存储简单的数据并读取。

（1）在项目中的 res/layout 目录下修改 activity_main.xml 文件，将其改为线性布局，方向垂直，其代码如下所示。

```xml
<LinearLayout xmlns:android="http://schemas.android.com/apk/res/android"
    android:layout_width="match_parent"
    android:layout_height="match_parent"
    android:orientation="vertical">
</LinearLayout>
```

（2）在布局文件中添加一个线性布局，方向为水平，并添加一个 TextView 控件和一个 EditText 控件，其代码如下所示。

```xml
<LinearLayout
    android:layout_width="match_parent"
    android:layout_height="wrap_content"
    android:orientation="horizontal">
    <TextView
        android:layout_width="wrap_content"
        android:layout_height="wrap_content"
        android:text="姓名"/>
    <EditText
        android:layout_width="match_parent"
        android:layout_height="wrap_content"
        android:id="@+id/name"/>
</LinearLayout>
```

（3）与步骤（2）一样，添加一个线性布局，并在其中添加一个 TextView 控件和一个 EditText 控件。由于代码与步骤（2）中代码类似，在这里就省略了。不过需要将 EditText 控件中的 id 改为 age。

（4）在步骤（1）中的布局文件中添加一个线性布局，方向为水平，并在其中添加 3 个 Button 控件，其主要代码如下所示。

```xml
<LinearLayout
    android:layout_width="match_parent"
    android:layout_height="wrap_content"
    android:orientation="horizontal"
    android:gravity="center_horizontal">
```

```xml
    <Button
     android:layout_width="wrap_content"
     android:layout_height="wrap_content"
     android:id="@+id/submit"
     android:text="提交"/>
<!-- 省略部分代码 -->
</LinearLayout>
```

在上述代码中，由于三个 Button 控件的布局代码类似，所以省略。其中另外两个 Button 控件的 id 分别为 show、clear，text 属性值分别为"查看"和"清除"。

（5）添加一个 TextView 控件，用于显示使用 SharedPreferences 获取到的数据，其代码如下所示。

```xml
<TextView
  android:layout_width="wrap_content"
  android:layout_height="wrap_content"
  android:id="@+id/show" />
```

（6）在 com.android.activity 包中的 MainActivity.java 文件中，设定访问方式和保存文件的名字并声明 XML 中控件，如编辑框控件、按钮控件和文本框控件等，其主要代码如下所示。

```java
public static int MODE = MODE_PRIVATE;                          //设定访问模式
public static final String PREFERENCE_NAME = "test01";    //设定保存的文件名
private TextView show = null;
private Button submit = null;
private Button showBtn = null;
private Button clear = null;
private EditText nameEdit = null;
private EditText ageEdit = null;
```

（7）在 onCreate()方法中获取声明的控件，在这里省略获取控件的代码，并获取 SharedPreferences 对象，其主要代码如下所示。

```java
//省略部分代码
final SharedPreferences sharedPreferences = getSharedPreferences(PREFERENCE_NAME, MODE); //获取SharedPreferences对象
```

（8）为 showBtn 按钮添加监听器，用于显示使用 SharedPreferences 保存的文件内容，其主要代码如下所示。

```java
showBtn.setOnClickListener(new OnClickListener() {
    public void onClick(View arg0) {
        String name = sharedPreferences.getString("name","暂无");
        int age = sharedPreferences.getInt("age", 0);
        String sex = sharedPreferences.getString("sex","暂无");
        show.setText("姓名: " + name + "\n年龄: " + age+ "\n性别: " +sex);
        clearEdit();                                        //清空编辑框内容
    }
});
```

在上述代码中，使用 sharedPreferences 的 getString()方法可以获取到该 name 对应的 Value

值。使用 getInt()方法，可以获取到 age 对应的值。使用 show.setText()方法来给 show 文本框设置显示的内容，并调用 clearEdit()方法，清空编辑框中的内容。

在程序代码中，通过 getXXX 方法，可以方便地获得对应 Key 的 Value 值，如果 key 值错误或者此 key 无对应的 value 值，SharedPreferences 提供了一个赋予默认值的机会，以此保证程序的健壮性。

（9）为 submit 按钮添加监听器，用于提交编辑框中的内容到 SharedPreferences 中，并保存，其主要代码如下所示。

```
submit.setOnClickListener(new OnClickListener() {
    public void onClick(View v) {
        Editor editor = sharedPreferences.edit();        //声明 Editor 对象
        if (nameEdit.getText()!=null && ageEdit.getText() !=null ) {
            if(!"".equals(ageEdit.getText().toString().trim())){
                editor.putString("name", nameEdit.getText().toString());
                editor.putInt("age",Integer.parseInt(ageEdit.getText().toString()));
                editor.commit();
                showToast("成功添加信息");
                showBtn.performClick();                  //模拟单击 showBtn 按钮
            }
        }
    }
});
```

在上述代码中，声明并获取到 Editor 对象。判断编辑框中的内容是否为空来检查提交的内容是否合法。如果内容合法，则使用 Editor 对象的 putString()和 putInt()方法来分别为 name 和 age 设置 value 值，最后使用 commit()方法来提交设置的 key-value，然后调用 showToast()方法提示信息，使用 performClick()方法来模拟单击 showBtn 按钮显示保存的内容。

（10）为 clear 按钮添加监听器，用于清除使用 SharedPreferences 保存的文件内容，其主要代码如下所示。

```
clear.setOnClickListener(new OnClickListener() {
    public void onClick(View v) {
        Editor editor = sharedPreferences.edit();
        editor.clear();                                  //清除 SharedPreferences 数据
        editor.commit();
        showToast("成功清除信息");
        showBtn.performClick();                          //模拟单击 showBtn 按钮
    }
});
```

在上述代码中，声明并获取到 Editor 对象。使用 Editor 对象的 clear()方法来清除 SharedPreferences 数据，并调用 commit()方法来提交，然后调用 showToast()方法提示信息，使用 performClick()方法来模拟单击 showBtn 按钮显示保存的内容。

（11）添加 clearEdit()方法，用于清空编辑框中的内容，其代码如下所示。

```
public void clearEdit(){
    nameEdit.setText("");
    ageEdit.setText("");
```

（12）添加 showToast(String string)方法，用于显示保存和清除文件内容时的提示信息，其代码如下所示。

```
public void showToast(String string){
    Toast toast = Toast.makeText(this,string, Toast.LENGTH_SHORT);
                                                                //创建Toast对象
    toast.setGravity(Gravity.CENTER, 0, 0);
    toast.show();
}
```

运行该项目，其效果如图 10-1 所示。在编辑框中输入信息后，单击【提交】按钮效果如图 10-2 所示。单击【清除】按钮后，效果如图 10-3 所示。

图 10-1　项目运行效果　　　图 10-2　单击【提交】按钮效果　　图 10-3　单击【清除】按钮效果

10.1.2　数据的存储位置和格式

在上节的示例中单击【提交】按钮后，SharedPreferences 将数据文件保存在手机内存卡中。在模拟器中，可以通过 ADT 的 DDMS 透视图来查看数据文件的位置。打开 DDMS 透视图，进入到 FileExplorer，找到 data\data 目录。在 Android 中为每个应用程序建立了与包同名的目录，用来保存应用程序产生的数据，这些数据包括文件、SharedPreferences 文件和数据库等。在练习 1 中，包名为 com.android.activity，那么 SharedPreferences 文件就保存在 /data/data/com.android.activity/shared_prefs 目录下。其中练习 1 的文件名为 test01.xml，如图 10-4 所示。

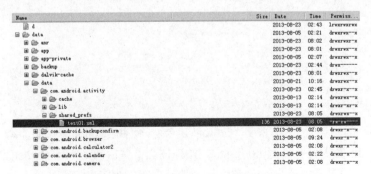

图 10-4　SharedPreferences 生成的数据文件存储目录

将 test01.xml 文件导出后并打开，可以看到文件存储的内容如下所示。

```
<?xml version='1.0' encoding='utf-8' standalone='yes' ?>
<map>
```

```xml
<string name="name">王华</string>
<int name="age" value="22" />
</map>
```

由此可见，SharedPreferences 使用 XML 文件格式来保存数据。

10.1.3 存取复杂类型的数据

前面介绍的 SharedPreferences 只能保存简单类型的数据，如 String、int、float 等。如果想用 SharedPreferences 存取更复杂的数据类型，如对象、图片等，就需要对这些数据进行编码。通常将复杂类型的数据转换成 Base64 编码，然后将转换后的数据以字符串的形式保存在 XML 文件中。

【练习2】

在 Eclipse 中创建一个 Android 项目，名称为 ch10_02，使用 SharedPreferences 存储对象并读取。

（1）在项目中的 res/layout 目录下修改 activity_main.xml 文件，将其改为线性布局，方向垂直。与练习1的步骤(1)代码一样，在这里就省略了。

（2）在步骤(1)的布局文件中添加三个 TextView 控件和三个 EditText 控件。由于这三个 TextView 控件布局代码类似，三个 EditText 布局代码类似，在这里只给出其中一个 TextView 控件和一个 EditText 控件的布局代码，其代码如下所示。

```xml
<TextView
    android:layout_width="match_parent"
    android:layout_height="wrap_content"
    android:text="产品 ID" />
<EditText
    android:layout_width="match_parent"
    android:layout_height="wrap_content"
    android:id="@+id/productId"/>
```

其他两个 TextView 控件的 text 属性值分别为"产品名称"和"产品价格"。EditText 控件的 id 分别为 productName 和 productPrice。其中第三个 EditText 控件需要添加 android:inputType 属性，并且值为 numberDecimal。

（3）在步骤（1）中的布局文件中添加一个线性布局，方向为水平。并在其中添加三个 Button 控件，这里的代码与练习1步骤（4）的代码一致，在这里就省略了。

（4）添加一个 TextView 控件，用于显示使用 SharedPreferences 获取到的数据，这里代码与练习1步骤（5）代码一致，在此省略。

（5）在项目的 src 目录下新建 com.android.util 包。在包下新建 Product 类，并且必须实现 Serializable 接口，分别定义三个变量，其主要代码如下所示。

```java
//省略包的导入
public class Product implements Serializable {
    private String id = null;                //产品 id
    private String name = null;              //产品名称
    private float price = -1;                //产品价格
//省略 get、set 方法
}
```

（6）在 com.android.activity 包中的 MainActivity.java 文件中，设定访问方式和保存文件的名字，

并声明 XML 中控件，如编辑框控件、按钮控件和文本框控件等，其主要代码如下所示。

```java
public static int MODE = MODE_PRIVATE;                      //设定访问模式
public static final String PREFERENCE_NAME = "product";     //设定保存的文件名
private SharedPreferences sharedPreferences = null;//声明SharedPreferences对象
private EditText productId = null;
private EditText productName = null;
private EditText productPrice = null;
private TextView show = null;
private Button submit = null;
private Button showBtn = null;
private Button clear = null;
```

（7）在 onCreate()方法中获取声明的控件，在这里省略获取控件的代码，并获取 SharedPreferences 对象，其主要代码如下所示。

```java
//省略部分代码
sharedPreferences = getSharedPreferences(PREFERENCE_NAME, MODE);
                                            //获取SharedPreferences对象
```

（8）为 submit 按钮添加监听器，用于创建 Product 对象，并将该对象进行编码后使用 SharedPreferences 保存在 XML 文件中，其主要代码如下所示。

```java
submit.setOnClickListener(new OnClickListener() {
    public void onClick(View arg0) {
    if (productId.getText()!=null && productName.getText()!=null && productPrice.getText()!=null) {
    if(!"".equals(productPrice.getText().toString())){
        Product product = new Product();              //声明并创建Product对象
        product.setId(productId.getText().toString());
        product.setName(productName.getText().toString());
        product.setPrice(Float.parseFloat(productPrice.getText().toString()));
        ByteArrayOutputStream baos = new ByteArrayOutputStream();
        //省略try-catch块
        ObjectOutputStream oos = new ObjectOutputStream(baos);
        oos.writeObject(product);              //将Product对象放在OutPutStream中
        String productBase64 = new String(Base64.encode(baos.toByteArray(),
        Base64.DEFAULT));
        Editor editor = sharedPreferences.edit();
        editor.putString("product",productBase64);
                                //将编码后的字符保存在product.xml文件中
        editor.commit();
        clearEdit();
        showBtn.performClick();              //模拟单击showBtn按钮
        }
      }
    }
});
```

在上述代码中，在编辑框中的内容非空时创建 Product 对象，然后将 Product 对象放在 OutPutStream 中，使用 Base64 的 encode()方法将 Product 对象转换成 byte 数组，并将其进行 Base64 编码，最后将编码后的字符保存在 product.xml 文件中。

（9）为 showBtn 按钮添加监听器，用于显示使用 SharedPreferences 保存的文件内容，其主要代码如下所示。

```
showBtn.setOnClickListener(new OnClickListener() {
    public void onClick(View arg0) {
        String productBase64 = sharedPreferences.getString("product", "none");
        if (!productBase64.equals("none")) {
            byte[] base64Byte = Base64.decode(productBase64.getBytes(),
            Base64.DEFAULT);
                                          //对 Base64 格式的字符串进行解码
//省略 try-catch 块
            ByteArrayInputStream bais = new ByteArrayInputStream(base64Byte);
            ObjectInputStream ois = new ObjectInputStream(bais);
            Product product = (Product) ois.readObject();//从 ObjectInputStream
            中读取 Product 对象
            String name = product.getName();
            String id = product.getId();
            float price = product.getPrice();
            show.setText("产品名称: " + name + "\n 产品编号: " + id+ "\n 产品价格: "
            +price);
            clearEdit();//清空编辑框
        } else {
            show.setText("暂无产品");
        }
    }
});
```

在上述代码中，首先对 Base64 格式的字符串进行解码，之后使用 read()方法从 ObjectInputStream 中读取 Product 对象。获取到 Product 对象后使用 get 方法获取各个属性的内容并显示。

（10）为 clear 按钮添加监听器，用于清除使用 SharedPreferences 保存的文件内容，这里的代码与练习 1 中的步骤（10）代码一样，在这里就省略了。

（11）添加 clearEdit()方法和 showToast(String string)方法，其代码分别与练习 1 中的步骤（11）和步骤（12）的代码类似，在这里就省略了。

运行该项目，运行效果如图 10-5 所示。当单击【提交】按钮添加信息时，效果如图 10-6 所示。当单击【清除】按钮时，效果如图 10-7 所示。

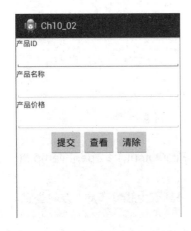

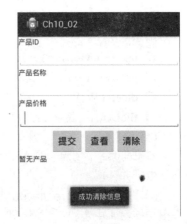

图 10-5　项目运行效果　　图 10-6　单击【提交】按钮效果　　图 10-7　单击【清除】按钮效果

打开 DDMS 透视图，进入到 FileExplorer，找到 data\data 目录。在 /data/data/com.android.activity/shared_prefs 目录下找到 product.xml 文件，如图 10-8 所示。

图 10-8 SharedPreferences 生成的数据文件存储目录

将 product.xml 文件导出后并打开，可以看到文件存储的内容如下所示。

```
<?xml version='1.0' encoding='utf-8' standalone='yes' ?>
<map>
<string name="product">rO0ABXNyABhjb20uYW5kcm9pZC51dGlsLlByb2R1Y3QAAAAAAAAAQIAA0
YABXBya WN1TAACaWR0
ABJMamF2YS9sYW5nL1N0cmluZztMAARuYW1lcQB+AAF4cEfqYAB0AAdjYXIwMDAxdAAG5aSn5LyX
</string>
</map>
```

10.2 文件存储

从 10.1 小节中我们知道 sharedPreferences 只能保存 key-value 值，虽然可以采用 Base64 编码的方式保存复杂的数据，但仍然会受到很多限制。然而文件存取的核心就是输入流和输出流。sharedPreferences 在其中也同样采用了这些流技术。本节将详细介绍如何使用流、File 等底层的文件存取技术来操作文件。

10.2.1 内部存储

Android 系统允许应用程序创建仅能够自身访问的私有文件，文件保存在设备的内部存储器上，存放在\data\data\<package name>\files 目录中。

Android 系统不仅支持标准 Java 的 IO 类和方法，还提供了能够简化读写流式文件过程的方法，其方法如下所示。

- **openFileOutput()** 获取输出流，参数分别为文件名和存储模式，用于保存文件内容。
- **openFileInput()** 获取输入流，参数为文件名，用于读取文件内容。
- **deleteFile()** 删除指定的文件，参数为将要删除文件的名称，用于删除文件。
- **fileList()** 获取 files 目录下的所有文件名数组，用于获取文件名列表。

【练习 3】

在 Eclipse 中创建一个 Android 项目，名称为 ch10_03,使用 openFileOutput()和 openFileInput()存储数据并读取。

（1）在项目中的 res/layout 目录下修改 activity_main.xml 文件，将其改为线性布局，方向垂直。这里与练习 1 中步骤（1）代码一样，在这里就省略了。

（2）在步骤（1）的布局文件中添加一个 EditText 控件、一个线性布局（方向为水平）和一个

TextView 控件，其中在线性布局中添加三个 Button 控件，其主要代码如下所示。

```xml
<EditText
    android:layout_width="match_parent"
    android:layout_height="wrap_content"
    android:id="@+id/edit"
    android:hint="请输入您要写入的文件内容"/>
<LinearLayout
    android:layout_width="match_parent"
    android:layout_height="wrap_content"
    android:orientation="horizontal">
    <Button
        android:layout_width="wrap_content"
        android:layout_height="wrap_content"
        android:text="写入文件"
        android:id="@+id/write"/>
<!-- 省略部分代码 -->
    </LinearLayout>
        <TextView
            android:layout_width="wrap_content"
            android:layout_height="wrap_content"
            android:id="@+id/show" />
```

在上述代码中，其他两个 Button 控件与写入文件按钮控件的布局代码类似，这里就省略了。其中另外两个按钮的 text 属性的值分别为"读取文件"和"删除文件"，id 分别为 read 和 delete。

（3）声明在布局文件中的控件，并设定文件的访问模式与文件名，其代码如下所示。

```java
private TextView show = null;
private Button write = null;
private Button read = null;
private Button delete = null;
private EditText edit = null;
public static int MODE = MODE_PRIVATE;                      //设定访问模式
public static final String FILE_NAME = "10_03.txt";         //设定文件名
```

（4）获取各个控件，这里代码省略。
（5）为 read 按钮添加监听器，用于单击该按钮时读取文件内容，其主要代码如下所示。

```java
read.setOnClickListener(new OnClickListener() {
    public void onClick(View v) {
//省略 try-catch 块
            InputStream is = openFileInput(FILE_NAME);          //获取输入流
            byte[] buffer = new byte[is.available()];
            int byteCount = is.read(buffer);
            String param02 = new String(buffer,0,byteCount,"utf-8");
            show.setText(param02);
            is.close();
    }
});
```

在上述代码中，使用 openFileInput()方法获取到输入流，然后将文件内容设置给 TextView 对象，最后关闭输入流。

（6）为 write 按钮添加监听器，用于单击该按钮时写入文件内容，其主要代码如下所示。

```
write.setOnClickListener(new OnClickListener() {
    public void onClick(View v) {
        //省略 try-catch 块
        OutputStream os = openFileOutput(FILE_NAME, MODE);  //获取输出流
        if (edit.getText()!=null) {                          //判断编辑框是否为空
            if (!"".equals(edit.getText().toString())) {
                os.write(edit.getText().toString().getBytes());
                                                             //将数据写入文件
                os.flush();
                os.close();                                  //关闭 FileOutputStream
                showToast("文件写入成功！");
                read.performClick();                         //模拟单击 read 按钮
            } else {
                showToast("请输入您要写入文件的内容");
            }
        }
    }
});
```

在上述代码中，首先获取到输出流，判断编辑框内容是否为空来判断是否能写入文件。当编辑框不为空时，使用 write()方法将数据写入文件。使用 flush()方法将所有剩余的数据写入文件，然后使用 close()方法来关闭流。当文件写入成功后调用 showToast()方法来显示信息，并使用 Button 的 performClick()方法来模拟单击 read 按钮，以此来显示写入的文件内容。

（7）为 delete 按钮添加监听器，用来删除文件，其代码如下所示。

```
delete.setOnClickListener(new OnClickListener() {
    public void onClick(View v) {
        if (deleteFile(FILE_NAME)) {
            showToast("文件删除成功！");
            read.performClick();
        }
    }
});
```

在上述代码中，调用 deleteFile()方法来删除文件，并使用 showToast()方法来显示信息，使用 Button 的 performClick()方法来模拟单击 read 按钮，以此来显示写入的文件内容。

（8）在 MainActivity 中添加方法 showToast()，这里的代码与练习 1 中的步骤（12）的代码一样，在这里就省略了。

运行项目后，项目效果如图 10-9 所示。当在编辑框中输入内容，单击【写入文件】按钮时，效果如图 10-10 所示。当单击【删除文件】按钮时，效果如图 10-11 所示。

图 10-9　项目运行效果

图 10-10　写入文件时效果

图 10-11　删除文件时效果

其中使用该方式存储和读取文件时,文件存放在/data/data/<package name>/files 中。在本练习中,文件保存在/data/data/com.android.activity/files 目录下,如图 10-12 所示。

```
data                           2013-08-05  02:21  drwxrwx--x
  anr                          2013-08-24  09:21  drwxrwxr-x
  app                          2013-08-24  09:21  drwxrwx--x
  app-private                  2013-08-05  02:07  drwxrwx--x
  backup                       2013-08-24  01:19  drwx------
  dalvik-cache                 2013-08-24  09:21  drwxrwx--x
  data                         2013-08-23  10:12  drwxrwx--x
    com.android.activity       2013-08-24  07:38  drwxr-x--x
      cache                    2013-08-13  02:14  drwxrwx--x
      files                    2013-08-24  09:24  drwxrwx--x
        10_03.txt          19  2013-08-24  09:24  -rw-rw----
      lib                      2013-08-13  02:14  drwxr-xr-x
      shared_prefs             2013-08-24  07:09  drwxrwx--x
```

图 10-12 使用流生成的数据文件存储目录

10.2.2 外部存储

Android 的外部存储设备指的是 SD 卡(Secure Digital Memory Card),是一种广泛使用于数码设备上的记忆卡。不是所有的 Android 手机都有 SD 卡,但 Android 系统提供了对 SD 卡的访问方法。

SD 卡适用于保存大尺寸的文件或者是一些无须设置访问权限的文件,可以保存录制的大容量的视频文件和音频文件等。SD 卡使用的是 FAT(File Allocation Table)的文件系统,不支持访问模式和权限控制,但可以通过 Linux 文件系统的文件访问权限的控制保证文件的私密性。

1.获取 SD 卡的信息

在对 SD 卡进行操作的时候,必须先对 SD 卡有访问的权限,因此第一件事就是需要添加访问扩展设备的权限。打开新建的项目,找到 AndroidManifest.xml 文件,在<manifest>标记中添加<uses-permission>标记,其代码如下所示。

```
<uses-permission
android:name="android.permission.WRITE_EXTERNAL_STORAGE">
</uses-permission>
```

这样,就拥有了对 SD 卡的访问权限。

取得 sdcard 文件根路径需要用到 Environment.getExternalStorageDirectory()方法来获得。

【练习 4】

在 Eclipse 中创建一个 Android 项目,名称为 ch10_04,获取 SD 卡存储信息以及剩余空间。

(1)在项目中的 res/layout 目录下修改 activity_main.xml 文件,将其改为线性布局,方向垂直。这里与练习 1 中步骤(1)代码一样,在这里就省略了。

(2)在其中添加一个 TextView 控件,其代码如下所示。

```
<TextView
    android:layout_width="wrap_content"
    android:layout_height="wrap_content"
    android:id="@+id/text" />
```

(3)在 com.android.activity 包中的 MainActivity.java 文件中,声明并获取 TextView 控件,并将 SD 卡的空间信息显示在 TextView 中,其代码如下所示。

```
private TextView text = null;
//省略部分代码
```

```
text = (TextView) findViewById(R.id.text);
text.setText("SD卡总容量为: " +getAllSize() +"KB\n 可用容量为: " + getAvailaleSize()
+"KB");
```

（4）添加 getAllSize()方法，用来获取 SD 卡的总空间，其代码如下所示。

```
public long getAllSize(){//获取总空间
    File path = Environment.getExternalStorageDirectory();//取得sdcard文件路径
    StatFs stat = new StatFs(path.getPath());
    long blockSize = stat.getBlockSize();                    //获取block的SIZE
    long availableBlocks = stat.getBlockCount();             //获取block数量
    return availableBlocks * blockSize;
}
```

在上述代码中使用 Environment.getExternalStorageDirectory()方法来获得 SD 卡的路径。stat.getBlockSize()来获取 block 的大小，stat.getBlockCount()获取 block 的总数量，其乘积就是空间的大小，单位为 KB。

（5）添加 getAvailaleSize ()方法，用来获取 SD 卡的剩余空间，其代码如下所示。

```
public long getAvailaleSize(){//获取可用空间
    File path = Environment.getExternalStorageDirectory(); //取得sdcard文件路径
    StatFs stat = new StatFs(path.getPath());
    long blockSize = stat.getBlockSize();
    long availableBlocks = stat.getAvailableBlocks();
    return availableBlocks * blockSize;
}
```

在上述代码中，使用 stat.getAvailableBlocks()方法获取可用的 block 的数量，availableBlocks * blockSize 的乘积就为剩余空间的大小。

运行该项目，效果如图 10-13 所示。

2．SD 卡文件浏览器

文件浏览器在手机中应用十分广泛，其实现的步骤如下所示。

（1）显示当前目录中所有的子目录和文件，并将目录和文件名显示在 ListView 中。

图 10-13　SD 卡的总容量与可用容量

（2）当单击某一个列表项的时候，如果当前列表项为目录，则进入该目录，并重复步骤（1），否则不予处理。

【练习 5】

在 Eclipse 中创建一个 Android 项目，名称为 ch10_05，设计并实现 SD 卡文件浏览器。

（1）首先准备一些图片文件，然后放在项目的 res 目录下的 drawable_ldpi 文件夹中，作为图片切换器显示的图片资源。

（2）在项目中的 res/layout 目录下修改 activity_main.xml 文件，将其改为线性布局，方向垂直。这里与练习 1 的步骤（1）代码一样，在这里就省略了。

（3）在步骤（2）中的布局文件中添加三个控件，分别是 TextView、ListView 和 ImageButton 控件，其代码如下所示。

```
<TextView
    android:layout_width="wrap_content"
```

```xml
        android:layout_height="wrap_content"
        android:id="@+id/text"
    />
<ListView
    android:layout_width="match_parent"
    android:layout_height="wrap_content"
    android:id="@+id/dirView"/>
<ImageButton
    android:layout_width="wrap_content"
    android:layout_height="wrap_content"
    android:id="@+id/back"
    android:src="@drawable/back"
    android:layout_gravity="center_horizontal"/>
```

（4）在项目中的 res/layout 目录下新建 layout 布局文件，其名字为 list_item.xml。在其中添加一个 ImageView 控件，其代码如下所示。

```xml
<?xml version="1.0" encoding="utf-8"?>
<LinearLayout xmlns:android="http://schemas.android.com/apk/res/android"
    android:layout_width="fill_parent"
    android:layout_height="fill_parent"
    android:orientation="horizontal"
    android:padding="5dip" >
    <ImageView android:id="@+id/icon"
        android:layout_width="wrap_content"
        android:layout_height="wrap_content"
        android:paddingLeft="10dp"/>
</LinearLayout>
```

（5）在步骤（4）中的布局文件中添加一个线性布局，方向垂直，并在线性布局中添加两个 TextView 控件，其代码如下所示。

```xml
<LinearLayout android:orientation="vertical"
    android:layout_width="wrap_content"
    android:layout_height="wrap_content"
    >
    <TextView android:id="@+id/file_name"
    android:layout_width="wrap_content"
    android:layout_height="wrap_content"
    android:textSize="16sp"
    android:gravity="center_vertical"/>
     <TextView android:id="@+id/file_modify"
    android:layout_width="wrap_content"
    android:layout_height="wrap_content"
    android:textSize="16sp"
    android:gravity="center_vertical"
    />
</LinearLayout>
```

（6）在 com.android.activity 包中的 MainActivity.java 文件中，声明 XML 布局文件中的控件，并定义一些要用到的变量，其代码如下所示。

```java
private ListView dirView = null;
private File[] currentFiles = null;         //记录当前路径下的所有文件夹的文件数组
private File currentParent = null;          //记录当前的父文件夹
private ImageButton back = null;
private TextView text = null;
```

（7）在 onCreate()方法中获取在步骤（6）中声明的控件，在这里就省略此代码。
（8）获取 SD 卡的目录，并将当前目录下的文件和文件夹填充 ListView 控件，其代码如下所示。

```java
File root = Environment.getExternalStorageDirectory();  //获取系统的SD卡的目录
if (root.exists()) {                                    //该文件是否存在
    currentParent = root;
    currentFiles = root.listFiles();
    inflateListView(currentFiles);//使用当前目录下的全部文件、文件夹来填充ListView
}
```

在上述代码中，使用 Environment.getExternalStorageDirectory()来获取系统 SD 卡的目录，然后将其根目录赋值给当前的父文件夹，根目录下所有的文件放在记录文件夹的文件数组中，并调用 inflateListView()方法将当前目录下的全部文件、文件夹来填充 ListView。

（9）为 ListView 控件添加监听器，重写 onItemClick()方法，其代码如下所示。

```java
dirView.setOnItemClickListener(new OnItemClickListener() {
    public void onItemClick(AdapterView<?> adapterView, View view, int position,
      long id) {
        if(currentFiles[position].isFile()) {// 如果用户单击了文件，直接返回，不做任何处理
            return;
        }
        File[] tem = currentFiles[position].listFiles();// 获取用户点击的文件夹下的所有文件
        if(tem ==null || tem.length ==0) {
            Toast.makeText(MainActivity.this,currentFiles[position] + "不可访问或该路径下没有文件",
            Toast.LENGTH_SHORT).show();
        }else{
            currentParent = currentFiles[position]; // 获取用户单击的列表项对应的文件夹，设为当前的父文件夹
            currentFiles = tem;          //保存当前的父文件夹内的全部文件和文件夹
            inflateListView(currentFiles); // 再次更新ListView
        }
    }
});
```

在上述代码中，当用户单击的列表项为文件时，将返回，不做任何操作。如果是文件夹的时候，判断该文件夹是否为空，如果为空，则显示提示信息。最后使用 inflateListView()方法来更新 ListView。
（10）为 Button 控件添加监听器，重写 onClick()方法，其代码如下所示。

```java
back.setOnClickListener(new OnClickListener() {
    public void onClick(View arg0) {
```

```
//省略try-catch块
    if(!currentParent.getCanonicalPath().equals("/mnt/sdcard")) {
        currentParent = currentParent.getParentFile();   //获取上一级目录
        currentFiles = currentParent.listFiles();//列出当前目录下的所有文件
        inflateListView(currentFiles);              //再次更新ListView
    }
  }
});
```

在上述代码中，使用 currentParent.getCanonicalPath().equals("/mnt/sdcard")来判断当前的目录是否是根目录。如果不是根目录，则获取到上一级目录，并列出当前目录下的所有文件，之后再更新 ListView 控件的内容。

（11）添加 inflateListView()方法，用于为 ListView 更新内容，其代码如下所示。

```
private void inflateListView(File[] files) {
    List<Map<String, Object>> listItems =new ArrayList<Map<String, Object>>();
    for(int i = 0; i < files.length; i++) {
        Map<String, Object> listItem =new HashMap<String, Object>();
        if(files[i].isDirectory()) {                           //是否是目录
            listItem.put("icon", R.drawable.folder);      //显示文件夹的图片
        }else{
            listItem.put("icon", R.drawable.file);         //显示文件的图片
        }
        listItem.put("filename", files[i].getName());   //添加文件名称
        File myFile =new File(files[i].getName());
        long modTime = myFile.lastModified();          //获取文件最后修改日期
        SimpleDateFormat dateFormat = new SimpleDateFormat("yyyy-MM-dd HH:mm:ss");
        listItem.put("modify","修改日期: "+ dateFormat.format(new Date(modTime)));
        listItems.add(listItem);
    }
    SimpleAdapter adapter =new SimpleAdapter(MainActivity.this, listItems,
    R.layout.list_item,new String[] { "filename", "icon", "modify" }, new int[]
    {R.id.file_name,   R.id.icon, R.id.file_modify });
    text.setText(currentParent.getAbsolutePath());
   .dirView.setAdapter(adapter);
}
```

在上述代码中，使用 isDirectory()方法来判断当前的文件是否为文件夹，当为文件夹的时候，显示为文件夹的图片。使用 lastModified()方法获取到文件的最后修改日期。定义适配器，最后为 ListView 控件绑定适配器。

项目运行效果如图 10-14 所示。当选择某列表项来进行访问某路径时，如果该路径不可访问或者该路径下没有文件，其效果如图 10-15 所示。当该路径可以访问或该路径下有文件时，其效果如图 10-16 所示。

3．XML 资源文件

在使用 SharedPreferences 时也是读取的 XML 文件，只是 SharedPreferences 将操作 XML

文件的具体细节隐藏了。本课将对 XML 文件的读写进行详细的介绍。

生成 XML 文件的方法有很多，例如可以只使用一个 StringBuilder 组拼 XML 内容，然后把内容写入到文件中，或者使用 DOM API 生成 XML 文件，或者也可以使用 Pull 解析器生成 XML 文件，在本课中使用的是 Pull 解析器，用到的类是 XmlSerializer。

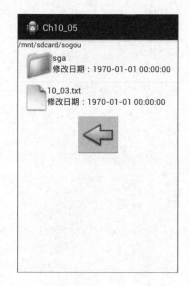

图 10-14　项目运行效果　　　　图 10-15　路径不可访问效果　　　　图 10-16　路径可以访问效果

在读取 XML 时，有许多可以利用的第三方 jar 包，同时 Android SDK 本身已经提供了操作 XML 的类库，也就是 SAX。使用 SAX 处理 XML 时需要一个 Handler 对象，一般会使用一个 org.xml.sax.helpers.DefaultHandler 的子类作为 Handler 对象。

SAX 技术在处理 XML 文件时，并不是一次性把 XML 文件装入内存，而是一边读一边解析。因此就需要处理如下五个分析点，也可称为分析事件。

（1）开始分析 XML 文件。该分析点表示 SAX 引擎刚开始处理 XML 文件，还没有读取 XML 文件中的内容。该分析点对应于 DefaultHandler 类中的 startDocument 事件方法。可以在该方法中做一些初始化的工作。

（2）开始处理每一个 XML 元素。也就是遇到<student>、<item>这样的起始标记。SAX 引擎每次扫描到新的 XML 元素的起始标记时会触发这个分析事件，对应的事件方法是 startElement。在该方法中可以获得当前元素的名称和元素属性的相关信息。

（3）处理完每一个 XML 元素，也就是遇到</student>、</item>这样的结束标记。该分析点对应的事件方法是 endElement。在该事件中可以获得当前处理完的元素的全部信息。

（4）处理完 XML 文件。如果 SAX 引擎将整个 XML 文件的内容都扫描完了，就到了这个分析点，该分析点对应的事件方法是 endDocument。该事件方法不是必须的，如果最后有一些工作，如释放一些资源，可以在该方法中完成。

（5）读取字符分析点。这是最重要的分析点。如果没有这个分析点，前面四步的处理就白做了。虽然读取了 XML 文件中的所有内容，但并未保存这些内容，而这个分析点所对应的 characters 事件方法的主要作用就是保存 SAX 引擎读取的 XML 文件中的内容。更准确地说是保存 XML 元素的文本，也就是<sex>男</sex>中的男。

在读取 XML 中的文件内容时，如果内容过多，不利于维护，那么可以在 XML 和 Java 对象之间建立一个对应关系，也就是在读取 XML 文件的过程中将 XML 文件的内容转换成 Java 对象。

【练习 6】
在 Eclipse 中创建一个 Android 项目，名称为 ch10_06，实现对 XML 文件的读写操作。

（1）由于要对 SD 卡进行操作，所以必须对 SD 卡有访问的权限。打开新建的项目，找到 AndroidManifest.xml 文件，在<manifest>标记中添加<uses-permission>标记，其代码如下所示。

```
<uses-permission
android:name="android.permission.WRITE_EXTERNAL_STORAGE">
</uses-permission>
```

（2）在项目中的 res/layout 目录下修改 activity_main.xml 文件，将其改为线性布局，方向垂直。这里与练习 1 中步骤（1）的代码一样，在这里就省略了。

（3）在步骤（2）中的布局文件中添加一个表格布局，方向垂直，其代码如下所示。

```
<TableLayout
    android:layout_width="match_parent"
    android:layout_height="match_parent"
    android:orientation="vertical">
</TableLayout>
```

（4）在表格布局中添加三个 TableRow 表格行，其中每一个表格行中添加一个 TextView 和一个 EditView，其主要代码如下所示。

```
<TableRow
    android:layout_width="match_parent"
    android:layout_height="wrap_content">
    <TextView
        android:layout_width="wrap_content"
        android:layout_height="wrap_content"
        android:text="姓名"/>
    <EditText
        android:layout_width="match_parent"
        android:layout_height="wrap_content"
        android:id="@+id/name"
        android:singleLine="true"/>
</TableRow>
```

在上述代码中，由于三个 TableRow 类似，就省略了其他两个 TableRow 的布局。需要注意的是，在另外两个 TableRow 中的 TextView 的 text 属性值分别为"id"和"年龄"，EditText 控件的 id 分别为 id 和 age，而且 id 为 age 的编辑框控件需要添加 inputType 属性，其值为 number。

（5）在表格布局中添加一个 TableRow 表格行，在表格行中添加一个 TextView 和一个 RadioGroup 控件。其中 RadioGroup 中含有两个 RadioButton 控件，其主要代码如下所示。

```
<TableRow
    android:layout_width="match_parent"
    android:layout_height="wrap_content">
<!-- 省略 TextView 控件布局 -->
    <RadioGroup
    android:layout_width="wrap_content"
    android:layout_height="wrap_content"
    android:orientation="horizontal"
    android:id="@+id/sex">
        <RadioButton
```

```
                android:layout_width="wrap_content"
                android:layout_height="wrap_content"
                android:text="男"
                android:id="@+id/man"/>
        <!-- 省略 RadioButton 控件布局 -->
        </RadioGroup>
</TableRow>
```

在上述代码中，省略 TextView 控件的布局。由于两个 RadioButton 控件的布局类似，因此省略另一个 RadioButton 控件。其中省略的 RadioButton 控件的 text 属性值为"女"，id 为 woman。

（6）在表格布局中添加两个表格行，在第一个表格行中有两个 Button 控件，第二个表格行中有三个 Button 控件，其主要代码如下所示。

```
<TableRow
    android:layout_width="match_parent"
    android:layout_height="wrap_content">
        <Button
        android:layout_width="wrap_content"
        android:layout_height="wrap_content"
        android:text="写入文件"
        android:id="@+id/writeButton"
        style="?android:attr/buttonStyleToggle"/>
<!-- 省略 Button 控件布局 -->
</TableRow>
<!-- 省略 TableRow 布局 -->
```

在上述代码中，第一个 TableRow 中，由于两个 Button 控件布局类似，省略另一个 Button 控件的布局。第二个 TableRow 与第一个 TableRow 表格行的布局类似，省略第二个 TableRow 的布局。其中第一个 TableRow 中省略的 Button 控件的 text 属性值为"继续添加"，id 为 addButton。第二个 TableRow 中省略的三个 Button 控件的 text 属性值分别为"打开 XML 文件"、"打开 XML 源文件"和"删除文件"，id 分别为 xmlButton、txtButton 和 delButton。

（7）在项目的 src 目录下新建 com.android.util 包，在其中新建 Student 类，用于与 XML 建立对应关系，其主要代码如下所示。

```
public class Student {
    private String id = null;//编号
    private String name = null;//名字
    private String sex = null;//性别
    private int age = -1;//年龄
//省略 getter、setter 方法
}
```

（8）在项目的 src 目录下新建 com.android.method 包，在其中新建 XMLHandler 类，并继承 DefaultHandler，并重写其 characters()、endElement()、startElement()和 startDocument()等方法，其主要代码如下所示。

```
private Student student = null;
private StringBuffer buffer = new StringBuffer();
private List<Student> students = null;
```

```java
public List<Student> getStudents() {
    return students;
}
public void characters(char[] ch, int start, int length)throws SAXException {
    buffer.append(ch, start, length);
    super.characters(ch, start, length);
}
public void endElement(String uri, String localName, String qName)
        throws SAXException {
    if(localName.equals("student")){
        students.add(student);
    }else if(localName.equals("name")){
        student.setName(buffer.toString().trim());
        buffer.setLength(0);
    }
//省略 id 和 age 节点的判断
    super.endElement(uri, localName, qName);
}
public void startElement(String uri, String localName, String qName,
        Attributes attributes) throws SAXException {
    if(localName.equals("student")){
        student = new Student();
    }
    super.startElement(uri, localName, qName, attributes);
}
public void startDocument() throws SAXException {
    students = new ArrayList<Student>();
    super.startDocument();
}
```

在上述代码中，startDocument()方法中创建了用于保存转换结果的 List<Student>对象。startElement()方法用于当 SAX 引擎分析到每一个<student>元素时，在该方法中都会创建一个 Student 对象。endElement()方法用于当 SAX 引擎每分析一个 XML 元素后，会将该元素的文本保存在 Student 对象的相应属性中。characts()方法将 SAX 引擎扫描到的内容保存在 buffer 变量中，而在 endElement()方法中要使用该变量中的内容来为 Student 对象中的属性赋值。

（9）在 com.android.method 包中新建 WriteXML 类，并添加静态方法 writeXML()用于写入 XML 文件，其主要代码如下所示。

```java
public static void writeXML(List<Student> students, OutputStream out) {
//省略异常的抛出
    XmlSerializer serializer = Xml.newSerializer();// 获取 XmlSerializer 对象
    serializer.setOutput(out, "UTF-8"); // 设置输出流对象
    serializer.startDocument("UTF-8", true);
    serializer.startTag(null, "students");
    for (Student student : students) {
        serializer.startTag(null, "student");
        serializer.startTag(null,"id");
        serializer.text(student.getId().toString());
        serializer.endTag(null, "id");
```

```
//省略其他三个节点属性的设置
         }
         serializer.endTag(null, "students");
         serializer.endDocument();
         out.flush();
         out.close();
   }
```

在 startDocument(String encoding, Boolean standalone)方法中 encoding 代表编码方式，standalone 用来表示该文件是否呼叫其他外部的文件。若值是"yes"，表示没有呼叫外部规则文件，否则表示有呼叫外部规则文件。默认值是"yes"。startTag (String namespace, String name)这里的 namespace 用于唯一标识 xml 标签。XML 命名空间属性被放置于某个元素的开始标签之中，并使用以下的语法：xmlns:namespace-prefix="namespaceURI"。当一个命名空间被定义在某个元素的开始标签中时，所有带有相同前缀的子元素都会与同一个命名空间相关联。

（10）在 com.android.activity 包中的 MainActivity 类中声明 XML 布局文件中的控件和定义一些变量，其代码如下所示。

```
private Button xmlButton = null;
private Button txtButton = null;
private Button writeButton = null;
private Button addButton = null;
private Button delButton = null;
private EditText name = null;
private EditText age = null;
private EditText id = null;
private RadioGroup sex = null;
private RadioButton radio = null;
private List<Student> students = null;
private List<Student> addList = null;
private File root = null;                                    //根目录
private String path = null;                                  //文件的路径
```

（11）在 MainActivity 中的 onCreate()方法中获取各个控件，并对各个定义的变量进行赋值，其代码如下所示。

```
//省略控件的获取
addList = new ArrayList<Student>();
root = Environment.getExternalStorageDirectory();            //获取SD卡的根目录
path = root.getAbsolutePath() + File.separator +"student.xml" ;
//为文件制定路径
```

（12）为 xmlButton 按钮控件添加监听，重写其 onClick()方法，当单击该按钮时打开 XML 文件，其主要代码如下所示。

```
xmlButton.setOnClickListener(new OnClickListener() {
    public void onClick(View arg0) {
        File filename = new File(path);
        XMLHandler xmlHandler = new XMLHandler();
//省略try-catch块
```

```
        FileInputStream fis = new FileInputStream(filename);
        android.util.Xml.parse(fis,Xml.Encoding.UTF_8, xmlHandler);
        List<Student> students = xmlHandler.getStudents();
        String msg = "共" + students.size() + "个学生\n";
        for (Student student : students) {
            msg += "id:" + student.getId() + "  姓名: " + student.getName()
                + " 性别: " + student.getSex() + "年龄: " + student.getAge() + "\n";
        }
        showDialog("学生信息",msg);
    }
});
```

在上述代码中，会将获取到的每个学生的信息和学生的总数通过使用 showDialog()方法显示在对话框中。

（13）为 txtButton 按钮控件添加监听器，并重写 onClick()方法，其主要代码如下所示。

```
txtButton.setOnClickListener(new OnClickListener() {
    public void onClick(View v) {
//省略 try-catch 块
        File file = new File(path);
        FileInputStream fis=new FileInputStream(file);
        byte[] buffer = new byte[fis.available()];
        int byteCount = fis.read(buffer);
        String text = new String(buffer,0,byteCount,"utf-8");
        showDialog("XML 源文件",text);
        fis.close();
});
```

在上述代码中，使用流将 XML 的源文件读取，并用 showDialog()方法显示。

（14）为 writeButton 按钮控件添加监听器，并重写 onClick()方法，其主要代码如下所示。

```
writeButton.setOnClickListener(new OnClickListener() {
    public void onClick(View arg0) {
//省略 try-catch 块
        students = new ArrayList<Student>();
        for (Student student : addList) {
            students.add(student);
        }
        File file = new File(path);
        if (!file.exists()) {
            file.createNewFile();
        }
        FileOutputStream fos = new FileOutputStream(file);
        WriteXML.writeXML(students, fos);
        showToast("写入文件成功");
    }
});
```

在上述代码中，遍历 addList 中的 Student 对象，然后将该集合中的 Student 对象添加到 students 中。通过 file.exists()方法来判断该文件是否存在，如果不存在则使用 createNewFile()方法来新建文件，然后调用 WriteXML.writeXML()方法将该集合中的 Student 对象写入到 XML 文件中。

（15）为 addButton 按钮控件添加监听器，并重写 onClick()方法，其主要代码如下所示。

```java
addButton.setOnClickListener(new OnClickListener() {
    public void onClick(View v) {
        if (radio != null &&name.getText()!=null&&id.getText()!=null && age.getText()!=null) {
            if(!"".equals(age.getText().toString().trim())){
                Student student = new Student();
                student.setAge(Integer.parseInt(age.getText().toString()));
                student.setId(id.getText().toString());
                student.setName(name.getText().toString());
                student.setSex(radio.getText().toString());
                addList.add(student);
                clearEdit();
                showToast("添加成功，请继续添加");
            }
        }else{
            showToast("请将所有的内容填写完整");
        }
    }
});
```

在上述代码中，当各个编辑框不为空、单选按钮也被选中的时候，将编辑框中的内容和单选按钮选中的内容赋给 Student 对象的各个属性，并将得到的 Student 对象添加到集合 addList 中。

（16）为 delButton 按钮控件添加监听器，并重写 onClick()方法，其主要代码如下所示。

```java
delButton.setOnClickListener(new OnClickListener() {
    public void onClick(View arg0) {
        File file = new File(path);
        if (!file.exists()) {
            showToast("文件不存在");
        } else {
            if(file.delete()){
                showToast("文件删除成功");
            }else{
                showToast("文件删除失败");
            }
        }
    }
});
```

在上述代码中，使用 file.exists()方法判断要删除的文件是否存在，如果不存在，则使用 showToast()方法提示。如果存在，则调用 File 的 delete()方法来删除文件。通过其返回值来判断是否删除成功。

（17）为 sex 单选按钮组控件添加监听器，并重写 onClick()方法，其主要代码如下所示。

```java
sex.setOnCheckedChangeListener(new OnCheckedChangeListener() {
    public void onCheckedChanged(RadioGroup group, int checkedId) {
        radio = (RadioButton) findViewById(checkedId);
    }
});
```

（18）分别添加 showDialog()、showToast()和 clearEdit()方法，其主要代码如下所示。

```
//省略showToast()和clearEdit()方法
public void showDialog(String title,String msg){
    new AlertDialog.Builder(this).setTitle(title).setMessage(msg).setPositiveButton(" 关闭", null).show();
    }
```

由于 showToast()和 clearEdit()方法比较简单，而且在以前的练习中使用过多次，这里就省略不写了。

运行项目后，效果如图 10-17 所示。填写完整信息后效果如图 10-18 所示。

图 10-17　项目运行效果 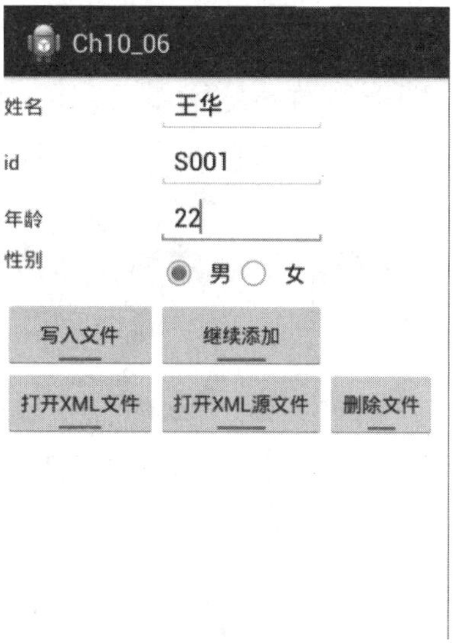　　　　　　　　　图 10-18　填写完整信息后效果

填写完整信息后单击【继续添加】按钮，这时编辑框中内容被清空，效果如图 10-19 所示。当信息添加完后，单击【写入文件】按钮，效果如图 10-20 所示。

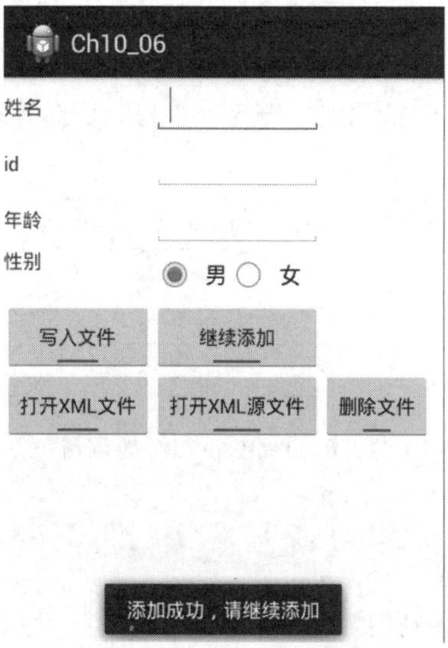

图 10-19　单击【继续添加】按钮后效果 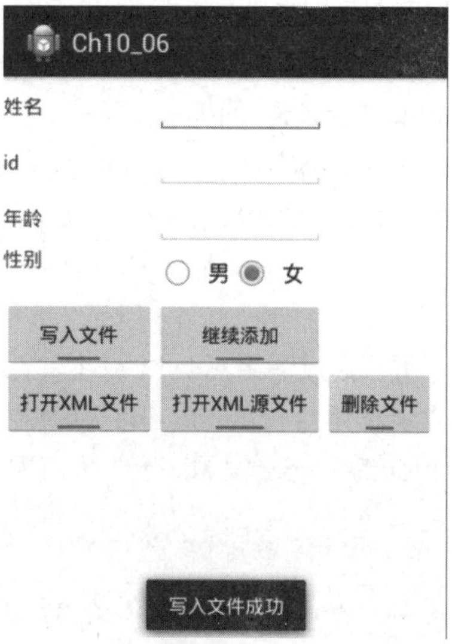　　　图 10-20　单击【写入按钮】后效果

单击【打开 XML 文件按钮】查看学生信息效果如图 10-21 所示。单击【打开 XML 源文件】按钮查看 XML 源文件效果如图 10-22 所示。单击【删除文件】按钮删除文件效果如图 10-23 所示。

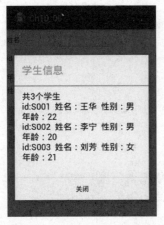

图 10-21　查看学生信息

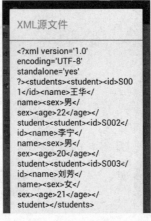

图 10-22　查看 XML 文件

图 10-23　删除文件

10.3　数据共享

数据共享即 Content Provider，用于保存和获取数据并使其对所有应用程序可见。这是不同应用程序间共享数据的唯一方式，因为在 Android 中没有提供所有应用共同访问的公共存储区域。

10.3.1　Content Provider 概述

Content Provider 是 Android 系统中能实现所有应用程序共享的一种数据存储方式。由于数据通常在各应用间是互相私密的，所以此存储方式较少使用，但是其又是必不可少的一种存储方式。例如音频，视频，图片和通讯录，一般都可以采用此种方式进行存储。

Content Provider 提供了更为高级的数据共享方法，应用程序可以指定需要共享的数据，而其他应用程序则可以在不知数据来源、路径的情况下，对共享数据进行查询、添加、删除和更新等操作。在创建 Content Provider 时，需要首先使用数据库、文件系统或网络实现底层存储功能，然后在继承 Content Provider 的类中实现基本数据操作的接口函数，包括添加、删除、查找和更新等功能。

客户端不能够直接调用 Content Provider 的接口函数，而需要使用 ContentResolver 对象，通过 URI 间接调用 ContentProvider。Content Provider 调用关系如图 10-24 所示。

用户可以通过调用 Activity 或者其他应用程序控件的实现类中的 getContentResolver() 方法来获得 ContentProvider 对象，代码如下所示。

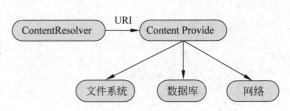

图 10-24　ContentProvider 的调用关系

```
ContentResolver cr = getContentResolver();
```

使用 ContentResolver 提供的方法可以获得 Content Provider 中的数据。

当开始查询时，Android 系统确认查询的目标 Content Provider 并确保它正在运行。系统会初始化所有 ContentProvider 类的对象。一般情况下只有一个 ContentResolver 对象，但却可以同时与多个 ContentResolver 进行交互。不同进程之间的通信由 ContentProvider 类和 ContentResolver 类来处理。

ContentProvider 完全屏蔽了数据提供组件的数据存储方法。在使用者看来，数据提供者通过 ContentProvider 提供了一组标准的数据操作接口，却无法得知数据提供者的数据存储方式。

数据提供者可以使用 SQLite 数据库存储数据，也可以通过文件系统或 SharedPreferences 存储数据，甚至是使用网络存储的方法，这些内容对数据使用者都是不可见。同时也正是因为屏蔽数据的存储方法，很大程度上简化了 ContentProvider 的使用难度，使用者只要调用 ContentProvider 提供的接口函数，就可完成所有的数据操作。

1. 数据类型

Content Provider 使用基于数据库模型的简单表格来提供其中的数据，其数据模式类似于数据库的数据表，每行是一条记录，每列具有相同的数据类型。ContentProvider 可以提供多个数据集，调用者使用 URI 对不同的数据集的数据进行操作。例如，联系人的信息可以用如表 10-2 所示的方式提供。

表 10-2　联系人信息表

_ID	NAME	NUMBER	EMAIL
1	王华	15937118001	wanghua@itzcn.com
2	刘霞	13553583320	liuxia@itzcn.com
3	李冰	13566953632	libing@itzcn.com
4	刘晓丽	15090950563	xiaoli@itzcn.com

每条记录包含一个数值型的_ID 字段，用于在表格中唯一标识该记录。ID 用于匹配相关表格中的记录。例如，在一个表格中查询联系人的电话，在另外一个表格中查询其邮箱。

ID 字段前有一个下划线，在编写代码时不能忘记。

查询返回一个 Cursor 对象，它能遍历各行各列来读取各个字段的值。对于各个类型的数据，它都提供了专用的方法。

2. URI 的用法

每个 Content Provider 都会对外提供一个公共的 URI（包装成 URI 对象），如果应用程序有数据需要共享时，就需要使用 Content Provider 为这些数据定义一个 URI，然后其他的应用程序就通过 Content Provider 传入这个 URI 来对数据进行操作。

用户使用 ContentResolver 对象与 ContentProvider 进行交互，而 ContentResolver 则通过 URI 确定需要访问的 ContentProvider 的数据集。在发起一个请求的过程中，Android 首先根据 URI 确定处理这个查询的 ContentResolver，然后初始化 ContentResolver 所有需要的资源，这个初始化的工作是 Android 系统完成的，无须用户参与。

管理多个数据集的 Content Provider 为每个数据集提供了单独的 URI。所有为 provider 提供的 URI 都以"content://"作为前缀，"content://"模式表示数据由 Content Provider 来管理。

如果自定义 Content Provider，则应该为其 URI 也定义一个常量来简化客户端代码并让日后的更新更加简洁。Android 为当前平台提供的 Content Provider 定义了 CONTENT_URI 常量。例如，匹配电话号码到联系人表格的 URI 和匹配保存联系人 EMAIL 表格的 URI 的代码如下所示。

```
android.provider.Contacts.Phones.CONTENT_URI
android.provider.Contacts.Email.CONTENT_URI
```

URI 常量用于所有与 Content Provider 的交互中。每个 ContentResolver 方法使用 URI 作为其

第一个参数。它用来标识 ContentResolver 应该使用哪个 provider 及其中的哪个表格。

Content Provider 使用的 URI 语法结构如下代码所示。

```
content://<authority>/<data_path>/<id>
```

content://是通用前缀，表示该 URI 用于 Content Provider 定位资源，无须修改。

<authority>是授权者名称，URI 的 authority 部分用于标识该 Content Provider，确定具体由哪一个 Content Provider 提供资源。因此，一般<authority>都由类的小写全称组成，以保证唯一性。

<data_path>是数据路径，用来确定请求的是哪个数据集。如果 Content Provider 仅提供一种数据类型，可以省略该部分。如果 Content Provider 仅提供多个数据集，数据路径则必须指明具体是哪一个数据集。

<id>是数据编号，用来唯一确定数据集中的一条记录，用来匹配数据集中_ID 字段的值。如果请求的数据并不只限于一条数据，则<id>可以省略。

例如请求表 10-2 联系人信息表中第三条数据时，可以使用如下代码。

```
content://com.android.peopleprovider/people/3
```

10.3.2 预定义 Content Provider

Android 系统为常用数据类型提供了很多预定义的 Content Provider（声音、视频、图片、联系人等），它们大多位于 android.provider 包中。Android 系统提供的常见的 Content Provider 说明如下。

- **Browser**　读取或修改书签、浏览历史或网络搜索。
- **CallLog**　查看或更新通话历史。
- **Contacts**　获取、修改或删除联系人信息。
- **LiveFolders**　由 Content Provider 提供内容的特定文件夹。
- **MediaStore**　访问声音、视频和图片。
- **Setting**　查看和获取蓝牙设置、铃声和其他设备偏好。
- **SyncStateContract**　用于使用数据数组账号关联数据的 Content Provider 约束。希望使用标准方式保存数据的 provider 时可以使用。
- **UserDictionary**　在可预测文本输入时，提供用户定义单词给输入法使用。应用程序和输入法能增加数据到该字典。单词能关联频率信息和本地化信息。

1．查询数据

要查询 Content Provider 中的数据需要三个信息：标识该 Content Provider 的 URI、需要查询的数据字段名称和字段中数据的类型。如果查询特定的记录，则还需要提供该记录的 ID 值。

为了查询 Content Provider 中的数据，需要使用 ContentResolver.query() 或 Activity.managedQuery()方法。两者的参数完全一样，查询过程和返回值也是相同的。区别是通过 Activity.managedQuery()方法不但获取到 Cursor 对象，而且能够管理 Cursor 对象的生命周期。比如当 Activity 暂停（pause）的时候，卸载该 Cursor 对象，当 Activity 在 restart 的时候重新查询。另外也可以通过调用 Activity.startManaginCursor()方法让 Activity 管理未托管的 Cursor 对象。

query()和 managedQuery()方法的第一个参数是 provider 的 URI，即标识特定 Content Provider 和数据集的 CONTENT_URI 常量。

如果需要查询的是指定行的记录，需要用_ID 值，比如 ID 值为 23，URI 将如下列代码所示。

```
content://. . . ./23
```

Android 提供了方便的方法，让用户不需要自己拼接上面的 URI，比如类似下列代码。

```
Uri myPerson = ContentUris.withAppendedId(People.CONTENT_URI, 23);
```

或者是

```
Uri myPerson = Uri.withAppendedPath(People.CONTENT_URI, "23");
```

二者的区别是一个接收整数类型的 ID 值，一个接收字符串类型。

返回值是 Cursor 对象，游标位置在第一条记录之前。

查询返回一组 0 条或多条数据库记录。列名、默认顺序和数据类型对每个 Content provider 都是特别的，但是每个 provider 都有一个_ID 列，它为每条记录保存唯一的数值 ID。每个 provider 也能使用_COUNT 报告返回结果中记录的行数，该值在各行都是相同的。

获得数据使用 Cursor 对象处理，它能向前或向后遍历整个结果集。用户可以使用 Cursor 对象来读取数据，而增加、修改和删除数据必须使用 ContentResolver 对象。

2．增加记录

为了向 Content provider 中增加新记录，首先需要在 ContentValues 对象中建立键值和映射，这里每个键匹配 Content provider 中列名，每个值都是该列中希望增加的值，然后调用 ContentResolver.insert()方法并传递给它 provider 的 URI 参数和 ContentValues 映射。该方法返回新记录的完整 URI，即增加了新记录 ID 的 URI。这样可以通过这个 URI 获得包含这条记录的 Cursor 对象。如下列代码所示。

```
ContentValues values = new ContentValues();
values.put(People.NAME, "Abraham Lincoln");
Uri uri = getContentResolver().insert(People.CONTENT_URI, values);
```

3．增加新值

一旦记录存在，用户可以向其中增加信息或者修改已经存在的信息。增加记录到 Contacts 数据库的最佳方式是增加保存新数据的表名到代表记录的 URI，然后使用组装好的 URI 来增加新数据。每个 Contacts 表格以 CONTENT_DIRECTORY 常量的方式提供名称。

用户可以调用使用 byte 数组作为参数的 ContentValues.put()方法向表格中增加少量二进制数据，适用于类似小图标的图片、短音频片段等。当需要增加大量二进制数据，如图片或者完整的歌曲等，则需要保存代表数据的 content:URI 到表格，然后使用文件 URI 调用 ContentResolver.openOutStream()方法。这导致 Content provider 保存数据到文件并在记录的隐藏字段保存文件路径。

4．批量更新记录

批量更新一组记录的值，比如 NY 改名为 New York，可调用 ContenResolver.update()方法。

5．删除记录

如果是删除单个记录，可调用 ContentResolver.delete()方法，URI 参数指定到具体行即可。如果是删除多个记录，在调用 ContentResolver.delete()方法时，URI 参数指定 Contentprovider 即可，并带有一个类似 SQL 的 WHERE 子句条件。

由于本节课的练习是读取手机中的联系人的信息来演示 Content provider 的使用，下面先简单介绍一些如何完成向联系人中添加信息的基本操作。

（1）启动模拟器，进入应用程序界面如图 10-25 所示。

（2）单击"联系人"图标，打开联系人程序界面，如图 10-26 所示。由于并未在模拟器中添加过联系人，因此此时显示没有联系人。

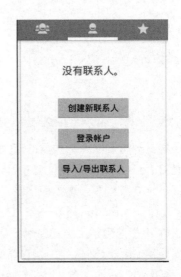

图 10-25　Android 应用程序界面　　　　图 10-26　Android 联系人程序界面

（3）在图 10-26 中单击【创建新联系人】按钮，然后开始添加联系人信息。分别如图 10-27 和 10-28 所示。其中在图 10-28 中的联系人，添加了两个电话号码。

（4）继续添加联系人信息，添加完所有信息后返回可以看到所有的联系人信息，如图 10-29 所示。

图 10-27　添加联系人（一个电话号码）　图 10-28　添加联系人（多个电话号码）　图 10-29　联系人显示界面

【练习 7】

在 Eclipse 中创建一个 Android 项目，名称为 ch10_07，读取手机中的联系人信息。

（1）在项目中的 res/layout 目录下修改 activity_main.xml 文件，将其改为线性布局，方向垂直。这里与练习 1 中的步骤（1）代码一样，在这里就省略了。

（2）在其中添加一个 TextView 控件，其代码如下所示。

```
<TextView
    android:layout_width="wrap_content"
    android:layout_height="wrap_content"
    android:id="@+id/result"
    android:autoLink="phone"/>
```

在上述代码中，autoLink 属性表示当文本为 URL 链接、邮箱、电话号码、map 时，文本是否显示为链接。这里设置的是当文本为电话号码时,显示为链接。

(3)由于要访问手机中的联系人信息,因此需要在 AndroidManifest.xml 文件中设置读取联系人信息的权限,其代码如下所示。

```
<uses-permission android:name="android.permission.READ_CONTACTS"/>
```

(4)在 com.android.activity 包中的 MainActivity.java 文件中,声明 XML 布局文件中的 TextView 控件,定义一个 String 类型的数组并初始化,其代码如下所示。

```
private TextView result = null;
private String[] columns = {Contacts._ID,Contacts.DISPLAY_NAME};
```

在上述代码中,Contacts._ID 表示希望获得的 ID 值。Contacts.DISPLAY_NAME 表示希望获得的联系人姓名。

(5)在 onCreate()方法中获取 TextView 控件,并为其赋值,其代码如下所示。

```
result = (TextView) findViewById(R.id.result);
result.setText(getContacts());
```

(6)添加 getContacts()方法,用于获取联系人的 ID、姓名和电话等信息。其代码如下所示。

```
public String getContacts(){                              //获取联系人信息
    StringBuilder sb = new StringBuilder();               //用于保存字符串
    ContentResolver cr = getContentResolver();            //获得 ContentResolver 对象
    Cursor cursor = cr.query(Contacts.CONTENT_URI, columns, null, null, null);
                                                          //查询记录
    int idIndex = cursor.getColumnIndex(columns[0]);      //获取 ID 记录的索引
    int nameIndex = cursor.getColumnIndex(columns[1]);    //获取姓名记录的索引
    for (cursor.moveToFirst();!cursor.isAfterLast();cursor.moveToNext()) {
                                                          //迭代全部记录
        String contactId = cursor.getString(idIndex);     //获取联系人 ID
        String name = cursor.getString(nameIndex);        //获取联系人姓名
        sb.append(contactId + ":Name:" + name +"\t");
        Cursor phoneNumbers = cr.query(Phone.CONTENT_URI, null, Phone.CONTACT_ID
        + " = "+ contactId, null, null);                  //根据联系人 ID 查询对应的电话号码
        while (phoneNumbers.moveToNext()){                //取得电话号码(可能存在多个号码)
            String phone = phoneNumbers.getString(phoneNumbers.getColumnIndex
            (Phone.NUMBER));
                sb.append("Phone:" + phone +";");
        }
        phoneNumbers.close();
        sb.append("\n");
    }
    cursor.close();
    return sb.toString();
}
```

在上述代码中,使用 getContentResolver()方法获得一个 ContentResolver 对象。之后调用其 query()方法查询记录获得 Cursor 对象。查询出 ID 和姓名后,然后根据 ID 来查询当前联系人的电话号码。由于联系人的电话号码可能有多个,因此要逐条的读取,最后使用 append()方法来拼接字符串。

运行该项目，获取联系人信息的效果如图 10-30 所示。

图 10-30 获取联系人信息

10.3.3 自定义 Content Provider

如果用户希望共享自己的数据，则有以下两种选择。

❏ 创建自定义的 Content Provider（一个 ContentProvider 类的子类）。

❏ 如果有预定义的 provider，管理相同的数据类型并且有写入权限，则可以向其中增加数据。

如果自定义 Content Provider，用户需要完成以下操作。

（1）建立数据存储系统。大多数 Content Provider 使用 Android 文件存储方法或者 SQLite 数据库保存数据，但是用户可以使用任何方式存储。Android 提供了 SQLiteOpenHelper 类帮助创建数据库，SQLiteDatabase 类帮助管理数据库。

（2）继承 ContentProvider 类来提供数据访问方式。

（3）在应用程序的 AndroidManifest.xml 文件中声明 Content Provider。

1. 继承 ContentProvider 类

在继承 ContentProvider 类时需要实现 ContentProvider 类定义的抽象方法，其抽象方法语法格式如下所示。

```
public int delete(Uri arg0, String arg1, String[] arg2) {}
public String getType(Uri arg0) {}
public Uri insert(Uri arg0, ContentValues arg1) {}
public boolean onCreate() {}
public Cursor query(Uri arg0, String[] arg1, String arg2, String[] arg3,String arg4) {}
public int update(Uri arg0, ContentValues arg1, String arg2, String[] arg3) {}
```

❏ delete()方法表示从 Content Provider 中删除数据。

❏ getType()方法表示返回 Content Provider 数据的 MIME 类型。

❏ insert()方法表示插入新数据到 Content Provider 中。

❏ onCreate()方法表示用于初始化 provider。

❏ query()方法表示返回数据给调用者。

❏ update()方法表示更新 Content Provider 中已经存在的数据。

由于 ContentProvider 类中的方法能被任意进程和线程的 ContentResolver 对象调用，所以它们必须以线程安全的方式实现。此外，也可以调用 ContentResolver.notifyChange()方法，以便在数据修改时通知监听器。

除了定义子类外，还应该采取下列方法使类更加易用。

（1）使用 public static final Uri CONTENT_URI 定义变量 CONTENT_URI。该字符串表示自定义的 Content Provider 处理的完整 content:URI，必须为该值定义唯一的字符串。例如 People 的 URI 可以按照定义生成如下所示的代码。

```
public static final Uri  CONTENT_URI = Uri.parse("content://com.android.people");
```

如果 provider 包含子表，也应该为各个子表定义 URI。这些 URI 应该有相同的 authority（因为它标识 Content Provider），使用路径进行区分。例如下列代码所示。

```
content://com.android.people/info
content://com.android.people/message
```

（2）定义每个字段的列名。如果采用的数据库存储系统为 SQLite 数据库，数据表列名可以采用数据库中表的列名。不管数据表中有没有其他的唯一标识一个记录的字段，都应该定义一个"_ID"字段来惟一标识一个记录。_ID 字段类型如下代码所示。

```
INTEGER PRIMARY KEY AUTOINCREMENT
```

2. 声明 ContentProvider

创建好一个 Content Provider 必须要在应用程序的 AndroidManifest.xml 中进行声明，否则该 Content Provider 对于 Android 系统将是不可见的。如果有一个名为 MyProvider 的类扩展了 ContentProvider 类，声明该组件的代码如下所示。

```
<provider name="com.android.MyProvider"
   authorities="com. android.myprovider"/>
<!--为<provider>标记添加 name、authorities 属性-->
```

其中，name 属性的值是 ContentProvider 类的子类的完整名称。authorities 属性是 provider 定义的 content:URI 中 authority 部分。上述代码中，ContentProvider 的子类是 MyProvider。

3. UriMatcher

UriMatcher 用于匹配 URI，它的用法如下所示。

（1）首先把需要匹配 URI 的路径全部给注册上，其代码如下所示。

```
UriMatcher uriMatcher = new UriMatcher(UriMatcher.NO_MATCH);
uriMatcher.addURI("com.android.provider.contactprovider", "contact", 1);
                                //添加需要匹配URI，如果匹配就会返回匹配码
uriMatcher.addURI("com.android.provider.contactprovider", "contact/#", 2);
//#号为通配符
```

在上述代码中，常量 UriMatcher.NO_MATCH 表示不匹配任何路径的返回码，其值为-1。如果 match()方法匹配 content://com.android.provider.contactprovider/contact 路径，返回匹配码为 1。如果 match()方法匹配 content://com.android.provider.contactprovider/contact/230 路径，返回匹配码为 2。

（2）注册完需要匹配的 URI 后，就可以使用 uriMatcher.match()方法对输入的 URI 进行匹配，如果匹配就返回匹配码，匹配码是调用 addURI()方法传入的第三个参数。假设匹配 content://com.android.provider.contactprovider/contact 路径，那么返回的匹配码为 1。

ContentURIs 类用于获取 URI 路径后面的 ID 部分，以下两个比较实用的方法。
- withAppendedId(uri, id)用于为路径加上 ID 部分。
- parseId(uri)方法用于从路径中获取 ID 部分。

【练习 8】

在 Eclipse 中创建一个 Android 项目，名称为 ch10_08，使用自定义的 Content Provider 来实现数据共享。在该练习中运用到了 SQLite 数据库，下节课将会详细介绍。

（1）在项目中的 res/layout 目录下修改 activity_main.xml 文件，将其改为线性布局，方向垂直。这里与练习 1 中的步骤（1）代码一样，在这里就省略了。

（2）在其中添加一个 TextView 控件，其代码如下所示。

```xml
<TextView
    android:layout_width="wrap_content"
    android:layout_height="wrap_content"
    android:id="@+id/result"
    android:autoLink="phone"/>
```

（3）在项目下新建 com.android.utils 包，在包中建立 Utils 类用来存放一些常用的常量，其代码如下所示。

```java
public class Utils {
    public static final String DBNAME = "people";          //数据库名称
    public static final String TNAME = "people";           //数据库表名称
    public static final int VERSION = 1;                   //数据库版本
    public static String TID = "_id";                      //数据库表中_id字段
    public static final String PHONE = "phone";            //数据库表中phone字段
    public static final String NAME = "name";              //数据库表中name字段
    public static final String SEX = "sex";                //数据库表中sex字段
    public static final String AUTOHORITY = "com.android.activity";
    public static final int ITEM = 1;
    public static final int ITEM_ID = 2;
    public static final String CONTENT_TYPE = "vnd.android.cursor.dir/vnd.android.activity";
    public static final String CONTENT_ITEM_TYPE = "vnd.android.cursor.item/vnd.android.activity";
    public static final Uri CONTENT_URI = Uri.parse("content://" + AUTOHORITY + "/people");
}
```

（4）在 com.android.util 包下建立 DBlite 类，并继承 SQLiteOpenHelper 类，在其中添加构造方法，其代码如下所示。

```java
public DBlite(Context context) {
    super(context, Utils.DBNAME, null, Utils.VERSION);
}
```

（5）重写 onCreate()方法，在数据库建立的时候同时建立表，其代码如下所示。

```java
public void onCreate(SQLiteDatabase db) {
    db.execSQL("create table "+Utils.TNAME+"(" +
    Utils.TID+" integer primary key autoincrement not null,"+
    Utils.PHONE+" text not null," +
    Utils.NAME+" text not null," +
```

```
        Utils.SEX+" text not null);");
}
```

（6）添加 add()方法，用于向数据库表中插入数据，其代码如下所示。

```
public void add(String phone,String name,String sex){
    SQLiteDatabase db = getWritableDatabase();
    ContentValues values = new ContentValues();
    values.put(Utils.PHONE, phone);
    values.put(Utils.NAME, name);
    values.put(Utils.SEX, sex);
    db.insert(Utils.TNAME,null,values);
}
```

在上述代码中，使用 getWritableDatabase()方法获取了一个 SQLiteDatabase 对象。ContentValues 与 Map 类似，都是保存的键值对。这里获取 ContentValues 对象后，使用 put()方法给其中的键值对赋值，之后调用 insert()方法，将这些内容插入到数据库中。

（7）在 com.android.util 包下新建 PeopleProvider 类，继承 ContentProvider。在其中声明 SQLiteDatabase 和 DBlite 对象，并定义 sMatcher，其代码如下所示。

```
DBlite dBlite;
SQLiteDatabase db;
private static final UriMatcher sMatcher;
static{
    sMatcher = new UriMatcher(UriMatcher.NO_MATCH);
    sMatcher.addURI(Utils.AUTOHORITY,Utils.TNAME, Utils.ITEM);
    sMatcher.addURI(Utils.AUTOHORITY, Utils.TNAME+"/#", Utils.ITEM_ID);
}
```

在上述代码中，常量 URIMatcher.NO_MATCH 表示不匹配任何路径的返回码。

（8）重写 ContentProvider 的 delete 方法，其代码如下所示。

```
public int delete(Uri uri, String selection, String[] selectionArgs) {
    db = dBlite.getWritableDatabase();
    int count = 0;
    switch (sMatcher.match(uri)) {
    case Utils.ITEM:
        count = db.delete(Utils.TNAME,selection, selectionArgs);
            break;
    case Utils.ITEM_ID:
            String id = uri.getPathSegments().get(1);
    count=db.delete(Utils.TID,Utils.TID+"="+id+(!TextUtils.isEmpty(Utils.TID=
    "?")?"AND("+selection+')':""),       selectionArgs);
            break;
        default:
            throw new IllegalArgumentException("Unknown URI"+uri);
    }
    getContext().getContentResolver().notifyChange(uri, null);
    return count;
}
```

在上述代码中，当 sMatcher 与 Utils.ITEM 匹配时，表示只有一条数据，直接删除即可。当 sMatcher 与 Utils.ITEM_ID 匹配时表示有多条数据，删除时需要根据满足的条件来删除。如果与上面两个都不匹配，说明该 URI 为错误的。

（9）重写 getType()方法，该方法用于返回当前 URI 所代表数据的 MIME 类型，其代码如下所示。

```java
public String getType(Uri uri) {
    switch (sMatcher.match(uri)) {
    case Utils.ITEM:
        return Utils.CONTENT_TYPE;
    case Utils.ITEM_ID:
        return Utils.CONTENT_ITEM_TYPE;
    default:
        throw new IllegalArgumentException("Unknown URI"+uri);
    }
}
```

（10）重写其 insert()方法，代码如下所示。

```java
public Uri insert(Uri uri, ContentValues values) {
    db = dBlite.getWritableDatabase();
    long rowId;
    if(sMatcher.match(uri)!=Utils.ITEM){
        throw new IllegalArgumentException("Unknown URI"+uri);
    }
    rowId = db.insert(Utils.TNAME,Utils.TID,values);
    if(rowId>0){
        Uri noteUri=ContentUris.withAppendedId(Utils.CONTENT_URI, rowId);
        getContext().getContentResolver().notifyChange(noteUri, null);
        return noteUri;
    }
    throw new IllegalArgumentException("Unknown URI"+uri);
}
```

在上述代码中，使用 getWritableDatabase()方法获取一个 SQLiteDatabase 对象，然后将 ContentValues 对象插入到数据库中，根据插入后返回的结果来判断是否插入成功。

（11）重写 ContentProvider 的 onCreate()方法，其代码如下所示。

```java
public boolean onCreate() {
    this.dBlite = new DBlite(this.getContext());
    return true;
}
```

（12）重写 ContentProvider 的 query()方法，用于查询数据库中的内容，其代码如下所示。

```java
public Cursor query(Uri uri, String[] projection, String selection, String[] selectionArgs,
        String sortOrder) {
    db = dBlite.getWritableDatabase();
    Cursor cursor;
    switch (sMatcher.match(uri)) {
    case Utils.ITEM:
        cursor = db.query(Utils.TNAME, projection, selection, selectionArgs,
        null, null, null);
            break;
    case Utils.ITEM_ID:
```

```
            String id = uri.getPathSegments().get(1);
            cursor=db.query(Utils.TNAME,projection,Utils.TID+"="+
id+(!TextUtils.isEmpty(selection)?"AND("+selection+')':""),selectionArgs,
null, null, sortOrder);
            break;
        default:
            throw new IllegalArgumentExcoption("Unknown URI"+uri);
        }
        cursor.setNotificationUri(getContext().getContentResolver(), uri);
        return cursor;
}
```

在上述代码中，当 sMatcher 与 Utils.ITEM 匹配时，表示只有一条数据。当 sMatcher 与 Utils.ITEM_ID 匹配时，表示有多条数据，查询时需要根据其满足的条件来查询。如果与上面两个都不匹配，说明该 URI 为错误的。

（13）在 com.android.activity 包中的 MainActivity 中，声明 DBlite 和 ContentResolver 对象，并声明一个 TextView 控件，其代码如下所示。

```
private DBlite dBlite = new DBlite(this);
private ContentResolver contentResolver;
private TextView result = null;
```

（14）在 onCreate()方法中获取 TextView 控件，这里就省略该代码。在数据库中添加数据，其代码如下所示。

```
dBlite.add("15999089932", "王华", "男");
contentResolver = MainActivity.this.getContentResolver();
ContentValues values = new ContentValues();
values.put(Utils.NAME, "李明明");
values.put(Utils.PHONE, "15090322365");
values.put(Utils.SEX, "男");
contentResolver.insert(Utils.CONTENT_URI, values);
```

在上述代码中，分别使用了两种方法来添加数据。add()方法是在 DBlite 类中定义的方法。contentResolver.insert()方法是重写了 ContentProvider 中的 insert()方法。

（15）使用 ContentResolver 的 query()方法查询数据库中的内容，其代码如下所示。

```
Cursor cursor = contentResolver.query(
Utils.CONTENT_URI, new String[] {Utils.PHONE, Utils.NAME,Utils.SEX }, null,
null, null);
String param = "";
while (cursor.moveToNext()) {
    param +="Name:"+ cursor.getString(cursor.getColumnIndex(Utils.NAME))
    + "|Phone: "+ cursor.getString(cursor.getColumnIndex(Utils.PHONE)) + "\n";
}
result.setText(param);
```

在上述代码中，使用了 ContentResolver 的 query()方法来获取到 Cursor 对象，然后使用 Cursor 的 getter 方法来将数据库中的内容显示出来，并将其显示在文本框控件中。

（16）重新配置 AndroidMainfest.xml 文件，其代码如下所示。

```
<application
```

```xml
    android:allowBackup="true"
    android:icon="@drawable/ic_launcher"
    android:label="@string/app_name"
    android:theme="@style/AppTheme" >
    <activity
        android:name="com.android.activity.MainActivity"
        android:label="@string/app_name" >
        <intent-filter>
            <action android:name="android.intent.action.MAIN" />
            <category android:name="android.intent.category.LAUNCHER" />
        </intent-filter>
        <intent-filter>
            <data android:mimeType="vnd.android.cursor.dir/vnd.android.activity"/>
        </intent-filter>
        <intent-filter>
            <data android:mimeType="vnd.android.cursor.item/vnd.android.activity"/>
        </intent-filter>
    </activity>
    <provider android:name="com.android.activity.PeopleProvider"
        android:authorities="com.android.activity" />
</application>
```

在上述代码中，android:nam 为对应 CourseProvider 的包名+类名，android:authorities 为对应 Course 的 AUTHORITY。

> **技巧**
> 上面是在一个程序中进行的测试，也可以再新建一个工程来模拟一个新的程序，然后将上面查询的代码加到新的程序中，这样就模拟了 contentprovider 的数据共享功能。需要注意的是，新建的程序中 AndroidManifest.xml 不需要对 provider 进行注册，直接运行就行，否则会报错！

运行该项目，其效果如图 10-31 所示。

图 10-31 自定义的 Content Provider 运行效果

10.4 实例应用：使用电话号码查询联系人信息

10.4.1 实例目标

根据本课所学习的 Content Provider 访问手机中的联系人信息，并能够实现自动补全联系人输入的电话信息。如果输入的电话号码在联系人中存在，则显示出联系人的姓名，否则提示联系人中无此号码。

10.4.2 技术分析

首先在联系人中添加联系人信息，在 AndroidManifest 文件中设置对联系人信息的访问权限。添加一个 AutoCompleteTextView 控件，并对该控件设置适配器，目的是能够让自动匹配输入联系人的电话号码，之后使用 ContentResolver 对象来根据电话号码来查询联系人的信息。

10.4.3 实现步骤

在 Eclipse 中创建一个 Android 项目，名称为 Ch10，用于实现使用电话号码查询联系人信息。

（1）由于要访问手机中的联系人信息，因此需要在 AndroidManifest.xml 文件中设置读取联系人信息的权限，其代码如下所示。

```xml
<uses-permission android:name="android.permission.READ_CONTACTS"/>
```

（2）在项目中的 res/layout 目录下修改 activity_main.xml 文件，将其改为线性布局，方向垂直，其代码如下所示。

```xml
<LinearLayout xmlns:android="http://schemas.android.com/apk/res/android"
    android:layout_width="match_parent"
    android:layout_height="match_parent"
    android:orientation="vertical">
</LinearLayout>
```

（3）在（2）步骤的布局文件中分别添加 AutoCompleteTextView 控件、Button 控件和一个 TextView 控件，其代码如下所示。

```xml
<AutoCompleteTextView
    android:id="@+id/autoText"
    android:layout_width="match_parent"
    android:layout_height="wrap_content"
    android:completionThreshold="2"
    android:inputType="number" />
<Button
    android:id="@+id/check"
    android:layout_width="match_parent"
    android:layout_height="wrap_content"
    android:text="查询"/>
<TextView
    android:layout_width="match_parent"
    android:layout_height="wrap_content"
    android:id="@+id/result"
    android:autoLink="phone"/>
```

在上述代码中，AutoCompleteTextView 的 completionThreshold 属性表示当输入两个字符时给出提示，inputType 属性表示只能输入数字。TextView 的 autoLink 属性表示当文本为电话号码时，显示为链接。

（4）在 com.android.activity 包中的 MainActivity.java 文件中，声明 XML 布局文件中的 Button

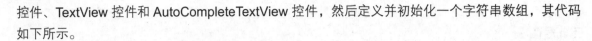

控件、TextView 控件和 AutoCompleteTextView 控件，然后定义并初始化一个字符串数组，其代码如下所示。

```
private TextView result = null;
private Button check = null;
private AutoCompleteTextView autoText = null;
private String[]columns = new String[]{Phone._ID,Phone.NUMBER};
```

（5）在 onCreate()方法中获取所声明的控件，其代码如下所示。

```
check = (Button) findViewById(R.id.check);
result = (TextView) findViewById(R.id.result);
result.setGravity(Gravity.CENTER_HORIZONTAL);
autoText = (AutoCompleteTextView) findViewById(R.id.autoText);
```

（6）获取 ContentResolver 对象，定义一个 ContactListAdapter 适配器，并为 AutoComplete TextView 添加适配器，其代码如下所示。

```
ContentResolver resolver = getContentResolver();
Cursor cursor = resolver.query(Phone.CONTENT_FILTER_URI, columns, null, null, null);
ContactListAdapter adapter = new ContactListAdapter(this,cursor,true);
autoText.setAdapter(adapter);
```

在上述代码中，使用 getContentResolver()方法获取到 ContentResolver 对象。使用其 query()方法来根据电话号码查询，并将数据绑定在 CursorAdapter 的子类 ContactListAdapter 上。之后使用 setAdapter()方法为自动完成文本框添加适配器。当输入一定的字符时，就会显示与之相匹配的完整字符。

（7）为查询按钮添加监听器，并重写其 onClick()方法，其代码如下所示。

```
check.setOnClickListener(new OnClickListener() {
    public void onClick(View v) {
        readNameByPhone(autoText.getText().toString());
    }
});
```

上述代码在查询按钮的 onClick()方法中调用了 readNameByPhone()方法来读取所要查询的电话号码。

（8）创建 ContactListAdapter 类，继承 CursorAdapter 并实现 Filterable 接口，并重写其构造方法，代码如下所示。

```
public class ContactListAdapter extends CursorAdapter implements Filterable{
    private ContentResolver resolve ;
    private String[]columns = new String[]{Phone._ID,Phone.NUMBER};
    public ContactListAdapter(Context context, Cursor c, boolean autoRequery) {
        super(context, c, autoRequery);              //调用父类构造方法
        resolve = context.getContentResolver();      //初始化 ContentProvider
    }
}
```

（9）重写 CursorAdapter 的 bindView()、newView()和 convertToString()方法，其代码如下所示。

```java
public void bindView(View view, Context context, Cursor cursor) {
    ((TextView)view).setText(cursor.getString(1));
}
public View newView(Context context, Cursor cursor, ViewGroup parent) {
    LayoutInflater inflater = LayoutInflater.from(context);
    TextView view = (TextView)inflater.inflate(android.R.layout.simple_dropdown_item_1line, parent,false);
    view.setText(cursor.getString(1));
    return view;
}
public CharSequence convertToString(Cursor cursor) {
    return cursor.getString(1);
}
```

上述代码用于将查询出来的结果显示在 TextView 控件中。

（10）重写 runQueryOnBackgroundThread()方法，其代码如下所示。

```java
public Cursor runQueryOnBackgroundThread(CharSequence constraint) {
    FilterQueryProvider filter = getFilterQueryProvider();
    if (filter != null) {
        return filter.runQuery(constraint);
    }
    Uri uri = Uri.withAppendedPath(Phone.CONTENT_FILTER_URI, Uri.encode(constraint.toString()));
        return resolve.query(uri, columns, null, null, null);
}
```

在上述代码中，使用 getFilterQueryProvider()方法获取 FilterQueryProvider 对象，然后获取联系人电话号码。

（11）添加 readNameByPhone()方法，用于使用电话号码来读取联系人的信息，其代码如下所示。

```java
public void readNameByPhone(String phone){
    if(phone.length()<7){
        Toast toast = Toast.makeText(MainActivity.this,"你输入的电话号码长度不够",
        Toast.LENGTH_SHORT);
        toast.setGravity(Gravity.TOP , 0, 200);            //设置显示的 Toast 的位置
        toast.show();                                       //显示 Toast 信息
    }else{
        Uri uri = Uri.parse("content://com.android.contacts/data/phones/filter/"+phone);
        ContentResolver resolver = getContentResolver();
        Cursor cursor = resolver.query(uri, new String[]{Data.DISPLAY_NAME},
        null, null, null);
        //从 raw_contact 表中返回 display_name
        if(cursor.moveToFirst()){
            result.setText("姓名:"+cursor.getString(0)+"\t 电话: " + phone);
        }else{
            result.setText("电话本中无此号码");
        }
    }
}
```

在上述代码中，当输入的电话号码的长度小于 7 时，将会给出提示。反之，会将该电话号码作为查询的条件来查询联系人的信息。

运行该项目，效果如图 10-32 所示。当输入两个或两个以上的数字时，效果分别如图 10-33 和 10-34 所示。

图 10-32　项目运行效果　　　图 10-33　输入两个数字效果　　　图 10-34　输入三个数字效果

当输入的电话号码在联系人中存在时，会显示联系人的姓名和电话，其效果如图 10-35 所示，否则会显示"电话本中无此号码"的信息，其效果如图 10-36 所示。

图 10-35　联系人存在该号码　　　　　　　图 10-36　联系人不存在该号码

10.5 扩展训练

拓展训练：使用 SharedPreferences 存储和读取图片文件

根据本课所学内容，使用 SharedPreferences 进行对图片文件的存储和读取。

10.6 课后练习

一、填空题

1. SharedPreferences 支持的三种访问模式中表示是私有模式的是_____。
2. SharedPreferences 文件保存在/data/data/<package name>下的_____目录中。
3. 当使用 SharedPreferences 存储复杂数据时，一般将复杂类型的数据转换成_____编码。

4. 在获取 SD 卡的根路径需要用到_____的 getExternalStorageDirectory() 方法来获得。
5. 客户端不能够直接调用 Content Provider 的接口函数，而需要使用_____对象。

二、选择题

1. 在使用 SharedPreferences 存储数据时，如果要获得全局读写权限时，需要将模式设为_____。
   A. MODE_PRIVATE
   B. MODE_WORLD_READABLE
   C. MODE_WORLD_WRITEABLE
   D. MODE_WORLD_READABLE + MODE_WORLD_WRITEABLE

2. 下列关于 SharedPreferences 存储数据的说法中，错误的是_____。
   A. SharedPreferences 可以保存类型为 String、int、float 的数据
   B. SharedPreferences 保存图片时，需要将图片转换成 Base64 编码，然后将转换后的数据以字符串的形式保存在 XML 文件中
   C. SharedPreferences 可以直接保存图片、对象等数据
   D. SharedPreferences 使用 XML 文件格式来保存数据

3. 下列关于文件存储中，说法不正确的是_____。
   A. 将文件存储在系统内部时，不需要设置访问权限
   B. 将文件存储在 SD 卡上时，需要添加访问扩展设备的权限
   C. 所有的 Android 手机都有 SD 卡来存储大型数据
   D. 采用文件存储时，需要采用流的方式来读取和存储数据

4. 下列关于 Content Provider 的说法中，不正确的是_____。
   A. 可以使用 getContentResolver() 方法来获得 ContentProvider 对象
   B. 一个 ContentResolver 对象在同一时刻只可以和一个 ContentResolver 进行交互
   C. 创建好一个 Content Provider 后，必须要在应用程序的 AndroidManifest.xml 中进行声明
   D. 在继承 ContentProvider 类时，需要实现 ContentProvider 类定义的抽象方法

三、简答题

1. 以存储图片为例，简述一下使用 SharedPreferences 存储和读取复杂数据的过程。
2. 简述一下 Content URI 的组成部分，以及这几部分分别代表的含义。

第 11 课
SQLite 数据库存储

在上一课学习了 Android 系统中常用的几种存储方式，本节课我们继续学习数据存储，主要介绍 SQLite 在 Android 中的使用，以及 SQLite 中的数据绑定和持久化的数据库引擎 db4o。

本课学习目标：
- 掌握手动建立 SQLite 数据库的方法
- 熟悉在 SQLite 中的各个命令
- 掌握一种或多种 SQLite 数据库管理工具
- 掌握在 Android 使用 SQLite 的方法
- 掌握 SQLite 中的数据绑定
- 掌握持久化数据库引擎 db4o
- 掌握将应用程序与数据库一起发布的方法

11.1 SQLite 数据库简介

SQLite 是一款轻型开源的嵌入式关系数据库。它占用资源非常的低，能够支持 Windows、Linux、Unix 等主流的操作系统，同时能够与很多程序语言相结合，如 Tcl、C#、PHP、Java 等。与 Mysql、PostgreSQL 两款开源世界著名的数据库管理系统来比较，它的处理速度比它们都快。

SQLite 数据库的特点如下所示。

（1）更加适用于嵌入式系统，嵌入到使用它的应用程序中。占用非常少，运行高效可靠，可移植性好，同时提供了零配置运行模式，即不需要安装和管理配置。

（2）SQLite 数据库不仅提高了运行效率，而且屏蔽了数据库使用和管理的复杂性，程序仅需要进行最基本的数据操作，其他操作可以交给进程内部的数据库引擎完成。

（3）SQLite 数据库具有很强的移植性，可以运行在 Windows、Linux、BSD、Mac OSX 和一些商用 Unix 系统，比如 Sun 的 Solaris，IBM 的 AIX。

（4）SQLite 数据库也可以工作在许多嵌入式操作系统下。

（5）SQLite 的核心大约有 3 万行标准 C 代码，模块化的设计使这些代码更加易于理解。

（6）支持多种开发语言，如 C、PHP、Perl、Java、C#、Python、Ruby 等。

SQLite 字段的类型如表 11-1 所示。

表 11-1　SQLite 中字段的类型表

名称	说明
INTEGER	整数值是全数字（包括正和负）。整数可以是 1, 2, 3, 4, 6 或 8 字节。SQLite 根据数字的值自动控制整数所占的字节数
REAL	实数是 10 进制的数值。SQLite 使用 8 字节的符点数来存储实数
TEXE	TEXT 是字符数据。SQLite 支持几种字符编码，包括 UTF-8 和 UTF-16。字符串的大小没有限制
BLOB	二进制对象(BLOB)是任意类型的数据。BLOB 的大小没有限制
NULL	NULL 表示没有值。SQLite 具有对 NULL 的完全支持

11.2 手动建库

手动建立数据库指使用 sqlite3 工具，通过手工输入命令行完成数据库的建立过程。

sqlite3 是 SQLite 数据库自带的一个基于命令行的 SQL 命令执行工具，并可以显示命令执行结果。在 Windows 下，操作 SQLite 数据库时，需要下载 SQLite。进入官方的下载页面，地址如下所示。

```
http://www.sqlite.org/download.html
```

在下载页面找到 Windows 版的下载包，下载后解压，目录中只有一个 sqlite3.exe 文件。这个文件就是操作 SQLite 数据库的工具，它只是一个命令行程序。在 CMD 中输入 sqlite3.exe 后按回车键，可以进入操作界面，如图 11-1 所示。

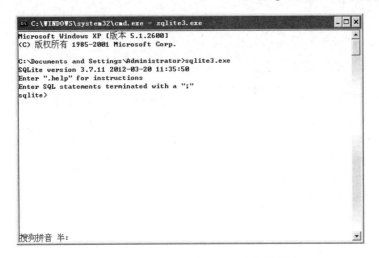

图 11-1　Windows 下的 SQLite 命令控制台

在 Android 操作中，sqlite3 工具被集成在 Android 系统中，用户在 Linux 的命令行界面中输入 sqlite3 可启动 sqlite3 工具，并得到工具的版本信息，如下面的代码所示。

```
sqlite3
```

启动 Linux 的命令行界面的方法是在 CMD 中输入 adb shell 命令。命令执行后如果显示一个 "#" 符号，则说明当前是 Shell 控制台，在控制台中输入 sqlite3 后按回车键，进入 Linux 下的 SQLite 命令控制台，如图 11-2 所示。

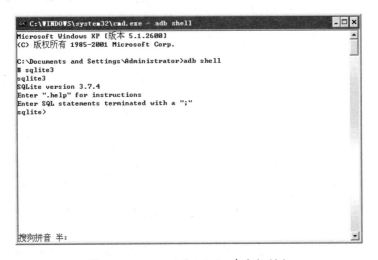

图 11-2　Linux 下的 SQLite 命令控制台

在 SQLite 数据库中，每个数据库保存在一个独立的文件中，使用 sqlite3 工具后加文件名的方式打开数据库文件，如果指定文件不存在，sqlite3 工具则自动创建新文件。例如要创建一个名称为 message 的数据库，在 CMD 控制台中输入如下代码。

```
sqlite3 message
```

在文件系统中将产生一个名为 message.db 的数据库文件，如图 11-3 所示。

在 SQLite 命令控制台中输入 .tables 查询当前数据库中的所有表。建立表和其他数据库中的方式一样，例如在当前的数据库中创建一个 student 表，有 id、name、age 三个字段，其中 id 为主键，且自动增长；name 为 TEXT 类型；age 为 Integer 类型。其创建表的代码如下所示。

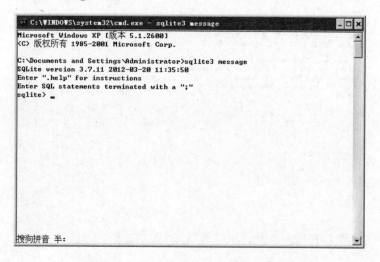

图 11-3 使用 Shell 命令创建数据库文件

```
create table student(id integer primary key, name text, age  integer);
```

查看该表是否创建成功，在控制台中输入命令".tables"查看当前数据库中的所有表，如图 11-4 所示。

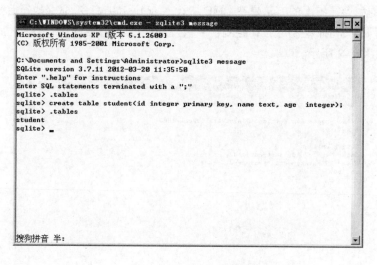

图 11-4 创建并查询所有表

显示有该表，表示创建成功。现在开始向里面插入数据，插入数据的代码如下所示。

```
insert into student(id,name,age) values(10,'王华',22);
insert into student(name,age) values('刘丽',20);
```

上述两段代码都能成功插入数据，这里设置的 id 为自动增长，因此不为 id 指定内容时，SQLite 数据库会自动填写该项的内容。

插入成功后显示数据，使用如下代码。

```
select * from student;
```

查询结果如图 11-5 所示。

上面的查询结果看起来不是非常直观，可以使用 mode 命令将结果输出格式更改为"表格"方式，输入如下代码。

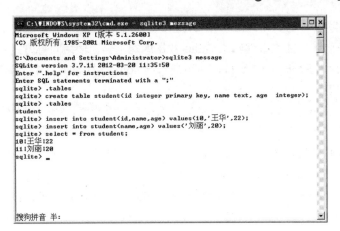

图 11-5 插入并查询数据

```
.mode column
```

然后继续查询数据，效果如图 11-6 所示。

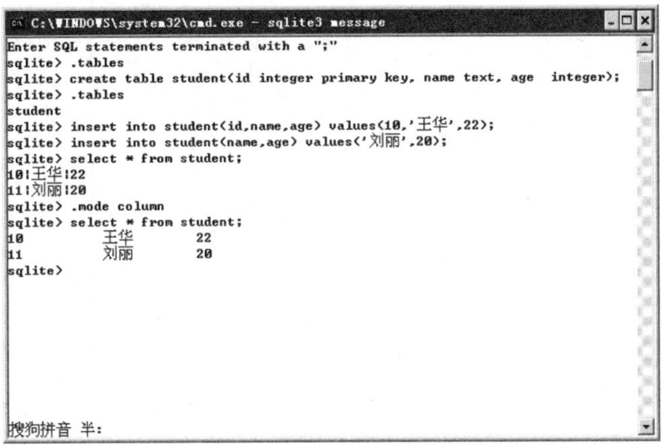

图 11-6 以表格形式显示查询结果

技巧

mode 命令除了支持常见的 column 格式，还支持 csv 格式、html 格式、insert 格式、line 格式、list 格式、tabs 格式和 tcl 格式。

更新数据、删除数据以及删除表都与其他数据库操作一样。sqlite3 工具还支持大量的命令，可以使用.help 命令查询 sqlite3 的命令列表。

提示

正确退出 sqlite3 工具的方法是使用.exit 命令。

11.3 SQLite 数据库管理工具

虽然可以在 SQLite 控制台中输入 SQL 语句来操作数据库，但输入大量的命令会使工作量大大增加，因此必须要使用工具来取代控制台命令。SQLite 提供了各种类型的程序接口，因此可以管理 SQLite 数据库的工具非常多。下面是几个比较常用的 SQLite 管理工具。

（1）SQLite Database Browser 是一个 SQLite 数据库的轻量级 GUI 客户端，基于 Qt 库开发，主要是为非技术用户创建、修改和编辑 SQLite 数据库的工具，使用向导方式实现。

（2）SQLite Expert Professional 可以让用户管理 sqlite3 数据库，并支持在不同的数据库间诸如复制、粘贴记录和表；完全支持 Unicode，编辑器支持皮肤。

（3）SQLite Developer：SharpPlus 出品的一款强大数据库管理软件。支持对 sqlite3 数据库的管理。

（4）SQLiteSpy 快速和紧凑数据库 SQLite 的 GUI 管理软件。它的图形用户界面使它很容易探讨、分析和操作 sqlite3 数据库。

（5）Navicat premium 是一个可多重连线资料库的管理工具，它可以以单一方式同时连线到 MySQL、SQLite、Oracle 及 PostgreSQL 资料库，让管理不同类型的资料库更加方便。

在这里我们采用 Navicat premium 来操作 SQLite 数据库。采用的版本为 11.0.8，下载地址为 http://www.navicat.com.cn/download。下载安装后打开新建的 SQLite 界面如图 11-7 所示。

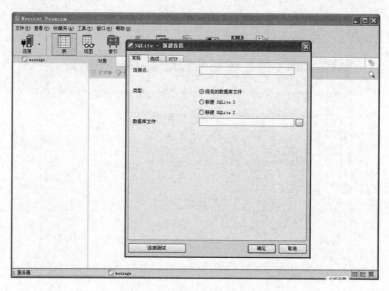

图 11-7　Navicat premium 新建 SQLite 界面

在使用 Navicat premium 来操作 SQLite 创建数据库表时，可以使用 SQL 语句也可以直接在界面中选择新建表中的可视化工具键表，如图 11-8 所示。

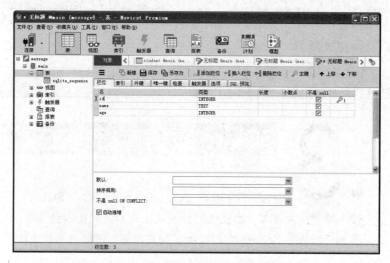

图 11-8　使用 Navicat premium 建表

单击【SQL 预览】按钮可以查看新建表的 SQL 语句，建立完成后保存并给该表命名。

表格中插入数据时，可以使用查询中的新建查询通过 SQL 语句来插入数据，也可以右击当前表，选择打开表添加数据。更新、查询和删除数据都可以使用这两种方法来实现。

11.4 在 Android 中使用 SQLite 数据库

在 Android 应用程序中使用 SQLite，必须自己创建数据库，然后创建表、索引，填充数据。Android 提供了 SQLiteOpenHelper 类帮助我们创建一个数据库，只要继承 SQLiteOpenHelper 类，就可以轻松地创建数据库。SQLiteOpenHelper 类根据开发应用程序的需要，封装了创建和更新数据库使用的逻辑。SQLiteOpenHelper 的子类至少需要实现以下三个方法。

（1）SQLiteHandler()构造方法，调用父类 SQLiteOpenHelper 的构造函数。这个方法需要四个参数：上下文环境（例如，一个 Activity）、数据库名字、一个可选的游标工厂（通常是 null）、一个代表用户正在使用的数据库模型版本的整数。

（2）onCreate()方法，需要一个 SQLiteDatabase 对象作为参数，根据需要对这个对象填充表和初始化数据。

（3）onUpgrage()方法，需要三个参数，一个 SQLiteDatabase 对象，一个旧的版本号和一个新的版本号，这样用户就可以清楚如何把一个数据库从旧的模型转变到新的模型。

11.4.1 SQLite 的简单应用

使用 SQLiteOpenHelper 的子类可以完成对数据库的创建、打开以及各种操作。

【练习 1】

在 Eclipse 中创建一个 Android 项目，名称为 ch11_01，实现对 SQLite 数据库的创建以及对数据的增、删、改、查。

（1）在项目中的 res/layout 目录下修改 activity_main.xml 文件，将其改为线性布局，方向垂直，其代码如下所示。

```
<LinearLayout xmlns:android="http://schemas.android.com/apk/res/android"
    android:layout_width="match_parent"
    android:layout_height="match_parent"
    android:orientation="vertical">
</LinearLayout>
```

（2）在上述布局中添加 6 个按钮，分别用来创建数据库、更新数据库、插入数据、更新数据、查询数据和删除数据，并添加一个 TextView 控件，用于显示数据的数量，其主要代码如下。

```
<Button
    android:layout_width="fill_parent"
    android:layout_height="wrap_content"
    android:text="create database"
    android:id="@+id/create"/>
<!-- 省略其他 5 个按钮 -->
<TextView
    android:layout_width="fill_parent"
```

```
android:layout_height="wrap_content"
android:id="@+id/show"/>
```

在上述代码中,由于六个按钮的布局代码类似,这里就省略其他五个按钮的布局代码。其中它们的 text 属性分别为:"update database"、"insert"、"update"、"query"和"delete",所对应的 id 属性分别为:up、insert、update、query 和 delete。

(3)在项目的 src 目录下建立 com.android.util 包,在包中新建 DatabaseHelper 类并继承 SQLiteOpenHelper 类,重写 onCreate()方法和 onUpgrade()方法并添加 DatabaseHelper 类的构造方法,其代码如下所示。

```
private static final int VERSION = 1;                              //初始版本
public DatabaseHelper(Context context, String name, CursorFactory factory,int version) {//构造方法
    super(context, name, factory, version);
}
public DatabaseHelper(Context context, String name, int version) { //构造方法
    this(context, name, null, version);
}
public DatabaseHelper(Context context, String name) {              //构造方法
    this(context, name, VERSION);
}
public void onCreate(SQLiteDatabase db) {                          //创建数据库
System.out.println("create a database");
db.execSQL("create table student(id integer primary  key,name text,age integer)");
}
public void onUpgrade(SQLiteDatabase db, int oldVersion, int newVersion) {
//更新数据库
    System.out.println("update a database");
}
```

在上述代码中,一共有三个构造方法,其中第一个是 SQLiteOpenHelper 类中自带的。在 onCreate()方法中使用 execSQL()来创建一张表。onUpgrade()方法是用来更新数据库时使用的。

(4)在 com.android.activity 包中的 MainActivity.java 文件中,声明 XML 布局文件中的控件,如按钮和文本框控件,并在 onCreate()方法中获取所声明的控件,这里省略该代码。

(5)为 create 按钮添加监听,并重写其 onClick()方法,其代码如下所示。

```
create.setOnClickListener(new OnClickListener() {
    public void onClick(View v) {
        DatabaseHelper dbHelper = new DatabaseHelper(MainActivity.this,
        "message");
        SQLiteDatabase db = dbHelper.getReadableDatabase();
    }
});
```

上述代码在 create 按钮的 onClick()方法中声明了一个 DatabaseHelper 对象,并调用其构造方法,创建一个默认版本的数据库。使用 getReadableDatabase()方法获得 SQLiteDatabase 对象,系统会在 SD 卡中的/data/data/<package name>/databases 下建立数据库文件。

(6)为 up 按钮添加监听,并重写其 onClick()方法,其代码如下所示。

```
up.setOnClickListener(new OnClickListener() {
    public void onClick(View v) {
```

```
        DatabaseHelper dbHelper = new DatabaseHelper(MainActivity.this,
        "message",2);
        SQLiteDatabase db = dbHelper.getReadableDatabase();
    }
});
```

上述代码在 onClick()方法中声明了一个 DatabaseHelper 对象，并调用其构造方法来将数据库的版本改变。

（7）为 insert 按钮添加监听，并重写 onClick()方法，其代码如下所示。

```
insert.setOnClickListener(new OnClickListener() {
    public void onClick(View v) {
        ContentValues values = new ContentValues();
        values.put("id", 1);
        values.put("name", "王华");
        values.put("age", 22);
        DatabaseHelper dbHelper = new DatabaseHelper(MainActivity.this,
        "message",2);
        SQLiteDatabase db = dbHelper.getWritableDatabase();
        db.insert("student", null, values);
        showToast("数据插入成功");
        getDataCount();
    }
});
```

在上述代码中声明 ContentValues 一个对象，然后为其设置 value 和 key。这里使用 getWritableDatabase()获取 SQLiteDatabase 对象，然后使用 insert(String table, String nullColumnHack, ContentValues values)方法。其中 table 代表表名。nullColumnHack 表示当 values 参数为空或者里面没有内容的时候，当使用 insert 是会失败的（底层数据库不允许插入一个空行），为了防止这种情况，在这里指定一个列名，到时候如果发现将要插入的行为空行时，就会将指定的列名的值设为 null，然后再向数据库中插入。values 是一个 ContentValues 对象，类似一个 Map，通过键值对的形式存储值。getDataCount()方法用来获取数据的数量。

（8）为 update 按钮添加监听，并重写 onClick()方法，其代码如下所示。

```
update.setOnClickListener(new OnClickListener() {
    public void onClick(View v) {
        DatabaseHelper dbHelper = new DatabaseHelper(MainActivity.this,
        "message",2);
        SQLiteDatabase db = dbHelper.getWritableDatabase();
        ContentValues values = new ContentValues();
        values.put("name", "李军");
        db.update("student", values, "id=?", new String[]{"1"});
        showToast("数据更新成功");
        getDataCount();
    }
});
```

更新数据和插入数据一样，都要使用 getWritableDatabase()方法来获取一个可写的数据库。在更新数据时使用了 update(String table, ContentValues values, String whereClause, String[] whereArgs)方法，其中 table 表示表名称。values 是行列 ContentValues 类型的键值对（Map）。

whereClause 是更新条件（即 where 字句）。whereArgs 是更新条件数组。

（9）为 query 按钮添加监听，并重写 onClick()方法，其代码如下所示。

```
query.setOnClickListener(new OnClickListener() {
    public void onClick(View v) {
        DatabaseHelper dbHelper = new DatabaseHelper(MainActivity.this,
        "message",2);
        SQLiteDatabase db = dbHelper.getReadableDatabase();
        Cursor cursor = db.query("student", new String[]{"id","name","age"},
        "id = ?", new
        String[]{"1"}, null, null, null);
        while(cursor.moveToNext()){
            String name = cursor.getString(cursor.getColumnIndex("name"));
            int age = cursor.getInt(cursor.getColumnIndex("age"));
            showDialog("信息", "姓名: " + name + "  年龄: " + age);
        }
        getDataCount();

    }
});
```

在查询时，使用了方法 query(String table,String[] columns,String selection,String[] selectionArgs,String groupBy,String having,String orderBy,String limit)。其中参数 table 表示表名称，columns 表示列名称数组，selection 表示条件字句，相当于 where 语句，selectionArgs 表示条件字句，groupBy 表示分组的列，having 表示分组条件，orderBy 表示排序列，limit 表示分页查询限制，其返回为 Cursor 对象，相当于结果集 ResultSet。moveToNext()表示移动到下一条记录，然后使用 Cursor 的 get 方法获取各个列的值。

（10）为 delete 按钮添加监听，并重写 onClick()方法，其代码如下所示。

```
delete.setOnClickListener(new OnClickListener() {
    public void onClick(View v) {
        DatabaseHelper dbHelper = new DatabaseHelper(MainActivity.this,
        "message",2);
        SQLiteDatabase db = dbHelper.getReadableDatabase();
        db.delete("student", "id=?", new String[]{"1"});
        showToast("数据删除成功");
        getDataCount();
    }
});
```

在重写 onClick()方法中，调用了 SQLiteDatabase 的 delete(String table,String whereClause,String[] whereArgs)方法。其中参数 table 是表名称，参数 whereClause 是删除条件，参数 whereArgs 是删除条件值数组。

（11）添加 getDataCount()方法用于查询数据库中的总记录数，其代码如下所示。

```
public void getDataCount(){
    DatabaseHelper dbHelper = new DatabaseHelper(MainActivity.this, "message",2);
    SQLiteDatabase db = dbHelper.getReadableDatabase();
    Cursor cursor = db.rawQuery("select count(*) from student",null);
    cursor.moveToFirst();                    //游标移到第一条记录准备获取数据
    Long count = cursor.getLong(0);          //获取数据中的 LONG 类型数据
    show.setText("总共有"+count + "条数据");
```

}
```

在上述代码中，moveToFirst()方法表示移动到第一条记录。

（12）添加 showDialog()方法和 showToast()方法，用于查询结果的显示和信息的提示，其代码如下所示。

```
public void showDialog(String title,String msg){
    new AlertDialog.Builder(this).setTitle(title).setMessage(msg)
        .setPositiveButton("关闭", null).show();
}
public void showToast(String msg){
    Toast.makeText(MainActivity.this, msg, Toast.LENGTH_SHORT).show();
}
```

运行该项目，其效果如图 11-9 所示。当创建数据库后单击 insert 按钮插入数据时，其效果如图 11-10 所示。当单击 update 按钮更新数据时，效果如图 11-11 所示。当单击 query 按钮查询数据时，效果如图 11-12 所示。当单击 delete 按钮删除数据时，其效果如图 11-13 所示。

图 11-9　项目运行效果

图 11-10　插入数据

图 11-11　更新数据

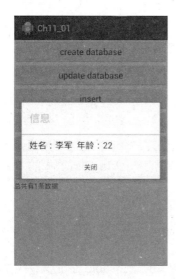
图 11-12　查询数据

图 11-13　删除数据
```

在创建数据库后，打开 DDMS 视图。在 File Explorer 中找到 \data\data\<package name>\databases 文件，可以看到一个命名为 message 的文件，这就是使用 Android 创建的数据库文件，如图 11-14 所示。

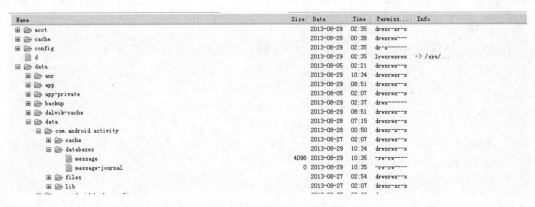

图 11-14 数据库文件位置

11.4.2 SQLite 中的数据绑定

在很多时候需要将数据库表中的数据显示在 ListView、Gallery 等控件中。虽然可以使用 Adapter 对象进行处理，但是工作量比较大。为此 Android SDK 提供了 SimpleCursorAdapter 类用于数据绑定。

SimpleCursorAdapter 与 SimpleAdapter 类的使用方法非常类似，只是将数据源的 List 对象换成了 Cursor 对象，其构造方法如下所示。

```
public SimpleCursorAdapter (Context context, int layout, Cursor cursor, String[] from, int[] to, int flags)
```

SimpleCursorAdapter 类构造方法中的第 4 个参数 from 表示 Cursor 对象中的字段，而 SimpleAdapter 类构造方法中的第四个参数 from 表示 Map 对象中的 key，除此之外，这两个 Adapter 类在使用方法上完全相同。但是在该类不能处理数据表中的图像，当然其他的二进制数据也不能处理。

ContactAdapter 是 CursorAdapter 的子类，CursorAdapter 是一个抽象类，也是 SimpleCursorAdapter 的父类，但不是直接父类。SimpleCursorAdapter 的直接父类是 ResourceCursorAdapter，而 ResourceCursorAdapter 的直接父类是 CursorAdapter。CursorAdapter 有如下两个抽象方法。

```
public abstract View newView(Context context, Cursor cursor, ViewGroup parent);
public abstract void bindView(View view, Context context, Cursor cursor);
```

这两个方法必须在 CursorAdapter 的子类中实现。当创建一个新的列表项时调用 newView()方法，而更新已经建立的列表项时调用 bindView()方法。其中 bindView()方法中的 view 参数就是 newView 方法返回的 View 对象。

【练习 2】

在 Eclipse 中创建一个 Android 项目，名称为 ch11_02，实现一个简单的带图片的联系人管理系统。

（1）首先准备一些图片文件，然后放在项目 res 目录下的 drawable_ldpi 文件夹中，作为联系人头像显示的图片资源。

（2）在项目中的 res/layout 目录下修改 activity_main.xml 文件，将其改为线性布局，方向垂直，其代码如下所示。

```xml
<LinearLayout xmlns:android="http://schemas.android.com/apk/res/android"
    android:layout_width="match_parent"
    android:layout_height="match_parent"
    android:orientation="vertical">
</LinearLayout>
```

（3）在上述布局中添加两个 TextView 控件和两个 EditText 控件，其代码如下所示。

```xml
<TextView
    android:layout_width="wrap_content"
    android:layout_height="wrap_content"
    android:text="姓名"/>
<EditText
    android:layout_width="match_parent"
    android:layout_height="wrap_content"
    android:id="@+id/name"/>
<TextView
    android:layout_width="wrap_content"
    android:layout_height="wrap_content"
    android:text="电话"/>
<EditText
    android:layout_width="match_parent"
    android:layout_height="wrap_content"
    android:id="@+id/number"
    android:inputType="number"/>
```

在上述代码中，第一个 EditText 用于输入联系人的姓名，第二个 EditText 用于输入联系人的电话，其中第二个 EditText 的 inputType 属性的值为 number，表示只能输入数字。

（4）添加一个线性布局，方向为水平。在其中添加一个 TextView 和一个 Spinner 控件，其代码如下所示。

```xml
<LinearLayout
    android:layout_width="match_parent"
    android:layout_height="wrap_content"
    android:orientation="horizontal">
    <TextView
        android:layout_width="wrap_content"
        android:layout_height="wrap_content"
        android:text="选择头像"/>
    <Spinner
        android:layout_width="match_parent"
        android:layout_height="wrap_content"
        android:id="@+id/spinner"/>
</LinearLayout>
```

在上述代码中，Spinner 控件用于选择联系人的头像。

（5）添加线性布局，方向为水平，并在其中添加两个 Button 控件，其主要代码如下所示。

```xml
<LinearLayout
    android:layout_width="match_parent"
    android:layout_height="wrap_content"
    android:orientation="horizontal"
    android:gravity="center_horizontal">
    <Button
        android:id="@+id/insert"
        android:layout_width="wrap_content"
        android:layout_height="wrap_content"
        android:text="添加" />
<!-- 省略读取按钮控件的布局 -->
</LinearLayout>
```

在上述代码中,第一个按钮控件用于添加联系人,第二个按钮用于读取联系人。由于两个控件的布局代码类似,这里就省略了读取按钮的布局。读取按钮的 id 为 read,text 属性值为"读取"。

(6)新建 XML 布局文件,命名为 list_item.xml,并在其中添加一个 ImageView 控件,其代码如下所示。

```xml
<?xml version="1.0" encoding="utf-8"?>
<LinearLayout xmlns:android="http://schemas.android.com/apk/res/android"
    android:layout_width="fill_parent"
    android:layout_height="fill_parent"
    android:orientation="horizontal"
    android:padding="5dip" >
    <ImageView android:id="@+id/image"
        android:layout_width="wrap_content"
        android:layout_height="wrap_content"
        android:paddingLeft="10dp"/>
</LinearLayout>
```

该布局文件中的 ImageView 控件用于在选择列表框中显示联系人的头像。

(7)新建 XML 布局文件,命名为 result.xml,并在其中添加一个 ImageView 控件和一个线性布局,方向为垂直。在线性布局中添加两个 TextView 控件,其主要代码如下所示。

```xml
<?xml version="1.0" encoding="utf-8"?>
<LinearLayout xmlns:android="http://schemas.android.com/apk/res/android"
    android:layout_width="fill_parent"
    android:layout_height="fill_parent"
    android:orientation="horizontal"
    android:padding="5dip" >
    <ImageView android:id="@+id/Rphoto"
        android:layout_width="wrap_content"
        android:layout_height="wrap_content"
        android:paddingLeft="10dp"/>
    <LinearLayout android:orientation="vertical"
        android:layout_width="wrap_content"
        android:layout_height="wrap_content">
        <TextView android:id="@+id/Rname"
        android:layout_width="wrap_content"
        android:layout_height="wrap_content"
        android:textSize="16sp"
        android:gravity="center_vertical"/>
```

```xml
<!-- 省略显示电话号码文本框控件的布局 -->
    </LinearLayout>
</LinearLayout>
```

在上述代码中，ImageView 控件用于显示联系人的头像。第一个文本框用于显示联系人的姓名，第二个文本框用于显示联系人的电话号码。其中显示电话号码文本框控件的 id 为 Rnumber，autoLink 属性的值为 phone，表示当文本框的内容为电话号码时，文本显示为链接。

（8）在项目的 src 目录下建立 com.android.util 包，在包中新建 DatabaseHelper 类并继承 SQLiteOpenHelper 类，重写 onCreate()方法和 onUpgrade()方法并添加 DatabaseHelper 类的构造方法。这里代码与练习 1 中的步骤（3）代码类似，这里就省略了。其中将 onCreate()方法中的 execSQL()方法修改，修改后的代码如下所示。

```
db.execSQL("create table info(id integer primary key,name text,photo blob,
number integer)");
```

由于需要存储图片，所以这里将 photo 设为 blob 类型，用于图片的存储。

（9）在 com.android.activity 包中的 MainActivity.java 文件中，声明 activity-main.xml 布局文件中的控件，并声明一个 ImageView 控件对象。定义并初始化一个保存要显示图像 id 的数组，其代码如下所示。

```java
private EditText name = null;
private EditText number = null;
private Spinner spinner = null;
private Button insert = null;
private Button read = null;
private ImageView photo = null;
private int[] images = new int[]{R.drawable.a,R.drawable.b,R.drawable.c,R.
drawable.d,R.drawable.e,
R.drawable.f,R.drawable.g,R.drawable.h,R.drawable.i,R.drawable.j,R.drawable.k,
R.drawable.l};
```

（10）在 onCreate()方法中获取声明的控件对象，这里的代码就省略了。

（11）声明一个 SimpleAdapter 对象，并为获取到的 Spinner 控件添加适配器，其主要代码如下所示。

```java
photo = new ImageView(MainActivity.this);
List<Map<String, Object>> listItems =new ArrayList<Map<String, Object>>();
for (int i = 0; i < images.length; i++) {
    Map<String, Object> listItem =new HashMap<String, Object>();
    listItem.put("image", images[i]);
    listItems.add(listItem);
}
SimpleAdapter adapter = new SimpleAdapter(MainActivity.this, listItems,
R.layout.list_item, new String[]  { "image"}, new int[] {R.id.image});
spinner.setAdapter(adapter);
```

在上述代码中，遍历存放图像 id 的数组，并将其放在 Map 中，最后将 Map 对象添加到 List 集合中。声明一个 SimpleAdapter 适配器对象，并将获取到的 Spinner 空间添加该适配器，用于显示作为联系人头像的选择列表框。

（12）为获取到的 Spinner 对象添加监听器，其代码如下所示。

```
spinner.setOnItemSelectedListener(new OnItemSelectedListener() {
    public void onItemSelected(AdapterView<?> arg0, View arg1, int arg2, long
    arg3) {
        photo.setImageResource(images[arg2]);
    }
    public void onNothingSelected(AdapterView<?> arg0) {
    }
});
```

在上述代码中,使用 setImageResource()方法将当前选中的图片内容在 ImageView 控件中显示。当选中选择列表框某项时,就会将图片设置为当前选中的图片内容。

(13)为【添加】按钮添加监听器,用于将联系人的信息插入到数据库中。其主要代码如下所示。

```
insert.setOnClickListener(new OnClickListener() {
    public void onClick(View v) {
        DatabaseHelper dbHelper = new DatabaseHelper(MainActivity.this,"info");
        SQLiteDatabase db = dbHelper.getWritableDatabase();
        ContentValues values = new ContentValues();
        ByteArrayOutputStream os = new ByteArrayOutputStream();
        BitmapDrawable picdraw = (BitmapDrawable) photo.getDrawable();
        picdraw.getBitmap().compress(Bitmap.CompressFormat.PNG, 100, os);
        if (name.getText()!= null && number.getText()!=null) {
            if(!"".equals(number.getText().toString().trim())){
                values.put("name", name.getText().toString());
                values.put("photo", os.toByteArray());
                values.put("number",Long.parseLong(number.getText().toString()));
                long param = -1;
                param = db.insert("info", null, values);
                if (param > 0) {
                    Toast.makeText(MainActivity.this,"添加联系人成功",Toast. Toast.
                    LENGTH_SHORT).                       show();
                     name.getText().clear();
                     number.getText().clear();
                }
            }
        }
        db.close();
    }
});
```

在上述代码中,使用 ByteArrayOutputStream 声明并初始化一个内存流。使用 BitmapDrawable 解析数据流,并将 Bitmap 压缩成 PNG 编码,质量为 100%存储。getText()方法获取编辑框中的内容,当不为空时将编辑框中的内容放在 ContentValues 中。ContentValues 与 Map 一样都是键值对。调用 insert()方法会返回一个 long 类型的值,当插入成功时会返回一个正整数,否则返回-1。当插入成功时,使用 clear()方法将编辑框中的内容清空。

(14)为读取按钮添加监听器,用于获取到所有联系人的信息,其代码如下所示。

```
read.setOnClickListener(new OnClickListener() {
    public void onClick(View v) {
```

```
            Intent intent = new Intent();
            intent.setClass(MainActivity.this, Result.class);
            MainActivity.this.startActivity(intent);
        }
});
```

在上述代码中,重写了 onClick()方法,当单击按钮时调用了另外一个 Activity。当调用另外的 Activity 时,需要在 AndroidManifest.xml 中注册该 Activity。这里需要在 AndroidManifest.xml 中添加如下代码。

```
<activity
    android:name="com.android.activity.Result"
    android:label="@string/app_name" >
</activity>
```

(15)在 com.android.activity 包下新建 Activity,名字为 Result,并且继承 ListActivity,并重写其 onCreate()方法,其代码如下所示。

```
DatabaseHelper dbHelper = new DatabaseHelper(Result.this,"info");
SQLiteDatabase db = dbHelper.getReadableDatabase();
String sql = "select id as _id, name,number, photo from info";
Cursor cursor = db.rawQuery(sql, null);
ContactAdapter contactAdapter = new ContactAdapter(this, cursor, true);
setListAdapter(contactAdapter);
db.close();
```

在上述代码中,绑定数据时,Cursor 对象返回的记录集中必须包含一个"_id"的字段,否则将无法完成数据绑定。rawQuery()方法的第一个参数为 select 语句,第二个参数为 select 语句中占位符参数的值。如果 select 语句没有使用占位符,该参数可以设置为 null。

(16)新建类 ContactAdapter 并继承 CursorAdapter 类,添加 setChileView()方法,并重写 bindView()和 newView()方法,以及 ContactAdapter 构造函数,其代码如下所示。

```
public class ContactAdapter extends CursorAdapter{
    private LayoutInflater layoutInflater;
    private void setChildView(View view, Cursor cursor){
        TextView tvName = (TextView) view.findViewById(R.id.Rname);
        TextView tvTelephone = (TextView) view.findViewById(R.id.Rnumber);
        ImageView RPhoto = (ImageView) view.findViewById(R.id.Rphoto);
        tvName.setText(cursor.getString(cursor.getColumnIndex("name")));
        tvTelephone.setText(cursor.getString(cursor.getColumnIndex("number")));
        byte[] photo = cursor.getBlob(cursor.getColumnIndex("photo"));
                                                //从数据表中获得图像数据
        ByteArrayInputStream bais = new ByteArrayInputStream(photo);
        RPhoto.setImageDrawable(Drawable.createFromStream(bais, "photo"));
                                                //将图像显示在 ImageView 控件中
    }
    public void bindView(View view, Context context, Cursor cursor){
        setChildView(view, cursor);
    }
    public View newView(Context context, Cursor cursor, ViewGroup parent){
        View view = layoutInflater.inflate(R.layout.result, null);
        setChildView(view, cursor);
```

```
            return view;
        }
        public ContactAdapter(Context context, Cursor c, boolean autoRequery){
            super(context, c, autoRequery);
            layoutInflater = (LayoutInflater) context
                    .getSystemService(Context.LAYOUT_INFLATER_SERVICE);
        }
}
```

在上述代码中，在调用 newView()和 bindView()方法时，都会传入一个 Cursor 对象。该对象的当前记录位置由系统负责设置。在这两个方法中只需要使用 Cursor 的 get 方法获得相应的字段值即可。一般这两个方法的代码非常相似，因此可以将相同的代码提出来放在一个单独的方法中，即 setChildView()方法。其中第一个参数 View 表示显示列表项的视图。

在绑定数据时，Cursor 对象返回的记录集中必须包含一个叫"_id"的字段，否则将无法完成数据绑定。

项目运行后，效果如图 11-15 所示。输入联系人信息后，效果如图 11-16 所示。

图 11-15　项目运行效果　　　　图 11-16　填写联系人信息效果图

输入联系人信息后，单击【插入】按钮，效果如图 11-17 所示。单击【读取】按钮读取联系人信息，效果如图 11-18 所示。

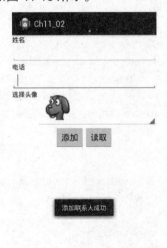 

图 11-17　成功添加联系人信息　　　　图 11-18　查看所有联系人信息

11.4.3 持久化数据库引擎(db4o)

db4o 是一个嵌入式的开源面向对象数据库引擎，可以使用在 Java 和.NET 平台上。与其他对象持久化框架（如 Hibernate、NHibernate、JDO 等）不同，db4o 是基于对象的数据库，操作的数据本身就是对象，db4o 具有以下特点。

- 对象以其本身的方式来存储，没有错误匹配问题。
- 自动管理数据模式。
- 存储时不改变数据类特征。
- 自动绑定数据。
- 查询时直接获取到所查询的对象的实例。
- 使用简单，一个数据库文件。

1. db4o 的下载和安装

打开链接 http://www.db4o.com/DownloadNow.aspx，然后在页面中选择 db4o 8.0 for Java 进行下载。下载 zip 文件后将其解压，找到 lib 目录下的 db4o-8.0.249.16098-core-java5.jar 文件。将该文件复制到项目下的 libs 文件夹中，即可完成 db4o 的安装。

2. 使用 db4o 创建和打开数据库

db4o 创建和打开数据库与 SQLite 类似，其代码如下所示。

```
String path = Environment.getExternalStorageDirectory().getAbsolutePath() +
File.separator + "db4o.data";
final ObjectContainer db = Db4oEmbedded.openFile(Db4oEmbedded.newConfiguration(),
path);
```

db4o 创建、打开与 SQLite 的操作类似，在数据库不存在时，首先创建一个 db4o 数据库，然后再打开数据库。如果数据库已存在，直接打开数据库。

在 SD 卡中创建数据库文件时，需要在 AndroidManifest.xml 文件中添加写入权限，代码如下所示。

```
<uses-permission android:name="android.permission.WRITE_EXTERNAL_STORAGE"/>
```

【练习3】

在 Eclipse 中创建一个 Android 项目，名称为 ch11_03，使用 db4o 向数据库中插入 Java 对象。

（1）将所需的 db4o 的 jar 包导入到项目的 libs 目录中。

（2）在项目中的 AndroidManifest.xml 文件中添加写入权限，代码如下所示。

```
<uses-permission android:name="android.permission.WRITE_EXTERNAL_STORAGE"/>
```

（3）在项目中的 res/layout 目录下修改 activity_main.xml 文件，将其改为线性布局，方向垂直，其代码如下所示。

```
<LinearLayout xmlns:android="http://schemas.android.com/apk/res/android"
    android:layout_width="match_parent"
    android:layout_height="match_parent"
    android:orientation="vertical">
</LinearLayout>
```

（4）在上述布局文件中添加 5 个 Button 控件，其主要代码如下所示。

```xml
<Button
    android:layout_width="match_parent"
    android:layout_height="wrap_content"
    android:text="写入数据"
    android:id="@+id/write"/>
<!-- 省略部分代码 -->
```

由于这五个 Button 控件的布局代码类似，这里就省略其他四个 Button 控件的布局。其中另外四个 Button 控件的 text 属性值分别为："查询所有数据"、"查询指定数据"、"更新指定的 Student 对象"和"删除指定的 Student 对象"，对应的 id 分别为 queryAll、query、update 和 delete。

（5）在项目的 src 目录下新建 com.android.util 包，在其中新建 Student 类，其主要代码如下所示。

```java
public class Student {
    private String id = null;           //编号
    private String name = null;         //名字
    private String sex = null;          //性别
    private int age = -1;               //年龄
}
//省略 getter、setter 方法
```

（6）在 Student 类中添加参数的构造方法，其代码如下所示。

```java
public Student(String id, String name, String sex, int age){
    this.id = id;
    this.name = name;
    this.sex = sex;
    this.age = age;
}
```

（7）在 com.android.activity 包的 MainActivity.java 文件中，声明在 XML 布局文件中使用的 Button 控件，其代码如下所示。

```java
private Button write = null;
private Button queryAll = null;
private Button query = null;
private Button update = null;
private Button delete = null;
```

（8）在 MainActivity 的 onCreate()方法中获取 Button 控件，其代码如下所示。

```java
write = (Button) findViewById(R.id.write);
queryAll = (Button) findViewById(R.id.queryAll);
query = (Button) findViewById(R.id.query);
update = (Button) findViewById(R.id.update);
delete = (Button) findViewById(R.id.delete);
```

（9）使用 db4o 创建与打开一个数据库，并将文件保存在 SD 卡上的 db4o.data 文件中，其代码如下所示。

```java
String path = Environment.getExternalStorageDirectory().getAbsolutePath() + File.separator + "db4o.data";
```

```
final ObjectContainer db = Db4oEmbedded.openFile(Db4oEmbedded.newConfiguration(),
    path);
```

在上述代码中，使用 Environment.getExternalStorageDirectory().getAbsolutePath()方法获取到 SD 卡的路径。

（10）为写入按钮添加监听器，重写 onClick()方法用来将 Student 对象写入到数据库中，其代码如下所示。

```
write.setOnClickListener(new OnClickListener() {
    public void onClick(View arg0) {
        Student student = null;
        student = new Student("S001","王华","男",22);
        db.store(student);
        student = new Student("S002","刘慧","女",21);
        db.store(student);
        student = new Student("S003","李明新","男",22);
        db.store(student);
        db.commit();
        showDialog("提示", "写入数据成功");
    }
});
```

上述代码在 onClick()方法中声明 Student 对象，并分别实例化。使用 commit()方法将 Student 对象保存到 db4o.data 文件中。

（11）为查询所有数据按钮添加监听器，重写其 onClick()方法。当单击该按钮时，将 db4o.data 中的所有数据都查询出来，并显示在对话框中，其代码如下所示。

```
queryAll.setOnClickListener(new OnClickListener() {
    public void onClick(View arg0) {
        ObjectSet<Student> result = db.queryByExample(new Student(null,null,
        null,0));
        String param = "";
        while(result.hasNext()){
            Student student = result.next();
            param += student.getId()+"| "+tudent.getName()+ "|" + student.getSex()+
            "|" + student.getAge()+"\n";
        }
        showDialog("全部信息", param);
    }
});
```

在上述代码中，queryByExample()方法的参数是一个 Student 对象，使用 result.next()方法来获取当前枚举的 Student 对象，最后调用 showDialog()方法将获取的信息显示在对话框中。

（12）为查询指定数据按钮添加监听器，重写 onClick()方法。当单击该按钮时，将符合查询条件的数据查询出来，并显示在对话框中，其代码如下所示。

```
query.setOnClickListener(new OnClickListener() {
    public void onClick(View arg0) {
        ObjectSet<Student> result = db.queryByExample(new Student("S001",
        null,null,0));
```

```
        String param = "";
        while(result.hasNext()){
            Student student = result.next();
          param= student.getId() +"| " + student.getName() + "|" + student.getSex()
          + " | " + student.getAge();
        }
        showDialog("要查询的信息", param);
    }
});
```

这里的代码与查询所有数据的代码类似,只不过将queryByExample()中的Student对象改变了,这里查询的是id为"S001"的学生信息,最后调用showDialog()方法将获取的信息显示在对话框中。

(13)为更新指定的Student对象添加监听器,并重写其onClick()方法。当单击该按钮时,就会将符合条件的数据更新,其代码如下所示。

```
update.setOnClickListener(new OnClickListener() {
    public void onClick(View arg0) {
        ObjectSet<Student>  result = db.queryByExample(new Student("S003",
        null,null,0));
        if(result.hasNext()){
            Student student = result.next();
            student.setName("李名新");
            db.store(student);
            db.commit();
            String param = student.getId()+ "|" + student.getName()+ "|" +
            student.getSex()+ "|" + student.getAge();
            showDialog("更新成功", param);
        }
    }
});
```

在上述代码中,首先使用queryByExample()方法获取到一个Student对象,并使用setName()方法将该Student对象的name属性改变,然后提交。

(14)为删除指定的Student对象添加监听器,并重写其onClick()方法。当单击该按钮时,就会将指定的数据删除,其代码如下所示。

```
delete.setOnClickListener(new OnClickListener() {
    public void onClick(View arg0) {
        ObjectSet<Student>  result = db.queryByExample(new Student("S002",
        null,null,0));
            if(result.hasNext()){
                Student student = result.next();
                db.delete(student);
                db.commit();
                showDialog("提示", "删除成功");
            }
        }
    });
}
```

在上述代码中,使用delete()方法将符合条件的Student对象从数据库中删除。

(15)添加showDialog()方法,用于显示信息,其代码如下所示。

```
public void showDialog(String title,String msg){
    new AlertDialog.Builder(this).setTitle(title).setMessage(msg).setPositiveButton
    ("关闭", null).show();
}
```

项目运行效果如图 11-19 所示。当写入数据后，单击【查询所有数据】按钮查询所有数据时，效果如图 11-20 所示。当单击【查询指定数据】来查询指定的数据时，效果如图 11-21 所示。当单击【更新指定的 Student 对象】按钮来更新数据时，效果如图 11-22 所示。当单击【删除指定的 Student 对象】按钮删除指定的数据后，单击查询所有数据，效果如图 11-23 所示。

图 11-19　项目运行效果

图 11-20　查询所有数据

图 11-21　查询指定的数据

图 11-22　更新指定数据

图 11-23　查询删除指定数据后的所有数据

11.5 将数据库与应用程序一起发布

在本课中使用 SQLite 都是在程序第一次启动时创建了数据库，也就是说，数据库文件是由应用程序负责创建的。一般初始状态的数据表中没有记录,就算有记录也是由应用程序在创建数据库时添加的。在应用程序发布时既没有数据库,也没有记录。但在很多情况下,应用程序需要连同数据库一起发布,而且数据表中需要带一些记录。

将数据库与应用程序一起发布,一般需要满足两个条件。一是将数据库文件与应用程序一起发布;二是如何打开与应用程序一起发布的数据库。

其中第一个条件容易满足。可以事先利用数据库管理工具在计算机上建立一个数据库文件,并在数据库表中添加相应的记录,然后在项目的 res 目录下新建文件夹 raw,并将该数据库文件放在 raw 目录中。所有存放 raw 目录中的资源都不会被编译,而只以原始数据保存在 apk 文件中。

现在解决第二个条件。如果数据库比较大,或者有其他原因,可能会将数据库文件放在 SD 卡的某个目录下。在这种情况下,就需要使用 SQLiteDatabase 类中的 openOrCreateDatabase()方法来打开这个数据库。如果数据库文件不存在,则会创建一个新的数据库文件。openOrCreateDatabase()方法的定义如下所示。

```
public static SQLiteDataBase openOrCreateDatabase(String path, CursorFactory factory);
```

其中 path 参数表示数据库文件的完整路径。在直接调用 openOrCreateDatabase()方法时,factory 的参数值可以是 null。另外,在发布 APK 文件时数据库文件打包在 APK 文件中,那么怎样打开 APK 文件呢?事实上并不能直接打开 APK 包中的数据库。因此当在第一次运行程序时,需要将数据库文件复制到内存或 SD 卡的相应目录中。复制的方法也很简单,使用 openRawResource()方法可以获得 res\raw 目录中管理资源文件的 InputStream 对象,然后就可以复制文件。

11.6 实例应用:实现一个简单的英文词典

11.6.1 实例目标

根据本课所学的 SQLite 数据库知识,实现一个简单的英文词典。通过用户输入的单词可以在数据库中查找匹配的英文单词。如果找到该单词,就显示出单词的中文解释。如果该单词在数据库中不存在,则显示"Not Found"信息。

11.6.2 技术分析

在本实例中,最核心的地方就是打开数据库和查询单词。在项目 res 目录下建立文件夹 raw,并将数据库文件放 raw 目录下,作为本实例的数据来源。将数据源文件使用文件流写入 SD 卡的指定位置,然后使用 openOrCreateDatabase()方法来打开数据库。

11.6.3 实现步骤

在 Eclipse 中创建一个 Android 项目,名称为 Ch11。

(1)在项目 res 目录下新建文件夹 raw,然后将所需的数据库文件导入到该目录中,并在项目的 AndroidManifest.xml 文件中添加写入权限,代码如下所示。

```xml
<uses-permission android:name="android.permission.WRITE_EXTERNAL_STORAGE"/>
```

（2）在项目 res/layout 目录下修改 activity_main.xml 文件，将其改为线性布局，方向垂直，其代码如下所示。

```
<LinearLayout xmlns:android="http://schemas.android.com/apk/res/android"
    android:layout_width="match_parent"
    android:layout_height="match_parent"
    android:orientation="vertical">
</LinearLayout>
```

（3）在布局文件中添加一个自动完成文本框和一个按钮控件，其代码如下所示。

```
<AutoCompleteTextView
    android:id="@+id/word"
    android:layout_width="240dip"
    android:layout_height="wrap_content"/>
<Button
    android:layout_width="match_parent"
    android:layout_height="wrap_content"
    android:text="查询"
    android:id="@+id/check"/>
```

（4）新建 XML 布局文件，其名称为 word_list.xml，将其代码改为如下所示的代码。

```
<?xml version="1.0" encoding="utf-8"?>
<TextView xmlns:android="http://schemas.android.com/apk/res/android"
    android:layout_width="match_parent"
    android:layout_height="wrap_content"
    android:orientation="vertical"
    android:textAppearance="?android:attr/textAppearanceLarge"
    android:gravity="center_vertical"
    android:paddingLeft="6dip"
    android:textColor="#000"
    android:minHeight="?android:attr/listPreferredItemHeight"
    android:id="@+id/text" >
</TextView>
```

在上述代码中，textAppearance 属性表示设置文字的外观，minHeight 属性表示设置最小高度。这里设置的都是系统默认的值。

（5）在 com.android.activity 包中的 MainActivity.java 文件中，使其实现 TextWatcher 接口。声明自动完成文本框和 Button 控件，并声明一个 SQLiteDatabase 对象，其代码如下所示。

```
private AutoCompleteTextView word = null;
private Button check = null;
private SQLiteDatabase db = null;
```

（6）在 onCreate()方法中获取所声明的控件，这里就省略其代码。
（7）判断数据库文件是否存在,如果不存在将 raw 目录下的数据库文件复制到/sdcard/dictionary 目录下，其主要代码如下所示。

```
String path = Environment.getExternalStorageDirectory().getAbsolutePath()+File.
separator +"dictionary" ;
```

```
        String databaseName = "dictionary.db";
        String databasePath = path + File.separator +databaseName;
        if (!new File(path).exists()) {
            new File(path).mkdir();
        }
        if(!(new File(databasePath)).exists()){
        //省略try-catch块
                InputStream is = getResources().openRawResource(R.raw.dictionary);
                FileOutputStream fos = new FileOutputStream(databasePath);
                byte[] buffer = new byte[is.available()];
                int count = 0;
                while((count = is.read(buffer))>0){
                    fos.write(buffer, 0, count);
                }
                fos.close();
                is.close();
        }
```

在上述代码中，使用 Environment.getExternalStorageDirectory().getAbsolutePath()方法获取 SD 卡的根路径。首先判断数据库文件所在的目录是否存在，如果不存在，则创建这个目录，然后判断该数据库文件是否存在，如果不存在，则将资源文件 raw 中的 dictionary.db 通过流的方式写入到数据库文件中。

（8）打开数据库其代码如下所示。

```
        db = SQLiteDatabase.openOrCreateDatabase(databasePath, null);
```

使用 SQLiteDatabase 类的 openOrCreateDatabase()方法来打开一个数据库文件。如果数据库文件不存在，则创建一个新的数据库文件。

（9）为查询按钮添加监听器，重写 onClick()方法。当单击该按钮时，会将查询结果显示出来，其代码如下所示。

```
        check.setOnClickListener(new OnClickListener() {
            public void onClick(View arg0) {
                String sql = "select chinese from t_words where english = ? ";
                Cursor cursor = db.rawQuery(sql, new String[]{word.getText().toString().
                trim()});
                String result = "Not Found";
                if (cursor.getCount() > 0) {
                    cursor.moveToFirst();
                    result = cursor.getString(cursor.getColumnIndex("chinese"));
                }
                new AlertDialog.Builder(MainActivity.this).setTitle("查询结果").setMessage
                (result).setPositiveButton ("            关闭", null).show();
            }
        });
```

上述代码在 onClick()方法中获取到 Cursor 对象，然后使用 moveToFirst()方法将记录指针移动到第一条记录的位置。在默认情况下，新返回的 Cursor 对象的记录指针在第一条记录的前面。这时调用 getter 方法，系统会出异常。

(10) 为自动完成文本框添加监听,其代码如下所示。

```
word.addTextChangedListener(this);
```

(11) 重写 TextWatcher 接口的 afterTextChanged()方法,其代码如下所示。

```
//省略部分代码
public void afterTextChanged(Editable arg0) {
    Cursor cursor = db.rawQuery("select english as _id from t_words where english
    like ?", new String[] {arg0.toString() +"%"});
    DictionaryAdapter adapter = new DictionaryAdapter(MainActivity.this,
    cursor, true);
    word.setAdapter(adapter);
}
```

在使用 CursorAdapter 数据绑定的时候需要一个"_id"字段,因此需要给 sql 语句中的 english 字段起一个别名。然后给自动完成文本框添加适配器。

(12) 新建 DictionaryAdapter 类并继承 CursorAdapter 类,并重写 convertToString()、bindView() 和 newView()方法,其代码如下所示。

```
public class DictionaryAdapter extends CursorAdapter{
    private LayoutInflater layoutInflater;
    public CharSequence convertToString(Cursor cursor){
        return cursor == null ? "" : cursor.getString(cursor.getColumnIndex
        ("_id"));
    }
    public DictionaryAdapter(Context context, Cursor c, boolean autoRequery) {
        super(context, c, autoRequery);
        layoutInflater = (LayoutInflater) context
            .getSystemService(Context.LAYOUT_INFLATER_SERVICE);
    }
    private void setView(View view,Cursor cursor){
        TextView text = (TextView) view;
        text.setText(cursor.getString(cursor.getColumnIndex("_id")));
    }
    public void bindView(View view, Context context, Cursor cursor) {
        setView(view,cursor);
    }
    public View newView(Context context, Cursor cursor, ViewGroup parent) {
        View view = layoutInflater.inflate(R.layout.word_list, null);
        return view;
    }
}
```

在上述代码中,DictionaryAdapter 类是为了在 AutoCompleteTextView 控件中输入两个或两个以上的字符时,该控件会列出以输入字符开头的所有单词。convertToString()方法是为了在 Cursor 对象不为空时,返回选中的英文单词。

运行效果如图 11-24 所示。当在自动完成文本框中输入两个或两个以上字符时,例如输入"ae"字符时,自带完成文本框显示效果如图 11-25 所示。

图 11-24　项目运行效果

图 11-25　以"ae"开头的单词列表

选中文本框中内容后，并单击【查询】按钮。当查询结果存在时，效果如图 11-26 所示。当查询结果不存在时，效果如图 11-27 所示。

图 11-26　查询结果存在

图 11-27　查询结果不存在

11.7 拓展训练

拓展训练：实现通讯录功能

根据本节课所学的知识，创建一个 Android 项目，实现通讯录的功能，要求可以添加并查询联系人。

11.8 课后练习

一、填空题

1. 在 Shell 控制台下输入_____后按回车键后可进入 Linux 下的 SQLite 命令控制台。
2. 查询当前数据库中所有表的命令是_____。
3. 正确退出 sqlite3 工具的方法是使用命令_____。

4. 在 SQLite 数据库存储中图片一般采用_____类型来存储。

二、选择题

1. 下列关于 SQLite 的说法中，不正确的是_____。
   A. 更加适用于嵌入式系统，嵌入到使用它的应用程序中。占用非常少，运行高效可靠，可移植性好
   B. SQLite 数据库不仅提高了运行效率，而且屏蔽了数据库使用和管理的复杂性，程序仅需要进行最基本的数据操作，其他操作可以交给进程内部的数据库引擎完成
   C. SQLite 数据库具有很强的移植性
   D. 在使用 SQLite 时，需要先安装后才可以使用

2. 下列关于 sqlite3 的命令中，不正确的是_____。
   A. .databases 显示数据库名称和文件位置
   B. .exit 退出
   C. .show 显示当前数据库名字
   D. .tables 查看当前数据库中所有表

3. 在使用 SQLite 绑定数据时，下列说法不正确的是_____。
   A. 在继承 CursorAdapter 接口时，在 CursorAdapter 子类中必须实现 bindView() 和 newView() 方法
   B. 创建一个新的列表项时调用 newView() 方法，更新已经建立的列表项时调用 bindView() 方法
   C. 在使用 CursorAdapter 进行数据绑定时，Cursor 返回的记录集并不需要有 "_id" 字段
   D. CursorAdapter 是抽象类，并且是 SimpleCursorAdapter 类的父类，但不是直接父类

4. 下列关于 db4o 的说法中，不正确的是_____。
   A. db4o 是一个嵌入式的开源面向对象数据库
   B. db4o 是基于对象的数据库，操作的数据本身就是对象
   C. 查询时直接获取到所查询对象的实例
   D. 存储时将会改变数据类特征

三、简答题

1. 简述一下 SQLite 在 Android 中的使用步骤。
2. 请简要说明一下能否将多个应用程序或多个同一个应用程序访问单个数据库实例文件。
3. SQLite 能否允许使用 "0" 和 "00" 作为主键值的表在两个不同的行，为什么？

第 12 课
访问系统资源和国际化

资源是每个 Android 应用程序的重要组成部分,除了代码部分的其他部分都可以作为资源。例如,在 Android 程序中要使用的字符串、布局、颜色、大小尺寸以及图片和菜单等都是资源,这些资源可以是系统提供的,也可以是用户根据需求定义的。

本章将详细介绍在 Android 应用程序中定义和使用各种类型资源的方法,以及实现程序国际化的内容。

本课学习目标:
- ❏ 了解 Android 系统支持的资源类型及其存放目录
- ❏ 掌握引用资源的方法
- ❏ 掌握各种资源的创建及使用
- ❏ 掌握基础类型资源的使用
- ❏ 熟悉程序国际化的方法

12.1 资源简介

Android 程序总体上可以分为功能（代码）和数据（资源）两部分。功能决定应用程序具有的操作，它包括让程序能够运行的所有算法；而资源包括字符串、布局、图标和菜单以及程序使用的组件。

在每个 Android 项目中功能和数据是分开存储的。代码使用 Java 文件形式保存在 src 目录下，而资源则保存在 assets 和 res 目录下。其中，assets 目录通常用于保存资源的原始文件，Android 程序不能直接访问，必须通过 AssetManager 类以二进制流的形式来读取；而 res 中的资源可以通过 R 资源类直接访问。

12.1.1 资源的分类

在 Android 程序中可能需要多种不同类型的资源实现用户界面的设计，如文本字符串、图像、数据、颜色方案和菜单等。

这些资源都被存储在 Android 项目的 res 目录下，并且根据其作用的不同存放在不同的子目录中。所有资源文件的名称小写且仅能只由字母、数字和下划线组成。

如表 12-1 列出了 Android 项目中可用的资源类型、资源存放的目录和文件名。

表 12-1 可用资源类型

资源类型	存放目录	默认文件名	对应的 XML 标记
字符串	/res/values	strings.xml	\<string\>
复数字符串	/res/values	strings.xml	\<plurals\>、\<item\>
布尔型	/res/values	bools.xml	\<bool\>
字符串数组	/res/values	strings.xml	\<string-array\>、\<item\>
颜色	/res/values	colors.xml	\<color\>
颜色状态表	/res/color	buttonstates.xml、indicators.xml	\<selector\>、\<item\>
尺寸	/res/values	dimens.xml	\<dimen\>
整型	/res/values	integers.xml	\<integer\>
整型数组	/res/values	integers.xml	\<integer-array\>、\<item\>
混合类数组	/res/values	arrays.xml	\<array\>、\<item\>
简单 Drawable 图形	/res/values	drawables.xml	\<drawable\>
图像	/res/drawable	PNG 文件和 JPG 文件等	图像文件或者 drawable 图形
过渡动画	/res/anim	fadesequence.xml、spinsequence.xml	\<set\>、\<alpha\>、\<scale\> 和 \<rotate\> 等
逐帧动画	/res/drawable	sequencel.xml	\<animation-list\>
菜单	/res/menu	mainmenu.xml	\<menu\>
XML 文件	/res/xml	data.xml	由用户自定义
原始文件	/res/raw	gequ.mp3 等	由用户自定义
布局	/res/layout	main.xml	由用户自定义
样式和主题	/res/value	style.xml、thems.xml	\<style\>

12.1.2 引用资源

使用 ADT 创建一个 Android 项目时，res 目录下预置了常见资源类型的子目录。因此当向资源目录中添加新资源时，ADT 会在后台编译这些新资源，并生成 R.java 文件，以使用户能够在程序中访问它。

提示
可以使用 Android SDK 提供的 AAPT 工具在命令行下编译资源。

如下所示为一个简单的 R.java 文件中包含的内容：

```java
public final class R {
    // 数组资源
    public static final class array {
        public static final int faultRecords=0x7f060000;
    }
    // 属性资源
    public static final class attr {
    }
    // 颜色资源
    public static final class color {
        public static final int black=0x7f040001;
        public static final int red=0x7f040000;
    }
    // 图片资源
    public static final class drawable {
        public static final int icon=0x7f020001;
        public static final int logo2=0x7f020002;
    }
    // ID 标示资源
    public static final class id {
        public static final int licenseEditText=0x7f070022;
        public static final int lngEditText=0x7f070001;
    }
    // 布局资源
    public static final class layout {
        public static final int custom_dialog=0x7f030000;
        public static final int custom_dialog1=0x7f030001;
    }
    // 字符串资源
    public static final class string {
        public static final int app_name=0x7f050001;
        public static final int strHello=0x7f050000;
    }
}
```

1. 在程序中引用资源

在程序中引用资源的格式如下：

```
R.资源类型.资源名称
```

例如，在/res/values/strings.xml 文件中定义的一个名为 strHello 的字符串资源，可以使用如下代码来引用：

```
R.string.strHello
```

上述语句表示获取名为 strHello 的字符串资源，而不是 "strHello" 字符串本身。为了获取字符串资源中的具体数据，可以使用 Context 类的 getResources()方法得到 Resources 对象，该对象提供了获得各种类型资源的方法。

例如，获取上面的 strHello 资源可用如下代码：

```
String myStr=getResources().getString(R.string.strHello);//Context 类可以省略
```

2．在其他资源中引用资源

在其他资源中引用资源的一般格式如下：

```
@[包名称:]资源类型/资源名称
```

包名称是可选的，如果是默认包则可以省略。例如，下面的代码在布局文件中同时引用了颜色资源、字符串资源和尺寸资源。

```
<TextView android:layout_width="fill_parent"
    android:layout_height="wrap_content"
    android:text="@string/styled_welcome_message"
    android:textColor="@color/opaque_red"
    android:textSize="@dimen/sixteen_sp" />
```

12.2 使用资源

在了解 Android 系统中资源的分类、资源存放路径及引用资源的方法之后，本节将会详细介绍每种资源的具体定义和使用。

12.2.1 字符串资源

在一个 Android 项目中可能会使用到大量的字符串作为标签文本或者提示信息等。这些字符串都可以作为字符串资源声明在配置文件中，从而实现程序的可配置性。

字符串资源默认定义在/res/values/strings.xml 文件中，定义格式如下：

```
<resources>
<string name="字符串别名">字符串内容</string>
</resources>
```

这里 resources 是文件的根节点，只允许出现一次；string 节点可以多次出现，每个 string 节点表示一个字符串资源。字符串别名是程序引用该字符串时的依据，因此最好是能代表字符串内容、有意义的名称。

例如，为"MyPlayer"应用程序定义一个字符串资源，语句如下：

```
<string name="app_name">MyPalyer</string>
```

【练习 1】

下面通过一个实例演示字符串资源文件的用法。在本实例中使用两种方式引用字符串资源：一种是在布局文件中引用；另一种是在 Java 代码中引用。

（1）新建一个 Android 项目，打开项目/res/values 目录下的字符串资源配置文件 strings.xml。
（2）在原来内容的基础上添加 4 个字符串资源，最终该文件内容如下。

```
<?xml version="1.0" encoding="utf-8"?>
```

```
<resources>
    <string name="app_name">strResource</string>
    <string name="action_settings">Settings</string>
    <string name="song_title">赠汪伦</string>
    <string name="song_author">Author By LeeBai</string>
    <string name="song_line1">李白乘舟将欲行,忽闻岸上踏歌声。</string>
    <string name="song_line2">桃花潭水深千尺,不及汪伦送我情。</string>
</resources>
```

上述代码共包括 6 个字符串资源,名称分别为 app_name、action_settings、song_title、song_author、song_title1 和 song_title2。

(3) 打开项目/gen 目录下的 R.java,将会看到如下生成的字符串资源名称及其 ID。

```
public static final class string {
    public static final int action_settings=0x7f050001;
    public static final int app_name=0x7f050000;
    public static final int song_author=0x7f050003;
    public static final int song_line1=0x7f050004;
    public static final int song_line2=0x7f050005;
    public static final int song_title=0x7f050002;
}
```

(4) 打开项目的布局文件,添加 LinearLayout 控件设置为垂直布局,再向 LinearLayout 中添加 4 个 TextView 控件,4 个 TextView 控件的 id 分别是 TextView1、TextView2、TextView3 和 TextView4,代码如下。

```
<LinearLayout
    android:layout_width="match_parent"
    android:layout_height="match_parent"
    android:layout_alignLeft="@+id/textView2"
    android:layout_below="@+id/textView2"
    android:orientation="vertical" >
    <TextView
        android:id="@+id/TextView1"
        android:layout_width="wrap_content"
        android:layout_height="wrap_content"
        android:layout_gravity="center_horizontal"
        android:text="@string/song_title"
        android:textSize="24dp" />
    <TextView
        android:id="@+id/TextView02"
        android:layout_width="wrap_content"
        android:layout_height="wrap_content"
        android:layout_gravity="right"
        android:layout_marginTop="10dp"
        android:text="@string/song_author"
        android:textSize="18dp" />
    <!-- 省略其他 TextView 代码 -->
</LinearLayout>
```

如上述代码所示使用 TextView 控件的 text 属性来指定显示的文本。这里 textView1 控件的 text 属性为"@string/song_title",表示值是一个字符串类型,具体值是字符串配置文件中名为 song_title 字符串资源定义的内容,这里为"赠汪伦"。textView2 控件使用名为 song_author 字符串资源定义的内容,这里为"Author By LeeBai"。

(5)上一步在布局文件中引用了两个字符串资源。接下来打开 MainActivity.java 文件,在 onCreate()方法中以代码形式引用字符串资源,如下所示为该方法的最终内容。

```
protected void onCreate(Bundle savedInstanceState) {
    super.onCreate(savedInstanceState);
    setContentView(R.layout.activity_main);
        //获取布局上 id 为 TextView03 的控件
    TextView myTextView1 = (TextView)findViewById(R.id.TextView03);
        //获取字符串资源配置文件中名称为 song_line1 的字符串
    String str1 = getString(R.string.song_line1).toString();
        //将字符串显示到控件
    myTextView1.setText(str1);
    TextView myTextView2 = (TextView)findViewById(R.id.TextView04);
    String str2 = getString(R.string.song_line2).toString();
    myTextView2.setText(str2);
}
```

上述代码首先调用 findViewById()方法找到布局上的 TextView 控件,然后使用"R.string.字符串资源名称"形式获取到字符串,最后调用 TextView 控件的 setText()方法显示字符串。

(6)运行 Android 项目将看到如图 12-1 所示效果。

图 12-1 运行效果

12.2.2 颜色资源

Android 项目中使用的颜色值可以集中定义到颜色资源文件中,之后就可以在程序的任意位置进行引用。

颜色值的定义是通过 RGB 三原色和一个 alpha 值来定义的。颜色值定义的开始是一个井号"#",后面是 Alpha-Red-Green-Blue 的格式,示例如下。

- **#RGB**   例如#F00 是 12 位颜色,表示红色。
- **#ARGB**   例如#8F00 是 12 位颜色,表示透明度为 50%的红色。
- **#RRGGBB**   例如#FF00FF 是 24 位颜色,表示洋红。
- **#ARRGGBB**   例如 80FF00FF 是 24 颜色,表示透明度为 50%的洋红。

颜色资源默认保存在项目/res/values/colors.xml 文件中。与字符串资源一样,同样采用"名称-值"的方式来定义,示例格式如下。

```
<?xml version="1.0" encoding="utf-8"?>
<resources>
    <color name="Title_color">#000000</color>
</resources>
```

上述代码定义了一个值为#000000(黑色),名称为 Title_color 的颜色资源。

【练习 2】

假设要在布局文件中使用上面的颜色资源 Title_color,可用如下代码。

```
@color/Title_color
```

例如，要使用 Title_color 颜色资源作为 TextView 控件上的字体颜色，代码如下。

```
<TextView
    android:id="@+id/TextView1"
    android:text="@string/song_title"
    android:textColor="@color/Title_color"
    />
```

同样也可以在代码引用颜色资源，代码如下。

```
myTextView2.setTextColor(getResources().getColor(R.color.Title_color));
```

12.2.3 XML 资源

如果项目中使用到了一些原始的 XML 文件，那么可以定义到项目/res/xml 目录下，然后通过 Resources.getXML()方法来访问。

获得 XML 资源内容的基本思路是通过 getResources().getXml()获得 XML 原始文件，得到 XmlResourceParser 对象，通过该对象来判断是文档的开始还是结尾、是某个标签的开始还是结尾，并通过一些获得属性的方法来遍历 XML 文件，从而访问 XML 文件的内容。

【练习3】

下面通过一个实例演示如何访问 XML 文件内容，并将内容显示在 TextView 控件。

（1）新建一个 Android 项目，在项目/res/xml 目录新建一个 employes.xml 文件。

（2）在 XML 文件中使用 EmployeeList 作为根节点，添加多个 employee 节点表示员工信息，如下所示为示例中使用的内容。

```
<?xml version="1.0" encoding="utf-8" standalone="yes" ?>
<EmployeeList>
    <employee cardno="2013001" name="陈放" age="33" workyear="3 年" comGroup="
    销售部"/>
    <employee cardno="2013002" name="李凉凉" age="21" workyear="1 年" comGroup="
    人事部"/>
</EmployeeList>
```

（3）打开布局文件添加一个 ID 为 TextView1 的 TextView 控件。

（4）在布局文件的 onCreate()方法中读取上面 XML 文件的内容，并显示到 TextView1 控件，实现代码如下所示。

```
// 通过 findViewById 方法获得 TextView 实例
TextView myTextView = (TextView) findViewById(R.id.TextView1);
// 定义计数器
int counter = 0;
// 实例化 StringBuilder
StringBuilder sb = new StringBuilder("");
// 获得 Resources 实例
Resources r = getResources();
// 通过 R.xml.employes 获得 XmlResourceParser 实例
XmlResourceParser xrp = r.getXml(R.xml.employes);
try {
```

```java
        // 如果没有到文件尾继续循环
        while (xrp.getEventType() != XmlResourceParser.END_DOCUMENT) {
            // 如果是开始标签
            if (xrp.getEventType() == XmlResourceParser.START_TAG) {
                // 获得标签名称
                String name = xrp.getName();
                // 判断标签名称是否等于employee
                if (name.equals("employee")) {
                    counter++;
                    // 将获得的XML属性内容追加到StringBuilder
                    sb.append("第" + counter + "条员工信息: " + "\n");
                    sb.append("工号: " + xrp.getAttributeValue(0) + "\n");
                    sb.append("姓名: " + xrp.getAttributeValue(1) + "\n");
                    sb.append("年龄: " + xrp.getAttributeValue(2) + "\n");
                    sb.append("工龄: " + xrp.getAttributeValue(3) + "\n");
                    sb.append("所在部门: " + xrp.getAttributeValue(4) + "\n\n");
                }
            } else if (xrp.getEventType() == XmlPullParser.END_TAG) {   //结束标签的处理
            } else if (xrp.getEventType() == XmlPullParser.TEXT) {   //文件标签的处理
            }
            // 下一个标签
            xrp.next();
        }
        // 将StringBuilder设置为TextView的文本
        myTextView.setText(sb.toString());
    }
```

（5）运行程序，程序加载完成后会读取 employes.xml 文件，显示效果如图 12-2 所示。

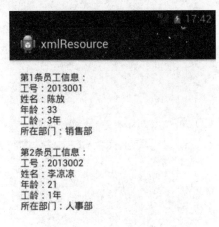

图 12-2　员工信息

12.2.4　菜单资源

菜单资源是一种特殊 XML 资源，它要求 XML 内容必须符合菜单的格式。Android 中的菜单分为选项菜单、上下文菜单和子菜单，它们都可以在 XML 文件中声明定义，并在代码中通过 MenuInflater 类使用。

菜单资源保存在项目/res/menu/目录下，可以通过"R.menu.菜单资源名称"的方式引用，使用 getMenuInflater().inflate()方法获取菜单资源。

典型菜单资源文件的结构是使用<menu>作为根元素，在<menu>根元素里面会嵌套<item>和<group>子元素，<item>元素中也可嵌套<menu>形成子菜单。<menu>根元素没有属性，它包含<item>和<group>子元素。

<group>表示一个菜单组，相同的菜单组可以一起设置属性，例如 visible、enabled 和 checkable 等。<group>元素的属性说明如表 12-2 所示。

表 12-2 <group>元素的属性说明

属 性 名 称	说　　明
id	唯一标识该菜单组的引用 id
menuCategory	对菜单进行分类，定义菜单的优先级。有效值为 container、system、secondary 和 alternative
orderInCategory	一个分类排序整数
checkableBehavior	选择行为是单选、多选还是其他。有效值为 none、all 和 single
visible	是否可见，有效值为 true 或者 false
enabled	是否可用，有效值为 true 或者 false

<item>表示菜单项，包含在<menu>或<group>中的有效属性。<item>元素的属性说明如表 12-3 所示。

表 12-3 <item>元素的属性说明

属 性 名 称	说　　明
id	唯一标示菜单的 ID 引用
menuCategory	菜单分类
orderInCategory	分类排序
title	菜单标题字符串
titleCondensed	浓缩标题，适合标题太长的时候使用
icon	菜单的图标
alphabeticShortcut	字符快捷键
numericShortcut	数字快捷键
checkable	是否可选
checked	是否已经被选
visible	是否可见
enabled	是否可用

【练习 1】

创建一个实例读取菜单资源并显示到界面，主要步骤如下。

（1）新建一个 Android 项目，在项目/res/menu 目录创建菜单资源文件 appmenu.xml。

（2）在菜单资源文件中定义一个主菜单包括 File、Edit 和 Help 三个菜单项。File 菜单有 New、Open 和 Save 子菜单项；Edit 菜单有 Cut、Copy 和 Paste 子菜单项；Help 菜单有 About 和 Exit 子菜单项，具体代码如下。

```xml
<?xml version="1.0" encoding="utf-8"?>
<menu xmlns:android="http://schemas.android.com/apk/res/android" >
    <item android:title="File">
        <menu>
            <group
```

```xml
            android:id="@+id/noncheckable_group"
            android:checkableBehavior="none" >
            <item
                android:id="@+id/newFile"
                android:alphabeticShortcut="n"
                android:title="New"/>
            <item
                android:id="@+id/openFile"
                android:alphabeticShortcut="o"
                android:title="Open"/>
            <item
                android:id="@+id/saveFile"
                android:alphabeticShortcut="s"
                android:title="Save"/>
        </group>
    </menu>
</item>
<item android:title="Edit">
    <menu>
        <group android:id="@+id/edit_group"android:checkableBehavior="single">
            <item android:id="@+id/cut" android:title="Cut"/>
            <item android:id="@+id/copy" android:title="Copy"/>
            <item android:id="@+id/past" android:title="Past"/>
        </group>
    </menu>
</item>
<item android:title="Help">
    <!-- 省略部分代码 -->
</item>
</menu>
```

如上述代码所示，在菜单资源文件中使用 menu 作为根元素，其中嵌套 3 个 item 元素表示 3 个主菜单，每个 item 元素中又嵌套 menu 元素定义子菜单，group 元素用于为菜单分组。

（3）进入布局文件的 Java 代码文件，在 onCreateOptionsMenu()方法中将 appmenu.xml 中定义的菜单作为程序的菜单，代码如下所示。

```java
public boolean onCreateOptionsMenu(Menu menu) {
    //R.menu.appmenu 表示 appmenu.xml 文件
    getMenuInflater().inflate(R.menu.appmenu, menu);
    return true;
}
```

（4）运行程序，按下 MENU 键查看主菜单，效果如图 12-3 所示。选择 File 菜单将看到如图 12-4 所示的效果，Edit 子菜单采用单选按钮如图 12-5 所示。

12.2.5 尺寸资源

Android 程序的布局控件，如文本框、标签和按钮等，都是按照特定的尺寸进行绘制的，这些尺寸也是作为资源存储到项目的资源文件中的。

图 12-3　查看主菜单　　　图 12-4　查看 File 子菜单　　　图 12-5　查看 Edit 子菜单

在计算机中一般我们用到的尺寸单位有厘米（cm）、毫米（mm）、像素（px）、英尺（in）等。Android 中支持的尺寸单位如表 12-4 所示。

表 12-4　尺寸单位说明

单位名称	说　　明	单位标记	示　　例
像素	实际的屏幕像素	px	20px
英寸	物理测量的单位	in	20in
毫米	物理测量的单位	mm	20mm
点	普通字体测量单位	pt	20pt
屏幕密度独立像素	相对于 160dpi 屏幕的像素	dp	20dp
比例独立像素	对于字体显示的测量	sp	20sp

尺寸资源定义在 res/values/dimens.xml 文件，使用<dimen>标记表示一个颜色资源。如下所示为一个简单尺寸资源文件的内容。

```
<?xml version="1.0" encoding="utf-8"?>
<resources>
    <dimen name="Title_font_size">18dp</dimen>
    <dimen name="Title_height">24sp</dimen>
    <dimen name="Main_area_Height">2in</dimen>
    <dimen name="detail_font_size">10px</dimen>
    <dimen name="text_width">10mm</dimen>
</resources>
```

【练习 5】

使用尺寸资源文件中的 Title_height 和 text_width 作为 TextView 控件的高度和宽度，代码如下。

```
<TextView
    android:text="@string/test_dimen"
    android:id="@+id/myDimenTextView01"
    android:layout_width="wrap_content"
    android:layout_height="wrap_content"
    android:width="@dimen/text_width"
```

```
            android:height="@dimen/Title_height"
        />
```

当然也可以通过代码来使用尺寸资源,如下为等价的实现代码。

```
//获取TextView控件实例
TextView myTextView = (TextView)findViewById(R.id.myDimenTextView01);
//通过getDimension()方法获取尺寸资源的值
float height=getResources().getDimension(R.dimen.Title_height);
float width=getResources().getDimension(R.dimen.text_width);
//设置宽度
myTextView.setHeight((int)height);
//设置高度
myTextView.setWidth((int)width);
```

12.2.6 布局资源

布局资源是 Android 中常用的一种资源,Android 可以将屏幕中组件的布局方式定义在一个 XML 文件中,这有点像 Web 开发中的 HTML 页面。我们可以调用 Activity.setContentView()方法,将布局文件展示在 Activity 上。Android 通过 LayoutInflater 类将 XML 文件中的组件解析为可视化的视图组件。布局文件保存在项目/res/layout 目录中,文件名称任意。当创建一个 Android 项目时默认会创建一个名为 actitvity_main.xml 的布局文件。

如下所示为一个简单的布局文件代码,其中引用了前面介绍的资源,如颜色、字符串和尺寸。

```
<RelativeLayout xmlns:android="http://schemas.android.com/apk/res/android"
    xmlns:tools="http://schemas.android.com/tools"
    android:layout_width="match_parent"
    android:layout_height="match_parent"
    android:paddingBottom="@dimen/activity_vertical_margin"
    android:paddingLeft="@dimen/activity_horizontal_margin"
    android:paddingRight="@dimen/activity_horizontal_margin"
    android:paddingTop="@dimen/activity_vertical_margin"
    android:background ="@color/background_color "
    tools:context=".MainActivity" >
    <TextView
        android:id="@+id/TextView01"
        android:layout_width="wrap_content"
        android:layout_height="wrap_content"
        android:text="@string/title_name"
        android:textColor="@color/title_color"
        android:textSize="@dimen/title_size"
        />
</RelativeLayout>
```

上述的布局文件描述了界面上所有的可见元素。在这个示例中,使用 RelativeLayout 控件作为其他控件的容器。

> **技巧**
> 使用<include>标记可以包含另一个布局文件。例如 "<include layout="@layout/loginform"/>" 包含了布局文件 res/layout/loginform.xml。

【练习6】

使用布局资源需要在 onCreate()方法中调用 Activity.SetContentView()方法。例如，显示布局文件 res/layout/loginform.xml 的代码如下。

```
protected void onCreate(Bundle savedInstanceState) {
    super.onCreate(savedInstanceState);
    setContentView(R.layout.loginform);//R.layout.loginform 表示 loginform.xml 文件
}
```

所有布局均继承自 View 类，因此可以使用 findViewById()方法来得到布局中的组件。例如，要获取一个名为 TextView01 的 TextView 对象，可用如下代码。

```
TextView txt=(TextView)findViewById(R.id.TextView01);
```

还可以像使用 XML 资源一样获取布局资源。下面代码演示了使用 XML 格式解析布局文件 loginform.xml 的方法。

```
XmlResourceParser myLoginXml=getResources().getLayout(R.layout.loginform);
```

12.2.7 drawable 资源

drawable 资源是一些图片或者颜色资源，主要用来绘制屏幕。drawable 资源分为三类：Color Drawable（颜色）、Bitmap File（位图文件）、Nine-Patch Image（九格图片）。

引用 drawable 资源的方法：

```
R.drawable.file_name;          //使用代码方式
@drawable/file_name;           //使用布局方式
```

获取 drawable 资源的方法：

```
Resources.getDrawable(R.drawable.file_name);
```

1. 颜色

Color Drawable 通常用于定义可绘制的简单颜色，这一点与颜色资源的定义非常类似。Color Drawable 资源定义在项目/res/values 目录下，并使用<drawable>标记来定义。

例如，下面代码将一个红色定义在项目/res/values/drawable.xml 中。

```
<?xml version="1.0" encoding="utf-8"?>
<resources>
    <drawable name="red_color">#FF0000</drawable>
</resources>
```

在 drawable.xml 文件中也可以定义描述其他 Drawable 子类的资源，例如 ShapeDrawable。

```
<?xml version="1.0" encoding="utf-8"?>
<shape  xmlns:android="http://schemas.android.com/apk/res/android"  android:shape="oval" >
    <solid android:color="#FF0000" />
</shape>
```

对于使用<drawable>标记定义的 Drawable 资源，在获取时应该使用 Drawable 的子类 ColorDrawable 表示。下面的代码获取了一个名为 reddrawble 的 ColorDrawable 资源。

```
import android.graphics.drawable.ColorDrawable;
ColorDrawable myDraw=(ColorDrawable)getRescources().getDrawable(R.drawable.
reddrawable);
```

2. 位图文件

Android 中支持的位图文件有 png、jpg 和 gif。在项目中添加位图资源的方法非常简单，直接将图像复制到项目/res/drawable 目录即可，唯一需要注意的是文件名必须小写，且只能有字母、数字和下划线组成。

例如，复制 logo.png 到项目/res/drawable 目录，在布局文件的 ImageView 控件中可用 @drawable/logo 来显示该图片，代码如下所示。

```
<ImageView
    android:id="@+id/ImageView01"
    android:layout_width="wrap_content"
    android:layout_height="wrap_content"
    android:src="@drawable/logo"
></ImageView>
```

也可以在代码中引用图片资源并显示到 ImageView 控件，代码如下所示。

```
ImageView flagImageView=(ImageView)findViewById(R.id.ImageView01);
flagImageView.setImageRescource(R.drawable.logo);
```

如果要获取图片资源的具体数据可以使用 getDrawable()方法。例如，下面代码获取了图片的高度和宽度。

```
//获取到图片资源
BitmapDrawable bitmapFlag=(BitmapDrawable)getResources().getDrawable(R.drawable.
flag);
int height=bitmapFlag.getIntrinsicHeight();        //获取高度
int width=bitmapFlag.getIntrinsicWidth();          //获取宽度
```

3. 九格图片

九格图片是拥有小块图像区域的简单 PNG 图像，这些图像区域被定义为可以进行适当的缩放，而非把整个图像作为一个整体进行缩放，通常中间区域为透明。

九格图片的扩展名是.9.png。该扩展名的图片可以使用 draw9path 工具从 PNG 文件创建，draw9path 工具位于 Android SDK 的 tools 目录内。

在使用代码调用九格图片时返回的是 NinePathDrawable 对象，而不是 BitmapDrawable 对象，示例代码如下。

```
//获取到九格图片资源
NinePathDrawable nineDrawable=( NinePathDrawable)getResources().getDrawable
(R.drawable.ninelogo);
int height= nineDrawable.getIntrinsicHeight();     //获取高度
int width= nineDrawable.getIntrinsicWidth();       //获取宽度
```

12.2.8 基础类型资源

除了前面介绍的几种资源，Android 项目还支持一些基础类型的资源，如数组、布尔型和整型。

1．字符串数组资源

字符串数组资源就是多个字符串组成的列表，非常适合定义菜单选项或者下拉列表项。

字符串数组资源保存在项目/res/values/arrays.xml 文件中，使用<string-array>标记定义数组，使用<item>标记定义数组中的字符串项。

【练习 7】

例如，下面的示例代码创建了两个数组：colors 和 domains。

```xml
<?xml version="1.0" encoding="utf-8"?>
<resources>
    <string-array name="colors">
        <item>Red</item>
        <item>Green</item>
        <item>Blue</item>
    </string-array>
    <string-array name="domains">
        <item>.com</item>
        <item>.net</item>
        <item>.org</item>
    </string-array>
</resources>
```

假设要获取 colors 数组可使用如下代码。

```
String[] aryColors=getResources().getStringArray(R.array.colors);
```

2．布尔资源

布尔资源对应于 Java 中的 boolean 类型，主要用于定义一些程序参数或者默认值。布尔资源定义在项目/res/values/bools.xml 文件中。

【练习 7】

下面代码在 bools.xml 中定义了三个布尔类型的值。

```xml
<?xml version="1.0" encoding="utf-8"?>
<resources>
    <bool name="isRememberPassword">true</bool>
    <bool name="useAgent">false</bool>
    <bool name="canDeleteData">false</bool>
</resources>
```

假设要获取 isRememberPassword 资源表示的布尔值可使用如下代码。

```
Boolean isRememberPassword=getResources().getBoolean(R.bool.isRememberPassword);
```

3．整型资源

除了字符串数组和布尔值之外，还可以将整数作为资源存放到文件中。整型资源定义在项目/res/values/integers.xml 文件中。

【练习 9】

例如，下面代码在 integers.xml 文件中定义了三个整数。

```xml
<?xml version="1.0" encoding="utf-8"?>
<resources>
    <integer name="defaultRepeatNumber">1</integer>
    <integer name="minOfAge">16</integer>
    <integer name="lastPosition">0</integer>
</resources>
```

假设要获取 minOfAge 资源表示的整数可使用如下代码。

```
int age=getResources().getInteger(R.integer.minOfAge);
```

12.3 国际化

Android 程序国际化是指程序可以根据系统所使用的语言，将界面的文字翻译成与之对应的语言。这样可以让程序更加通用。Android 可以通过资源文件非常方便地实现程序的国际化。下面以字符串的国际化为例介绍如何实现 Android 程序的国际化。

通过 12.2.1 小节的介绍，我们知道字符串资源保存在 res/values/strings.xml 文件中。为了实现这些字符串资源的国际化，需要在 res 目录下创建针对不同语言的资源目录。

资源目录的格式如下：

```
values-语言-r国家编码
```

其中的字符"r"是必须的。例如 values-zh 表示中文环境，values-en 表示英文环境，values-zh-rCN 表示简体中文，values-zh-rTW 表示繁体中文，values-en-rUS 表示美式英文。

创建资源目录之后，再创建对应的 strings.xml 文件，并在该文件中定义对应语言的字符串即可。当程序运行时就会自动根据操作系统所使用的语言来显示对应的字符串信息。

【练习 10】

下面通过一个实例演示如何将程序制作为简体中文和英文两种语言，具体步骤如下。

（1）新建一个 Android 项目，在项目/res 目录下新建 values-zh-rCN 和 values-en-rUS 表示简体中文和美式英语环境的资源目录。

（2）在 values-en-rUS 目录下新建 strings.xml 文件，并使用英语定义一些程序需要的字符串资源，本实例使用的内容如下。

```xml
<?xml version="1.0" encoding="utf-8"?>
<resources>
    <string name="app_name">Mini DVD Palyer</string>
    <string name="action_settings">Settings</string>
    <string name="start">Start</string>
    <string name="stop">Stop</string>
    <string name="pause">Pause</string>
    <string name="resume">Resume</string>
    <string name="close">Close</string>
```

```
</resources>
```

（3）在 values-zh-rCN 目录下新建 strings.xml 文件，并使用简体中文重新定义英语表示的字符串，如下所示为翻译后的文件内容。

```xml
<?xml version="1.0" encoding="utf-8"?>
<resources>
    <string name="app_name">迷你 DVD 播放器</string>
    <string name="action_settings">设置</string>
    <string name="start">开始</string>
    <string name="stop">停止</string>
    <string name="pause">暂停</string>
    <string name="resume">重头开始</string>
    <string name="close">关闭</string>
</resources>
```

（4）在项目的布局文件中使用 LinearLayout 控件定义为垂直布局，然后添加 5 个 Button 控件并依次引用每个字符串资源，最终代码如下。

```xml
<LinearLayout
    android:layout_width="match_parent"
    android:layout_height="match_parent"
    android:orientation="vertical" >
    <Button
        android:layout_width="wrap_content"
        android:layout_height="wrap_content"
        android:text="@string/start" />
    <Button
        android:layout_width="wrap_content"
        android:layout_height="wrap_content"
        android:text="@string/pause" />
    <Button
        android:layout_width="wrap_content"
        android:layout_height="wrap_content"
        android:text="@string/stop" />
    <Button
        android:layout_width="wrap_content"
        android:layout_height="wrap_content"
        android:text="@string/resume" />
    <Button
        android:layout_width="wrap_content"
        android:layout_height="wrap_content"
        android:text="@string/close" />
</LinearLayout>
```

如上述代码所示，使用"@string/字符串资源名称"形式引用字符串资源，并没有指定所使用的语言。这是因为 Android 系统会根据语言环境自动查找对应的资源目录，如果没有与系统使用的语言相对应的资源目录时则使用默认的 values 目录。

（5）在美式英文环境运行本程序将看到如图 12-6 所示效果。在简体中文环境中运行效果，将看到如图 12-7 所示的效果。

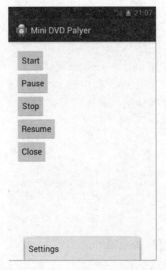

图 12-6　英文环境运行效果　　　图 12-7　简体中文环境运行效果

12.4 拓展训练

拓展训练 1：创建一个多语言版本的计算器

本次练习要求读者根据本课所学知识，创建一个具有中英文环境的计算器，主要步骤如下。

（1）创建一个布局资源，以中文环境为例使用控件设计计算器程序的布局。
（2）创建尺寸资源来保存计算器的宽度、按钮的高度、字体的大小以及结果显示框的宽度。
（3）创建颜色资源来保存计算器的背景颜色、按钮上字体的颜色以及结果显示框的前景和背景颜色。
（4）创建一个字符串资源，将计算器上的所有文本都存放到资源文件中。
（5）创建针对英语环境下的字符串资源。
（6）运行程序，切换语言查看效果。

12.5 课后练习

一、填空题

1. 如果要读取 assets 目录下保存的资源文件，必须使用_____类以二进制流的形式来读取。
2. 在空白处填写合适的代码来创建一个名为 black 的颜色资源。

```
<color name="_____">#000000</color>
```

3. 使用_____代码可以获取 res/xml/books.xml 资源。
4. 假设创建了一个名为 gamemenu.xml 的菜单资源，可以使用_____代码将它作为程序菜单。
5. 菜单资源文件的结构是使用<menu>作为根元素，在<menu>根元素里面会嵌套_____和<group>

子元素。

6. 布局资源保存在 layout 目录中，要显示一个布局应该调用 Activity 的_____方法。

二、选择题

1. 下列属于合法资源文件的是_____。
   A. 100bai.mp3   B. bai100.mp3   C. Bai 100.mp3   D. B/S.mp3
2. 字符串资源保存在 strings.xml 文件中，使用_____标记定义一个字符串。
   A. <strings>   B. <string>   C. <resources>   D. <text>
3. 假设使用如下代码定义了一个字符串资源，下面操作不正确的是_____。

```
<string name="website">www.itzcn.com</string>
```

   A. R.string.website
   B. @string/website
   C. String.website.tostring()
   D. getResoures().getString(R.string.website)
4. 下面选项中可以表示一个颜色的是_____。
   A. #FFF
   B. @RGB(255,255,255)
   C. RGB(255,255,255)
   D. getcolor(255,255,255)
5. 下列关于尺寸单位的使用，错误的是_____。
   A. 10px   B. 10cm   C. 10dm   D. 10dp
6. 调用 Resources 对象的_____方法可以获取尺寸资源。
   A. getDimension()
   B. getDimen()
   C. getSizes()
   D. getSIze()
7. 使用<drawable>标记定义的 Drawable 资源，在获取时应该使用_____类表示。
   A. ColorDrawable
   B. Drawable
   C. BitmapDrawable
   D. NinePathDrawable

三、简答题

1. 列出 5 种以上 Android 支持的资源类型及其存放位置。
2. 定义一个字符串资源来解释如何引用资源。
3. 简述 XML 资源和菜单资源在使用上的区别。
4. Android 支持哪些单位的尺寸，如何表示？
5. 简述在 Android 项目中使用 drawable 资源的方法。
6. 简述程序国际化的步骤。

第13课
调用 Android 系统服务

Service 用于在后台完成用户指定的操作,它可以用于音乐播放器、文件下载工具等应用程序。用户可以使用其他控件与 Service 进行通信。本节课将详细介绍 Service 的实现和使用,包括 Service 的创建、如何获取系统服务以及使用广播接收者的方法。

本课学习目标:
- ❑ 掌握 Service 中的重要方法
- ❑ 掌握 Service 的生命周期
- ❑ 掌握 Service 的使用方法
- ❑ 掌握获取系统服务的方法
- ❑ 掌握使用广播接收者的方法

13.1 Service 简介

Service（服务）是能够在后台执行长时间运行操作而且不提供用户界面的应用程序组件。它是 Android 系统中的四大组件之一。它与 Activity 的级别差不多，但只能后台运行，并且可以和其他组件进行交互。其他应用程序组件能启动服务，并且即便用户切换到另一个应用程序，服务还可以在后台运行。此外，组件能够绑定到服务并与之交互，甚至执行进程间的通信。

Service 可以在很多场合的应用中使用，例如播放多媒体的时候用户启动了其他 Activity，这个时候程序要在后台继续播放、比如检测 SD 卡上文件的变化，再或者在后台记录地理信息位置的改变等，总之服务总是藏在后台的。

13.1.1 Service 的分类

Service 从本质上可以分为两种类型：Started 和 Bound。

Started（启动）：当应用程序组件（如 Activity）通过调用 startService()方法启动服务时，服务处于 started 状态。一旦服务启动，就可在后台无限期运行，即使启动它的组件已经被销毁。通常启动服务执行单个操作并且不会向调用者返回结果。例如，它可能通过网络下载或者上传文件。如果操作完成，服务需要停止自身。

Bound（绑定）：当应用程序组件通过调用 bindService()方法绑定到服务时，服务处于 bound 状态。绑定服务提供一个允许组件与 Service 交互的接口，可以发送请求、获取返回结果，还可以通过跨进程通信来交互（IPC）。绑定的 Service 只有当应用组件绑定后才能运行，多个组件可以绑定一个 Service。当调用 unBind()方法时，这个 service 就会被销毁。Service 也可以同时属于这两种类型，既可以启动（无限期运行），也可以绑定。其关键在于是否实现一些回调方法：onStartCommand()方法允许组件启动服务，onBind()方法允许组件绑定服务。

不管应用程序是否为启动状态、绑定状态或者这两种状态同时存在，都能通过 Intent 使用服务。然而用户可以在配置文件中将服务声明为私有的，从而阻止其他应用程序访问。

Service 与 Activity 一样都存在于当前进程的主线程中，它不会创建自己的线程。所以一些阻塞 UI 的操作，如耗时操作不能放在 Service 里进行，或者如另外开启一个线程来处理诸如网络请求的耗时操作。如果在 Service 里进行一些耗 CPU 和耗时操作，可能会引发 ANR 警告，这时应用会弹出是强制关闭还是等待的对话框。所以，对于 Service 的理解就是和 Activity 平级的、只不过是看不见的、在后台运行的一个组件，这也是为什么 Service 和 Activity 同被称为 Android 的基本组件。

13.1.2 Service 类的重要方法

创建服务时，需要创建 Service 类或子类。在实现类中重写处理 Service 的一些回调方法，并根据需要提供组件绑定到服务的机制。其需要重写的重要回调方法如代码所示。

```
public int onStartCommand(Intent intent, int flags, int startId);
public IBinder onBind(Intent intent);
public void onCreate ();
public void onDestroy();
```

onStartCommand()：当其他组件（如 Activity）调用 startService()方法请求服务启动时，系统调用该方法。一旦该方法执行，服务就启动（处于 started 状态），并在后台无限期运行。如果用户实现该方法，则需要在任务完成时调用 stopSelt()或 stopService()方法停止服务。如果仅想提供绑定，则不必实现该方法。

onBind()：当其他组件调用 bindService()方法与服务绑定时（如执行 RPC），系统调用该方法。在该方法的实现中，用户必须通过返回 IBinder 提供客户端用来与服务通信的接口。该方法必须实现，但是如果不允许绑定，则返回 null。

onCreate()：当服务第一次创建时，系统调用该方法执行一次建立工程（在系统调用 onStartCommand()或 onBind()方法前）。如果服务已经运行，该方法不被调用。

onDestroy()：当服务不再使用并即将销毁时，系统调用该方法。服务应该使用该方法来清理线程、监听等资源。

如果组件调用 startService()方法启动服务（onStartCommand()方法被调用），服务需要使用 stopSelf()方法来停止，或者其他组件使用 stopService()方法停止该服务。

如果组件调用 bindService()方法来创建服务（onStartCommand()方法不被调用），服务运行时间与组件绑定到服务的时间一样长。一旦服务从所有客户端解除绑定，系统会将其销毁。

Android 系统仅当内存不足并且必须回收系统资源来显示用户关注的 Activity 时，才会强制停止服务。如果服务绑定到用户关注的 Activity，则会减小停止概率。如果服务被声明为前台运行，则基本不会停止。否则，如果服务是 started 状态并且长时间运行，则系统会随时间推移降低在其后台任务列表中的位置，并且很大概率将其停止。如果服务处于 started 状态，则必须设计系统重启服务。系统停止服务后，资源可用时会将其重启（但这也依赖于 onStartCommand()方法的返回值）。

13.1.3 Service 的声明

Service 与 Activity 和其他组件一样，在创建时需要在应用程序配置文件中声明 Service。声明 Service 时，需要在<application>标签中添加<service>子标签，其代码如下所示。

```
<service
    android:enabled="true"
    android:exported="true"
    android:icon="@drawable/ic_launcher"
    android:name="com.android.service.ServiceDemo"
    android:permission="android.permission.ACCESS_CHECKIN_PROPERTIES"
    android:process="com.android.service">
</service>
```

Service 中各个标签属性的说明如下。

android:enabled 表示服务是否能被系统实例化，true 表示可以，false 表示不可以，默认值是 true。<application>标签也有自己的 enabled 属性，用于包括服务的全部应用程序组件。<application>和<service>的 enabled 属性必须同时设置为 true（两者默认的值都是 true）才能让服务可用。如果任何一个设置为 false，服务被禁用并且不能实例化。

android:exported 表示其他应用程序组件能否调用服务或者与其交互，true 表示可以，false 表示不可以。当该值是 false 时，只有同一个应用程序组件或者具有相同用户 ID 的应用程序能启动或绑定到服务。

默认值依赖于服务是否包含 Intent 过滤器。若没有过滤器，说明服务仅能通过精确类名调用，这意味着服务仅用于应用程序内部，此时属性值是 false。若至少存在一个过滤器，表示服务可以用于外部，属性值为 true。

> **提示**
> 该属性不是限制其他应用程序使用服务的唯一方式，还可以使用 permission 属性限制外部实体与服务的交互。

android:icon 表示该服务的图标。该属性必须设置成包含图片定义的可绘制资源引用。如果没有设置，使用应用程序图标取代。服务图标不管在这里设置还是在<application>中设置，都是所有服务的 Intent 过滤器默认图标。

android:label 表示显示给用户的服务名称。如果没有设置，使用应用程序标签取代。服务图标不管在这里设置还是在<application>中设置，都是所有服务的 Intent 过滤器默认图标。

android:name 表示实现服务的 Service 子类的名称，应该是一个完整的类名，如 com.android.service.MyService。为了简便，也可以只输入 MyService。一旦发布了应用程序，不应该再修改子类名称。该属性没有默认值，必须指定。

android:permission 表示实体必须包含的权限名称，以便启动或者绑定到服务。如果 startService()、bindService()或 stopService()方法调用者没有被授权，方法调用无效，并且 Intent 对象也不会发送给服务。

如果没有设置该属性，使用<application>标签的 permission 属性设置给服务。如果<application>和<service>标签的 permission 属性都未设置，服务不受权限保护。

android:process 表示服务运行的进程名称。通常应用程序的全部组件运行于为应用程序创建的默认进程。进程名称与应用程序包名相同。<application>标签的 process 属性能为全部组件设置一个相同的默认值，但是组件能用自己的 process 属性重写默认值，从而允许应用程序跨越多个进程。

如果分配给该属性的名称以冒号开头，仅属于应用程序的新进程会在需要时创建，服务能在该进程中运行。如果进程名称以小写字母开头，服务会运行在以此为名的全局进程，但需要提供相应的权限。这允许不同应用程序组件共享进程，减少资源使用。

13.1.4 Service 生命周期

Service 的生命周期并不像 Activity 那么复杂，它只继承了 onCreate()，onStart()，onDestroy()三个方法。当我们第一次启动 Service 时，先后调用了 onCreate()、onStart()这两个方法，当停止 Service 时，则执行 onDestroy()方法。这里需要注意的是，如果 Service 已经启动，当我们再次启动 Service 时，不会执行 onCreate()方法，而是直接执行 onStart()方法。创建服务、开始服务和销毁服务的方法如下代码所示。

```
public void onCreate();                                    // 创建服务
public void onStart(Intent intent, int startId);           // 开始服务
public void onDestroy();                                   // 销毁服务
```

一个服务只会创建一次，销毁一次，但可以开始多次，因此，onCreate()和 onDestroy()方法只会被调用一次，而 onStart()方法会被调用多次。

【练习 1】

在 Eclipse 中创建一个 Android 项目，名称为 ch13_01，查看服务的生命周期由开始到销毁的过程。

（1）在项目中的 res/layout 目录下修改 activity_main.xml 文件，将其改为线性布局，方向垂直，其代码如下所示。

```
<LinearLayout xmlns:android="http://schemas.android.com/apk/res/android"
    android:layout_width="match_parent"
```

```
    android:layout_height="match_parent"
    android:orientation="vertical">
</LinearLayout>
```

（2）在上述的布局文件中添加两个 Button 控件，其代码如下所示。

```
<Button
    android:layout_width="match_parent"
    android:layout_height="wrap_content"
    android:id="@+id/start"
    android:text="startService" />
<Button
    android:layout_width="match_parent"
    android:layout_height="wrap_content"
    android:id="@+id/stop"
    android:text="stopService" />
```

（3）新建 com.android.service 包，在包中新建 MyService 类并继承 Service 类，其代码如下所示。

```
public class MyService extends Service {
    public IBinder onBind(Intent arg0) {
        return null;
    }
}
```

（4）重写 onCreate()、onDestroy()和 onStartCommand()方法，其代码如下所示。

```
public void onCreate() {                        //当启动 Service 的时候会调用这个方法
    System.out.println("onCreate");
    super.onCreate();
}
public void onDestroy() {                       //当系统被销毁的时候会调用这个方法
    System.out.println("onDestroy");
    super.onDestroy();
}
public int onStartCommand(Intent intent, int flags, int startId) {//当启动 Service
的时候会调用这个方法
    System.out.println("onStart");
    return super.onStartCommand(intent, flags, startId);
}
```

在上述代码中，onCreate()方法在 Service 启动时调用，onDestroy()方法在系统销毁时调用，onStartCommand()方法在启动 Service 时调用。

（5）在包 com.android.service 下新建 MainActivity 类，继承 Activity 类并实现 OnClickListener 接口。

（6）声明 Button 控件和一个 Intent 对象，其代码如下所示。

```
private Button startService = null;                               //开始服务
private Button stopService = null;                                //停止服务
private Intent intent = null;
```

（7）在 onCreate()方法中获取 Button 控件，实例化 Intent 对象，并分别给两个 Button 控件添加监听器，其代码如下所示。

```
startService = (Button) findViewById(R.id.start);
stopService = (Button) findViewById(R.id.stop);
startService.setOnClickListener(this);
stopService.setOnClickListener(this);
intent = new Intent(this,MyService.class );
```

在上述代码 Intent 中有两个参数，第一个参数是自己这个类的对象，第二个参数是要调用的 Service 的对象。

（8）重写 onClick()方法，其代码如下所示。

```
public void onClick(View view) {
    switch (view.getId()) {
    case R.id.start:
        startService(intent);
        break;
    case R.id.stop:
        stopService(intent);
        break;
    }
}
```

在上述代码中,使用 switch-case 来判断单击的哪个按钮。当单击 start 按钮时,调用 startService()方法开始服务。当单击 stop 按钮时，调用 stopService()方法停止服务。

（9）在 AndroidManifest.xml 文件中的<application>标签中添加<service>标签，其代码如下所示。

```
<service
    android:enabled="true"
    android:name="com.android.service.MyService">
</service>
```

项目运行效果如图 13-1 所示。

单击 startService 按钮，控制台显示效果如图 13-2 所示。再次单击 startService 按钮，控制台显示效果如图 13-3 所示。

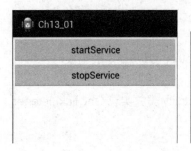

图 13-1　项目运行效果　　　　　　图 13-2　首次单击 startService 按钮

按下 HOME 键进入 Settings(设置)->Applications(应用)->Running Services(正在运行的服务)可以看到正在运行的服务，效果如图 13-4 所示。单击 stopService 按钮，控制台显示信息如图 13-5

所示。再次查看正在运行的服务，效果如图 13-6 所示。

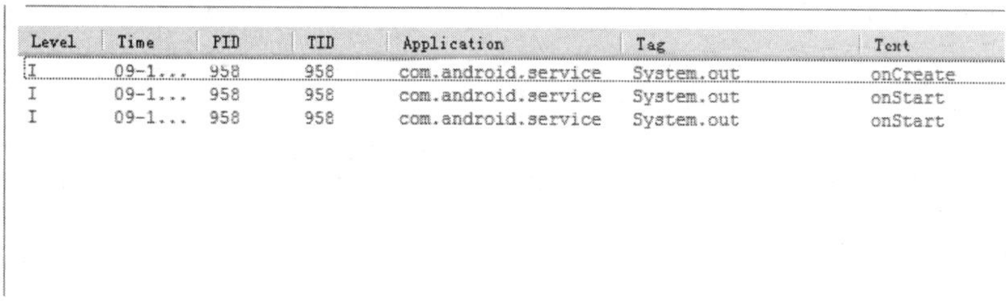

Level	Time	PID	TID	Application	Tag	Text
I	09-1...	958	958	com.android.service	System.out	onCreate
I	09-1...	958	958	com.android.service	System.out	onStart
I	09-1...	958	958	com.android.service	System.out	onStart

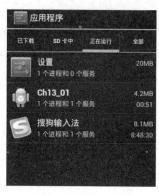

图 13-3　再次单击 startService 按钮

图 13-4　正在运行的服务

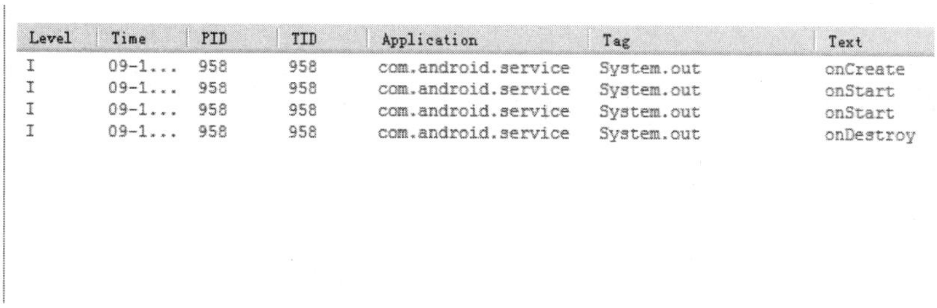

Level	Time	PID	TID	Application	Tag	Text
I	09-1...	958	958	com.android.service	System.out	onCreate
I	09-1...	958	958	com.android.service	System.out	onStart
I	09-1...	958	958	com.android.service	System.out	onStart
I	09-1...	958	958	com.android.service	System.out	onDestroy

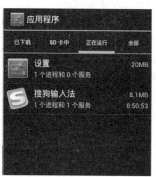

图 13-5　单击 stopService 按钮

图 13-6　正在运行的服务

13.2 Service 操作

Service 主要分为 Started 和 Bound 两种状态。下面将详细介绍一下怎么启动这两种状态。

13.2.1 创建 Started Service

Started Service（启动服务）是由其他组件调用 startService()方法启动的，此时服务的 onStartCommand()方法被调用。

当服务处于 started 状态时，其生命周期与启动它的组件无关，并且可以在后台无限期运行，即使启动服务的组件已经被销毁。因此，服务需要在完成任务后调用 stopSelf()方法停止，或者由其他组件调用 stopService()方法停止。

应用程序组件（如 Activity）能够通过调用 startService()方法和传递 Intent 对象来启动服务，在 Intent 对象中指定了服务并且包含服务需要使用的全部数据。服务使用 startCommand()方法接受 Intent。

Android 提供了以下两个类供用户继承来创建启动服务。

- **Service**　这是所有服务的基类。当继承该类时，创建新线程来执行服务的全部工作是非常重要的。
- **IntentService**　Service 的子类，它每次使用一个工作线程来处理全部启动请求。在不必同时处理多个请求时，可以使用这个类。用户仅需要实现 onHandleIntent()方法，接收每次启动请求的 Intent 以便完成后台任务。

1. 继承 IntentService 类

由于多数启动服务不必同时处理多个请求（在多线程情境下会很危险），所以使用 IntentService 类实现服务是非常好的选择。IntentService 完成如下任务。

- 创建区别于应用程序主线程的默认工作线程来执行发送到 onStartCommand()方法的全部 Intent。
- 创建工作队列每次传递一个 Intent 到 onHandleIntent()方法实现，这样就不必担心多线程。
- 所有启动请求处理完毕后停止服务，这样就不必调用 stopSelf()方法。
- 提供 onBind()方法默认实现，其返回值是 null。
- 提供 onStartCommand()方法默认实现，它先发送 Intent 到工作队列，然后到 onHandleIntent() 方法实现。

仅需要实现 onHandleIntent()方法即可完成上述任务。由于 IntentService 类没有提供空参数的构造方法，因此需要提供一个构造方法。

2. 继承 Service 类

使用 IntentService 类可以简化启动服务的实现，但是在服务处理多线程时，则需要继承 Service 类来处理各个 Intent。

```
public class HelloService extends Service {
    public IBinder onBind(Intent arg0) {
        return null;
    }
    public void onCreate() {//当启动 Service 的时候会调用这个方法
        super.onCreate();
    }
    public void onDestroy() {//当系统被销毁的时候会调用这个方法
        super.onDestroy();
    }
    public int onStartCommand(Intent intent, int flags, int startId) {//当启动 Service 的时候会调用这个方法
        return super.onStartCommand(intent, flags, startId);
    }
}
```

由于用户自己处理 onStartCommand()方法调用，可以同时处理多个请求。这与示例代码不同，但是如果需要，就可以为每次请求创建一个新线程并且立即运行它们（避免等待前一个请求结束）。

onStartCommand()方法必须返回一个整数，该值用来描述系统停止服务后如何继续服务。

3. 启动服务

可以从 Activity 或者其他应用程序组件中通过传递 Intent 对象（要指定启动的服务）到 startService()方法启动服务。Android 系统调用服务的 onStartCommand()方法并将 Intent 传递给它。

请不要直接调用 onStartCommand()方法。

Activity 能使用显式 Intent 和 startService()方法启动服务,例如启动一个 MyService 服务,其代码如下所示。

```
Intent intent = new Intent(this,MyService.class);
startService(intent);
```

startService()方法调用后,Android 系统调用服务的 onStartCommand()方法。如果服务还没有运行,系统首先调用 onCreate()方法,接着调用 onStartCommand()方法。

如果服务还没有绑定,startService()方法发送的 Intent 是应用程序组件和服务之间唯一的通信模式。多次启动服务的请求导致 Service 的 onStartCommand()方法被调用多次。然而,仅需要一个停止的方法(stopService()方法或者 stopSelf()方法)来停止服务。

4. 停止服务

启动服务必须管理自己的生命周期,即系统不会停止或销毁服务,除非系统必须回收系统内存而且在 onStartCommand()方法返回后服务继续运行。因此,服务必须调用 stopSelf()方法停止自身,或者其他组件调用 stopService()方法停止服务。当使用 stopSelf()或 stopService()方法请求停止时,系统会尽快销毁服务。

然而,如果服务同时处理多个 onStartCommand()方法的调用请求,则处理完一个请求后,不应该停止服务,因为可能收到一个新的启动请求。为了解决这个问题,可以使用 stopSelf(int startId)方法来确保停止服务的请求总是基于最近收到的启动请求。即当调用 stopSelf(int startId)方法时,同时将启动请求的 ID(发送给 onStartCommand()方法的 startId)传递给停止请求。这样如果服务在调用 stopSelf(int startId)方法前接收到新启动要求,会因为 ID 不匹配而不停止服务。

13.2.2 创建 Bound Service

绑定服务是允许其他应用程序绑定并且与之交互的 Service 类的实现。为了提供绑定,用户必须实现 onBind()回调方法。该方法返回 IBinder 对象,它定义了客户端用来与服务交互的程序接口。

客户端能通过 bindService()方法绑定到服务。此时,客户端必须提供 ServiceConnection 接口的实现类。多个客户端能同时连接到服务,然而仅当第一个客户端绑定时,系统调用服务的 onBind()方法来获取 IBinder 对象。系统接着发送同一个 IBinder 对象到其他绑定的客户端,但是不再调用 onBind()方法。

在实现绑定服务时,最重要是定义 onBind()回调方法返回的接口,一共有继承 Binder 类、使用 Messenger 和使用 AIDL 三种方式。

1. 继承 Binder 类

如果服务仅用于本地应用程序并且不必跨进程工作,则用户可以实现自己的 Binder 来为客户端提供访问服务公共方法的方式。其实现步骤如下。

(1)在服务中创建 Binder 类实例。
(2)从 onBind()回调方法中返回 Binder 类实例。
(3)在客户端从 onServiceConnected()回调方法接收 Binder 类实例,并且使用提供的方法调用绑定服务。

2. 使用 Messenger

如果需要接口跨进程工作,可以为 Service 创建一个带有 Messager 的接口。在此方式下,Service 定义一个 Handler 来负责不同类型的 Message 对象。这个 Handler 是 Messenger 可以与客户端共享一个 IBinder 的基础,它允许客户端使用 Message 对象发送命令给 Service。客户端可以定义一个自己的 Messenger 使 Service 可以回发消息。

这是执行 IPC 的最简单的方法,因为 Messenger 把所有的请求都放在队列中依次送入一个线程中，所以不必把你的 Service 设计为线程安全的。

使用 Messager 时需要注意以下情况：
- 实现 Handler 的服务因为每次从客户端调用而收到回调。
- Handler 用于创建 Messenger 对象（它是 Handler 的引用）。
- Messenger 创建 IBinder，服务从 onBind()方法将其返回到客户端。
- 客户端使用 IBinder 来实例化 Messenger，然后使用它来发送 Message 对象到服务。
- 服务在其 Handler 的 handleMessage()方法接收 Message。

3．使用 AIDL

AIDL:Android Interface Definition Language，即 Android 接口定义语言。

Android 系统中的进程之间不能共享内存，因此需要提供一些机制在不同进程之间进行数据通信。

为了使其他的应用程序也可以访问本应用程序提供的服务，Android 系统采用了远程过程调用（Remote Procedure Call，RPC）方式来实现。与很多其他的基于 RPC 的解决方案一样，Android 使用一种接口定义语言（Interface Definition Language，IDL）来公开服务的接口。4 个 Android 应用程序组件中的 3 个（Activity、BroadcastReceiver 和 ContentProvider）都可以进行跨进程访问，另外一个 Android 应用程序组件 Service 同样可以。因此，将这种可以跨进程访问的服务称为 AIDL（Android Interface Definition Language）服务。

上面所讲的是使用一个 Messenger，实际上就是基于 AIDL 的。就像上面提到的，Messenger 在一个线程中创建一个容纳所有客户端请求的队列，使用 Service 一个时刻只接收一个请求。如果想要 Service 同时处理多个请求，那么可以直接使用 AIDL。在此情况下，Service 必须是多线程安全的。

要直接使用 AIDL，必须创建一个.aidl 文件，它定义了程序的接口。Android SDK 工具使用这个文件来生成一个实现接口和处理 IPC 的抽象类，之后可以在 Service 内派生。

提示
大多数应用不使用 AIDL 来处理一个绑定的 Service，因为它可能要求有多线程能力并且导致实现变得更加复杂。

4．绑定到服务

应用程序组件能调用 bindService()方法绑定到服务，之后 Android 系统调用服务的 onBind()方法，返回 IBinder 与服务通信。

绑定是异步的。bindService()方法立即返回但不返回 IBinder 到客户端。为了接收 IBinder，客户端必须创建 ServiceConnection 实例，然后将其传递给 bindService()方法。ServiceConnection 包含系统调用发送 IBinder 的回调方法。

注意
只有 Activity、Service 和 ContentProvider 能绑定到服务，BroadcastReceiver 不能绑定到服务。

如果要从客户端绑定服务，需要完成以下操作。

（1）实现 ServiceConnection，需要重写 onServiceConnected()和 onServiceDisconnected()两个回调方法。

（2）调用 bindService()方法，传递 ServiceConnection 实现。

（3）当系统调用 onServiceConnected()回调方法时，就可以使用接口定义的方法调用服务。

（4）调用 unbindService()方法解绑定。

【练习2】

在 Eclipse 中创建一个 Android 项目，名称为 ch13_02，使用服务来显示当前时间。

（1）在项目中的 res/layout 目录下修改 activity_main.xml 文件，将其改为线性布局，方向垂直。其代码与练习 1 中的步骤（1）代码一致。

（2）在上述布局文件中添加四个 Button 控件，其主要代码如下所示。

```xml
<Button
    android:layout_width="match_parent"
    android:layout_height="wrap_content"
    android:id="@+id/button01"
    android:text="继承IntentService类显示时间"/>
<!-- 省略其他三个Button控件的布局代码 -->
```

其他三个 Button 控件的 id 分别为 button02、button03 和 button04，其对应的 text 属性值分别为"继承 Service 类显示时间"、"继承 Binder 类显示时间"和"使用 Messenger 类显示时间"。

（3）在项目下新建名为 com.android.util 的包。在其中新建 UtilMethod 类，并添加 UtilMethod() 方法用于获取当前的时间，其代码如下所示。

```java
public class UtilMethod {
    public static String getCurrentTime(){
        Time time = new Time();                                    //创建Time对象
        time.setToNow();                                           //设置时间为当前时间
        String currentTime = time.format("%Y-%m-%d %H:%M:%S"); //设置时间格式
        return currentTime;
    }
}
```

在上述代码中，首先创建一个 Time 对象。使用其 setToNow()方法将时间设置为当前的时间，然后使用 format()方法将时间格式化为特定的格式。

（4）在项目的 com.android.service 包下新建 MyIntentService 类，使其继承 IntentService 类，其代码如下所示。

```java
public class MyIntentService extends IntentService {
    public MyIntentService() {                                //调用父类非空构造函数
        super("MyIntentService");
    }
    protected void onHandleIntent(Intent arg0) {
        System.out.println("继承IntentService类显示的时间为: " + UtilMethod.
            getCurrentTime());
    }
}
```

在上述代码中，重写 IntentService 的 onHandleIntent()方法，在其中输出当前时间。

（5）在项目的 com.android.service 包下新建 MyService 类，并使其继承 Service 类，其代码如下所示。

```java
public class MyService extends Service {
    public IBinder onBind(Intent intent) {
        return null;
```

```
        public int onStartCommand(Intent intent, int flags, int startId) {
            System.out.println("继承Service类显示的时间为: " + UtilMethod.getCurrent
        Time());
            return super.onStartCommand(intent, flags, startId);
        }
    }
```

在上述代码中,重写 onStartCommand()方法,调用 UtilMethod 的 getCurrentTime()方法,输出当前时间。

(6)在项目的 com.android.service 包下新建 MyBinderService 类,并使其继承 Service 类,其代码如下所示。

```
public class MyBinderService extends Service {
    private final IBinder binder = new LocalBinder();
    public class LocalBinder extends Binder{
        MyBinderService getService(){
            return MyBinderService.this;//返回当前服务的实例
        }
    }
    public IBinder onBind(Intent intent) {
        return binder;
    }
}
```

在上述代码中,内部类 LocalBinder 继承了 Binder 类用于返回 MyBinderService 类的对象。

(7)在项目的 com.android.service 包下新建 MyMessengerService 类,并使其继承 Service 类,其代码如下所示。

```
public class MyMessengerService extends Service {
    public static final int CURRENT_TIME = 0;
    public IBinder onBind(Intent intent) {
        Messenger myMessenger = new Messenger(new MyHandler());
        return myMessenger.getBinder();
    }
    private class MyHandler extends Handler{
        public void handleMessage(Message msg) {
            if (msg.what == CURRENT_TIME) {
                System.out.println("使用Messenger类绑定服务显示的时间为: " +
                UtilMethod.get CurrentTime());
            } else {
                super.handleMessage(msg);
            }
        }
    }
}
```

在上述代码中,内部类 MyHandler 继承了 Handler 类,重写其 handleMessage()方法来显示当前时间。

(8)声明在布局文件中的 Button 控件对象以及 Messenger 和 MyBinderService 对象,并定义两个布尔变量，表示服务是否绑定，其代码如下所示。

```
boolean binderBound = false;
boolean messengerBound = false;
Messenger myMessenger = null;
MyBinderService myBinderService = null;
private Button button01 = null;
private Button button02 = null;
private Button button03 = null;
private Button button04 = null;
```

在上述代码中，binderBound 表示继承 Binder 类的服务是否绑定。messengerBound 表示使用 Messenger 类的服务是否绑定。

（9）获取在步骤（8）中声明的 Button 控件对象，其代码如下所示。

```
button01 = (Button) findViewById(R.id.button01);
button02 = (Button) findViewById(R.id.button02);
button03 = (Button) findViewById(R.id.button03);
button04 = (Button) findViewById(R.id.button04);
```

在上述代码中，其中 button01 用于继承 IntentService 类的显示时间。button02 用于继承 Service 类的显示时间。button03 用于继承 Binder 类的显示时间。button04 用于使用 Messenger 类的显示时间。

（10）为 button01 按钮添加监听器，并重写其 onClick()方法，其代码如下所示。

```
button01.setOnClickListener(new OnClickListener() {
    public void onClick(View v) {
        startService(new Intent(MainActivity.this,MyIntentService.class));
        //启动服务
    }
});
```

（11）为 button02 按钮添加监听器，并重写其 onClick()方法，其代码如下所示。

```
button02.setOnClickListener(new OnClickListener() {
    public void onClick(View v) {
        startService(new Intent(MainActivity.this,MyService.class));//启动服务
    }
});
```

（12）重写 MainActivity 的 onStart()方法，其代码如下所示。

```
protected void onStart() {
    // TODO Auto-generated method stub
    super.onStart();
}
```

（13）在 onStart()方法中为 button03 添加监听器，并重写其 onClick()方法，其代码如下所示。

```
button03.setOnClickListener(new OnClickListener() {
    public void onClick(View v) {
        Intent intent = new Intent(MainActivity.this, MyBinderService.class);
        bindService(intent, binderConn, BIND_AUTO_CREATE);//绑定服务
```

```
        if (binderBound) {//如果绑定则显示当前时间
            System.out.println("继承 Binder 类绑定显示的时间为: " + UtilMethod.
            getCurrentTime());
        }
    }
});
```

在上述代码中，重写 Button 控件的 onClick()方法。在 onClick()方法中将服务绑定，如果服务处于绑定状态，则输出当前时间。

（14）在 onStart()方法中为 button04 添加监听器，并重写其 onClick()方法，其主要代码如下所示。

```
button04.setOnClickListener(new OnClickListener() {
    public void onClick(View v) {
        Intent intent = new Intent(MainActivity.this, MyMessengerService.
        class);
        bindService(intent, messengerConn, BIND_AUTO_CREATE);//绑定服务
        if (messengerBound) {//如果绑定则显示当前时间
            Message message = Message.obtain(null, MyMessengerService.
            CURRENT_TIME, 0, 0);
//省略try-catch块
            myMessenger.send(message);
        }
    }
});
```

在上述代码中，重写 Button 控件的 onClick()方法。在 onClick()方法中将服务绑定，如果服务处于绑定状态，则调用 Messenger 的 send()方法输出当前时间。

（15）重写 MainActivity 的 onStop()方法，其代码如下所示。

```
protected void onStop() {
    super.onStop();
    if (binderBound) {
        binderBound = false;
        unbindService(binderConn);                              //解除绑定
    }
    if(messengerBound){
        messengerBound = false;
        unbindService(messengerConn);                           //解除绑定
    }
}
```

在上述代码中，使用 unbindService()方法来解除绑定的服务。

（16）声明一个匿名内部类 ServiceConnection 对象，在 onServiceConnected()回调方法中获取 MyBinderService 对象，其代码如下所示。

```
private ServiceConnection binderConn = new ServiceConnection() {
    public void onServiceDisconnected(ComponentName name) {
        binderBound = false;
    }
```

```
    public void onServiceConnected(ComponentName name, IBinder service) {
        LocalBinder binder = (LocalBinder) service;//获取自定义的LocalBinder 对象
        myBinderService = binder.getService();    //获取MyBinderService 对象
        binderBound = true;
    }
};
```

在上述代码中,ServiceConnection 的回调方法 onServiceDisconnected()在连接正常关闭的情况下是不会被调用的。该方法只在 Service 被破坏或者被杀死时调用。例如,系统资源不足,要关闭一些 Services,刚好连接绑定的 Service 是被关闭者之一,这时 onServiceDisconnected()就会被调用。

(17)声明一个匿名内部类 ServiceConnection 对象,在 onServiceConnected()回调方法中获取 Messenger 对象,其代码如下所示。

```
private ServiceConnection messengerConn = new ServiceConnection() {
    public void onServiceDisconnected(ComponentName name) {
        myMessenger = null;
        messengerBound = false;
    }
    public void onServiceConnected(ComponentName name, IBinder service) {
        myMessenger = new Messenger(service);
        messengerBound = true;
    }
};
```

运行该项目,效果如图 13-7 所示。

单击【继承 IntentService 类显示时间】按钮,控制台输出信息如图 13-8 所示。单击【继承 Service 类显示时间】按钮,控制台输出信息如图 13-9 所示。

图 13-7　项目运行效果　　　　　　图 13-8　继承 IntentService 类显示时间

图 13-9　继承 Service 类显示时间

单击【继承 Binder 类显示时间】按钮,控制台输出信息如图 13-10 所示。单击【使用 Messenger 类显示时间】按钮,控制台输出信息如图 13-11 所示。

Level	T...	PID	Application	Tag	Text
I	0...	599	com.android.service	System.out	继承IntentService类显示的时间为：2013-09-13 03:01:53
I	0...	599	com.android.service	System.out	继承Service类显示的时间为：2013-09-13 03:02:03
I	0...	599	com.android.service	System.out	继承Binder类绑定显示的时间为：2013-09-13 03:02:10

图 13-10　继承 Binder 类显示时间

Level	T...	PID	Application	Tag	Text
I	0...	599	com.android.service	System.out	继承IntentService类显示的时间为：2013-09-13 03:01:53
I	0...	599	com.android.service	System.out	继承Service类显示的时间为：2013-09-13 03:02:03
I	0...	599	com.android.service	System.out	继承Binder类绑定显示的时间为：2013-09-13 03:02:10
I	0...	599	com.android.service	System.out	使用Messenger类绑定服务显示的时间为：2013-09-13 03:02:15

图 13-11　使用 Messenger 类显示时间

13.3 系统 Service

在 Android 系统中有很多内置软件，例如，当手机接到来电时会显示对方的电话号码，或者可以根据周围的环境设置手机的状态等，这些功能都可以通过服务来实现。在 Android 中提供了很多这样的服务，通过这些服务就可以控制 Android 系统。

13.3.1 获得系统服务

系统服务实际上可以看作一个对象，通过 Activity 类的 getSystemService()方法可以获得指定的对象（系统服务）。getSystemService(String name)方法中只用一个 String 类型的参数，表示系统服务的 ID，这个 ID 在整个 Android 系统中是唯一的。例如 audio 表示音频服务，window 表示窗口服务，notification 表示通知服务。

为了使用方便，Android SDK 在 android.content.Context 类中定义了这些 ID，如下代码所示。

```
public static final java.lang.String WINDOW_SERVICE = "window";
                                                   //定义窗口服务的 ID
public static final java.lang.String ALARM_SERVICE = "alarm";
                                                   //定义闹钟服务的 ID
public static final java.lang.String NOTIFICATION_SERVICE = "notification";
                                                   //定义通知服务的 ID
```

窗口服务（WindowManager 对象）是最常用的系统服务之一，通过这个服务可以获取很多与窗口相关的信息，例如窗口的高度，代码如下所示。

```
WindowManager window = (WindowManager) getSystemService(WINDOW_SERVICE);
System.out.println(window.getDefaultDisplay().getHeight());
```

13.3.2 电话管理器 TelephonyManager

当来电时，手机显示对方的电话号码。当接听电话时，手机显示当前的通话状态。在这期间存在两个状态：来电状态和接听状态。在应用程序中监听这两个状态，并进行一些处理，就需要使用电话服务 TelephonyManager 对象。

TelephonyManager 类主要提供了一系列用于访问与手机通讯相关的状态和信息的 get 方法。其中包括手机 SIM 的状态和信息、电信网络的状态及手机用户的信息。在应用程序中可以使用这些 get 方法获取相关数据。

TelephonyManager 类的对象可以通过 Context.getSystemService(Context.TELEPHONY_SERVICE)方法来获得，需要注意的是有些通讯信息的获取对应用程序的权限有一定的限制，在使用的时候需要为其添加相应的权限。

【练习3】

在 Eclipse 中创建一个 Android 项目，名称为 ch13_03，监听手机来电。

（1）在 com.android.service 包中 MainActivity 的 onCreate()方法中获取 TelephonyManager 对象，并为其添加监听器，其代码如下所示。

```
TelephonyManager manager = (TelephonyManager) getSystemService(TELEPHONY_SERVICE);
manager.listen(new MyPhoneListener(),PhoneStateListener.LISTEN_CALL_STATE);
//设置电话状态监听器
```

在上述代码中，TELEPHONY_SERVICE 常量表示电话服务的 ID。MyPhoneListener 类是一个电话状态监听器，该类是 PhoneStateListener 类的子类。

（2）定义 MyPhoneListener 类，并使其继承 PhoneStateListener 类。重写其 onCallStateChanged()方法，其代码如下所示。

```
public class MyPhoneListener extends PhoneStateListener{
    public void onCallStateChanged(int state, String incomingNumber) {
        switch (state) {
        case TelephonyManager.CALL_STATE_OFFHOOK://通话状态
            Toast.makeText(MainActivity.this, "正在通话....", Toast.LENGTH_LONG).show();
            break;
        case TelephonyManager.CALL_STATE_RINGING://来电状态
            Toast.makeText(MainActivity.this, incomingNumber, Toast.LENGTH_LONG).show();
        default:
            break;
        }
        super.onCallStateChanged(state, incomingNumber);
    }
}
```

在上述代码中，CALL_STATE_OFFHOOK 常量表示通话状态，CALL_STATE_RINGING 表示来电状态。当电话处于通话状态时，显示整体通话的信息；当处于来电状态时，显示出来电的电话号码。

（3）在项目的 AndroidManifest.xml 文件中添加读取手机通话状态的权限，其代码如下所示。

```
<uses-permission android:name="android.permission.READ_PHONE_STATE"/>
```

在模拟器上运行该练习时，可以在 DDMS 透视图的 Emulator Control 视图模拟打电话。进入

Emulator Control 视图后，在 Incoming number 文本框中输入一个电话号码。选中 Voice 选项，单击 Call 选项，这时模拟器就会接到来电。Emulator Control 视图模拟打电话如图 13-12 所示。

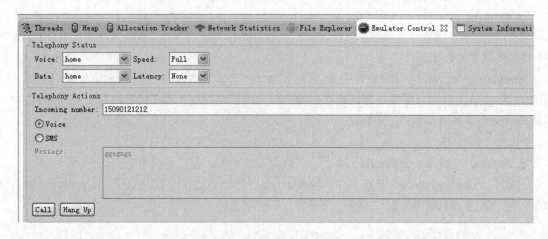

图 13-12　Emulator Control 视图模拟打电话

运行该项目后，使用 Emulator Control 视图模拟打电话。来电状态如图 13-13 所示，接通状态如图 13-14 所示。

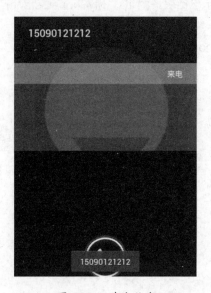

图 13-13　来电状态　　　　　　　　　图 13-14　接通状态

13.3.3　短信管理器 SmsManager

用户可以通过 Intent 调用发送短信的服务，也可以通过 SmsManager 发送。虽然在 Android 系统中已经存在发送短信的应用，但是如果在开发其他应用时需要集成发送短信功能，这时使用 SmsManager 则很方便。

在使用 SmsManager 发送短信时，一般都是需要经过以下三个步骤来完成。

（1）首先获取默认的消息管理器 SmsManager 对象，代码如下所示。

```
SmsManager manager = SmsManager.getDefault();
```

（2）将编写的短信拆分，其代码如下所示。

```
ArrayList<String> context = sms.divideMessage(messages);
```

（3）发送短信，其代码如下所示。

```
smsManager.sendTextMessage(destinationAddress, scAddress, text, sentIntent, deliveryIntent);
```

在上述代码中，第一个参数 destinationAddress 表示收信人的手机号码；第二个参数 scAddress 表示短信中心服务号码，在模拟机测试时一般设为 null；第三个参数 text 表示发送内容；第四个参数 sentIntent 表示发送短信结果状态信号，短信是否成功发送；第五个参数 deliveryIntent 表示对方接收状态信号，即是否已成功接收短信。

发送短信时会有两个结果状态，一个是短信是否成功发送，另一个是对方是否成功接收。是否发送成功不是由 Android 程序来决定的，短信是由短信基站比如移动发送的，我们只需要把短信发送到移动无线通讯网络，网络发送短信是否成功，移动会返回一个信号，信号会被程序捕获。

程序采用异步的方式捕获信号，因为不可能一直开着线程等待返回的信号，所以 sendTextMessage() 的后两个参数 sentIntent 和 deliveryIntent 就是接受发送和接收状态信号用的。

sentIntent 为短信发送是否成功的 Intent；deliveryIntent 为接收方是否收到了短信的 Intent。这里如果不想接收返回的信号，可以设置为 null。

把 Intent 传进去后，如果移动网络返回一个短信发送成功或失败的信号，操作系统会通过异步的方式广播这个 Intent，就会知道短信的状态。

【练习 4】

在 Eclipse 中创建一个 Android 项目，名称为 ch13_04，模拟手机发送短信。

（1）在项目中的 res/layout 目录下修改 activity_main.xml 文件，将其改为线性布局，方向垂直。其代码与练习 1 中的步骤（1）代码一致，这里省略。

（2）在上述 XML 文件中添加两个 TextView 控件、两个 EditText 控件和一个 Button 控件，其主要代码如下所示。

```xml
<TextView
    android:layout_width="match_parent"
    android:layout_height="wrap_content"
    android:text="收信人号码: " />
<EditText
    android:id="@+id/phoneNumber"
    android:layout_width="match_parent"
    android:layout_height="wrap_content"
    android:inputType="number"
    android:singleLine="true" />
<!-- 省略部分代码 -->
<Button
    android:layout_width="match_parent"
    android:layout_height="wrap_content"
    android:text="发送"
    android:id="@+id/send"/>
```

在上述代码中，由于两个 TextView 控件配置代码相似，两个 EditText 控件配置代码相似，这里就省略。

（3）在项目的 com.android.service 包 MainActivity 中，声明 XML 布局文件中的 Button 控件和 EditText 控件，其代码如下所示。

```
private EditText phoneNumber = null;
private EditText message = null;
private Button send = null;
```

（4）在 MainActivity 的 onCreate()方法中获取声明的控件，其代码如下所示。

```
phoneNumber = (EditText) findViewById(R.id.phoneNumber);
message = (EditText) findViewById(R.id.message);
send = (Button) findViewById(R.id.send);
```

（5）获取默认的消息管理器 SmsManager 对象，其代码如下所示。

```
final SmsManager sms = SmsManager.getDefault();
```

（6）为 send 按钮添加监听器，并重写其 onClick()方法，其代码如下所示。

```
send.setOnClickListener(new OnClickListener() {
    public void onClick(View v) {
        if (phoneNumber.getText() !=null && message.getText() !=null) {
            if (phoneNumber.getText().toString() != null) {
                String number = phoneNumber.getText().toString();
                String messages = message.getText().toString();
                ArrayList<String> context = sms.divideMessage(messages);
                for (String text : context) {
                    sms.sendTextMessage(number, null, text, null, null);
                }
            }
        }
        Toast.makeText(MainActivity.this, "短信发送成功", Toast.LENGTH_SHORT).
            show();
    }
});
```

在上述代码中，首先判断用于获取电话号码和短信内容的编辑框是否为空，当不为空时，将其分别赋值给变量 number 和 message。使用 divideMessage()方法将短信分割，最后使用 sendTextMessage()方法将短信发送。

（7）在项目的 AndroidManifest.xml 文件中添加发送短信的权限，其代码如下所示。

```
<uses-permission android:name="android.permission.SEND_SMS"/>
```

运行该项目，其运行效果如图 13-15 所示。编写好短信内容和收件人电话号码后，效果如图 13-16 所示。单击【发送】按钮，发送短信效果如图 13-17 所示。

13.3.4　音频管理器 AudioManager

手机都有声音模式，声音、静音还有震动，甚至震动加声音兼备，这些都是手机的基本功能。在 Android 手机中，我们同样可以通过 Android SDK 提供的声音管理接口来管理手机声音模式以及调整声音大小，这就是 Android 中 AudioManager 的使用。

图 13-15　项目运行效果　　　　图 13-16　编辑短信效果　　　　图 13-17　发送短信

在使用音频管理器 AudioManager 时，第一步是获取到音频管理器 AudioManager 对象，其代码如下所示。

```
AudioManager audioManager = (AudioManager)getSystemService(AUDIO_SERVICE);
```

其模式有声音、静音和震动，设置声音模式的代码如下所示。

```
audioManager.setRingerMode(AudioManager.RINGER_MODE_NORMAL);
```

设置静音模式的代码如下所示。

```
audioManager.setRingerMode(AudioManager.RINGER_MODE_SILENT);
```

设置震动模式的代码如下所示。

```
audioManager.setRingerMode(AudioManager.RINGER_MODE_VIBRATE);
```

在调整声音大小时，有减小和增大声音音量两种情况。其中减少声音音量的代码如下所示。

```
audioManager.adjustVolume(AudioManager.ADJUST_LOWER,0);
```

调大声音音量的代码如下代码所示。

```
audioManager.adjustVolume(AudioManager.ADJUST_RAISE,0);
```

音频管理器 AudioManager 主要的方法有两个。一个是 getMode() 方法，用于获取音频模式。另一个是 getRingerMode() 方法，用于获取铃声震动模式。

在使用手机震动有关的模式时，也需要在 AndroidManifest 中添加权限，其代码如下所示。

```
<uses-permission android:name="android.permission.VIBRATE"/>
```

13.3.5　闹钟管理器 AlarmManager

AlarmManage 通常的用途就是用来开发手机闹钟，但它的作用不止于此。它的本质是一个全局的定时器，可在指定时间或指定周期启动其他组件。主要功能是在指定的时间执行指定的任务，要注意所有的定时任务在手机重启后会消失。如果需要重启后继续使用，可以加个开机自启，然后重新设置。

在使用 AlarmManager 闹钟管理器时，首先通过 Context 的 getSystemService()方法来获取 AlarmManager 对象，获取 AlarmManager 的方法如下代码所示。

```
AlarmManager alarm=(AlarmManager)getSystemService(ALARM_SERVICE);
```

一旦程序获得 AlarmManager 对象之后，就可以调用方法来设置定时启动指定组件。

```
void set(int type,long triggerAtTime,PendingIntent operation)
```

第一个参数是指定定时服务的类型，该参数可以接受以下值。
- **ELAPSED_REALTIME** 指定从现在开始过了一定时间后启动 operation 所对应的组件。
- **ELAPSED_REALTIME_WAKEUP** 指定从现在开始一定时间后启动 operation 指定的组件，即使系统关机也会执行 operation 所对应的组件。
- **RTC** 指定当系统调用 System.currentTimeMillis()方法返回值与 triggerAtTime 相等时启动 operation 所对应的组件。
- **RTC_WAKEUP** 当系统调用 System.currentTimeMillis()方法返回值与 triggerAtTime 相等时启动 operation 所对应的组件，即使系统关机也会执行 operation 对应的组件。

```
void setInexactRepeating(int type,long triggerAtTime,long interval,PendingIntent operation)
```

设置一个非精确的周期性任务，例如设置闹钟每小时启动一次，但系统并一定总在每个小时的第 1 分钟启动闹钟服务。

```
void setRepeating(int type,long triggerAtTime,long interval,PendingIntent operation)
```

设置一个周期性执行的定时服务。

```
void cancle(PendingIntent operation)
```

取消 AlarmManager 的定时服务。然后添加接收器类并在 AndroidManifest 中注册，其注册的代码如下所示。

```
<receiver android:name=".MyRecevier" android:process=".myreceiver"/>
```

其中 process 属性表示接收器进程名字，可任意填，不填会默认为包名。

PendingIntent 是 Intent 的进一步封装，添加了延迟执行功能。两者主要的区别在于 Intent 是立刻执行的，而 pendingIntent 的执行不是立刻的。还有，PendingIntent 是一个可以在满足一定条件下执行的 Intent，它与 Intent 相比的优势在于自己携带有 Context 对象，这样就不必依赖于 context 才可以存在。Intent 对象包含了要执行的操作所需要的信息，PendingIntent 对象里还包含了要执行什么操作（如发出广播，启动界面等）。

以下是三种不同方式得到 PendingIntent 的实例。

（1）getBroadcast：通过该函数获得的 PendingIntent 将会扮演一个广播者的功能，就像调用 Context.sendBroadcast()函数一样。当系统通过它发送一个 Intent 时要采用广播的形式，并且在该 Intent 中会包含相应的 Intent 接收对象。当然这个对象我们可以在创建 PendingIntent 的时候指定，也可以通过 ACTION 和 CATEGORY 等描述让系统自动找到该行为处理对象，其代码如下所示。

```
Intent intent = new Intent(AlarmController.this, MyReceiver.class);
PendingIntent sender = PendingIntent.getBroadcast(AlarmController.this, 0,
intent, 0);
```

（2）getActivity：通过该函数获得的 PendingIntent 可以直接启动新的 Activity，就像调用 Context.startActivity(Intent)一样。不过值得注意的是，要想这个新的 Activity 不再是当前进程存在的 Activity，我们在 intent 中必须使用 Intent.FLAG_ACTIVITY_NEW_TASK，其代码如下所示。

```
PendingIntent  contentIntent = PendingIntent.getActivity(this, 0,  new
Intent(this, AlarmService.class), 0);
```

（3）getService：通过该函数获得的 PengdingIntent 可以直接启动新的 Service，就像调用 Context.startService()一样。

```
mAlarmSender = PendingIntent.getService(AlarmService.this , 0 ,  new
Intent(AlarmService.this , AlarmService_      Service. class ), 0 );
```

【练习5】
在 Eclipse 中创建一个 Android 项目，名称为 ch13_05，实现简单的闹钟功能。
（1）在项目中的 res/layout 目录下修改 activity_main.xml 文件，将其改为线性布局，方向垂直。其代码与练习1中的步骤（1）代码一致。
（2）在上述布局文件中添加一个 Button 控件和一个 TextView 控件，其代码如下所示。

```
<Button
    android:layout_width="match_parent"
    android:layout_height="wrap_content"
    android:text="设置闹铃"
    android:id="@+id/btn"/>
<TextView
    android:layout_width="match_parent"
    android:layout_height="wrap_content"
    android:id="@+id/timeText"/>
```

（3）在 com.android.service 包下的 MainActivity 中，使其实现 OnClickListener 接口。声明在 XML 布局文件中的控件，并声明一个 AlarmManager 对象，其代码如下所示。

```
private Button btn = null;
private AlarmManager alarm = null;           //声明闹铃管理器 AlarmManager 对象
private TextView timeText = null;
```

（4）在 MainActivity 中的 onCreate()方法中获取声明的控件，为 Button 控件添加监听器，并创建 AlarmManager 对象，其代码如下所示。

```
btn = (Button) findViewById(R.id.btn);
timeText = (TextView) findViewById(R.id.timeText);
btn.setOnClickListener(this);                     //为 Button 控件添加监听器
alarm = (AlarmManager) getSystemService(ALARM_SERVICE);//创建 AlarmManager 对象
```

（5）重写 onClick()方法，并获取一个 Calendar 对象，其代码如下所示。

```
public void onClick(View v) {
    Calendar calendarDialog = Calendar.getInstance();        //获取Calendar对象
}
```

在上述代码中，使用Calendar.getInstance()方法获取一个Calendar对象。

（6）在onClick()方法中添加TimePickDialog对话框，其代码如下所示。

```
new TimePickerDialog(this,new OnTimeSetListener() {
    public void onTimeSet(TimePicker view, int hourOfDay, int minute) {
        Intent intent = new Intent(MainActivity.this,AlarmActivity.class);
        //创建Intent对象
        PendingIntent pi = PendingIntent.getActivity(MainActivity.this, 0,
        intent, 0);//创建PendingIntent对象
        Calendar calendar = Calendar.getInstance();          //获取Calendar对象
        calendar.setTimeInMillis(System.currentTimeMillis());//设置Calendar对象
        calendar.set(Calendar.HOUR_OF_DAY, hourOfDay);       //设置闹铃的小时数
        calendar.set(Calendar.MINUTE, minute);               //设置闹铃的分钟数
        alarm.set(AlarmManager.RTC_WAKEUP, calendar.getTimeInMillis(), pi);
                                                             //设置闹铃
        Toast.makeText(MainActivity.this, "闹铃设置成功",
Toast.LENGTH_SHORT).show();
        timeText.setText("您设置的时间为: " + calendar.get(Calendar.HOUR_
        OF_DAY)+"点" + calendar.get(Calendar.MINUTE)+"分");
    }
},calendarDialog.get(Calendar.HOUR_OF_DAY), calendarDialog.get(Calendar.MINUTE),
true).show();
```

上述代码在重写的 onTimeSet()方法中分别创建 Intent 对象、PendingIntent 对象和一个Calendar 对象，然后使用 setTimeInMillis()方法来设置 Calendar 对象，并使用 Calendar 对象的 set()方法分别为闹铃设置小时数和分钟数，然后使用 AlarmManager 对象的 set()方法来设置闹铃。

（7）在 com.android.service 包下新建 AlarmActivity 类，使其继承 Activity 类，重写其onCreate()方法，其代码如下所示。

```
new AlertDialog.Builder(AlarmActivity.this).setTitle("闹铃").setMessage("时间到了
").setPositiveButton("知道了",   new OnClickListener() {
    public void onClick(DialogInterface dialog, int which) {
        AlarmActivity.this.finish();//关闭AlarmActivity
    }}).create().show();
```

在上述代码中，新建一个对话框用来提示设置闹铃的时间到了。

（8）在 AndroidManifest 中注册 AlarmActivity，其代码如下所示。

```
<activity android:name="com.android.service.AlarmActivity"></activity>
```

运行项目后，其效果如图 13-18 所示。单击【设置闹铃】按钮，出现设置时间的对话框，如图 13-19 所示。

设置时间后，单击【设置】按钮，显示闹铃设置成功信息，并显示设置的时间，如图 13-20 所示。等到了设定的时间时，就会显示对话框来提示，其效果如图 13-21 所示。

第13课 调用 Android 系统服务

图 13-18　项目运行效果　　　　　　　图 13-19　设置闹铃时间效果

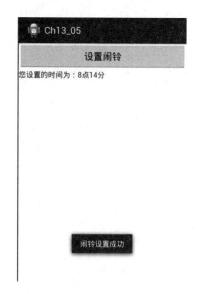

图 13-20　设置闹铃完成效果　　　　　图 13-21　时间到了的闹铃提示效果

13.4　广播接收者 BroadcastReceiver

广播接收者（BroadcastReceiver）用于异步接收广播 Intent，广播 Intent 的发送是通过调用 Context.sendBroadcast()、Context.sendOrderedBroadcast()或者 Context.sendStickyBroadcast()来实现的。通常一个广播 Intent 可以被订阅了此 Intent 的多个广播接收者所接收。

BroadcastReceiver 类位于 android.content 包下，是对广播消息进行过滤并响应的组件。BroadcastReceiver 的运行机制很简单，应用程序注册了 BroadcastReceiver 之后，当系统或其他应用程序发送广播时，所有已经注册的 BroadcastReceiver 就会检查注册时的 IntentFilter 是否与发送的 Intent 相匹配。若相匹配则会调用 BroadcastReceiver 的 onReceive()方法进行处理。因此在

375

使用 BroadcastReceiver 类进行操作时，主要的工作是对 onReceive()方法的处理。

发送广播一般有三种方式，分别是 sendBroadcast()、sendOrderedBroadcast() 和 sendStickyBroadcast()，其不同点如下所示。

（1）用 sendBroadcast()和 sendStickyBroadcast()发送的广播，所有满足条件的 BroadcastReceiver 都会执行 onReceive()方法来处理响应。但若有多个满足条件的 BroadcastReceiver 时，其执行 onReceive()方法的顺序是无法保证的。

（2）通过 sendOrderedBroadcast()发送出去的 Intent，会根据 BroadcastReceiver 执行的优先级顺序来执行 onReceive()方法。而相同优先级的 BroadcastReceiver 执行 onReceive()方法的顺序同样是没有保证的。

（3）sendStickyBroadcast()的主要不同之处是 Intent 在发送后一直存在，并且在以后 registerReceive 注册相匹配的 Receive 时会把这个 Intent 直接返回给新注册的 Receive。

在接收消息时，通过 IntentFilter 对象来过滤，然后交给相应的 BroadcastReceiver 对象来处理。

一般来说，实现一个广播服务接收程序的步骤如下所示。

（1）继承 BroadcastReceiver，并重写 onReceive()方法。

（2）为应用程序添加适当的权限。

（3）注册 BroadcastReceiver 对象，注册的方法有两种。第一种是使用代码注册；第二种是在 AndroidManifest.xml 文件中注册。

（4）等待接收广播

Android 系统常用广播接收者 BroadcastReceiver，如表 13-1 所示。

表 13-1　Android 系统常用广播接收者 BroadcastReceiver

名　　称	用　　途
android.provider.Telephony.SMS_RECEIVED	接收到短信时的广播
Intent.ACTION_AIRPLANE_MODE_CHANGED	关闭或打开飞行模式时的广播
Intent.ACTION_BATTERY_CHANGED	充电状态或者电池的电量发生变化
Intent.ACTION_BATTERY_LOW;	表示电池电量低
Intent.ACTION_BATTERY_OKAY	表示电池电量充足，即从电池电量低变化到饱满时会发出广播
Intent.ACTION_BOOT_COMPLETED	在系统启动完成后，这个动作被广播一次（只有一次）
Intent.ACTION_CAMERA_BUTTON	按下照相时的拍照按键(硬件按键)时发出的广播
Intent.ACTION_CLOSE_SYSTEM_DIALOGS	当屏幕超时进行锁屏时,当用户按下电源按钮,长按或短按(不管有没有跳出对话框),进行锁屏时,android 系统都会广播此 Action 消息
Intent.ACTION_CONFIGURATION_CHANGED	设备当前设置被改变时发出的广播
Intent.ACTION_DATE_CHANGED	设备日期发生改变时会发出此广播
Intent.ACTION_DEVICE_STORAGE_LOW	设备内存不足时发出的广播,此广播只能由系统使用
Intent.ACTION_HEADSET_PLUG	在耳机口上插入耳机时发出的广播
Intent.ACTION_INPUT_METHOD_CHANGED	改变输入法时发出的广播
Intent.ACTION_LOCALE_CHANGED	设备当前区域设置已更改时发出的广播

【练习 6】

在 Eclipse 中创建一个名称为 ch13_06 的 Android 项目实现用广播查收短信。

（1）在项目的 com.android.service 包下新建 MyReceive 类，并继承 BroadcastReceiver 类。重写其 onReceive()方法，其代码如下所示。

```java
public void onReceive(Context context, Intent intent) {
    if ("android.provider.Telephony.SMS_RECEIVED".equals(intent.getAction()))
    {//判断接收到的广播是否为收到短信的Broast Action
        StringBuilder sb = new StringBuilder();
        Bundle bundle = intent.getExtras();//接收由SMS传来的数据
        if (bundle != null) {//判断是否有数据
            Object[] array = (Object[]) bundle.get("pdus");
                                    //通过pdus可以获得接收到的所有短信息
            SmsMessage[] messages = new SmsMessage[array.length];
            for (int i = 0; i < messages.length; i++) {
                messages[i] = SmsMessage.createFromPdu((byte[]) array[i]);
            }
            for (SmsMessage smsMessage : messages) {
                sb.append("来自");
                sb.append(smsMessage.getDisplayOriginatingAddress());
                sb.append("的短信,\n内容: ");
                sb.append(smsMessage.getDisplayMessageBody());
            }
        }
        Intent i = new Intent(context,MainActivity.class) ;//创建Intent对象
        i.setFlags(Intent.FLAG_ACTIVITY_NEW_TASK);      //设置Intent的Flag
        context.startActivity(i);                       //启动Activity
        Toast.makeText(context, sb, Toast.LENGTH_LONG).show();
    }
}
```

在上述代码中,首先判断接收到的广播是否为收到短信的Broast Action。声明一个StringBuilder对象,用来记录短信内容和发信人。使用getExtras()方法接收SMS中传来的数据,并将接收到的数据赋给Bundle对象。当Bundle对象不为空时,表示收到短信,然后通过bundle.get()方法获取短信息,使用getDisplayOriginatingAddress()方法获取发送者的号码,使用getDisplayMessageBody()方法获取发送的短信内容,然后使用append()方法将信息存入StringBuilder对象中。处理完短信后创建一个Intent对象,并设置Intent的Flag,然后使用startActivity()方法启动Activity。

(2) 在AndroidManifest中注册MyReceive,其代码如下所示。

```xml
<receiver
    android:name="com.android.service.MyReceive">
    <intent-filter >
        <action android:name="android.provider.Telephony.SMS_RECEIVED"/>
    </intent-filter>
</receiver>
```

(3) 在AndroidManifest中添加对接收短信的权限,其代码如下所示。

```xml
<uses-permission android:name="android.permission.RECEIVE_SMS"/>
```

运行该项目后,打开DDMS视图中的Emulator Control视图。在Telephone Actions中的Incoming number中输入一个电话号码,选中SMS选项,在Message中输入短信的内容。如图13-22

模拟发送短信所示。

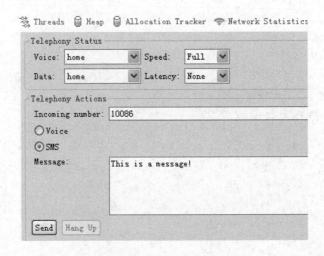

图 13-22 模拟发送短信

单击 send 按钮,应用程序收到的短信效果如图 13-23 所示。打开短信收件箱,可以看到短信内容,如图 13-24 所示。

图 13-23 应用程序显示接收到的短信内容

图 13-24 收件箱中显示的短信内容

13.5 实例应用:实现一个简单的多次定时提醒功能

13.5.1 实例目标

根据本课学习的服务和广播,实现一个定时提醒功能。事先设定未来的某个时间,当到了这个时间后,系统会给出提示或执行其他操作。在本实例中,不仅可以设置定时提醒功能,而且支持设置多个时间点。当到了某个时间点时,系统就会输出时间到了的信息。

13.5.2 技术分析

在添加时间后,需要将所添加的时间使用 SharedPreferences 保存在文件中,其 key 和 value 都为设置的时间点,然后使用 AlarmManager 每隔一分钟扫描一次该文件,在扫描过程中从文件中获得当前时间的 value 值。如果成功获得 value 值,则说明为当前的时间点,然后将信息输出,否则将继续扫描。

13.5.3 实现步骤

在 Eclipse 中创建一个 Android 项目,名称为 Ch13。

(1)在项目中的 res/layout 目录下修改 activity_main.xml 文件,将其改为线性布局,方向垂直,其代码如下所示。

```xml
<LinearLayout xmlns:android="http://schemas.android.com/apk/res/android"
    android:layout_width="match_parent"
    android:layout_height="match_parent"
    android:orientation="vertical">
</LinearLayout>
```

(2)在上述布局文件中添加一个 Button 控件和一个 TextView 控件,其代码如下所示。

```xml
<Button
    android:layout_width="match_parent"
    android:layout_height="wrap_content"
    android:text="添加闹铃"
    android:id="@+id/btn"/>
<TextView
    android:layout_width="match_parent"
    android:layout_height="wrap_content"
    android:id="@+id/timeText"/>
```

(3)在项目的 com.android.service 包下新建 AlarmReceive 类,并继承 BroadcastReceiver 类。重写其 onReceive()方法,来处理定时提醒任务,其代码如下所示。

```java
public class AlarmReceive extends BroadcastReceiver {
    public void onReceive(Context arg0, Intent arg1) {
        SharedPreferences sharedPreferences = arg0.getSharedPreferences
        ("alarm_record", Activity.MODE_PRIVATE);
        String hour = String.valueOf(Calendar.getInstance().get(Calendar.
        HOUR_OF_DAY));
        String minute = String.valueOf(Calendar.getInstance().get(Calendar.
        MINUTE));
        String time = sharedPreferences.getString(hour+":"+minute, null);
        //从 XML 文件中获得描述当前时间点的 value
        if (time != null) {
            System.out.println("时间到了");
        }
```

```
    }
}
```

在上述代码中,首先使用 getSharedPreferences() 方法获取一个 SharedPreferences 对象,然后获取当前时间,并将当前时间作为一个 key,从 XML 文件中获取该 key 对应的 value 值。当获取到的 value 值不为空时,则输出提示信息。

(4)在包 com.android.service 下新建 MainActivity 类,继承 Activity 类并实现 OnClickListener 接口。声明一个 SharedPreferences 对象和一个 AlarmManager 对象,并声明在 XML 布局文件中的控件对象,其代码如下所示。

```
private SharedPreferences sharedPreferences = null;
private Button btn = null;
private AlarmManager alarm = null;              //声明闹铃管理器 AlarmManager 对象
private TextView timeText = null;
```

(5)获取声明的控件对象,并为 Button 控件添加监听器,其代码如下所示。

```
btn = (Button) findViewById(R.id.btn);
timeText = (TextView) findViewById(R.id.timeText);
btn.setOnClickListener(this);//为 Button 控件添加监听器
```

(6)获取 SharedPreferences 对象和 AlarmManager 对象,并设置定时器,其代码如下所示。

```
sharedPreferences = getSharedPreferences("alarm_record", MODE_PRIVATE);
alarm = (AlarmManager) getSystemService(ALARM_SERVICE);//创建 AlarmManager 对象
Intent intent = new Intent(MainActivity.this,AlarmReceive.class);
                                                        //创建 Intent 对象
PendingIntent pi = PendingIntent.getBroadcast(MainActivity.this, 0, intent,
0);//创建 PendingIntent 对象,封装 Intent
alarm.setRepeating(AlarmManager.RTC, 0, 60*1000, pi);//开始定时器,每1分钟执行一次
```

在上述代码中,使用 getSharedPreferences() 方法获取一个 SharedPreferences 对象,并使用 getSystemService() 方法获取 AlarmManager 对象。然后创建 PendingIntent 对象,用来封装 Intent 对象,并设置一个定时器,每隔一分钟执行一次。

(7)重写 onClick() 方法,其代码如下所示。

```
public void onClick(View v) {
    Calendar calendarDialog = Calendar.getInstance();   //获取 Calendar 对象
    new TimePickerDialog(this,new OnTimeSetListener() {
    public void onTimeSet(TimePicker view, int hourOfDay, int minute) {
        Calendar calendar = Calendar.getInstance();         //获取 Calendar 对象
        calendar.setTimeInMillis(System.currentTimeMillis());//设置 Calendar 对象
        calendar.set(Calendar.HOUR_OF_DAY, hourOfDay);     //设置闹铃的小时数
        calendar.set(Calendar.MINUTE, minute);             //设置闹铃的分钟数
        String timeStr = String.valueOf(calendar.get(Calendar.HOUR_OF_DAY))+":"
                + String.valueOf(calendar.get(Calendar.MINUTE));
        sharedPreferences.edit().putString(timeStr, timeStr).commit();
        Toast.makeText(MainActivity.this, "闹铃设置成功",Toast.LENGTH_SHORT).
        show();
```

```
            timeText.setText(timeText.getText().toString() + "\n" + "您设置的时间为:
            " + calendar.get(Calendar.HOUR_OF_DAY)+"点" + calendar.get(Calendar.
            MINUTE)+"分");
        }
},calendarDialog.get(Calendar.HOUR_OF_DAY),calendarDialog.get(Calendar.MINUTE),
true).show();
}
```

在上述代码中，重写 TimePickerDialog 的 onTimeSet()方法。在 onTimeSet()方法中，分别创建 Intent 对象、PendingIntent 对象和一个 Calendar 对象，然后使用 setTimeInMillis()方法来设置 Calendar 对象，并使用 Calendar 对象的 set()方法分别为闹铃设置小时数和分钟数，然后将获取到的小时和分钟组合的字符串作为 key 和 value，SharedPreferences 对象存放在文件中。

运行该项目后，其效果如图 13-25 所示。单击【添加闹铃】按钮，弹出设置时间的对话框，其效果如图 13-26 所示。设置多个闹铃时间点后，其效果如图 13-27 所示。

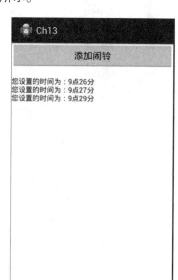

图 13-25　项目运行效果　　　图 13-26　设置闹铃时间效果　　　图 13-27　设置闹铃完成

到了设置的闹铃时间后，其控制台输出的信息如图 13-28 所示。

图 13-28　控制台输出信息

打开 DDMS 透视图，进入 FileExplorer，找到 data\data 目录。将位于/data/data/com.android.service/shared_prefs 目录的 alarm_record.xml 文件导出，打开后可以看到其中的代码如下所示。

```
<?xml version='1.0' encoding='utf-8' standalone='yes' ?>
<map>
<string name="9:26">9:26</string>
```

```
<string name="9:27">9:27</string>
<string name="9:29">9:29</string>
</map>
```

13.6 拓展训练

拓展训练：实现一个定时发送短信的功能
根据本课所学内容，使用广播和服务实现一个定时发送短信的功能。

13.7 课后练习

一、填空题

1. Service 从本质上可以分为两种类型，Started 和_____。
2. 当应用程序组件通过调用_____方法绑定到服务时，服务处于 bound 状态。
3. 当服务不再使用时，系统调用_____方法将其销毁。
4. 在获取系统服务时，一般通过 Activity 类的_____方法来获得。
5. 已经注册的 BroadcastReceiver 与 IntentFilter 发送的 Intent 相匹配时，则会调用 BroadcastReceiver 的_____方法进行处理。

二、选择题

1. 下列方法中，不属于 Service 的回调方法的是_____。
    A. onStartCommand()
    B. onBind()
    C. onDestroy()
    D. onStart()

2. 下列关于服务的说法中，不正确的是_____。
    A. 一个服务只会创建一次
    B. 一个服务只会销毁一次
    C. 一个服务只会开始一次
    D. 一个服务可以开始多次

3. 下列关于 Service 中各个标签属性的说明中，不正确的是_____。
    A. android:enabled 表示服务是否能被系统实例化，true 表示可以，false 表示不可以，默认值是 true
    B. android:exported 表示其他应用程序组件能否调用服务或者与其交互，true 表示可以，false 表示不可以
    C. android:name 表示实现服务的 Service 子类的名称，只能是一个完整的类名，如 com.android.service.MyService
    D. android:permission 表示实体必须包含的权限名称，以便启动或者绑定到服务

4. 下列关于发送广播的三种方式中，不正确的是_____。

A. 若有多个满足条件的 BroadcastReceiver 时，在使用 sendBroadcast()和 sendStickyBroadcast()发送的广播时，其执行 onReceive()方法的顺序是无法保证的

B. 通过 sendOrderedBroadcast()发送出去的 Intent，会根据 BroadcastReceiver 执行的优先级顺序来执行 onReceive()方法

C. sendStickyBroadcast()的 Intent 在发送后一直存在，并且在以后 registerReceive 注册相匹配的 Receive 时会把这个 Intent 直接返回给新注册的 Receive

D. 通过 sendOrderedBroadcast()发送出去的 Intent，相同优先级的 BroadcastReceiver 执行 onReceive()方法的顺序是可以保证的

三、简答题
1. 简要概述一下 Service 的生命周期。
2. 用自己的话概括一下使用 BroadcastReceiver 实现一个广播服务的接收程序的步骤。

第 14 课
多媒体

自 1983 年世界上第一款商用手机发布到现在，虽然仅仅是 30 年左右时间，全球手机用户在直线增长，手机成为人们必不可少的通信工具。从最初的黑白屏幕到后来的彩色屏幕，一直到现在智能手机中的高清显示屏，手机的显示技术完成了很大的飞跃。在硬件的推动下，用户对手机软件功能的需求也越来越高。因此 Android 系统也在不断地更新以满足需求，手机的多媒体应用技术开发成为了手机应用开发的热点。本节课我们主要讲解关于多媒体的应用开发。

本课主要讲解处理多媒体的 API 和控件、使用 MediaPlayer 播放音频文件的方法，以及使用 ViedoView 或者 SurfaceView 处理视频文件。

本课学习目标：
- ❏ 了解多媒体开发使用的 API 和控件
- ❏ 能够使用 MediaPlayer 播放 MP3 文件
- ❏ 掌握使用 VideoView 播放视频技术
- ❏ 掌握使用 SurfaceView 播放视频技术

14.1 多媒体开发详解

在 Android SDK 中提供了大量的处理音频和视频的 API 和控件。通过这些 API 和控件，可以实现较强大的音频和视频功能。

14.1.1 Open Core

Open Core 是 Android 多媒体框架的核心，所有 Android 平台的音频、视频的采集以及播放等操作都是通过它来实现的。可以通过 Open Core 方便快捷地开发出需要的多媒体应用程序，例如：播放、录音、回放、视频会议、流媒体播放等。Open Core 的框架图如图 14-1 所示。

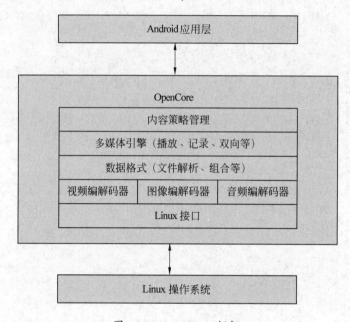

图 14-1 Open Core 框架

在图 14-1 中，内容策略管理允许移动终端支持多种商业模型和商业规则。

多媒体引擎从宏观上来看，它主要包含了两大方面的内容。

- **PVPlayer** 提供多媒体播放器的功能，完成各种音频（Audio）、视频（Video）流的回放（Playback）功能。
- **PVAuthor** 提供媒体流记录的功能，完成各种音频（Audio）、视频（Video）流的功能以及静态图像的捕获功能。

数据格式解析器则负责文件格式的解析。

视频编解码器、音频编解码器则完成压缩流和元数据流之间的转换。目前 Open Core 已经能够支持全部的主流音、视频格式。音频格式有 AAC、AMR、MP3、WAV 等。视频格式有 3GP、MP4、JPG 等。

PVPlayer 和 PVAuthor 以 SDK 的形式提供给开发者，可以在这个 SDK 之上构建多种应用程序和服务。在移动终端中常常使用多媒体应用程序，例如媒体播放器、照相机、录像机、录音机等。事实上 Open Core 中包含的内容非常多。从播放的角度，PVPlayer 输入的（Source）是文件或者网络媒体流，输出（Sink）到音频视频的输出设备，基本功能包含了媒体流控制、文件解析、音频视频流的解码（Decode）等方面的内容。除了从文件中播放媒体文件之外，还包含了与网络相关的

RTSP 流。在媒体流记录的方面，PVAuthor 输入的是照相机、麦克风等设备，输出的是各种文件，包含了流的同步、音频视频流的编码（Encode）以及文件的写入功能。

14.1.2 MediaPlayer

Android 可以处理多种音频格式，最常见的是 MP3。Android SDK 中提供了一个 MediaPlayer 控件来播放包括 MP3 在内的音频文件。

MediaPlayer 类可以用来播放音频、视频和流媒体。MediaPlayer 包含了 Audio 和 Video 的播放功能。MediaPlayer 的生命周期如图 14-2 所示。

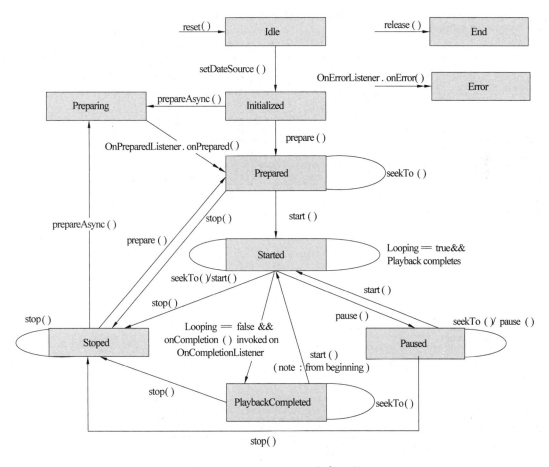

图 14-2 MediaPlayer 的生命周期

从图 14-2 可以看出，当一个 MediaPlayer 对象被新建或者调用 reset()方法之后，它处于空闲状态，在调用 release()方法之后，才会处于结束状态。

一个新建的 MediaPlayer 对象在调用 pause()、start()、stop()、prepare()、prepareAsync()等方法时，不会触发 OnErrorListener.onError()事件。但是 MediaPlayer 对象如果调用 reset()方法之后，再使用这些方法，则会触发 OnErrorListener.onError()事件。当 MediaPlayer 对象不再被使用时，最好通过 release()方法来释放，使其处于结束状态，以免造成不必要的错误。当 MediaPlayer 对象处于结束状态时，便不能再继续使用。MediaPlayer 对象被新建时处于空闲状态，如果通过 create()方法创建之后便处于准备状态。

一般情况下，一些常用的播放控制操作可能因音频、视频格式不被支持或者质量较差以及流超时，也有可能由于意外情况造成的 MediaPlayer 对象处于无效状态等而导致错误，这种情况下，就可以通过注册 setOnErrorListener(android.mediaMediaPlayer.OnErrorListener) 方法实现 OnErrorListener.onError()方法来监控这些错误。如果发生了错误，MediaPlayer 对象将处于错误状态，可以使用 reset()方法来恢复错误。

任何 MediaPlayer 对象都必须先处于准备状态，然后才开始播放。要开始播放 MediaPlayer 对象必须成功调用 start()方法。可以通过 isPlaying()方法来检测当前是否正在播放。当 MediaPlayer 对象正在播放的时候，可以进行暂停和停止等操作，但是处于停止状态时必须先调用 pause()方法处于准备状态，然后再通过 start()方法来开始播放。可以通过 setLooping(boolean)方法来设置是否循环播放。

常用的 MediaPlayer 类处理多媒体的方法如表 14-1 所示。

表 14-1 MediaPlayer 类的常用方法

方 法	说 明
MediaPlayer()	构造方法
create()	创建一个要播放的多媒体
getCurrentPosition()	得到当前播放的位置
getDuration()	得到文件的时间
getViedoHeight()	得到视频的高度
getViedoWidth()	得到视频的宽度
isLooping()	是否循环播放
isPlaying()	是否正在播放
pause()	暂停
prepare()	准备（同步）
prepareAsync()	准备（异步）
release()	释放 MediaPlayer 对象
reset()	重置 MediaPlayer 对象
seekTo()	指定播放的位置（以毫秒为单位的时间）
setAudioStreamType()	设置流媒体的类型
setDataSource()	设置多媒体的数据来源
setDisplay()	设置用于 SurfaceHolder 来显示多媒体
setLooping()	设置是否循环播放
setOnBufferingUpdateListener()	网络流媒体的缓冲监听
setOnerrorListener()	设置错误信息监听
setOnVideoSizeChangedListener()	视频尺寸监听
setScreenOnWhilePlaying()	设置是否使用 SurfaceHolder 来显示
setVolume()	设置音量
start()	开始播放
stop()	停止播放

由表 14-1 可以看出，要使用 Mediaplayer 对象播放音频、视频的步骤如下。

```
MediaPlayer mediaPlayer = new MediaPlayer();   //构建 MediaPlayer 对象
mediaPlayer.setDataSource("/sdcard/riguang.mp3");   //设置文件路径
mediaPlayer.prepare();   //准备
mediaPlayer.start();   //开始播放
```

14.1.3 MediaRecorder

MediaRecorder 与 MediaPlayer 正好相反，MediaRecorder 控件可以利用手机的麦克风录音，并将录制的结果保存为音频文件。

MediaRecorder 类用来进行媒体采样，包括音频和视频。MediaRecorder 作为状态机运行 cm 需要设置不同的参数，如源设备和格式。设置后，可执行任何时间长度的录制，直到用户停止。MediaRecorder 类的工作流程如图 14-3 所示。

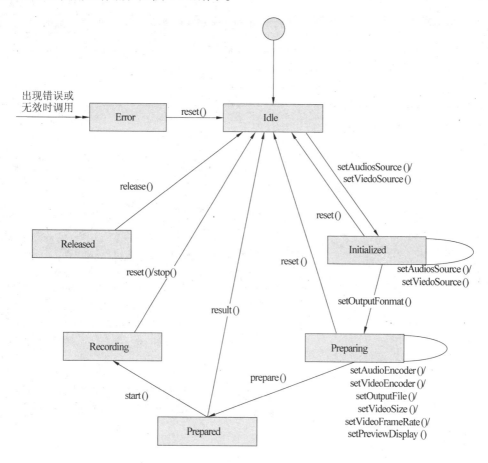

图 14-3　MediaRecorder 工作流程图

MediaRecorder 在底层同样是通过 Open Core 来实现的，但是在开发使用中需要 Android 为程序提供 Java 接口。MediaRecorder 类常用的方法如表 14-2 所示。

表 14-2　MediaRecorder 类常用的方法

方　　法	说　　明
MediaRecorder()	构造方法
getMaxRecorder()	得到目前为止最大的幅度
prepare()	准备录音机
release()	释放 MediaRecorder 对象
reset()	重置 MediaRecorder 对象，使其成为空闲状态
setAudioEncoder()	设置音频编码
setAudioSource()	设置音频源
setCamera()	设置摄像机
setMaxDuration()	设置最大期限
setMaxFileSize()	设置文件的最大尺寸
setOnErrorListener()	错误监听
setOutputFile()	设置输出文件
setOutputFormat	设置输出文件的格式

续表

方　　法	说　　明
setPreviewDisplay()	设置预览
setVideoEncoder()	设置视频编码
setVideoFrameRate()	设置视频的频率
setVideoSize()	设置视频的宽度和高度（分辨率）
setVideoSource()	设置视频源
start()	开始录制
stop()	停止录制

使用 MediaRecorder 进行录音的方法步骤如下：

```
MediaRecorder mediaRecorder = new MediaRecorder()savedInstanceState;  //创建MediaRecorder对象
mediaRecorder.setAudioSource(MediaRecorder.AudioSource.MIC);
mediaRecorder.setOutputFormat(MediaRecorder.OutputFormat.THREE_GPP);
mediaRecorder.setAudioEncoder(MediaRecorder.AudioEncoder.AMR_NB);
mediaRecorder.setOutputFile(PATH_NAME);
mediaRecorder.prepare();   //准备
mediaRecorder.start();//开始录音
//录音中…
mediaRecorder.stop();   //停止录音
mediaRecorder.reset();
mediaRecorder.release();
```

14.2 使用 MediaPlayer 播放 MP3

MediaPlayer 对象可以用来播放音频，其基本步骤如下。

（1）实例化一个 MediaPlayer 对象。
（2）使用 setDataSource()方法设置文件的路径。
（3）使用 MediaPlayer 对象的 prepare()方法。
（4）调用 start()方法开始音频的播放。
（5）通过调用 stop()方法停止播放。

【练习1】

根据上面的步骤，使用 MediaPlayer 创建一个播放音频的 MP3，将添加在 sdcard 目录下 Music 文件中的 wuyu.mp3 文件进行播放，具体步骤如下。

（1）创建布局文件，设置三个用于播放的按钮。
（2）分别给每个按钮添加事件监听器，进行音乐播放功能。首先创建 MediaPlayer 对象和关于需要播放音乐歌曲的路径如下。

```
/* 构建 MediaPlayer 对象 */
mMediaPlayer = new MediaPlayer();
/* 音乐的路径 */
final String path = Environment.getExternalStorageDirectory().getAbsolutePath()
+ "/Music/wuyu.mp3";
```

(3)为开始按钮添加事件监听器使用 start()播放歌曲,具体代码如下。

```java
// 开始按钮
mStartImageButton.setOnClickListener(new OnClickListener() {
    public void onClick(View v) {
        try {
            // 重置 mMediaPlayer
            mMediaPlayer.reset();
            //指定要装载的音频文件
            mMediaPlayer.setDataSource(path);
            //预加载音频文件
            mMediaPlayer.prepare();
            //开始播放
            mMediaPlayer.start();
        } catch (Exception e) {
            e.printStackTrace();
        }
    }
});
```

(4)创建停止按钮,单击该按钮停止播放当前音频,使用 reset()完成到初始状态,具体代码如下。

```java
// 停止按钮
mStopImageButton.setOnClickListener(new OnClickListener() {
    public void onClick(View v) {
        if (mMediaPlayer.isPlaying()) {
            // 当音乐正在播放的时候,重置 MediaPlayer 到初始状态
            mMediaPlayer.reset();
        }
    }
});
```

(5)为暂停按钮添加事件监听器。单击该按钮时,如果音乐正在播放,单击之后暂停播放,当没有播放时,单击之后播放音乐,具体代码如下所示。

```java
// 暂停
mPauseImageButton.setOnClickListener(new OnClickListener() {
    public void onClick(View v) {
        if (mMediaPlayer.isPlaying()) {
            // 当音乐播放时,暂停播放
            mMediaPlayer.pause();
        } else {
            // 当音乐没有播放时,播放音乐
            mMediaPlayer.start();
        }
    }
});
```

运行该实例,单击【开始】按钮,开始播放音乐,运行结果如图 14-4 所示。单击【暂停】按

钮，当前播放的音乐暂停，如图 14-5 所示。然后单击【暂停】按钮音乐继续播放，如图 14-6 所示。单击【停止】按钮音乐停止，如图 14-7 所示。

图 14-4　开始播放

图 14-5　暂停音乐

图 14-6　暂停之后继续播放

图 14-7　停止播放

14.3　视频处理

在 Android SDK1.5 之后，可以使用媒体框架来捕获视频。上一小节讲解了处理音频文件，而视频处理工作方式类似于音频。由于 Android 平台由 Google 自己封装、设计，提供的 Java Dalvik 在算法处理效率上无法与 C/C++或 ARM ASM 相提并论，在描述或移植一些本地语言的解码器上显得无能为力，目前整个平台仅支持 MP4 的 H.264、3GP 和 WMV 视频的解析。在本小节，我们将在 Android 中实现一个 MP4 文件的播放。

14.3.1　使用 ViedoView 播放视频

使用 android.widget.VideoView 控件可以播放视频文件。由于 Android 平台由 Google 自己封

装、设计，Android 内置的 VideoView 可以快速制作一个系统播放器，ViedoView 主要用来显示一个视频文件，VideoView 类的基本方法如表 14-3 所示。

表 14-3 VideoView 类的基本方法

方 法	说 明
getBufferPercentage()	得到缓冲的百分比
getCurrentPosition()	得到当前播放位置
getDuration()	得到视频文件的时间
isPlaying()	是否正在播放
pause()	暂停
resolveAdjustedSize()	调整视频显示大小
seekTo()	指定播放位置
setMediaController()	设置播放控制器模式（播放进度条）
setOnCompletionListener()	当媒体文件播放完成时触发事件
setOnErrorListener()	错误监听
setVideoPath()	设置视频源路径
setVideoURI()	设置视频源地址
start()	开始播放

【练习2】

创建一个简单的视频播放器，使用 MediaController 控件控制播放进度，使用 VideoView 播放视频，具体步骤如下。

（1）创建布局文件，包含一个 VideoView 用于播放视频，具体代码如下所示。

```
<LinearLayout xmlns:android="http://schemas.android.com/apk/res/android"
    xmlns:tools="http://schemas.android.com/tools"
    android:layout_width="fill_parent"
    android:layout_height="fill_parent"
    android:orientation="vertical
    tools:context=".MainActivity" >
<TextView
    android:layout_width="wrap_content"
    android:layout_height="wrap_content"
    android:text="使用 MediaPlayer 播放 MP3"
    android:textColor="#FF0000" />
<VideoView
    android:id="@+id/video"
    android:layout_width="wrap_content"
    android:layout_height="wrap_content"
    android:layout_gravity="center" />
</LinearLayout>
```

上述代码中设置 android:layout_width 和 android:layout_height 属性的值都为 wrap_content，表示该视频播放时，根据视频原有的尺寸进行播放。

（2）在 MainActivity.java 文件中声明 VideoView 对象，并且在 onCreate()方法中创建 MediaController 对象用于控制播放，具体代码如下所示。

```
private VideoView videoView; // 声明 VideoView 对象
protected void onCreate(Bundle savedInstanceState) {
```

```
super.onCreate(savedInstanceState);
setContentView(R.layout.activity_main);
videoView = (VideoView) findViewById(R.id.video); //获取VideoView组件
File file = new File("/sdcard/Movies/chengke.mp4");//获取SD卡上要播放的文件
// 创建 MediaController 对象
MediaController mediaController = new MediaController(MainActivity.this);
if (file.exists()) { // 判断要播放的文件是否存在
    videoView.setVideoPath(file.getAbsolutePath());
    // 设置 VideoView 的控制器是 mediaController
    videoView.setMediaController(mediaController);
    videoView.requestFocus();// 让 VideoView 获得焦点
    videoView.start();// 开始播放视频
    mediaController.show(); // 显示 MediaController 控制条
    // 为 videoView 添加事件监听器
    videoView.setOnCompletionListener(new OnCompletionListener() {
        public void onCompletion(MediaPlayer mp) {
            // 弹出消息提示框显示播放完毕
            Toast.makeText(MainActivity.this, "视频播放完毕",Toast.LENGTH_
            LONG).show();
        }
    });
} else {
    // 弹出提示框提示文件没有播放
Toast.makeText(MainActivity.this, "播放错误" + file.getAbsolutePath(),
Toast.LENGTH_LONG).show();
}
}
```

在上述代码中使用 file.exists()方法判断在指定路径下是否存在需要播放的文件，如果没有，使用 Toast 提示。运行该实例结果如图 14-8 所示。

图 14-8　使用 ViedoView 播放视频

14.3.2 使用 SurfaceView 播放视频

虽然使用 ViedoView 控件可以播放视频,但是播放的位置和大小并不由我们控制。为了对视频有更多的控制权,可以使用 MediaPlayer 配合 SurfaceView 来播放视频。

【练习3】

使用 SurfaceView 控件播放在 sdcard 文件夹下的视频文件。使用 SurfaceView 控件之前,首先需要创建 SurfaceHolder 对象,并进行相应的设置,其具体设置步骤如下。

(1)创建布局文件,包含三个图片按钮(分别用于控制视频播放的开始、暂停和重置)和一个 SurfaceView 控件,具体代码如下所示。

```xml
<LinearLayout xmlns:android="http://schemas.android.com/apk/res/android"
    android:layout_width="match_parent"
    android:layout_height="match_parent"
    android:orientation="vertical" >
    <SurfaceView
        android:id="@+id/surfaceView"
        android:layout_width="320dp"
        android:layout_height="240dp" >
    </SurfaceView>
    <LinearLayout
        android:layout_width="fill_parent"
        android:layout_height="wrap_content"
        android:layout_marginTop="20dp"
        android:gravity="center_horizontal"
        android:orientation="horizontal" >
        <ImageButton
            android:id="@+id/btnPlay"
            android:layout_width="wrap_content"
            android:layout_height="wrap_content"
            android:src="@drawable/play" />
        …
    </LinearLayout>
</LinearLayout>
```

(2)分别为每个按钮添加单击事件,用于处理相应的播放事件,具体代码如下所示。

```java
public void onClick(View v) {
    switch (v.getId()) {
    case R.id.btnPlay:
        mediaPlayer = new MediaPlayer();
        //设置视频流类型
        mediaPlayer.setAudioStreamType(AudioManager.STREAM_MUSIC);
        //设置用于播放视频的 SurfaceView 控件
        mediaPlayer.setDisplay(surfaceHolder);
        try {
            //指定规定路径下的视频文件
            mediaPlayer.setDataSource("sdcard/Movies/chengke.mp4");
            mediaPlayer.prepare();
```

```java
                    mediaPlayer.start();
                } catch (Exception e) {
                    Toast.makeText(MainActivity.this, "文件错误", Toast.LENGTH_LONG)
                            .show();
                }
                break;
            case R.id.btnPause:
                if (mediaPlayer.isPlaying()) {
                    // 当音乐播放时,暂停播放
                    mediaPlayer.pause();
                } else {
                    // 当音乐没有播放时,播放音乐
                    mediaPlayer.start();
                }
                break;
            case R.id.btnStop:
                if (mediaPlayer == null || !mediaPlayer.isPlaying())
                    mediaPlayer.reset();
                break;
        }
    }
```

上述代码中,在播放视频之前先实例化一个 MediaPlayer 对象,使用 MediaPlayer 播放视频的关键是指定用于显示视频的 SurfaceView 对象(通过 setDisplay()方法)。暂停和停止播放的功能,可以直接使用 MediaPlayer 类的 pause()和 stop()方法。运行结果如图 14-9 所示,单击三个不同的按钮,分别实现不同的功能。

图 14-9 使用 SurfaceView 播放视频

14.4 实例应用:创建音乐播放器

14.4.1 实例目标

本课讲解了处理音频和视频的主要内容,结合 MediaPlayer 创建一个音乐播放器。

使用MediaPlayer播放音频，自动扫描在sdcard中的文件进行播放。单击播放列表，会根据相应的歌曲名字中的专辑列表进行排序。左右滑动屏幕，会根据歌曲显示歌曲中带有的歌词文件、歌曲文件中带有的图片信息以及歌曲的柱状音谱图像。

14.4.2 技术分析

本课主要讲解关于多媒体的使用，使用多媒体框架进行处理音频和视频文件，其中关于音频的处理采用实例化 MediaPlayer 对象，使用 setDataSource()方法设置文件的路径，同时调用处理音频的 prepare()、start()和 stop()方法设计对音频的播放。对于音频列表的显示可以采用 ListView 的方式存储，并且根据音频的数组下标判断上一首以及下一首的播放。根据保存的音频文件名称，自动选择相应的排序方式，当单击相应的按钮进行显示播放列表的时候，根据不同的排序进行显示。

14.4.3 实现步骤

在 Eclipse 中创建一个 C_MusicPlayer 的项目，在布局文件中创建相应的布局文件，然后根据相应的布局中的模块进行每个按钮的事件监听，以及相应的列表显示。具体步骤如下。

（1）创建音频播放界面，包含三个按钮，分别用于开始、暂停、停止播放音频。同时在屏幕上使用 TextView 显示相应的音频名称以及该存储地址中所包含的音频文件总数和当前播放的歌曲序列。该文件中包含三个其他页面的布局，用于显示相应的列表，具体代码如下所示。

```xml
<?xml version="1.0" encoding="utf-8"?>
<RelativeLayout xmlns:android="http://schemas.android.com/apk/res/android"
    android:layout_width="fill_parent"
    android:layout_height="fill_parent"
    android:layout_gravity="top"
    android:background="@drawable/musicplayer_bkg"
    android:gravity="center"
    android:orientation="vertical" >
    <!--包含相应的musiclist布局文件-->
    <include
        android:id="@+id/music_list"
        layout="@layout/musiclist" />
    …
        <!--当没有歌曲播放时，提示相应的信息-->
        <TextView
            android:id="@+id/music_name"
            android:layout_width="wrap_content"
            android:layout_height="wrap_content"
            android:layout_marginLeft="20dip"
            android:layout_marginTop="11dip"
            android:singleLine="true"
            android:text="无歌曲播放"
            android:textColor="#ddffffff"
            android:textSize="19sp"
            android:textStyle="bold" />
            <!--使用TextView显示歌曲的文件名，专辑名以及保存路径-->
        …
            <!--包含left_mediaview文件用于显示歌曲中包含的柱状音频图-->
```

```xml
        <include
            android:id="@+id/left"
            layout="@layout/left_mediaview" />
    <!--包含center_special文件用于显示歌曲中包含的专辑图片信息-->
        <include
            android:id="@+id/center"
            layout="@layout/center_special" />
    <!--包含right_lrc文件，用于显示歌曲中包含的歌词文件信息-->
        <include
            android:id="@+id/right"
            layout="@layout/right_lrc" />
    <LinearLayout
        android:id="@+id/linearLayout3"
        android:layout_width="fill_parent"
        android:layout_height="wrap_content"
        android:gravity="center" >
    <!--创建时间进度条用于显示歌曲的播放进度-->
        <TextView
            android:id="@+id/time_tv1"
            android:text=" 00:00 "/>
        <SeekBar
            android:id="@+id/player_seekbar"
            android:max="0"
            android:progress="0"
            android:progressDrawable="@drawable/seekbar_style"
            android:thumb="@drawable/thumb" />
    <!--创建相应的TextView和ImageButton用于显示歌曲播放的按钮信息-->
        ...
```

（2）创建上述布局文件中包含的相应的布局文件，其中musiclist文件的布局如下。

```xml
<LinearLayout xmlns:android="http://schemas.android.com/apk/res/android"
    android:layout_width="fill_parent"
    android:layout_height="fill_parent"
    android:background="@drawable/musiclist_bkg"
    android:orientation="vertical" >
    <TextView
        android:layout_width="fill_parent"
        android:layout_height="30dip"
        android:background="#a0000000"
        android:gravity="center"
        android:text="歌 曲 列 表"
        android:textSize="22sp" />
    <ListView
        android:id="@+id/listView1"
        android:layout_width="fill_parent"
        android:layout_height="415dip"
        android:cacheColorHint="#00000000" >
    </ListView>
</LinearLayout>
```

(3）在播放器中的主页面中，分别实例化相应按钮列表，以及需要的对象，具体代码如下所示。

```java
public class C_MusicPlayerActivity extends Activity {
    //实例化相应的按钮以及列表
    ImageButton left_ImageButton;
    // 初始化歌词检索值
    public int Indcx = 0;
    // 为后台播放通知创建对象
    public static NotificationManager mNotificationManager;
    // 绑定 SeekBar 和各种属性 TextView
    public static SeekBar seekbar;
    ...
    public static RunGif runEql;
    // 为倒影创建对象
    public RelativeLayout relativeflac;
    public static ImageView reflaction;
    // 为歌曲时间和播放时间定义静态变量
    public static int song_time = 0;
    public static int play_time = 0;
    // 为类 Music_infoAdapter 声明静态变量
    public static Music_infoAdapter music_info;
    // 声明两个页面对象
    private BigDragableLuncher bigPage;
    private DragableLuncher smallPage;
    // 声明按钮
    private ImageButton[] blind_btn = new ImageButton[3];
    private int[] btn_id = new int[] { R.id.imageButton1, R.id.imageButton2, R.id.imageButton3 };
    public void onCreate(Bundle savedInstanceState) {
        super.onCreate(savedInstanceState);
        setContentView(R.layout.main);
        context = this;
        // 设置布局动画
        overridePendingTransition(R.anim.zoomin, R.anim.zoomout);
        bigPage = (BigDragableLuncher) findViewById(R.id.all_space);
        smallPage = (DragableLuncher) findViewById(R.id.space);
        // 绑定 GIF 动画界面
        runEql = (RunGif) findViewById(R.id.runGif1);
        // 倒影布局
        relativeflac = (RelativeLayout) findViewById(R.id.relativelayout1);
        reflaction = (ImageView) findViewById(R.id.inverted_view);
        // 创建对象获得系统服务
        mNotificationManager = (NotificationManager)
                getSystemService(Context.NOTIFICATION_SERVICE);
        // 绑定歌曲列表界面
        musicListView = (ListView) findViewById(R.id.listView1);
        new MusicListView().disPlayList(musicListView, this);
        // 将获取的歌曲属性放到当前适配器中
        music_info = new Music_infoAdapter(this);
```

```
    // 绑定专辑列表界面
    musicGridView = (GridView) findViewById(R.id.gridview1);
    new MusicSpecialView().disPlaySpecial(musicGridView, this);
    …//具体的其他事件方法
}
}
```

（4）创建播放列表和专辑列表，添加相应的监听事件，具体代码如下所示。

```
// 监听播放列表单击事件
musicListView.setOnItemClickListener(new OnItemClickListener() {
    public void onItemClick(AdapterView<?> arg0, View arg1, int arg2, long arg3) {
        Intent play_1 = new Intent(C_MusicPlayerActivity.this, ControlPlay.
        class);
        play_1.putExtra("control", "listClick");
        play_1.putExtra("musicId_1", arg2);
        startService(play_1);
        // 单击后动画跳转播放界面
        bigPage.setAnimation(AnimationUtils.loadAnimation(
                C_MusicPlayerActivity.this, R.anim.alpha_x));
        bigPage.setToScreen(1);
        blind_btn[1].setBackgroundResource(R.drawable.big_button_pressed);
        blind_btn[0].setBackgroundResource(R.drawable.big_button_style);
    }
});
// 监听专辑列表单击事件
musicGridView.setOnItemClickListener(new OnItemClickListener() {
    public void onItemClick(AdapterView<?> arg0, View arg1, int arg2, long arg3) {
        Intent play_2 = new Intent(C_MusicPlayerActivity. this,ControlPlay.
        class);
        play_2.putExtra("control", "gridClick");
        play_2.putExtra("musicId_2", arg2);
        startService(play_2);
        // 单击后动画跳转播放界面
        bigPage.setAnimation(AnimationUtils.loadAnimation(
                C_MusicPlayerActivity.this, R.anim.alpha_x));
        bigPage.setToScreen(1);
        blind_btn[1].setBackgroundResource(R.drawable.big_button_pressed);
        blind_btn[2].setBackgroundResource(R.drawable.big_button_style);
    }
});
```

（5）判断单击的哪个按钮并执行跳转界面，具体代码如下所示。

```
android.view.View.OnClickListener ocl = new View.OnClickListener() {
    public void onClick(View v) {
        switch (v.getId()) {
        case R.id.imageButton1:
            bigPage.setAnimation(AnimationUtils.loadAnimation(
                    C_MusicPlayerActivity.this, R.anim.alpha_x));
```

```java
                bigPage.setToScreen(0);
                v.setPressed(true);
            blind_btn[0].setBackgroundResource(R.drawable.big_button_pressed);
                blind_btn[1].setBackgroundResource(R.drawable.big_button_style);
                blind_btn[2].setBackgroundResource(R.drawable.big_button_style);
                break;
            case R.id.imageButton2:
                bigPage.setAnimation(AnimationUtils.loadAnimation(
                        C_MusicPlayerActivity.this, R.anim.alpha_x));
                bigPage.setToScreen(1);
                v.setPressed(true);
            blind_btn[1].setBackgroundResource(R.drawable.big_button_pressed);
                blind_btn[0].setBackgroundResource(R.drawable.big_button_style);
                blind_btn[2].setBackgroundResource(R.drawable.big_button_style);
                break;
            case R.id.imageButton3:
                bigPage.setAnimation(AnimationUtils.loadAnimation(
                        C_MusicPlayerActivity.this, R.anim.alpha_x));
                bigPage.setToScreen(2);
                v.setPressed(true);
            blind_btn[2].setBackgroundResource(R.drawable.big_button_pressed);
                blind_btn[1].setBackgroundResource(R.drawable.big_button_style);
                blind_btn[0].setBackgroundResource(R.drawable.big_button_style);
            }
        }
    };
```

（6）根据文件的后缀名判断要播放的文件是否是 MP3 文件，并且显示当前播放的歌曲是该文件路径下的第几首，具体代码如下所示。

```java
// 判断歌曲不能为空并且后缀为.mp3
if (music_info.getCount() > 0
        && Music_infoAdapter.musicList.get(ControlPlay.playing_id)
                .getMusicName().endsWith(".mp3")) {
    // 显示获取的歌曲时间
    time_right.setText(Music_infoAdapter
            .toTime(Music_infoAdapter.musicList.get(ControlPlay.playing_id).
            getMusicTime()));
    // 截取.mp3字符串
    String a = Music_infoAdapter.musicList.get(ControlPlay.playing_id).Get
    MusicName();
    int b = a.indexOf(".mp3");
    String c = a.substring(0, b);
    // 显示获取的歌曲名
    music_Name.setText(c);
    music_Name.setAnimation(AnimationUtils.loadAnimation(
            C_MusicPlayerActivity.this, R.anim.translate_z));
    // 显示播放当前第几首和歌曲总数
    int x = ControlPlay.playing_id + 1;
    music_number.setText("" + x + "/"+ Music_infoAdapter.musicList.size());
```

```java
        // 显示获取的艺术家
        music_Artist.setText(Music_infoAdapter.musicList.get(ControlPlay.playin
            g_id).getMusicSinger());
        // 获取专辑图片路径
        String url = C_MusicPlayerActivity.music_info
                .getAlbumArt(Music_infoAdapter.musicList.get(ControlPlay.playing_id).
                get_id());
        if (url != null) {
            // 显示获取的专辑图片
            music_AlbumArt.setImageURI(Uri.parse(url));
            music_AlbumArt.setAnimation(AnimationUtils.loadAnimation(context,
                R.anim.alpha_z));
            try {
                /* 为倒影创建位图 */
                Bitmap mBitmap = BitmapFactory.decodeFile(url);
                reflaction.setImageBitmap(createReflectedImage(mBitmap));
                reflaction.setAnimation(AnimationUtils.loadAnimation(context,
                    R.anim.alpha_z));
            } catch (Exception e) {
                e.printStackTrace();
            }
        } else {
            music_AlbumArt.setImageResource(R.drawable.album);
            music_AlbumArt.setAnimation(AnimationUtils.loadAnimation(context,
                R.anim.alpha_z));
            try {
                /* 为倒影创建位图 */
                Bitmap mBitmap = ((BitmapDrawable) getResources()
                        .getDrawable(R.drawable.album)).getBitmap();
                reflaction.setImageBitmap(createReflectedImage(mBitmap));
                reflaction.setAnimation(AnimationUtils.loadAnimation(context,
                    R.anim.alpha_z));
            } catch (Exception e) {
                // TODO Auto-generated catch block
                e.printStackTrace();
            }
        }
    } else {
        Toast.makeText(C_MusicPlayerActivity.this, "手机里没有找到歌曲哦！",Toast.
            LENGTH_LONG).show();
    }
```

（7）监听进度条 SeekBar 事件，可以进行快进、倒退以及显示当前播放事件，具体代码如下所示。

```java
//监听拖动 SeekBar 事件
seekbar.setOnSeekBarChangeListener(new OnSeekBarChangeListener() {
    public void onProgressChanged(SeekBar seekBar, int progress, boolean
        fromUser) {
        // 判断用户是否触拖 SeekBar 并且不为空才执行
        if (fromUser && ControlPlay.myMediaPlayer != null) {
```

```
                ControlPlay.myMediaPlayer.seekTo(progress);
            }
            time_left.setText(Music_infoAdapter.toTime(progress));
        }
    });
```

（8）分别为上一首、下一首按钮添加监听事件，具体代码如下所示。

```
//监听"上一首"并实现功能
left_ImageButton.setOnClickListener(new ImageButton.OnClickListener() {
    public void onClick(View v) {
        // TODO Auto-generated method stub
        Intent play_left = new Intent(C_MusicPlayerActivity.this, ControlPlay.
        class);
        play_left.putExtra("control", "front");
        startService(play_left);
    }
});
//监听"下一首"并实现功能
right_ImageButton.setOnClickListener(new ImageButton.OnClickListener() {
    public void onClick(View v) {
        // TODO Auto-generated method stub
        Intent play_right = new Intent(C_MusicPlayerActivity.this, ControlPlay.
        class);
        play_right.putExtra("control", "next");
        startService(play_right);
    }
});
```

运行该实例，结果如图14-10所示。向右滑动到歌词显示页面，结果如图14-11所示。向左滑动，显示该歌曲的柱状音谱图像，如图14-12所示。单击下一首图像按钮，显示该文件夹下相应的下一首歌曲，并且在右上方的序列中显示出来，当前播放的是第几首歌曲，如图14-13所示。单击专辑列表，会根据当前扫描文件下的文件所属专辑进行排序，如图14-14所示。单击歌曲列表，会根据歌曲名称进行排序，如图14-15所示。

图14-10　播放音乐　　　　图14-11　显示歌词　　　　图14-12　显示音符图像

  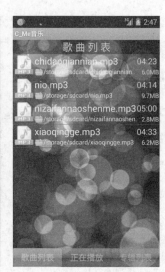

图 14-13 播放下一首　　　图 14-14 专辑列表　　　图 14-15 歌曲列表

上述播放器中，当单击专辑列表或者歌曲列表中的歌曲，就会结束当前正在播放的歌曲，而播放被选中的歌曲。

14.5 扩展训练

拓展训练：创建功能完善的视频播放器

使用 ViedoView 与 SurfaceView 相互结合创建功能完善的视频播放器，扫描在 sdcard 中的视频文件，其中包含 3GP、MP4 等格式的视频文件。扫描完毕之后，使用 ViedoView 控件或者 SurfaceView 控件播放视频，当拖动页面上的时间拖动条，可以进行快进和倒退，单击页面上的上一个或下一个按钮，可以跳转到相应的视频文件。

14.6 课后练习

一、填空题

1. _____ 是 Android 多媒体框架的核心，所有 Android 平台的音频、视频的采集以及播放等操作都是通过它来实现的。
2. Android SDK 中提供了一个 _____ 控件来播放包括 MP3 在内的音频文件。
3. 使用 MediaPlayer 的 _____ 方法设置文件的路径。
4. 使用 _____ 来判断当前媒体是否正在播放。

二、选择题

1. 使用 MediaPlayer 播放音频文件，需要使用 _____ 方法准备同步。
   A. setDataSource()
   B. prepare()

C. start()

  D. stop()

2. 在进行播放音频视频时，使用_____方法设置路径。

  A. setDataSource()

  B. prepare()

  C. start()

  D. stop()

3. 在使用 MediaPlayer 对象过程中发生了错误，可以使用_____方法来恢复错误。

  A. OnErrorListener.onError()

  B. release()

  C. prepareAsync()

  D. reset()

4. 一个新建的 MediaPlayer 对象在调用 pause()、start()等方法时，不会触发 OnErrorListener.onError()事件，但是 MediaPlayer 对象如果调用_____方法之后，再使用这些方法，则会触发 OnErrorListener.onError()事件。

  A. stop()

  B. prepare()

  C. prepareAsync()

  D. reset()

三、简答题

1. 简述多媒体开发常用的 API 和控件。

2. 简述使用 MediaPlayer 播放音频文件的步骤。

3. 简述使用 ViedoView 和 SurfaceView 播放视频的区别。

第15课
图形图像处理技术

图形图像处理技术在 Android 中非常重要，特别是在 Android 游戏的应用中或者 2D 游戏时，都离不开图形图像处理技术。本节课主要讲解关于图形图像的处理，包括绘制 2D 图像以及图形特效的处理。

本课学习目标：
- 掌握 Android 的几种常见绘图类
- 熟练掌握使用简单的绘图类绘制几何图形
- 熟练掌握绘制文本的方法
- 熟练掌握如何绘制图片
- 熟练掌握如何为图像添加特效
- 熟练使用 Shader 渲染图像

15.1 常用绘图类的介绍

在 Android 中绘制图像时最常用的就是 Paint 类、Canvas 类、Bitmap 类和 BitmapFactory 类,其中 Paint 类代表画笔,Canvas 类代表画布。下面将对这几个类进行详细讲解。

15.1.1 Paint 与 Color 类

要绘图,首先要调整画笔,待画笔调整好之后,再将图像绘制到画布上,这样才可以显示在手机屏幕上。Android 中的画笔是 Paint 类,Paint 中包含了很多方法对其属性进行设置,主要方法如表 15-1 所示。

表 15-1　Paint 类常用的方法

方　　法	说　　明
setAntiAlias()	设置画笔的锯齿效果
setColor()	设置画笔颜色
setARGB()	用于设置颜色,各参数值均为 0~255 之间的整数,分别用于表示透明度、红色、绿色和蓝色的值
setAlpha()	设置 Alpha 值
setTextSize()	设置字体大小
setStyle()	设置画笔的风格,空心或者实心
getColor()	得到画笔的颜色
getAlpha()	得到画笔的 Alpha 值

Color 类则主要定义一些常用的颜色常量,以及对颜色的转换等。常用的 12 种颜色如表 15-2 所示。

表 15-2　常用 Color 类的颜色

颜 色 常 量	含　义	颜 色 常 量	含　义
Color.BLACK	黑色	Color.GRAY	灰色
Color.BLUE	蓝色	Color.CYAN	青绿色
Color.DKGRAY	灰黑色	Color.RED	红色
Color.MAGENTA	红紫色	Color.YELLOW	黄色
Color.WHITE	白色	Color.TRANSPARENT	透明
Color.GREEN	绿色	Color.LTGRAY	浅灰色

> **提示**
> Color 类同时还提供了 Color.rgb() 方法将整型的颜色转换成 Color 类型。

15.1.2 Canvas 类

使用 Paint 和 Color 类调整好画笔,就需要绘制画布,使用 Canvas 设置关于画布的信息,具体包括画布的尺寸、颜色等。Canvas 类常用的方法如表 15-3 所示。

表 15-3　Canvas 类常用的设置方法

方　法	说　明
Canvas()	创建一个空的画布，可以使用 setBitmap()方法设置绘制的具体画布
Canvas(Bitmap bitmap)	以 bitmap 对象创建一个画布，则将内容都绘制在 bitmap 上，因此 bitmap 不能为 NULL
Canvas(GL gl)	在绘制 3D 效果时使用，与 OpenGL 相关
drawColor()	设置 Canvas 的背景颜色
setBitmap()	设置具体画布
clipRect()	设置显示区域，即设置裁剪区
isOpaque()	检测是否支持透明
rotate()	旋转画布
setViewport()	设置画布中显示窗口
skew()	设置偏移量

15.1.3　Bitmap 类

Bitmap 类代表位图，是 Android 系统中图像处理的一个重要类。使用该类不仅可以获取图像文件信息，进行图像剪切、旋转、缩放等操作，还可以指定格式保存图像文件。Bitmap 类常用的方法如表 15-4 所示。

表 15-4　Bitmap 类常用的方法

方　法	说　明
compress()	用于将 Bitmap 对象压缩为指定格式并保存到指定文件输出流中
createBitmap()	创建新的 Bitmap 对象
createScaledBitmap()	用于将源位图缩放为指定高度和宽度的新的 Bitmap 对象
isRecycled()	用于判断 Bitmap 对象是否被回收
recycle()	强制回收 Bitmap 对象

例如，创建一个包括 4 个像素（每个像素对应一种颜色）的 Bitmap 对象的代码如下。

```
Bitmap bitmap = Bitmap.createBitmap(new int[]{Color.RED,Color.YELLOW,Color.
BLUE,Color.BLACK},
4,1,Config.RGB_565);
```

15.1.4　BitmapFactory 类

在 Android 中还提供了一个 BitmapFactory 类，该类是一个工具类，用于从不同的数据源来解析、创建 Bitmap 对象。BitmapFactory 类提供的常用方法如表 15-5 所示。

表 15-5　BitmapFactory 类的常用方法

方　法	说　明
decodeFile()	用于从给定的路径所指定的文件中解析、创建 Bitmap 对象
decodeFileDescriptor()	用于从 FileDescriptor 对应的文件中解析、创建 Bitmap 对象
decodeResource()	用于根据给定的资源 id，从指定的资源中解析、创建 Bitmap 对象
decodeStream()	用于从指定的输入流中解析、创建 Bitmap 对象

例如，要解析 SD 卡上的图片文件 back01.jpg 并创建相应的 Bitmap 对象，可以使用下面代码。

```
String path = "sdcard/picture/back/back01.jpg";
```

```
Bitmap bitmap = BitmapFactory.decodeFile(path);
```

要解析 Drawable 资源中保存的图片文件 back02.jpg 并创建对应的 Bitmap 对象，可以使用以下代码。

```
Bitmap bitmap = BitmapFactory.decodeResource(MainActivity.this.getResources(),
R.drawable.back02);
```

15.2 绘制 2D 图像

Android 提供了非常强大的本机二维图形库，用于绘制 2D 图形图像。在 Android 应用中，常用的是绘制几何图形、文本、路径和图片等。

15.2.1 绘制几何图形

绘制图形通常都在 android.view.View 或其子类的 onDraw()方法中进行，该方法的定义如下：

```
public void onDraw(Canvas canvas);
```

其中 Canvas 对象提供了大量用于绘图的方法，这些方法主要包括绘制像素点、直线、圆形、弧线、文本等都是组成复杂图形的基本元素。如果需要画更复杂的图形，可以采用组合这些图形基本元素的方式来完成，例如，可以采用多条直线画多边形。

通常使用表 15-6 所示的几种方法绘制常用的集合图形。

表 15-6 常用的几何图形绘制方法

方　　法	说　　明
drawRect()	绘制矩形
drawCircle()	绘制圆形
drawOval()	绘制椭圆
drawPath()	绘制任意多边形
drawLine()	绘制直线
drawPoint()	绘制点

下面介绍几种绘制图形基本元素的方法。

1. 绘制像素点

```
public native void drawPoint(float x,float y,Paint paint);  //画一个像素点
public native void drawPoints(float[] pts,int offset,int count,Paint paint);//画多个像素点
public void drawPoints(float[] pts,Paint paint);//画多个像素点
```

其中各个参数的含义如下。

- **x** 像素点的横坐标。
- **y** 像素点的纵坐标。
- **paint** 描述像素点属性的 Paint 对象，可以设置像素点的大小、颜色等属性。绘制其他图形元素的 Paint 对象与绘制像素点的 Paint 对象的含义相同。在绘制具体图形元素时可以根据实际情况设置 Paint 对象的含义。在绘制具体的图形元素时可以根据实际情况设置 Paint 对

象。
- **offset** drawPoint 方法可以取得数组中的一部分连续元素作为像素点的坐标，因此需要通过 offset 参数来指定取得数组中连续元素的第一个元素的位置，也就是元素的偏移量，从 0 开始。例如，要从第三个元素开始取数组元素，那么 offset 参数值就设置为 2。
- **count** 要获得的元素个数，count 必须是偶数（两个数组元素是一个像素点的坐标）。

2. 绘制直线

```
public void drawLine(float startX,float startY,float endX,float endY,Paint paint);
public native void drawLines(float[] pts,int offset,int count,Paint paint);
public void drawLines(float[] pts,Paint paint);
```

其中各个参数的含义如下所示。
- **startX** 直线开始端点的横坐标。
- **startY** 直线开始端点的纵坐标。
- **endX** 直线结束端点的横坐标。
- **endY** 直线结束端点的纵坐标。
- **pst** 绘制多条直线时的端点坐标集合。4 个数组元素（两个为开始端点的横纵坐标，两个为结束端点的横纵坐标）为一组，表示一条直线。例如画两条直线，Pts 数组就应该有 8 个元素，前四个数组元素为第一条直线的两个端点坐标，后四个数组元素为第 2 个直线两个端点的坐标。
- **offset** pts 数组中元素的偏移量。
- **count** 取得 pts 数组中元素的个数，该值是 4 的整数倍。

3. 绘制圆形

```
public void drawCircle(float cx,float cy,float radius,Paint paint);
```

其中各个参数含义如下：
- **cx** 圆心的横向坐标。
- **cy** 圆心的纵向坐标。
- **radius** 圆的半径。

4. 绘制弧

```
public void drawArc(RectF rectF,float startAngle,float endAngle,boolean useCenter,Paint paint);
```

其中各个参数含义如下：
- **rectF** 弧的外切矩形坐标。需要设置该矩形的左上角和右下角的坐标，也就是 rectF.lef、rectF.top、rectF.right 和 rectF.bottom。
- **startAngle** 弧的起始角度。
- **endAngle** 弧的结束角度。如果 endAngle-startAngle 的值大于 360，drawArc 画的就是一个圆或椭圆。
- **useCenter** 如果该参数值为 true，在画弧时弧的两个端点会连接圆心；如果该参数为 false，则只会画弧。

【练习1】

创建一个实例练习，绘制几种常见的几何图形，根据不同的属性设置，绘制不同的图案，具体步骤如下所示。

（1）在 onDraw()方法中编写绘制图像的具体代码，其中包括绘制矩形、圆形、椭圆和多边形图像的方法，具体代码如下。

```java
public void onDraw(Canvas canvas) {
        super.onDraw(canvas);
        /* 设置画布为黑色背景 */
        canvas.drawColor(Color.BLACK);
        /* 取消锯齿 */
        mPaint.setAntiAlias(true);
        // 绘制空心几何体
        mPaint.setStyle(Paint.Style.STROKE);
        {
            …//包含绘制矩形、圆形、椭圆和多边形图像
        }
        // 绘制实心几何体
        mPaint.setStyle(Paint.Style.FILL);
        {
            …//包含绘矩形、圆形、椭圆和多边形图像
        }
        /* 通过 ShapeDrawable 来绘制几何图形 */
        mDraw_able.DrawShape(canvas);
    }
```

上述代码根据 setStyle()方法中的参数判断当前绘制的图形为实心还是空心。Paint.Style.STROKE 表示空心，Paint.Style.FILL 表示实心图像。

（2）分别在方法中设置具体的绘制方法，如下所示。

```java
/* 定义矩形对象 */
Rect rect1 = new Rect();
/* 设置矩形大小 */
rect1.left = 5;
rect1.top = 5;
rect1.bottom = 25;
rect1.right = 45;
//设置矩形边框颜色为蓝色，绘制矩形
mPaint.setColor(Color.BLUE);
canvas.drawRect(rect1, mPaint);
//设置另外一个红色矩形，使用定义坐标点的方法绘制图像
mPaint.setColor(Color.RED);
canvas.drawRect(50, 5, 90, 25, mPaint);
//设置圆形图像的边框为黄色，并且绘制圆形(圆心 x,圆心 y,半径 r,p)
mPaint.setColor(Color.YELLOW);
canvas.drawCircle(40, 70, 30, mPaint);
/* 定义椭圆对象 */
RectF rectf1 = new RectF();
/* 设置椭圆大小 */
rectf1.left = 80;
rectf1.top = 30;
rectf1.right = 120;
rectf1.bottom = 70;
```

```
mPaint.setColor(Color.LTGRAY);
/* 绘制椭圆 */
canvas.drawOval(rectf1, mPaint);
/* 绘制多边形 */
Path path1 = new Path();
/* 设置多边形的点 */
path1.moveTo(150 + 5, 80 - 50);
path1.lineTo(150 + 45, 80 - 50);
path1.lineTo(150 + 30, 120 - 50);
path1.lineTo(150 + 20, 120 - 50);
/* 使这些点构成封闭的多边形 */
path1.close();
mPaint.setColor(Color.GRAY);
/* 绘制这个多边形 */
canvas.drawPath(path1, mPaint);
mPaint.setColor(Color.RED);
mPaint.setStrokeWidth(3);
/* 绘制直线 */
canvas.drawLine(5, 110, 315, 110, mPaint);
```

运行该项目，查看使用绘制几何图形的几种具体方法绘制的空心以及实心的几何图形，如图 15-1 所示。

图 15-1　绘制不同的几何图形

15.2.2　绘制文本（字符串）

关于 Android 的高级应用中，除了使用绘制图形之外，还需要绘制字符串。在 Android 中提供了一系列的 drawText()方法来绘制字符串，在绘制字符串之前需要设置画笔对象，包括字符串尺寸、颜色等属性。使用 FontMetrics 来规划字体属性，可以通过 getFontMetrics()方法来获得系统字体的相关内容。

绘制文本字符串有如表 15-7 所示的几种常用方法。

表 15-7　绘制文本字符串的属性方法

方　　法	说　　明
setTextSize()	设置字符串的尺寸
setARGB()	设置颜色 ARGB
getTextWidths()	取得字符串的宽度
setFlags(Paint.ANTI_ALIAS_FLAG)	消除锯齿

Canvas 绘制文本的三种基本方法，具体的使用如下所示。

```
//绘制text指定的文本
public native void drawText(String text,float x,float y,Paint paint);
//绘制text指定的文本，文本中的每一个字符的起始由pos数组中的值决定
public void PosText(String text,float[] pos,Paint paint);
/*
    * 绘制text指定的文本。txt中的每一个字符的起始坐标都由pos数组中的值决定，
    * 并且可以选择text中的某一段连续的字符绘制
    * */
public void PosText(char[] text,int index,int count,folat[] pos,Paint paint);
```

其中各个参数的含义如下所示。

- **text** drawText 方法中的 text 参数表示要绘制的文本。drawPostText 方法中的 text 虽然也是要绘制的文本，但每一个字符的坐标需要单独指定。如果未指定某个字符的坐标，系统就会抛出异常。
- **x** 绘制文本的起始点的横坐标。
- **y** 绘制文本的起始点的纵坐标。
- **index** 选定的字符集合在 text 数组中的索引。
- **count** 选定的字符集中的字符个数。

【练习2】

在原有的画布信息上设置一个关于地球一小时活动的宣传标语，具体方法设置如下。

```
public class MyView extends View {
    public MyView(Context context) {
        super(context);
    }
    protected void onDraw(Canvas canvas) {
        Paint paintText = new Paint(); // 创建一个采用默认设置的画笔
        paintText.setColor(0xFFFF6600); // 设置画笔颜色
        paintText.setTextAlign(Align.LEFT); // 设置文字左对齐
        paintText.setTextSize(30); // 设置文字大小
        paintText.setAntiAlias(true); // 使用抗锯齿功能
        // 通过drawText()方法绘制文字
        canvas.drawText("爱护地球，节约资源！", 125, 75, paintText);
        float[] pos = new float[] { 100, 260, 125, 260, 150, 260, 175, 260,
            200, 260, 150, 290, 175, 290, 200, 290, 225, 290, 250, 290 }; // 定义
            代表文字位置的数组
        //通过drawPosText()方法绘制文字
        canvas.drawPosText("关爱地球，关爱生命。", pos, paintText);
        canvas.drawText("-----地球熄灯一小时活动宣传！", 200, 350, paintText);
        super.onDraw(canvas);
    }
}
```

在上述代码中分别使用 drawText()和 drawPosText()绘制文字，其中 drawText()仅需要控制文起始的位置坐标，而使用 drawPosText()则需要设置每个文字的坐标，结果如图 15-2 所示。

图 15-2　绘制文本

15.2.3　绘制路径

Android 提供绘制路径的功能,要绘制一条路径可以分为先创建路径和再将定义好的路径绘制在画布上两个步骤。

1．创建路径

创建路径,可以使用 android.graphics.Path 类来实现。Path 类包含一组矢量绘图方法,如绘制圆形、矩形、圆弧和线条等。常用的绘制路径方法如表 15-8 所示。

表 15-8　常用的绘制路径方法

方　　法	说　　明
addArc()	绘制弧形路径
addCircle()	绘制圆形路径
addOval()	绘制椭圆形路径
addRect()	绘制矩形路径
addRoundRect()	绘制圆角矩形路径
moveTo()	设置开始绘制直线的起点
lineTo()	在 moveTo()方法设置的起始点与该方法指定的结束点之间画一条直线,如果在调用该方法之前没使用 moveTo()方法设置起始点,那么将从(0,0)点开始绘制直线
quadTo()	用于根据指定的参数绘制一条线段轨迹
close()	闭合路径

提示　在使用 addCircle()、addOval()、addRect()和 addRoundRect()方法时,需要指定 Path.Direction 类型的常量,可选值为 Path.Direction.CW(顺时针)和 Path.Direction.CCW(逆时针)。

2．将定义好的路径绘制在画布上

使用 Canvas 类提供的 drawPath()方法可以将定义好的路径绘制在画布上。

提示　在 Canvas 类中,还提供了另一种应用路径的方法：drawTextOnPath()方法,可以将定义好的路径绘制在画布上,该方法可绘制环形文字。

【练习 3】

(1)分别绘制三条路径,第一条为曲线,第二条为圆形,第三条为椭圆,将文字沿着路径绘制,具体代码如下所示。

```
private static class MyView extends View
{
```

```
    private Paint paint;
    private Path[] paths = new Path[3];
    private Paint pathPaint;
    //绘制不同类型的路径
    private void makePath(Path p, int style)
    {
        p.moveTo(20, 20);
        switch (style)
        {
            case 1://曲线路径
                p.cubicTo(100, -50, 200, 50, 300, 0);
                break;
            case 2://圆形路径
                p.addCircle(100,100, 100, Direction.CW);
                break;
            case 3://椭圆路径
                RectF rectF = new RectF();
                …//设置圆心与坐标
                p.addArc(rectF, 0, 360);
                break;
        }
    }
    public MyView(Context context)
    {
        super(context);
        paint = new Paint();
        paint.setAntiAlias(true);
        paint.setTextSize(20);
        paint.setTypeface(Typeface.SERIF);
        paths[0] = new Path();
        …
        makePath(paths[0], 1);
        …
        pathPaint = new Paint();
        pathPaint.setAntiAlias(true);
        pathPaint.setColor(0x800000FF);
        pathPaint.setStyle(Paint.Style.STROKE);
    }
}
```

（2）定义 onDraw()方法绘制文本和路径，具体代码如下所示。

```
protected void onDraw(Canvas canvas)
    {
        canvas.drawColor(Color.WHITE);
        canvas.translate(0, 50);
        //绘制曲线路径
        canvas.drawPath(paths[0], pathPaint);
        paint.setTextAlign(Paint.Align.RIGHT);
        //将文本信息围绕着曲线路径绘制
```

```
        canvas.drawTextOnPath("一日之计在于晨,一年之计在于春", paths[0], 0,0,
        paint);
        canvas.translate(50, 50);
        paint.setTextAlign(Paint.Align.RIGHT);
        //将文本信息围绕着圆形路径绘制
        canvas.drawTextOnPath("一日之计在于晨,一年之计在于春", paths[1], -30,0,
        paint);
        canvas.translate(0, 100);
        paint.setTextAlign(Paint.Align.RIGHT);
        canvas.drawPath(paths[2], pathPaint);
        //将文本信息围绕着椭圆路径绘制
        canvas.drawTextOnPath("一日之计在于晨,一年之计在于春", paths[2], 0,0,
        paint);
    }
```

运行该实例,结果如图 15-3 所示,其中第二条文本信息,没有绘制路径,只是沿着路径绘制文本。

图 15-3　绘制路径

15.2.4 绘制图片(图像)

在 Android 中,Canvas 类不仅可以绘制几何图形、文本和路径,还可以绘制图片。Canvas 类绘制图片的方法如表 15-9 所示。

表 15-9　使用 Canvas 绘制图片

方　　法	说　　明
drawBitmap(Bitmap bitmap,Rece src,RectF dst,Paint paint)	用于在指定点绘制从源图像中"挖取"的一块
drawBitmap(Bitmap bitmap,float left,float top,Paint paint)	用于在指定点绘制位图

例如,从源位图中"挖取"(0,0)点到(100,200)点的一块图像,然后绘制到画布的(300,400)点到(400,500)点区域中,可以使用如下代码。

```
Rect src = new Rect(0,0,100,200);//设置挖取的源点
Rect dst = new Rect(300,400,400,500);//设置绘制区域
canvas.drawBitmap(bitmap,src,dst,paint);//绘制图片
```

【练习4】

在屏幕上实现绘图,并且将该图的其中一块"挖取"出来,在屏幕的右下角进行绘制,具体方法如下。

（1）在 MyView 的 onDraw 方法中创建一个画布，并且制定要绘制图片的路径，获取要绘制图片的 Bitmap 对象，并且"挖取"该图像的一块，在屏幕制区域绘制，具体代码如下所示。

```java
public class MyView extends View {
    public MyView(Context context) {
        super(context);
    }
    protected void onDraw(Canvas canvas) {
        Paint paint = new Paint(); // 创建一个采用默认设置的画笔
        String path = "/sdcard/app.jpg"; // 指定图片文件的路径
        Bitmap bm = BitmapFactory.decodeFile(path); //获取图片文件对应的Bitmap对象
        canvas.drawBitmap(bm, 0, 30, paint); // 将获取的Bitmap对象绘制在画布的指定位置
        Rect src = new Rect(80, 10, 250, 340); // 设置挖取的区域
        Rect dst = new Rect(350, 400, 500, 600); // 设置绘制的区域
        canvas.drawBitmap(bm, src, dst, paint); // 绘制挖取到的图像
        Bitmap bitmap = Bitmap.createBitmap(new int[] { Color.RED,
                Color.GREEN, Color.BLUE, Color.MAGENTA }, 4, 1,
                Config.RGB_565); // 使用颜色数组创建一个Bitmap对象
        iv.setImageBitmap(bitmap); // 为ImageView指定要显示的位图
        super.onDraw(canvas);
    }
}
```

（2）重写 onDestroy() 方法在该方法回收 ImageView 组件中使用的 Bitmap 资源，具体如下。

```java
protected void onDestroy() {
    // 获取ImageView组件中使用的BitmapDrawabele资源
    BitmapDrawable b = (BitmapDrawable) iv.getDrawable();
    if (b != null && !b.getBitmap().isRecycled()) {
        b.getBitmap().recycle(); // 回收资源
    }
    super.onDestroy();
}
```

运行该实例，如图 15-4 所示，将源图像中的一块进行"挖取"并且在屏幕的指定区域进行绘制。

图 15-4　绘制图像

15.3 图形特效

在 Android 中不仅可以绘制图形，还可以为图形添加特效，例如对图形旋转、缩放、倾斜、平移和渲染等，以达到更好的图像效果。

15.3.1 图像旋转

在 Android 中图像旋转需要使用 Matrix，它包含了一个 3*3 的矩阵，专门用于进行图像变换匹配。Matrix 没有结构体，必须被实例化，通过 reset()方法或 set()方法来实现。通过 setRotate()设置旋转角度（正值为顺时针旋转，负值为逆时针），然后使用 createBitmap()方法创建一个经过旋转等处理的 Bitmap 对象，然后将 Bitmap 绘制到屏幕，就实现了旋转等操作。

setRotate()方法的语法格式如下所示。

（1）setRotate(float degrees)

使用该语法可以控制 Matrix 进行旋转，float 类型的参数用于指定旋转角度。例如创建一个 Matrix 对象，并将其旋转 90°，可以使用以下代码。

```
Matrix matrix = new Matrix();//创建 Matrix 对象
matrix.setRotate(90); //将 Matrix 对象旋转 90 度
```

（2）setRotate(float degrees,float px,float py)

使用该语法格式可以控制 Matrix 以参数 px 和 py 为轴心进行旋转，float 类型的参数用于指定旋转角度。例如，创建一个 Matrix 对象，并将其以（20,20）为轴心，旋转 60°，可以使用以下代码。

```
Matrix matrix = new Matrix();//创建 Matrix 对象
matrix.setRotate(60, 20, 20); // 以（20,20）点为轴心旋转 60 度
```

【练习 5】

使用一张源图像，大小为 130*130，在背景图片上的（130,130）位置放置源图像，并且以（130,130）的位置旋转图像，旋转角度范围为 0~360°，使用 SeekBar 控件控制旋转角度，具体代码如下。

```
public class MyView extends View {
    public MyView(Context context) {
        super(context);
    }
    protected void onDraw(Canvas canvas) {
        Paint paint = new Paint(); // 定义一个画笔
        paint.setAntiAlias(true);
        Bitmap bitmap_bg = BitmapFactory.decodeResource(
                MainActivity.this.getResources(), R.drawable. background);
        canvas.drawBitmap(bitmap_bg, 0, 0, paint); // 绘制背景图像
        Bitmap bitmap_rabbit = BitmapFactory.decodeResource(
                MainActivity.this.getResources(), R.drawable.rotate);
        canvas.drawBitmap(bitmap_rabbit, 130, 130, paint); // 绘制原图
        // 应用 setRotate(float degrees)方法旋转图像
        Matrix matrix = new Matrix();
        matrix.setRotate(rotate, 130, 130); // 以（130,130）点为轴心旋转 rotate 度
```

```
                canvas.drawBitmap(bitmap_rabbit, matrix, paint); // 绘制图像并应用
                matrix的变换
                super.onDraw(canvas);
        }
    }
```

使用 SeekBar 控件的 onProgressChanged 事件控制透明度，如下所示。

```
SeekBar seekBar = new SeekBar(this);
seekBar.setMax(360);
seekBar.setProgress(rotate);
seekBar.setOnSeekBarChangeListener(this);
linearLayout.addView(myView);
linearLayout.addView(seekBar);
linearLayout.setBackgroundColor(Color.WHITE);
```

运行该项目，运行结果如图 15-5 所示。拖动 SeekBar 控件，使图像围绕着（130,130）旋转，如图 15-6 所示。继续拖动，旋转如图 15-7 所示。

图 15-5　图像旋转　　　　图 15-6　小于 180 度　　　　图 15-7　大于 180 度

15.3.2　图像缩放

上面讲解了如何利用 Matrix 来旋转图像，那么需要将图像进行缩放的时候，也可以使用 Matrix 类的 setScale()、postScale()和 preScale()方法来设置图像缩放的倍数。这三种方法的语法格式都相同，下面我们详细介绍关于 setScale()方法的使用。setScale()方法有以下两种语法格式。

（1）setScale(float sx,float sy)

使用该语法格式可以控制 Matrix 进行缩放，参数 sx 和 sy 用于指定 X 轴和 Y 轴的缩放比例。例如，创建一个 Matrix 对象，并将其在 X 轴上缩放 10%，在 Y 轴上缩放 10%，可以使用以下代码。

```
Matrix matrix = new Matrix();//创建一个Matrix对象
matrix.setScale(0.1f,0.1f);//缩放Matrix对象
```

（2）setScale(float sx,float sy, float px,float py)

使用该语法格式可以控制 Matrix 以参数 px 和 py 为轴心进行缩放，参数 sx 和 sy 用于指定 X 轴和 Y 轴的缩放比例。例如，创建一个 Matrix 对象，并将其以（20,20）为轴心，在 X 轴上缩放 10%，在 Y 轴上缩放 30%，可以使用以下代码。

```
Matrix matrix = new Matrix();//创建一个Matrix对象
matrix.setScale(10,30,20,20);//缩放Matrix对象
```

创建 Matrix 对象并对其进行缩放后，还需要应用该 Matrix 对图像或组件进行控制。同旋转图像一样，也可应用 Canvas 类中提供的 drawBitmap(Bitmap bitmap,Matrix matrix,Paint paint)方法，在绘制图像的同时应用 Matrix 上的变化。

【练习6】
使用一张源图像，定义一个画布，绘制一张背景图像，然后以(0,0)为轴心，在 X 轴和 Y 轴分别对目标图像缩放 200%，再以(400,600)为轴心，在 X 轴和 Y 轴分别缩放 60%，最后在(0,0)点处显示源图像，具体的定义方法如下所示。

```
protected void onDraw(Canvas canvas) {
    Paint paint=new Paint();        // 定义一个画笔
    paint.setAntiAlias(true);
    Bitmap bitmap_bg=BitmapFactory.decodeResource(
        MainActivity.this.getResources(), R.drawable.background03);
    canvas.drawBitmap(bitmap_bg, 0, 0, paint);      // 绘制背景
    Bitmap bitmap_rabbit=BitmapFactory.decodeResource(
        MainActivity.this.getResources(), R.drawable.snap1);
    //应用setScale(float sx, float sy)方法缩放图像
    Matrix matrix=new Matrix();
    matrix.setScale(2f, 2f);            // 以(0,0)点为轴心将图像在X轴和Y轴均缩放200%
    canvas.drawBitmap(bitmap_rabbit, matrix, paint);   // 绘制图像并应用matrix的变换
    // 应用setScale(float sx, float sy, float px, float py)方法缩放图像
    Matrix m=new Matrix();
    m.setScale(0.6f,0.6f,400,600); // 以(400,600)点为轴心将图像在X轴和Y轴均缩放60%
    canvas.drawBitmap(bitmap_rabbit, m, paint);          // 绘制图像并应用matrix
的变换
    canvas.drawBitmap(bitmap_rabbit, 0, 0, paint);      // 绘制原图
    super.onDraw(canvas);
}
```

运行该实例，发现在背景图像上分别出现了三个大小位置不同的图片，如图 15-8 所示。

图 15-8　缩放图像

15.3.3　图像倾斜

使用 Android 提供的 Matrix 类的 setSkew()方法、postSkew()方法和 preSkew()方法，可对图像进行倾斜。

setSkew()方法的语法格式如下所示。

（1）setSkew (float kx,float ky)

使用该语法可以控制 Matrix 进行倾斜，float 类型的参数 kx 和 ky 用于指定在 X 轴和 Y 轴上的倾斜量。例如创建一个 Matrix 对象，将其在 X 轴上倾斜 0.3，在 Y 轴上不倾斜，可以使用以下代码。

```
Matrix matrix = new Matrix();//创建Matrix对象
matrix. setSkew (0.3f,0); //将Matrix对象进行倾斜
```

（2）setSkew (float kx,float ky,float px,float py)

使用该语法格式可以控制 Matrix 以参数 px 和 py 为轴心进行旋转，float 类型的参数 kx 和 ky 用于指定在 X 轴和 Y 轴上的倾斜量。例如，创建一个 Matrix 对象，并将其以（20,20）为轴心，在 X 轴和 Y 轴上倾斜 0.4，可以使用以下代码。

```
Matrix matrix = new Matrix();//创建Matrix对象
matrix.setRotate(0.4f,0.4f, 20, 20); // 以（20,20）点为轴心倾斜0.4
```

【练习7】

使用一张源图像，定义一个画布，绘制一张背景图像，然后以(0,0)为轴心，在 X 轴和 Y 轴分别对目标图像倾斜 2 和 3，再以(130,130)为轴心，在 X 轴上倾斜-0.5，具体的定义方法如下所示。

```java
public class MyView extends View{
    public MyView(Context context) {
        super(context);
    }
    protected void onDraw(Canvas canvas) {
        Paint paint=new Paint();                              // 定义一个画笔
        paint.setAntiAlias(true);
        Bitmap bitmap_bg=BitmapFactory.decodeResource(
            MainActivity.this.getResources(), R.drawable.background);
        canvas.drawBitmap(bitmap_bg, 0, 0, paint);            // 绘制背景
        Bitmap bitmap_rabbit=BitmapFactory.decodeResource(
            MainActivity.this.getResources(), R.drawable.skew);
        //应用setSkew(float sx, float sy)方法倾斜图像
        Matrix matrix=new Matrix();
        matrix.setSkew(2f, 3f);     // 以（0,0）点为轴心将图像在X轴上倾斜2，在Y轴上倾斜3
        canvas.drawBitmap(bitmap_rabbit, matrix, paint);      // 绘制图像并应用matrix的变换
        //应用setSkew(float sx, float sy, float px, float py) 方法倾斜图像
        Matrix m=new Matrix();
        m.setSkew(-0.5f, 0f,130,130);   // 以（130,130）点为轴心将图像在X轴上倾斜-0.5
        canvas.drawBitmap(bitmap_rabbit, m, paint);           // 绘制图像并应用matrix的变换
        canvas.drawBitmap(bitmap_rabbit, 0, 0, paint);        // 绘制原图
        super.onDraw(canvas);
    }
}
```

运行该项目，分别显示两个不同的倾斜图像，以（0,0）点为轴心将图像在 X 轴上倾斜 2，在 Y

轴上倾斜 3，另外一个以（130,130）点为轴心将图像在 X 轴上倾斜-0.5，如图 15-9 所示。

图 15-9　图像倾斜

15.3.4　图像平移

使用 Android 提供的 Matrix 类的 setTranslate()方法、postTranslate()方法和 preTranslate ()方法，可对图像进行平移。

setTranslate()方法的语法格式如下所示。

```
setTranslate(float tx,float ty)
```

在该语法中参数 tx 和 ty 分别指定 Matrix 移动到位置的 x 和 y 的坐标。

例如创建一个 Matrix 对象，将其平移到（200,300）的位置，可以使用以下代码。

```
Matrix matrix = new Matrix();//创建 Matrix 对象
matrix. setTranslate (200,300); //将 Matrix 对象进行倾斜
```

【练习 8】

创建一个 remove 项目，绘制背景图片。并且将源图像旋转 30°之后平移到(200,300)位置，将没有进行旋转的图片平移到（250,50）位置，如下所示。

```
public class MyView extends View {
    public MyView(Context context) {
        super(context);
    }
    protected void onDraw(Canvas canvas) {
        Paint paint = new Paint(); // 定义一个画笔
        paint.setAntiAlias(true); // 使用抗锯齿功能
        Bitmap bitmap_bg = BitmapFactory.decodeResource(
                MainActivity.this.getResources(), R.drawable. background);
        canvas.drawBitmap(bitmap_bg, 0, 0, paint); // 绘制背景
        Bitmap bitmap_rabbit = BitmapFactory.decodeResource(
                MainActivity.this.getResources(), R.drawable.skew);
        canvas.drawBitmap(bitmap_rabbit, 0, 0, paint); // 绘制原图
        Matrix matrix = new Matrix(); // 创建一个 Matrix 的对象
        matrix.setRotate(30); // 将 matrix 旋转 30 度
        matrix.postTranslate(200, 300); // 将 matrix 平移到（200,300）的位置
```

```
            canvas.drawBitmap(bitmap_rabbit, matrix, paint); // 绘制图像并应用
            matrix 的变换
            Matrix matrix2 = new Matrix(); // 创建一个Matrix的对象
            matrix2.postTranslate(250, 50); // 将matrix平移到(250,50)的位置
            canvas.drawBitmap(bitmap_rabbit, matrix2, paint); // 绘制图像并应用
            matrix 的变换
            super.onDraw(canvas);
        }
    }
```

运行该结果，查看到图像中有三个已经移动的图片，一个经过旋转，而另一个是直接平移，如图 15-10 所示。

图 15-10　平移图像

15.3.5　图像像素的操作（半透明）

Android 游戏中会有一些特殊的图像特效。比如半透明等效果，要实现这些效果并不难，只需要对图像本身的像素执行操作。Android 中的 Bitmap 提供了操作像素的方法，可以通过 getPixels() 方法来获得该图像的像素并放到一个数组中，然后处理像素数组就可以，最后通过 setPixels 设置这个像素数组到 Bitmap 中。

Android 中每个图像像素是通过 4 字节整数来展现，前三个值为 RGB，也就是所谓的三原色（红、绿、蓝），最后一个字节通常用于 Alpha 通道，即用来实现透明与不透明的控制。这 4 个值都是在 0~255 之间变化。颜色值越小，表示该颜色越浅，颜色值越大，表示该颜色越深。如果 RGB 的三个值都为 0，那么是黑色，如果都为 255，那么就是白色。Alpha 的值为 255 时代表完全不透明，0 则代表完全透明。

通过 Alpha 的特性可知，设置颜色的透明度实际上就是设置 Alpha 的值。

【练习 9】

通过一个 SeekBar 控件改变图像的 Alpha 的值（透明度），显示位图的 MYview 类代码如下。

```
private class MyView extends View
{
    private Bitmap bitmap;
```

```
public MyView(Context context)
{
    super(context);
    InputStream is = getResources().openRawResource(R.drawable.alpha);
    bitmap = BitmapFactory.decodeStream(is);
    setBackgroundColor(Color.WHITE);
}
protected void onDraw(Canvas canvas)
{
    Paint paint = new Paint();
    //设置透明度 alpha 的值是一个变量
    paint.setAlpha(alpha);
    canvas.drawBitmap(bitmap, new Rect(0, 0, bitmap.getWidth(), bitmap
            .getHeight()), new Rect(10, 10, 310, 235), paint);
}
}
```

使用 SeekBar 控件的 onProgressChanged 事件控制透明度，如下所示。

```
SeekBar seekBar = new SeekBar(this);
seekBar.setMax(255);
seekBar.setProgress(alpha);
seekBar.setOnSeekBarChangeListener(this);
```

运行该项目，拖动 SeekBar 控件控制该图片的透明度，结果如图 15-11 所示。继续拖动改变 alpha 的值，查看不同的透明度，如图 15-12 所示。

图 15-11　alpha 为 121 的透明度　　　　图 15-12　alpha 为 147 的透明度

15.3.6　Shader 类的操作

Android 中提供了 Shader 类专门用于渲染图像以及一些集合图形，Shader 下包括几个子类，分别是 BitmapShader、ComposeShader、LinearGradient、RadialGradient 和 SweepGradient。BitmapShader 用来渲染图像；LinearGradient 用来进行线性渲染；RadialGradient 用来进行环形渲染，SweepGradient 用来进行梯度渲染；ComposeShader 则是混合渲染，可以和其他子类组合起来使用。

Shader 的使用都需要先构建 Shader 对象，然后通过 Paint 的 setShader()方法来设置渲染对象，然后在绘制时使用该对象即可。当然，在需要不同的渲染对象时需要构建不同的对象。

例如，要创建一个在水平方向上重复、在垂直方向上镜像的 BitmapShader 对象，可以使用以下代码。

```
BitmapShader bitmapshader = new BitmapShader(bitmap_bg, TileMode.REPEAT,
TileMode.MIRROR);
```

提示 Shader.TileMode 类型的参数包括 CLAMAP、MIRROR 和 REPEAT 3 个可选值，其中 CLAMA 为使用边界颜色来填充剩余空间方式；MIRROR 为采用镜像方式；REPEAT 为采用重复方式。

【练习 10】

使用 Shader 实现平铺画布背景和椭圆形状图片的渲染。其中，MyView 中的 onDraw()方法具体定义渲染方法，如下所示。

```
public class MyView extends View {
    public MyView(Context context) {
        super(context);
        view_width = context.getResources().getDisplayMetrics().widthPixels;
        // 获取屏幕的宽度
        view_height = context.getResources().getDisplayMetrics().heightPixels;
        // 获取屏幕的高度
    }
    protected void onDraw(Canvas canvas) {
        Paint paint = new Paint(); // 定义一个画笔
        paint.setAntiAlias(true); // 使用抗锯齿功能
        Bitmap bitmap_bg = BitmapFactory.decodeResource(
            MainActivity.this.getResources(), R.drawable.shader);
        // 创建一个在水平和垂直方向都重复的 BitmapShader 对象
        BitmapShader bitmapshader = new BitmapShader(bitmap_bg,
            TileMode.REPEAT, TileMode.REPEAT);
        paint.setShader(bitmapshader); // 设置渲染对象
        // 绘制一个使用 BitmapShader 渲染的矩形
        canvas.drawRect(0, 0, view_width, view_height, paint);
        Bitmap bm = BitmapFactory.decodeResource(
                MainActivity.this.getResources(), R.drawable.skew);
        // 创建一个在水平方向上重复，在垂直方向上镜像的 BitmapShader 对象
        BitmapShader bs = new BitmapShader(bm, TileMode.REPEAT,TileMode.
        MIRROR);
        paint.setShader(bs); // 设置渲染对象
        RectF oval = new RectF(0, 0, 280, 180);
        canvas.translate(40, 20); // 将画面在 X 轴上平移 40 像素，在 Y 轴上平移 20 像素
        canvas.drawOval(oval, paint); // 绘制一个使用 BitmapShader 渲染的椭圆形
        super.onDraw(canvas);
    }
}
```

上述代码 onDraw()方法定义的画笔设置了抗锯齿功能，然后应用 BitmapShader 实现平铺的画布背景，运行结果如图 15-13 所示。

图 15-13　渲染图片

15.4 拓展训练

拓展训练：简易涂鸦板

使用本节课讲述的关于绘制 2D 图像的几种不同的方法以及图形图像的几种特效，绘制一个简易的涂鸦板，要求可以实现基本的手绘功能，绘制几何图形、文本信息等。绘制结束进行保存，将文件保存在指定的目录中，使用该简易涂鸦板，可以将绘制好的图像进行特效处理，比如旋转、缩放等。

15.5 课后练习

一、填空题

1. 常用的绘图类中表示画笔的是_____。
2. _____类主要定义一些常用的颜色常量，以及对颜色的转换等。
3. 使用_____设置关于画布的信息，具体包括画布的尺寸、颜色等。
4. 提供的 BitmapFactory 工具类用于从不同的数据源来解析、创建_____对象。
5. 使用 Path 绘制路径时，Path.Direction 类型的常量_____表示顺时针。
6. Android 中每个图像像素是通过_____字节整数来展现的。

二、选择题

1. 以下几种方法中哪种方法可以绘制矩形_____。

    A. drawRect()

    B. drawCircle()

    C. drawOval()

    D. drawLine()

2. 以下几种方法中哪种方法可以绘制椭圆_____。

A. drawRect()
B. drawCircle()
C. drawOval()
D. drawLine()

3. 以下几种方法中哪种方法可以绘制直线_____。
A. drawRect()
B. drawCircle()
C. drawOval()
D. drawLine()

4. 以下几种表示图像特效的方法中，表示图像旋转的是_____。
A. setTranslate()
B. setSkew()
C. setScale()
D. setRotate()

5. 以下几种表示图像特效的方法中，表示图像倾斜的是_____。
A. setTranslate()
B. setSkew()
C. setScale()
D. setRotate()

6. 使用 Shader 进行渲染图像时，使用_____进行线性渲染。
A. LinearGradient
B. RadialGradient
C. SweepGradient
D. ComposeShader

7. 使用 Shader 进行渲染图像时，使用_____进行梯度渲染。
A. LinearGradient
B. RadialGradient
C. SweepGradient
D. ComposeShader

8. 使用 Shader 类渲染图像时，TileMode 类型的参数_____为采用镜像方式。
A. CLAMAP
B. MIRROR
C. REPEAT
D. 都可以

三、简答题
1. 简述常用的绘图类。
2. 简述绘制 2D 图像常用的几种方法。
3. 简述图形图像的几种处理方法。
4. 简述 Shader 类中常用的几种渲染类。

第16课
网络编程

　　网络通信是交换网络数据的手段，它可以实现让人们浏览网页、收发电子邮件，进行视频通话、电视直播等功能。在现代手机中，网络通信也是一个重要的功能。在 Android 中，人们同样可以通过网络通信随时随地浏览网页、即时聊天、收发微博等。

　　本课将围绕 Android 网络通信中的三种主要编程方式来进行讲解，它们是 HTTP 编程、Socket 编程和 Web 编程，最后介绍了通信时的乱码解决方案。

本课学习目标：
- ❑ 了解 Android 中实现网络编程的三种方式
- ❑ 掌握 HttpURLConnection 发送 GET 请求和 POST 请求的过程
- ❑ 掌握 HttpClient 发送 GET 请求和 POST 请求的过程
- ❑ 掌握基本的 Socket 通信方式
- ❑ 掌握 WebView 控件浏览网页的方法
- ❑ 熟悉 WebView 与 JavaScript 共享数据的方法
- ❑ 了解乱码的解决方法

16.1 Android 网络接口

Android 的应用层采用的是 Java 语言，所以 Java 支持的网络编程方式 Android 都是支持的，同时 Android 还引入了其他扩展包和独立 API。在 Android 平台中，共提供了三种网络接口，它们分别是 java.net.*（Java 标准接口）、org.apache（Apache 接口）和 android.net.*（Android 网络接口）。

- java.net.*（Java 标准接口），提供流和数据包、套接字、Internet 协议和常用 HTTP 处理。该包是一个功能很全面的网络通信包，方便有经验的 Java 开发人员直接使用。
- org.apache（Apache 接口），为 HTTP 通信提供了高效、精确、功能丰富的工具包支持。
- android.net.*（Android 网络接口），提供了网络访问的 Socket、URI 类以及和 WiFi 相关的类，并且提供了网络状态监视管理等接口。

有了这些工具包的支持，在 Android 中使用网络编程方式如下所示。

（1）针对 TCP/IP 的 Socket、ServerSocket。
（2）针对 UDP 的 DatagramSocket、DatagramPackage。
（3）针对直接 URL 的 HttpURLConnection。
（4）Android 集成了 Apache HTTP 客户端，可使用 HTTP 进行网络编程。
（5）使用 Web Service 进行网络编程。
（6）直接使用 WebView 视图组件显示网页。

其中，方式 1 和方式 2 都是 Socket 通信方式，方式 3、4、5 是 HTTP 通信方式，而方式 6 是 Android 提供的网页浏览控件。在接下来的小节中，将针对这几种不同的网络编程方式进行讲解。

16.1.1 Java 标准接口

Java 标准接口提供了与 Internet 有关的类，包括流、数据包、套接字、Internet 协议以及常见的 HTTP 处理。例如，创建 URL 及 URLConnection 对象、设置连接参数，连接到服务器、向服务器写数据、从服务器读取数据等。这些类封装在 java.net 包下，如下的示例代码演示了最简单的用法。

```
import java.net.*;              //导入包
…//省略代码
try{
    //定义网络 URL 地址
    URL url=new URL("http://www.baidu.com");
    //打开连接
    HttpURLCOnnection http=(HttpURLConnection)url.openConnection();
    //获取连接状态
    int state=http.getResponseCode();
    if(state==HttpURLConnection.HTTP_OK){
        InputStream is=http.getInputStream();       //获取数据
        …//省略对数据的处理
    }
}
catch(Exception e){
    //异常处理代码
}
```

由于网络状态的不确定性及其他因素，所以异常处理是非常重要的。

16.1.2 Apache 接口

虽然在 JDK 的 java.net 包中已经提供了访问 HTTP 协议的基本功能，但是对于大部分应用程序来说，JDK 库本身提供的功能还远远不够。这时就需要使用 Android 提供的 Apache HttpClient 接口。它是一个开源项目，为客户端的 HTTP 编程提供了高效、最新、功能最丰富的工具包支持。

Android 平台引入 Apache HttpClient 的同时还提供了对它的一些封闭和扩展，例如设置默认的 HTTP 超时和缓存大小等。Apache HttpClient 的最新版是 4.0，主要功能包括创建 HttpClient、发送 GET/POST 请求、创建 HttpResponse 对象、设置连接参数、执行 HTTP 操作以及处理结果等。

Apache HttpClient 接口的类封装在 org.apache.http 包下，以下的示例代码演示了最简单的用法。

```
import org.apache.http.*;           //导入包
...//省略代码
try{
    //使用默认设置创建HttpClient实例
    HttpClient hc=new DefaultHttpClient();
    //HttpGet 实例
    HttpGet get=new HttpGet("http://www.baidu.com");
    //获取连接状态
    HttpResponse rp=hc.execute(get);
    if(rp.getStatusLine().getStatusCode()==HttpStatus.SC_OK){
        InputStream is=rp.getEntity().getContent();    //获取数据
        ...//省略对数据的处理
    }
}
catch(IOException e){
    //异常处理代码
}
```

16.1.3 Android 网络接口

Android 网络接口是通过对 Apache 中 HttpClient 的封装来实现的一个 HTTP 接口，同时提供了 HTTP 请求队列管理以及 HTTP 连接池管理，以提高并发请求情况下的处理效率。除此之外还有网络状态监视等接口、网络访问的 Socket 以及常用的 URI 类等。

这些类封装在 android.net 包下，如下的示例代码演示了最简单的用法。

```
import android.net.*;               //导入包
...//省略代码
try{
    //指定IP地址
    InetAddress inetad=IntetAddress.getByName("192.168.0.136");
    //指定端口
    Socket client=new Socket(inetad,36001,true);
    //获取数据
    InputStream is=client.getInputStream();
```

```
        OutputStream out=client.getOutputStream();
        ...//省略对数据的处理
        out.close();
        in.close();
        client.close();
    }
    catch(UnknownHostException e){
        //异常处理代码
    }
    catch(IOException e){
        //异常处理代码
    }
```

16.2 HTTP 网络编程

HTTP（HyperText Transfer Protocol，超文本传输协议）是互联网上应用最为广泛的一种网络协议。Android 应用程序也经常需要通过 HTTP 协议来访问网络资源。

Android 提供了 HttpURLConnection 和 HttpClient 两个类进行 HTTP 网络编程，下面分别进行介绍。

16.2.1 使用 HttpURLConnection

HttpURLConnection 类位于 java.net 包中，是 Java 的标准类。该类继承自 URLConnection 基类，而且是抽象类，因此无法直接实例化对象。在使用时需要调用 URL 的 openConnection()方法获得。

例如，要创建一个 http://www.itzcn.com 网站对应的 HttpURLConnection 实例，可以使用如下代码：

```
//定义网络URL地址
URL url=new URL("http://www.itzcn.com");
//打开链接
HttpURLCOnnection http=(HttpURLConnection)url.openConnection();
```

在这里要注意，上述代码中的 openConnection()方法只是创建 HttpURLConnection 实例，但是并不进行真正的连接操作。并且，每次调用 openConnection()方法都会创建一个新的实例。因此在连接之前我们可以对一些属性进行设置，例如超时时间和请求方式等。

下面代码是对 HttpURLConnection 实例的属性设置。

```
// 设置是否向httpUrlConnection输出，因为这个是post请求，参数要放在
// http正文内，因此需要设为true, 默认情况下是false;
http.setDoOutput(true);
// 设置是否从httpUrlConnection读入，默认情况下是true;
http.setDoInput(true);
// Post 请求不能使用缓存
http.setUseCaches(false);
// 设定传送的内容类型是可序列化的Java对象
```

```
http.setRequestProperty("Content-type", "application/x-java-serialized-object");
// 设定请求的方法为"POST"，默认是 GET
http.setRequestMethod("POST");
```

在连接使用完成之后可通过如下代码关闭链接。

```
http.disconnect();
```

创建 HttpURLConnection 对象之后，就可以使用该对象发送 HTTP 请求。HTTP 请求通常分为 GET 请求和 POST 请求两种，下面分别进行介绍。

1. 发送 GET 请求

GET 请求使用 URL 来传递数据。使用的是"?参数名=参数值"的形式，多个参数之间使用"&"分隔。在问号之前是接收参数的 URL 地址。

GET 是 HttpURLConnection 对象默认使用的请求格式。因此，如果要发送 GET 请求，需要在指定链接地址时先将参数组织为 GET 请求格式，然后建立链接，再获取流中的数据，最后关闭链接。

【练习1】

下面创建一个实例来具体说明如何使用 HttpURLConnection 类发送无参数和带参数的 GET 请求。

（1）首先我们对实例的服务器端 JSP 代码进行编写。创建一个 gettime.jsp 文件用于接收 Android 客户端的无参数 GET 请求。gettime.jsp 实现输出当前日期和时间，代码如下。

```
<%@ page language="java" import="java.util.*" pageEncoding="UTF-8"%>
<%
    out.print(new Date().toString());
%>
```

（2）创建一个 check.jsp 文件用于接收两个参数的 GET 请求，该文件实现了对用户名和密码的判断，并输出结果，代码如下。

```
<%@ page language="java" import="java.util.*" pageEncoding="UTF-8"%>
<%
    String user = request.getParameter("u");
    String pass = request.getParameter("p");
    if (user.equals("itzcn") && pass.equals("123456")) {
        out.println("登录成功");
    } else {
        out.println("登录失败");
    }
%>
```

（3）在服务器上使用 URL 直接访问 gettime.jsp 文件进行测试，输出效果如图 16-1 所示。

图 16-1 请求 gettime.jsp 效果

（4）访问 check.jsp 文件并传递 u 和 p 参数进行测试。例如输入"check.jsp?u=zhht&p=233"

来访问，效果如图 16-2 所示。输入"check.jsp?u=itzcn&p=123456"的测试效果如图 16-3 所示。

 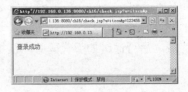

图 16-2　登录失败效果　　　　　图 16-3　登录成功效果

（5）接下来创建一个名为"HttpURLConnection1"的 Android 项目，分别以不同的方式请求 gettime.jsp 和 check.jsp。

（6）由于 Android 程序要访问网络资源，所以第一步就是在项目的 AndroidManifest.xml 文件中指定允许访问网络资源的权限，代码如下。

```
<uses-permission android:name="android.permission.INTERNET"/>
```

（7）在布局中添加一个 ID 为 btnHttpget 的 Button 控件，设置文本为"获取当前时间"；在按钮下方添加一个 ID 为 txtTime 的 TextView 控件用于显示结果。

（8）接下来添加 ID 为 edtUserName 和 edtUserPass 的 EditText 控件用于输入用户名和密码。

（9）添加一个 ID 为 btnEnter 的 Button 控件，设置文本为"登录"；在按钮下方添加一个 ID 为 txtResult 的 TextView 控件用于显示结果。

（10）由于 Android 4.0 不允许在主程序中直接访问网络，而在本实例中使用线程来访问。因此，首先需要在 MainActivity.java 中声明两个 Handler 类用于线程间的消息传递。

```
Handler handler1, handler2;
```

（11）在 onCreate()方法中获取布局上的按钮，代码如下。

```
Button btnHttpget = (Button) findViewById(R.id.btnHttpget);   //获取当前时间按钮
Button btnEnter = (Button) findViewById(R.id.btnEnter);       //登录按钮
```

（12）现在，我们先编写不需要传递参数 GET 请求的实现代码。对 btnHttpget 添加单击事件监听程序，并在程序中启用一个线程来完成具体通信操作，代码如下。

```
btnHttpget.setOnClickListener(new View.OnClickListener() { //单击获取当前
    时间按钮
    @Override
    public void onClick(View v) {
        new Thread(getTime).start();              //启动名为getTime的线程
    }
});
```

（13）创建 getTime 线程，并且在重写的 run()方法中使用 HttpURLConnection 类发送 GET 请求服务器端的 gettime.jsp 文件，再获取服务器端的输出，然后传递到 Message 对象中并发送，具体代码如下。

```
Runnable getTime = new Runnable() {
    @Override
    public void run() {
        //指定GET请求的服务器端页面地址
        String urlStr = "http://192.168.0.136:8080/ch16/gettime.jsp";
```

```java
            URL url = null;
            String result="";
            try {
                url = new URL(urlStr);    //构造一个 URL 对象
                //使用 HttpURLConnection 打开连接
                HttpURLConnection http = (HttpURLConnection) url.openConnection();
                InputStreamReader in = null;
                //获取内容流
                in = new InputStreamReader(http.getInputStream());
                //为输出创建 BufferedReader
                BufferedReader buffer = new BufferedReader(in);
                String inputLine = null;
                while ((inputLine = buffer.readLine()) != null) {       //循环读取内容
                    result += inputLine;
                }
                in.close();                  //关闭流
                http.disconnect();           //断开连接
            } catch (IOException e) {
                e.printStackTrace();
            }
            Message m = handler1.obtainMessage();   //创建一个 Message 消息
            m.obj=result;                            //为消息添加数据
            handler1.sendMessage(m);                 //发送消息
        }
    };
```

上述内容非常容易理解，先构造一个 URL 对象指定 GET 请求的地址，再使用 HttpURLConnection 对象打开 URL 对象的连接。然后调用 HttpURLConnection 的 getInputStream() 方法获取结果，之后遍历结果再传递到消息中并发送给主线程。

（14）实例化 handler1，在重写的 handleMessage() 方法中根据消息是否为空设置显示的内容，代码如下。

```java
        handler1 = new Handler() {
            @Override
            public void handleMessage(Message msg) {
                final TextView txtTime = (TextView) findViewById(R.id.txtTime);
                //显示结果的控件
                if (msg.obj!=null) {                                //如果不为空
                    txtTime.setText(msg.obj.toString());            //设置控件显示为结果
                } else {
                    txtTime.setText("网络错误。");                   //否则显示错误提示
                }
                super.handleMessage(msg);
            }
        };
```

（15）下面开始编写以 GET 方式传递参数的代码。第一步是对按钮的监听，代码如下。

```java
btnEnter.setOnClickListener(new View.OnClickListener(){//监听按钮的单击事件
    @Override
    public void onClick(View v) {
        new Thread(checkUserInfo).start();         //启动 checkUserinfo 线程
    }
});
```

（16）在使用浏览器测试带 GET 请求的服务器页面时，除了指定 URL 之外还需要提供请求的参数，例如 "?u=abc&p=234"。因此在客户端使用 HttpURLConnection 发送请求时也应该同时提供 URL 和参数。

checkUserInfo 线程的代码如下所示。

```java
Runnable checkUserInfo = new Runnable() {
    @Override
    public void run() {
        EditText edtuser=(EditText)findViewById(R.id.edtUserName); //用户名
        EditText edtpass = (EditText) findViewById(R.id.edtUserPass);//密码

        //指定 GET 请求的服务器端页面地址
        String urlStr = "http://192.168.0.136:8080/ch16/check.jsp?";
        //组织 GET 请求的参数
        String params = "u=" + edtuser.getText().toString() + "&p="    +
        edtpass.getText().toString();
        URL url = null;
        String result="";
        try {
            url = new URL(urlStr + params);//请求时指定地址和参数
            //使用 HttpURLConnection 打开连接
            HttpURLConnection http = (HttpURLConnection) url.openConnection();
            InputStreamReader in = null;
            //获取内容流
            in = new InputStreamReader(http.getInputStream());
            //为输出创建 BufferedReader
            BufferedReader buffer = new BufferedReader(in);
            String inputLine = null;
            while ((inputLine = buffer.readLine()) != null) {   //循环读取内容
                result += inputLine;
            }
            in.close();            //关闭流
            http.disconnect();   //断开连接
        } catch (IOException e) {
            e.printStackTrace();
        }
        Message m = handler2.obtainMessage();    //创建一个 Message 消息
        m.obj=result;                             //为消息添加数据
        handler2.sendMessage(m);                  //发送消息
    }
};
```

如上述代码所示，整个流程与不带参数是相同的，唯一不同的是需要修改 URL 地址，加上要传递的参数。

（17）实例化 handler2，在重写的 handleMessage()方法根据消息是否为空设置显示的内容，代码如下。

```
handler2 = new Handler() {
    @Override
    public void handleMessage(Message msg) {
        final TextView txtResult = (TextView) findViewById(R.id.txtResult);
        //显示结果的控件
        if (msg.obj!=null) {
            txtResult.setText(msg.obj.toString()); //显示结果
        } else {
            txtResult.setText("网络错误。");        //显示错误
        }
        super.handleMessage(msg);
    }
};
```

（18）在服务器端启动 Tomcat 服务器。然后运行本实例，在屏幕中单击【获取当前时间】按钮测试无参数的 GET 请求，运行效果如图 16-4 所示。

（19）输入用户名和密码再单击【登录】按钮测试带参数的 GET 请求，登录失败的效果如图 16-5。登录成功效果如图 16-6 所示。

图 16-4　获取当前时间　　　图 16-5　登录失败　　　图 16-6　登录成功

> **注意**
> Android 4.0 不允许在主程序中访问网络，否则会报 android.os.NetworkOnMainThreadException 异常，解决方法是使用 StrictMode 或者启动线程访问网络。

2. 发送 POST 请求

由于 GET 请求数据不安全，且仅适合 1024 字节以内的数据，所以当要发送的数据比较重要或者大时，就需要使用 POST 请求。

POST 方式相对 GET 方式而言要复杂一些。因为该方式需要将请求的参数放在 HTTP 请求的正文内，所以需要构造请求的报文，主要步骤如下。

（1）构造 URL

方法和 GET 的方法是一样的，不过 URL 地址是不带参数的。

```
URL geturl = new URL("http://www.itzcn.com ");
```

（2）设置连接

在 GET 方式中，获取连接类 URLConnection 后，使用了 URLConnection 的默认设置，不需要再对设置进行修改。而在 POST 方式中，需要更改的设置如下。

```
http.setDoOutput(true) ;
http.setDoInput(true) ;
```

这两个方法分别用来设置是否向该 URLConnection 连接输出和输入。由于在 POST 请求中，查询的参数是在 HTTP 的正文内，所以需要进行输入和输出。因此，将这两个方法设置为 true。

```
http.setRequestMethod("POST") ;
```

该方法用来设置请求的方式，默认为 GET 方式，需要将其设置为 POST 方式。

```
http.setUseCaches(false) ;
```

该方法用来设置是否使用缓存，在 POST 请求中不能使用缓存，将其设置为 false。

```
http.setRequestProperty("Content-Type","application/x-www-form-urlencoded") ;
```

该方法用来设置请求正文的类型。由于我们在正文内容中使用 URLEncoder.encode 来进行编码，所以设置如上，表示正文是 urlencoded 编码过的 Form 参数。

完成这些设置后，就可以连接到远程 URL，使用方法如下所示。

```
http.connect() ;
```

（3）写入请求正文

在 POST 方式中，需要将请求的内容写在请求正文中发送到远程服务器。首先需要获取连接的输出流，使用方法如下所示。

```
OutputStream http.getOutputStream() ;
```

获取了输出流后，需要将参数写入该输出流中。写入的内容和 GET 方式 URL 中"?"后的参数字符串是一致的，示例如下。

```
String content = "m=ad&p=line";
```

【练习2】

在练习1中详细介绍了使用 HttpURLConnection 发送无参和有参 GET 请求的过程。以练习1中的登录功能为例，本案例将通过 HttpURLConnection 发送 POST 请求来实现。具体步骤如下：

（1）服务器端以练习1中的 check.jsp 为例，具体代码不再介绍。

（2）新建一个名为 HttpURLConnection2 的 Android 项目。

（3）参考练习1，在项目的 AndroidManifest.xml 文件中指定允许访问网络资源的权限。

（4）参考练习1，在布局界面添加用户名和密码输入框、登录按钮以及结果显示控件。

（5）在 onCreate()方法中监听登录按钮的单击事件，并启动 checkUserInfo 线程。

（6）创建 checkUserInfo 线程，在重写的 run() 方法中使用 HttpURLConnection 类发送 POST 请求服务器端的 check.jsp 文件，并传递参数信息。再获取服务器端的输出，然后传递到 Message 对象中并发送。具体代码如下。

```java
Handler handler1;
Runnable checkUserInfo = new Runnable() {
    @Override
    public void run() {
        EditText edtuser = (EditText) findViewById(R.id.edtUserName); // 用户名控件
        EditText edtpass = (EditText) findViewById(R.id.edtUserPass); // 密码控件

        String urlStr = "http://192.168.0.136:8080/ch16/check.jsp";
        //POST 请求的 URL
        URL url = null;
        String result="";
        try {
            url = new URL(urlStr);              //构造URL对象
            //打开连接
            HttpURLConnection http = (HttpURLConnection) url.openConnection();
            http.setRequestMethod("POST");      //设置请求为 POST 方式
            http.setDoInput(true);              //设置输入
            http.setDoOutput(true);             //设置输出
            http.setUseCaches(false);           //禁用缓存
            http.setInstanceFollowRedirects(true);
            //配置内容类型
            http.setRequestProperty("Content-Type", "application/x-www-form-urlencoded");
            //打开连接
            DataOutputStream out=new DataOutputStream(http.getOutputStream());
            //组织要发送的数据
            String params = "u=" + edtuser.getText().toString() + "&p="+ edtpass.getText().toString();
            out.writeBytes(params);             //将数据写入 POST 数据流
            out.flush();                        //刷新流
            out.close();                        //关闭流
            //判断是否请求成功
            if(http.getResponseCode()==HttpURLConnection.HTTP_OK)
            {
                InputStreamReader in = null;
                //获取服务器的响应内容
                in = new InputStreamReader(http.getInputStream());
                BufferedReader buffer = new BufferedReader(in);
                String inputLine = null;
                while ((inputLine = buffer.readLine()) != null) {//循环读取内容
                    result += inputLine;
                }
                in.close();                     //关闭读取流
```

```
                http.disconnect();          //断开连接
            }
        } catch (IOException e) {
            e.printStackTrace();
        }
        Message m = handler1.obtainMessage();   //创建一个Message消息
        m.obj=result;                            //为消息添加数据
        handler1.sendMessage(m);                 //发送消息
    }
};
```

从上述代码中可以看到,无论 GET 请求还是 POST 请求,构造 HttpURLConnection 的方法都是相同的。不同的是,POST 请求需要在连接打开之前进行属性设置,然后将要传递的数据通过 DataOutputStream 类的 writeButyes()方法写入 POST 请求流。

接下来判断 getResponseCode()方法的返回值是否为 HttpURLConnection.HTTP_OK。如果是说明请求成功,开始接收服务器端的响应结果,最后关闭流和断开连接。剩下的事情就是将结果放到消息中传递给主线程。

(7)参考练习 1 的代码实例化 handler1,然后将消息中的结果显示到界面。具体代码可参考练习 1 的第 17 步,这里不再重复。

(8)启动服务器端的 Tomcat,然后运行 HttpURLConnection2 项目。输入用户名和密码,再单击【登录】按钮进行验证,登录失败的效果如图 16-7 所示。登录成功的效果如图 16-8 所示。

图 16-7　登录失败　　　　图 16-8　登录成功

16.2.2　使用 HttpClient

在上一小节使用 HttpURLConnection 类实现对 HTTP 请求的简单访问和获取。在实际开发中,如果要实现比较复杂的联网操作,HttpURLConnection 类就无法满足要求,这时就需要使用 Apache 提供的 HttpClient。

HttpClient 对 Java 标准接口访问网络的方法进行了重新封装。HttpClient 将 HttpURLConnection 类中的输入和输出操作封装成 HttpGet、HttpPost 和 HttpResponse 类,从而简化了操作。其中,HttpGet 类表示发送 GET 请求,HttpPost 类表示发送 POST 请求,HttpResponse 类表示响应的结果对象。

同使用 HttpURLConnection 类一样,使用 HttpClient 也可以完成 GET 请求和 POST 请求,下面分别进行介绍。

1. 发送 GET 请求

使用 HttpClient 类发送 GET 请求大致可以分为以下步骤。

（1）创建 HttpClient 对象。

（2）创建 HttpGet 对象。

（3）如果需要发送请求参数，可以直接将要发送的参数连接到 URL 地址中，也可以调用 HttpClient 对象的 setParams()方法添加请求参数。

（4）调用 HttpClient 对象的 execute()方法发送请求，该方法返回一个 HttpResponse 对象。

（5）调用 HttpResonse 的 getEntity()方法获得包含响应结果的 HttpEntity 对象，通过该对象获取具体的内容。

【练习 3】

下面创建一个实例具体说明如何使用 HttpClient 类发送无参数和带参数的 GET 请求，实例实现的功能与练习 1 相同，具体步骤如下。

（1）根据练习 1 给出的步骤在服务器端创建 gettime.jsp 和 check.jsp，并在浏览器中进行测试。

（2）新建一个名为 HttpClient1 的 Android 项目。

（3）参考练习 1 在项目的 AndroidManifest.xml 文件中指定允许访问网络资源的权限。

（4）参考练习 1 给出的步骤向程序中添加布局控件。

（5）参考练习 1 在 onCreate()方法中添加对按钮的监听，以及 Handler 的处理代码。

（6）创建 getTime 线程，在重写的 run()方法中使用 HttpGet 对象向 gettime.jsp 发送无参数的 GET 请求，代码如下所示。

```java
Runnable getTime = new Runnable() {
    @Override
    public void run() {
        //服务器端 URL 地址
        String urlStr = "http://192.168.0.136:8080/ch16/gettime.jsp";
        //使用默认值创建 HttpClient 对象
        HttpClient client=new DefaultHttpClient();
        //使用指定的 URL 创建 HttpGet 对象
        HttpGet http=new HttpGet(urlStr);
        HttpResponse response;                  //创建保存响应的对象
        Message m = handler1.obtainMessage();   //创建一个 Message 消息
        try {
            response=client.execute(http);      //发送请求
            //判断是否请求成功
            if(response.getStatusLine().getStatusCode()==HttpStatus.SC_OK)
            {   //调用 getEntity()方法获取响应结果，并保存到消息中
                m.obj=EntityUtils.toString(response.getEntity());
            }
        } catch (IOException e) {
            e.printStackTrace();
        }
        handler1.sendMessage(m);                //发送消息
    }
};
```

上述代码首先创建 HttpClient 对象，再创建 HttpGet 对象时指定了 GET 请求的 URL。为了调用 HttpClient 对象的 execute()方法发送请求，还需要创建一个 HttpResponse 对象用于保存请求的响应对象。然后通过 HttpResponse 对象的 getStatusLine().getStatusCode()方法判断结果是否为

HttpStatus.SC_OK，如果是再调用 getEntity()方法获取响应结果，并保存到消息中，最后发送消息。

（7）创建 checkUserInfo 线程，在重写的 run()方法中使用 HttpGet 对象向 check.jsp 发送带参数的 GET 请求，代码如下所示。

```java
Runnable checkUserInfo = new Runnable() {
    @Override
    public void run() {
        EditText edtuser = (EditText) findViewById(R.id.edtUserName);
        //用户名控件
        EditText edtpass = (EditText) findViewById(R.id.edtUserPass);
        //密码控件
        //服务器端URL地址
        String urlStr = "http://192.168.0.136:8080/ch16/check.jsp?";
        //指定参数
        String params = "u=" + edtuser.getText().toString() + "&p="+
        edtpass.getText().toString();
        HttpClient client=new DefaultHttpClient();  //创建 HttpClient 对象
        HttpGet http=new HttpGet(urlStr+params);    //创建 HttpGet 对象
        HttpResponse response;                       //创建 HttpResonse 对象
        Message m = handler2.obtainMessage();        //创建 Message 消息
        try {
            response=client.execute(http);           //发送请求
            if(response.getStatusLine().getStatusCode()==HttpStatus.SC_OK)
            {                                        //保存结果到消息中
                m.obj=EntityUtils.toString(response.getEntity());
            }
        } catch (IOException e) {
            e.printStackTrace();
        }
        handler2.sendMessage(m);                     //发送消息
    }
};
```

如上述代码所示，是否带参数只是请求 URL 地址上的变化，其他处理过程完全相同。

（8）开启服务器端，然后在客户端进行测试。由于界面效果与练习 1 一致，这里就不再重复。

2. 发送 POST 请求

使用 HttpClient 类发送 POST 请求大致可以分为如下步骤。

（1）创建 HttpClient 对象。

（2）创建 HttpPost 对象。

（3）如果需要发送请求参数，可以调用 HttpPost 的 setParams()方法，也可以调用 setEntity()方法。

（4）调用 HttpClient 对象的 execute()方法发送请求，该方法返回一个 HttpResponse 对象。

（5）调用 HttpResonse 的 getEntity()方法获得包含响应结果的 HttpEntity 对象，通过该对象获取具体的内容。

【练习 4】

下面创建一个实例具体说明如何使用 HttpClient 类发送 POST 请求，实例实现的功能与练习 2 相同，具体步骤如下。

第16课 网络编程

（1）在服务器端创建 check.jsp，并在浏览器中进行测试。

（2）新建一个名为 HttpClient2 的 Android 项目。

（3）在项目的 AndroidManifest.xml 文件中指定允许访问网络资源的权限，向程序中添加布局控件。

（4）在 onCreate()方法中添加对按钮的监听，以及 Handler 的处理代码。

（5）创建 checkUserInfo 线程，在重写的 run()方法中使用 HttpPost 类发送 POST 请求服务器端的 check.jsp 文件，并传递参数信息。再获取服务器端的输出，然后传递到 Message 对象中并发送。

checkUserInfo 线程的代码如下所示。

```java
Runnable checkUserInfo = new Runnable() {
    @Override
    public void run() {
        EditText edtuser = (EditText) findViewById(R.id.edtUserName);
        //用户名控件
        EditText edtpass = (EditText) findViewById(R.id.edtUserPass);
        //密码控件
        //服务器端URL地址
        String urlStr = "http://192.168.0.136:8080/ch16/check.jsp";

        HttpClient client=new DefaultHttpClient(); //创建HttpClient对象
        HttpPost http=new HttpPost(urlStr);        //创建HttpPost对象
        //创建POST请求的参数列表
        List<NameValuePair> params=new ArrayList<NameValuePair>();
        //添加u参数表示用户名
        params.add(new BasicNameValuePair("u",edtuser.getText().toString()));
        //添加p参数表示密码
        params.add(new BasicNameValuePair("p",edtpass.getText().toString()));
        HttpResponse response;                     //创建HttpResonse对象
        Message m = handler1.obtainMessage();      //创建Message消息
        try {
            http.setEntity(new UrlEncodedFormEntity(params,"utf-8"));
            //设置参数的编码
            response=client.execute(http);         //发送请求
            if(response.getStatusLine()..getStatusCode()==HttpStatus.SC_OK)
            {                                      //保存结果到消息中
                m.obj=EntityUtils.toString(response.getEntity());
            }
        } catch (UnsupportedEncodingException e1) {
            e1.printStackTrace();
        } catch (ClientProtocolException e) {
            e.printStraoe();
        } catch (IOException e) {
            e.printStackTrace();
        }
        handler1.sendMessage(m);                   //发送消息
    }
};
```

如上述代码所示，在使用 HttpPost 对象发送请求时，请求的参数必须使用 NameValuePair 对象，然后将参数列表以正确的编码格式传递给 setEntity()方法，接下来再调用 execute()方法发送请求，判断请求状态以及处理响应结果。

（6）实例化 hander1 并获取结果，再显示到界面上。

（7）开启服务器端，然后在客户端进行测试。由于界面效果与练习 2 一致，这里就不再重复。

16.3 Socket 网络编程

在网络开发过程中，Socket 不仅可以实现 HTTP 协议，而且还可以实现 FTP 等协议。应用程序通常通过 Socket 向网络发出请求或者应答网络请求。它是网络中两个相互交互的应用程序的一端，将网络中所谓的客户端/服务器连接起来。

本节将对 Socket 编程的基础进行介绍，然后通过一个实例讲解 Socket 的具体应用。

16.3.1 Socket 编程基础

Socket（又称为"套接字"）是应用层与 TCP/IP 协议族通信的中间软件抽象层，它是一组接口。Socket 把复杂的 TCP/IP 协议族隐藏在 Socket 接口后面，对用户来说，一组简单的接口就是全部，让 Socket 去组织数据，以符合指定的协议。

Socket 用于描述 IP 地址和端口，是一个通信链的句柄。应用程序通常通过套接字向网络发出请求或者应答网络请求。它同时也是网络通信的基础，是支持 TCP/IP 协议的网络通信的基本操作单元。Socket 是网络通信过程中端点的抽象表示，包含进行网络通信必需的 5 种信息：连接使用的协议、本机 IP 地址、本地端口、远程主机 IP 地址及远程端口。

1. 通信模式

Socket 主要有两种通信模式：面向连接和无连接的。面向连接的 Socket 操作就如一部电话，必须建立一个连接和一个呼叫，且所有事情的到达顺序与它们的发出顺序是一样的。无连接的 Socket 操作就如一个邮件寄送，没有时间和顺序保证，因为多个邮件到达的顺序可能与发出顺序不一样。选择使用何种模式主要取决于程序的需求。如果可靠性重要，就需要用面向连接模式。例如，文件服务器需要数据的正确性和有序性，如果一些数据丢失了，系统的有效性将会失去。

不同模式采用的连接协议也不相同。面向连接的操作使用的是 TCP 协议。在这个模式下 Socket 必须在发送数据之前与目的地 Socket 取得连接。一旦连接建立了，Socket 就可以使用一个流接口进行打开、读取、写入和关闭操作。所有发送的信息都会在另一端以相同的顺序被接收。这种连接操作的优点是数据的安全性高，但效率不高。

无连接操作使用的 UDP 协议。在这个模式下，一个数据包就是一个独立的单元，其中包含了这次发送的所有信息。可以将数据包想象为一个信封，有目的地址和要发送的内容。此时 Socket 不需要连接一个目的 Socket，它只是简单的发出数据报，而无法确认数据报是否到达。这种连接操作的优点快速和高效，但是安全性不高。

2. 使用 Socket 通信方法

无论采用哪种连接模式 Socket 编程的大致步骤都是相同的。下面对主要步骤进行介绍。

（1）构造客户端和服务器端 Socket 对象

Android 在 java.net 包里面提供了两个类：ServerSocket 和 Socket，前者用于实例化服务器的 Socket，后者用于实例化客户端的 Socket。在连接成功时，应用程序两端都会产生一个 Socket 实例,操作这个实例来完成客户端到服务器所需的会话。

如下所示 ServerSocket 类和 Socket 类的构造函数形式。

```
ServerSocket(int port);
ServerSocket(int port, int backlog) ;
ServerSocket(int port, int backlog, InetAddress bindAddr) ;
Socket(InetAddress address, int port) ;
Socket(InetAddress host, int port, boolean stream) ;
Socket(InetAddress address, int port, InetAddress localAddr, int localPort) ;
Socket(SocketImpl impl) ;
Socket(String host, int port) ;
Socket(String host, int port, boolean stream) ;
Socket(String host, int port, InetAddress localAddr, int localPort) ;
```

其中,address、host 和 port 分别表示客户端和服务器端的 IP 地址、主机名称和端口号,stream 指定是流 Socket 还是数据报 Socket,localport 表示本地主机的端口号,localAddr 和 bindAddr 是本地的地址,count 表示服务器端所能支持的最大连接数,impl 是 Socket 的父类,既可以用来创建 ServerSocket 也可以创建 Socket。

下面示例代码分别创建了一个客户端和服务器端。

```
Socket client=new Socket("192.168.0.136",13455);          //创建Socket客户端
ServerSocket  server=new ServerSocket(13455);          //创建Socket服务器端
```

在设置 Socket 端口时要注意,每个端口表示一个特定的服务,因此只有指定正确的端口,才能获得相应的服务。其中,0～1023 是系统预留端口,例如,HTTP 服务的端口号为 80,telnet 服务的端口号为 21,FTP 服务的端口号为 23,所以在选择端口号时,最好选择一个大于 1023 的数以防止发生冲突。

> **提示**
> 在创建 Socket 时,如果发生错误将产生 IOException 异常,因此在程序里必须捕获或者抛出异常。

(2)处理客户端 Socket

在使用 Socket 与服务器端通信之前必须先在客户端创建一个 Socket,并指定需要连接的服务器端 IP 地址和端口。这也是使用 Socket 通信的第一步,示例代码如下。

```
try{
    Socket client=new Socket("192.168.0.136",13455);
}
catch(IOExceptione){ //异常处理  }
```

(3)处理服务器端 ServerSocket

服务器端处理 ServerSocket 的示例代码如下所示。

```
ServerSocket server=null;
try{
    server=new ServerSocket(13455);
}catch(IOExceptione){ //异常处理  }
try{
    Socket socket=server.accept();
}catch(IOExceptione){ //异常处理  }
```

上述代码创建了一个 ServerSocket 对象,并在 13455 端口监听客户端的请求,这也是服务器

端 Socket 编程的典型工作方式。在这里服务器端只能接收一个请求，接收后服务端就退出了。而在实际的应用中，总是希望让它不停地循环接收，一旦有客户请求，服务器端总是会创建一个服务器线程来服务新客户，而且继续监听。这里的 accept()是一个阻塞函数，也就是说该方法被调用后将等待客户的请求，直到有一个客户端启动并请求连接相同的端口，然后 accept()返回一个对应于客户端的 Socket。这样，客户端与服务器端就建立了基于 Socket 的通信，接下来由各自分别打开输入和输出流。

（4）输入与输出流

Socket 提供了 getInputStream 类和 getOutputStream 类来对输入和输出流进行读写操作，它们分别返回 InputStream 和 OutputStream 对象。为了方便读写数据，可以在返回的输入/出对象上建立过滤流，如 DataInpuStream、DataOutputStream 或者 PrintStream 类对象。

示例代码如下：

```
PrintStream ps=new PrintStream(new BufferedOutputStream(socket. getOutput
Stream()));
DataInputStream ds=new DataInputStream(socket.getInputStream());
PrintWrite pw=new PrintWrite(socket.getOutputStream(),true);
BufferedReader br=new BufferedReader(new InputStreamReader(socket.getInput
Stream()));
```

（5）关闭 Socket 和流

每一个 Socket 都会占用一定的系统资源，因此在 Socket 对象使用完毕时，可以调用 close()方法关闭 Socket。但是在关闭 Socket 之前，应将与 Socket 相关的所有输入/出全部关闭，以释放所有资源。而且要注意关闭的顺序，与 Socket 相关的流应该先关闭，再关闭 Socket。

示例代码如下：

```
ps.close();
ds.close();
socket.close();
```

16.3.2 Socket 应用

上一小节介绍了 Socket 编程的两种模式以及使用 Socket 的步骤，本节以面向连接的 TCP 模式为例，通过一个实例讲解 Socket 编程的具体过程。TCP 模式的 Socket 通信过程示意图如图 16-9 所示。

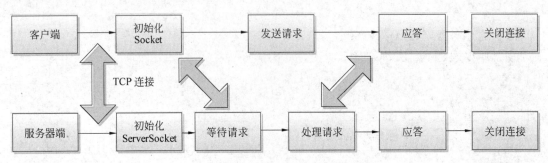

图 16-9 TCP 模式 Socket 通信过程示意图

【练习5】

以前面练习出现过的用户登录为例，在这里使用 Socket 编程来实现在服务器进行验证并输出结果，最终显示到界面。具体步骤如下。

（1）新建一个名为 SocketDemo 的 Android 项目，根据前面练习中介绍的步骤制作登录界面。

（2）在项目的 AndroidManifest.xml 文件中添加权限允许程序访问网络。

（3）在 onCreate()方法中添加对登录按钮单击事件的监听程序，并启动名为 checkUserInfo 的线程。

（4）在 onCreate()方法中创建 handler1 将线程的返回消息显示到界面。

（5）创建线程 checkUserInfo，在重写的 run()方法中编写本实例中的客户端代码。首先声明需要用到的对象，代码如下。

```
Runnable checkUserInfo = new Runnable() {
    @Override
    public void run() {
        Socket client = null;                              //表示客户端的Socket对象
        DataOutputStream ds = null;                        //发送信息的对象
        DataInputStream di = null;                         //接收结果的对象
        EditText edtuser = (EditText) findViewById(R.id.edtUserName);//用户名
        EditText edtpass = (EditText) findViewById(R.id.edtUserPass); //密码
    }
};
```

（6）创建客户端 Socket 对象实例，指定远程服务器 IP 为 192.168.0.136，端口为 13455，并对异常进行处理，代码如下。

```
try {
    client = new Socket("192.168.0.136", 13455);    //创建客户端Socket对象
} catch (UnknownHostException e) {
    e.printStackTrace();
} catch (IOException e) {
    e.printStackTrace();
}
```

（7）在 try 语句块中实例化 ds 并调用 writeUTF()方法将用户名和密码发送到 Socket 服务器，代码如下。

```
ds = new DataOutputStream(client.getOutputStream());
String datas = edtuser.getText().toString() + ";"+ edtpass.getText().toString();
ds.writeUTF(datas);
```

（8）在 try 语句块中实例化 di 并调用 readUTF()方法获取 Socket 服务器的响应结果,代码如下。

```
di = new DataInputStream(client.getInputStream());
String result = di.readUTF();
```

（9）接下来关闭上面创建的对象和 Socket，并将结果保存到线程的消息中再返回，代码如下。

```
di.close();
ds.flush();
ds.close();
client.close();
Message m = handler1.obtainMessage();
```

```
        m.obj = result;
        handler1.sendMessage(m);
```

（10）经过上面步骤实例的客户端代码就编写完成了。接下来开始 Socket 服务器端的编写，首先创建一个名为 SocketServer 的 Java 项目。

（11）在 Java 项目中创建一个包含 main()方法的 SocketServer 类。

（12）在 SocketServer 类声明 Socket 服务器端需要用到对象，代码如下。

```
    static ServerSocket server = null;
    static DataInputStream di = null;
    static DataOutputStream ds = null;
```

（13）在 main()方法中实例化 ServerSocket 对象并监听 13455 端口，代码如下。

```
    public static void main(String[] args) {
        try {
            server = new ServerSocket(13455);         //创建服务器端
            System.out.println("服务器已启动，正在监听13455端口......");
        } catch (Exception e) {
            e.printStackTrace();
        }
    }
```

（14）在 try 语句块中使用 while()循环一直监听客户端的请求，代码如下。

```
    while (true) {
        Socket client = server.accept();              //接收请求
    }
```

（15）在 while 语句块中实例化 di 并调用 readUTF()方法获取客户端发送的内容，代码如下。

```
        di = new DataInputStream(client.getInputStream());
        String result = di.readUTF();
        System.out.println("接收到的客户端内容: " + result);
        System.out.println("开始验证......");
```

（16）对内容进行分析判断用户和密码，并在服务器端输出判断结果，代码如下。

```
        String[] ary=result.split(";");
        if (ary[0].equals("itzcn")&&ary[1].equals("123456")) {
            result="登录成功";
        } else {
            result="登录失败";
        }
        System.out.println("验证结果: "+result+"\n");
```

（17）实例化 di 对象，并调用 writeUTF()方法将判断结果发送到客户端，代码如下。

```
        ds=new DataOutputStream(client.getOutputStream());
        ds.writeUTF(result);
```

（18）最后关闭上面创建的对象。

```
        ds.close();
```

```
            di.close();
            client.close();
```

（19）经过上面步骤完成了本实例 Socket 服务器端的编写。运行本实例需要先打开服务器端，即运行 SocketServer 类开始监听 13455 端口。

（20）然后运行 Android 项目并输入用户名和密码，再单击【登录】按钮查看验证结果。如图 16-10 所示为登录失败验证效果。如图 16-11 为登录成功验证效果。如图 16-12 所示为验证时服务器端的输出效果。

图 16-10　登录失败效果　　图 16-11　登录成功效果　　图 16-12　服务器端输出效果

提示
如果将 while 循环去掉，客户端与服务器端通信一次之后服务器端将自动关闭，即只能通信一次。

16.4　Web 网络编程

Android 浏览器的内核是 Webkit 引擎，采用该引擎的还有 Safari 和 Chrome 浏览器。除了使用浏览器浏览 Web 页面之外，还可以使用 Android 提供的 WebView 控件。该控件也是基于 Webkit 引擎，可以在应用程序中显示本地或者 Internet 上的网页，同时支持 HTML、CSS、JavaScript 以及缓存等功能。下面通过两个案例说明 WebView 控件的用法。

16.4.1　浏览网页

浏览网页是 WebView 控件最基本的功能，前提是将该控件添加到布局，示例代码如下。

```
<WebView android:layout_width="fill_parent"
    android:layout_height="wrap_content" android:id="@+id/webview" />
```

然后在程序中获取该控件，并设置其属性和要访问的网址等行为（也可以在 XML 中定义）。在 WebView 中浏览加载网页可采用 loadUrl()方法和 loadData()方法。

例如，下面示例是演示 loadUrl()方法加载网页的方法。

```
WebView webview=(WebView)findViewById(R.id.webview);
webview.loadUrl("http://www.itzcn.com");
webview.loadUrl("file://sdcard/index.html");
webview.loadUrl("file://sdcard/index.gif");
webview.loadUrl("file://android_asset/dialog.html");
```

在这里要注意 Internet 上的文件前缀为 http://，SD 卡上的文件前缀为 file://，前缀 file://android_asset 表示要加载的文件位于当前项目的 assets 目录。

loadData()方法的语法格式如下。

```
void loadData(String data, String mimeType, String encoding)
```

其中，data 参数表示要显示的 HTML 代码；mimeType 参数表示内容的 Mime 类型，一般为 text/html；encoding 参数表示内容的编码，例如 UTF-8、GBK 等。

Android 提供了一个 WebSettings 对象来设置 WebView 的一些属性和状态。在创建 WebView 时系统会使用默认的设置，可以通过 WebView 的 getSettings()方法获取设置，示例代码如下。

```
//获取浏览器的设置
WebSettings wetset=webview.getSettings();
```

在表 16-1 中列出了常用的属性设置方法及其说明。

表 16-1 WebSettings 常用方法

方 法 名 称	说　　明
setAllowFileAccess()	允许或禁止访问文件数据
setBlockNetworkImage()	是否显示网络图像
setBuiltInZoomControls()	是否支持缩放
setCacheMode()	设置缓存模式
setDefaultFontSize()	设置默认字体大小
setDefaultTextEncodingName()	设置默认编码
setDisplayZoomControls()	设置是否使用缩放按钮
setJavaScriptEnabled()	设置是否支持 JavaScript
setSupportZoom()	设置是否支持缩放

将方法名称中的 set 改为 get 可以获取 WebView 的一些状态和属性。

WebSettings 和 WebView 都在同一个生命周期中。因此当 WebView 被销毁之后，如果再使用 WebSettings 则会抛出 IllegalStateException 异常。

WebView 控件和大多数浏览器一样，可以对浏览历史进行前进和后退操作，示例代码如下。

```
if(webview.canGoForward()){       //调用 canGoForward()方法判断是否可以前进
    webview.goForward();          //调用 goForward()方法前进
}
if(webview.canGoBack()){          //调用 canGoBack()方法判断是否可以后退
    webview.goBack();             //调用 goBack()方法后退
}
```

如果要清除缓存内容，可以调用 clearCache()方法，代码如下：

```
webview.clearCache();
```

【练习6】

以下使用上面介绍的知识，使用 WebView 控件实现一个简易的浏览器。浏览器的功能包括转向输入的网址，对浏览历史进行前进和后退操作，具体实现步骤如下。

（1）新建一个名为 WebViewDemo1 的 Android 项目。

（2）在布局中添加三个图片分别作为转到、前进和后退按钮，ID 分别设置为 doGo、doForward 和 doBack。

（3）添加一个 EditText 控件用于输入网址，设置 ID 为 edtURL。

（4）添加 ID 为 webView1 的 WebView 控件。

（5）在 onCreate()方法中添加获取页面操作按钮和 WebView 控件引用的代码。

```
ImageView doBack = (ImageView) findViewById(R.id.doBack);           //后退
ImageView doForward = (ImageView) findViewById(R.id.doForward);//前进
ImageView doGo = (ImageView) findViewById(R.id.doGo);    //转到
final WebView webview = (WebView) findViewById(R.id.webView1);//WebView 控件
```

（6）在 onCreate()方法中编写对 doGo 单击事件的监听程序，实现在 WebView 控件中加载输入的网址，代码如下。

```
doGo.setOnClickListener(new View.OnClickListener() {       // 单击转到
    @Override
    public void onClick(View v) {
        EditText edtURL = (EditText) findViewById(R.id.edtURL);
//网址文本框
        String url = edtURL.getText().toString().trim();
//获取网址
        if (URLUtil.isNetworkUrl(url)) {
            // 得到 WebSetting 对象，设置支持 JavaScript 的参数
            webview.getSettings().setJavaScriptEnabled(true);
            // 设置可以支持缩放
            webview.getSettings().setSupportZoom(true);
            // 设置默认缩放方式为 FAR
            webview.getSettings().setDefaultZoom(ZoomDensity.FAR);
            // 设置出现缩放工具
            webview.getSettings().setBuiltInZoomControls(true);
            // 使页面获得焦点
            webview.requestFocus();
            // 载入 URL
            webview.loadUrl(url);
        } else {
            Toast.makeText(v.getContext(), "输入的网址有错误", 1000).show();
            edtURL.requestFocus();
        }
    }
});
```

上述代码调用 URLUtil 类的 isNetworkUrl()方法判断用户输入的内容是否为 URL 地址。如果满足条件，则通过 WebSetting 对象设置 WebView 的各种属性，再调用 WebView 的 loadUrl()方法加载。不满足条件将通过 Toast 显示错误信息，并将焦点设置为输入框。

（7）编写对 doBack 单击事件的监听程序，实现在 WebView 控件中浏览上一个页面，代码如下。

```
doBack.setOnClickListener(new View.OnClickListener() { // 单击后退
    @Override
```

```
        public void onClick(View v) {
            if (webview.canGoBack())
                webview.goBack();
        }
    });
```

（8）编写对 doForward 单击事件的监听程序，实现在 WebView 控件中浏览下一个页面，代码如下。

```
doForward.setOnClickListener(new View.OnClickListener() { // 单击前进
    @Override
    public void onClick(View v) {
        if (webview.canGoForward())
            webview.goForward();
    }
});
```

（9）在项目的 AndroidManifest.xml 文件中添加权限允许程序访问网络。

（10）运行本程序，输入一个网址再单击右侧的箭头显示该网页。例如，输入"http://www.itzcn.com"的效果如图 16-13 所示。如果输入的网址不合法将看到如图 16-14 所示的错误。

图 16-13　显示页面

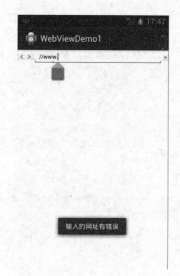
图 16-14　显示错误

16.4.2　与 JavaScript 共享数据

调用 WebView 的 loadData() 方法可以加载一段 HTML 代码，除此之外 WebView 还可以与 JavaScript 进行互相调用。这样一来，就可以用 HTML 和 JavaScript 来编写 Android 程序。

实现与 JavaScript 的交互需要调用 addJavascriptInterface() 方法将一个 Java 对象绑定到一个 JavaScript 对象中，JavaScript 对象名就是 interfaceName，作用域是 Global，这样就可以扩展 JavaScript 的 API，从而获取 Android 的数据。

addJavascriptInterface() 方法语法格式如下。

```
addJavascriptInterface(Object obj,String interfaceName);
```

要在 Java 代码中调用 JavaScript 方法可用如下格式。

```
webview.loadUrl("javascript:方法名()");
```

下面通过一个实例演示 WebView 控件与 JavaScript 互相调用的具体方法。

【练习6】

创建一个 Android 程序，使用 Java 定义一个实体类并设置数据，然后通过 WebView 控件传递给 JavaScript，再由 JavaScript 将数据显示到网页上，具体步骤如下。

（1）新建一个名为 WebViewDemo2 的 Android 项目。

（2）添加一个 WebView 控件到布局，并设置 ID 为 webView1。

（3）创建一个 Person 实体类保存个人信息，包括编号、姓名、年龄、邮箱、QQ 和网站，最终代码如下。

```
//个人信息实体类
class Person{
    String Id,Name,Age,Email,QQ,Site;
    public Person(){
        this.Id="000-12345678";
        this.Name="Android爱好者";
        this.Age="99";
        this.Email="itzcn@126.com";
        this.QQ="26805376";
        this.Site="http://www.itzcn.com";
    }
    public String getId(){return this.Id;}
    //省略其他属性的get方法
}
```

上述代码在 Person 类的构造函数直接将数据定义好了，这些数据将最终显示到 HTML 页面上。

（4）在 onCreate()方法使用 WebView 控件加载 assets 目录下的 person.html 文件，并启用 JavaScript 和设置全局对象，代码如下。

```
WebView webview=(WebView)findViewById(R.id.webView1);
//启用JavaScript功能
webview.getSettings().setJavaScriptEnabled(true);
//把本类的一个实例添加到JavaScript的全局对象window中
webview.addJavascriptInterface(this,"PersonData");
//加载HTML页面
webview.loadUrl("file:///android_asset/person.html");
```

使用上述代码之后，在 HTML 页面中就可以使用 window.PersonData 全局对象来调用 Android 中的方法。

（5）创建一个 getPersonData()方法供 JavaScript 调用，并同时返回 Person 对象的实例。

```
public Person getPersonData()
{
    return new Person();
}
```

有了 getPersonData()方法之后，在 JavaScript 中就可以使用 window.PersonData. getPerson

Data()来获取 Java 对象 Person 的数据。

（6）创建一个名为 person.html 的 HTML 文件，并编写 JavaScript 代码来获取 Person 对象的数据，再解析并显示到页面，代码如下所示。

```
<script language="javascript" type="text/javascript">
window.onload=function(){
    var result=document.getElementById("list");
    //取得 Java 代码中 getPersonData()方法返回的 Person 对象实例
    var persondata=window.PersonData.getPersonData();
    if(persondata)              //如果数据不为空
    {
        result.innerHTML+="<li>编号: "+persondata.getId()+"</li>"
        +"<li>姓名: "+persondata.getName()+"</li>"
        +"<li>年龄: "+persondata.getAge()+"</li>"
        +"<li>邮箱: "+persondata.getEmail()+"</li>"
        +"<li>QQ 号: "+persondata.getQQ()+"</li>"
        +"<li>网站: "+persondata.getSite()+"</li>"
        ;
    }
}
</script>
<h1>我的个人信息</h1>
<ul id="list">
</ul>
```

（7）将 person.html 文件复制到 Android 项目的 assets 目录中，至此完成实例。运行程序将会看到 Java 文件中 Person 类定义的数据显示到 HTML 页面中，如图 16-15 所示。

图 16-15　实例运行效果

16.5　网络编程时的乱码解决方案

在实际开发网络程序时，读者可能经常会遇到中文显示乱码的问题。在解决这个问题首先需要了解什么是字符、字符集、编码，以及常用的编码方式。

❑ **字符**　文字与符号的总称，包括文字、图形符号和数学符号等。

❑ **字符集**　一组抽象字符的集合。字符集常和一种具体的语言文字对应起来，该文字中的所有字符或者大部分常用字符就组成了该文字的字符集，例如繁体汉字字符集等。
- **字符编码**　计算机要处理各种字符，就需要将字符和二进制码对应起来，这种对应关系就是字符编码。要制定编码首先要确定字符集，并将字符集内的字符排序，然后和二进制数据对应起来。根据字符集内字符的多少，确定用几个字节来编码。

目前，ACSII 是应用最广泛的字符集及其编码。除此之外，常用的还有如下编码。
- **ISO-8859-1 编码**　表示西欧语言的编码。由于是单字节编码，与计算机最基础的表示单位一致，所以很多时候仍然使用 ISO-8859-1 编码来表示，而且很多协议上默认使用该编码。
- **Unicode 编码**　又称为统一码，是一种在计算机上使用的字符编码，通常我们所说的 UTF-8 就是 Unicode 编码的实现方式。
- **GBK 编码**　包含了 GB2312 字符集（简体中文）、BIG5 字符集（繁体中文）以及一些中文符号。

> **提示**
> Linux 系统默认采用 ISO-8859-1 编码，Windows 系统默认采用 GBK 编码。

在网络通信时产生乱码的主要原因是通信双方使用了不同的编码方式，包括服务器中的编码方式、传输过程中的编码方式和客户端的编码方式。因此，在传输过程中就需要至少两次编码转换：首先从服务器编码转换为网络编码，再从网络编码转换为客户端编码。在转换过程中发生任何情况都可能引起编码混乱，一般情况下可以通过如下两种方式来避免这个问题。

（1）第一种方式

由于大部分客户端都支持 Unicode 字符集，所以在连接网页时，希望网页数据在网络传输中使用 UTF-8 方式传输，这样就可以很简单地将 UTF-8 转换为 Unicode 字符集。

下面示例代码，将通信过程中得到的流先转换为字节，然后再将字节按 GB2312 的方式进行转换得到字符串。

```
InputStream is=conn.getInputStream();
BufferedInputStream bis=new BufferedInputStream(is);
byte bytes[]=new byte[1024];
int current=-1;
int i=0;
while((current=bis.read())!=-1)
{
    bytes[i]=(byte)current;
    i++;
}
String result=new String(bytes,"GB2312");
```

使用上述代码之后，最终的 result 变量中保存的中文字符便可以正常显示了。

（2）第二种方式

在数据传递过程中使用 ISO-8859-1 字符集，这样就可以直接使用 ASCII 编码方式。当然在传递到客户端时，需要将其数据反转才能够显示。

下面的示例代码将一个字符串按 ISO-8859-1 字符进行转换。

```
public stataic String FromString(String str)
{
    if(str==null || str.length()==0) return "";
    try{
```

```
        return new String(str.getBytes("ISO-8859-1"),"GBK");
    }catch(UnsupportedEncodingException ex){
        return str;
    }
}
```

通过上面两种方式的介绍，总结解决中文乱码的方法如下。

- 使用 getBytes("编码方式")来对汉字进行重新编码，得到它的字节数组。
- 再使用 new String(Bytes[],"解码方式")来将字节数组进行相应的解码。

16.6 拓展训练

拓展训练 1：HttpURLConnection 编程实例

本次练习要求读者使用 HttpURLConnection 类完成。创建一个 Android 程序，其中包含用于输入城市名称的文本框和【提交】按钮。单击【提交】按钮后使用 HttpURLConnection 类请求 Internet 上的天气预报服务，然后将结果显示到界面。

拓展训练 2：HttpClient 编程实例

本次练习要求读者使用 HttpClient 类完成。创建一个 Android 程序，其中包含用于输入手机号码名称的文本框和【提交】按钮。单击【提交】按钮后使用 HttpClient 类请求 Internet 上的号码归属地查询服务，然后将结果显示到界面。

拓展训练 3：Socket 编程实例

本次练习要求读者使用 Socket 的 UDP 模式编写一个即时消息发送和显示的聊天室。

拓展训练 4：WebView 编程实例

本次练习要求读者使用 WebView 控件完成。创建一个 Android 程序，其中包含用于输入数字的文本框和【确定】按钮。单击【确定】按钮将数字传递到 JavaScript 中，使用 JavaScript 计算出该数的阶乘，然后显示到界面。

16.7 课后练习

一、填空题

1. HttpURLConnection 类位于_____包中。
2. 在使用 HttpClinet 类进行通信时应该创建一个_____对象保存服务器的响应。
3. 使用 HttpURLConnection 对象发送请求之后可以调用其_____方法获取连接状态。
4. 要使 Android 程序可以访问网络需要在 AndroidManifest.xml 文件中添加_____代码。
5. 在程序空白处填写合适代码，使它可以正确运行。

```
String urlStr = "http://www.itzcn.com";
URL url = new URL(urlStr);
String result="";
HttpURLConnection http = (HttpURLConnection) url.openConnection();
```

```
InputStreamReader in = new InputStreamReader(_____);
BufferedReader buffer = new BufferedReader(in);
String inputLine = null;
while ((inputLine = _____) != null) {
    result += inputLine;
}
in.close();
http.disconnect();
```

6. 在使用 HttpClient 编程时必须创建一个_____对象保存响应结果。

7. HttpResponse 对象 getStatusLine().getStatusCode()方法返回值为_____表示请求成功。

8. 创建一个 Socket 客户端请求 192.168.1.111 上的 33660 端口，代码应该是_____。

```
Socket client=new Socket("_____",13455);
```

9. 为了使 WebView 控件显示的网页支持 JavaScript 代码，应该调用_____方法。

二、选择题

1. 下列不属于 Android 网络接口的是_____。
    A. android.net.*
    B. java.net.*
    C. org.apache.*
    D. android.www.*

2. 假设要使用 HTTP 协议进行编程，下面哪个类无法实现_____。
    A. HttpURLConnection
    B. HttpClient
    C. HttpSocket
    D. HTTPGet

3. 假设有一个名为 http 的 HttpURLConnection 对象，下面操作错误的是_____。
    A. http.setRequestProperty("Content-type", "application/x-java-serialized-object");
    B. http.setRequestMethod("POST");
    C. http.disconnect()
    D. http.close()

4. 在使用 HttpURLConnection 发送 POST 请求时，应该调用_____类写入数据。
    A. DataOutputStream
    B. DataInputStream
    C. HttpResponse
    D. Http

5. 下面使用 HttpClient 对象操作错误的是_____。
    A.
```
HttpClient client=new DefaultHttpClient("http://www.itzcn.com");
HttpGet http=new HttpGet();
HttpResponse response=client.execute(http);
```
    B.
```
HttpClient client=new DefaultHttpClient("http://www.itzcn.com");
HttpPost http=new HttpPost ();
```

```
        HttpResponse response=client.execute(http);
    C.
String result=EntityUtils.toString(response.getEntity());
    D.
    HttpClient client=new DefaultHttpClient("http://www.itzcn.com");
    HttpPost http=new HttpPost ();
    http.send("p1=abc&p2=123");
    HttpResponse response=client.execute(http);
```

6. 采用 Socket 编程的_____模式时效率高，但安全性不高。

   A. TCP

   B. GET

   C. UDP

   D. POST

7. 为了使 Socket 客户端向服务器端发送数据应该使用_____对象。

   A. DataOutputStream

   B. DataInputStream

   C. HttpResponse

   D. Http

8. 下列使用 WebView 加载网页代码中，错误的是_____。

   A. webview.loadUrl("http://192.168.10.15/index.asp?a=itzcn");

   B. webview.loadUrl("http://192.168.10.15/images/logo.png");

   C. webview.loadUrl("file://mnt/sdcard/images/logo.png");

   D. webview.loadUrl("ftp://www.itzcn.com/logo.png");

三、简答题

1. 如果要使 Android 程序具有网络功能有哪些方式？
2. 简述使用 HttpURLConnection 对象进行网络编程的过程。
3. 使用 HttpClient 对象发送带参数的 POST 请求，如何实现？
4. 对比 HttpURLConnection 与 HttpClient 发送 GET 请求的区别。
5. 使用 Socket 通信时，服务器端和客户端应该注意什么，如何做？
6. 简述 WebView 控件的使用方法。

第17课
综合案例

综合所学的知识,本课实现一个 App 应用和一个小游戏。App 应用实现了一个公交查询系统,主要用到了 SQLite 数据库、Intent 数据传递、适配器等知识。小游戏实现了一个简单的打地鼠游戏,主要运用了线程来实现。

17.1 公交查询系统

公交查询系统是一款可以即时查询公交信息的软件。通过该软件可以准确地查到所需要的目的地和各个车次所经过站点的信息以及换乘信息。

17.1.1 功能简介

本案例中以郑州的公交线路为例，主要可以分为三大功能，即站点查询、线路查询和换乘查询。站点查询可以根据输入的站点名称查询出所有经过该站点的线路；线路查询可以根据输入的线路名称查询出该线路的详细信息；换乘查询可以根据输入的起点和终点查询出能够从起点到达终点的线路。公交查询系统结构图如图17-1所示。

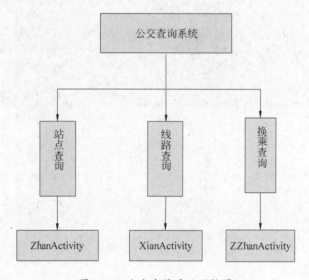

图 17-1　公交查询系统结构图

17.1.2 数据库的设计

本系统选用 SQLite 数据库，数据库名称为 zhengzhou。数据库分为 2 张表，分别是站点信息表和线路信息表。以下是各个表的详细信息。

（1）站点信息表是用来存放站点的相关信息，表中有线路编号、站点位置、站点名称、站点类型 4 个字段，如表 17-1 所示。

表 17-1　站点信息表 cnbus

字段名称	含义	类型	长度
xid	线路编号	int	5
pm	站点位置	int	2
zhan	站点名称	VARCHAR	40
kind	站点类型	TINYINT	1

在该表中，pm 表示该站点在某条线路中的位置。kind 代表该站点的类型，是返程还是去程，这里用 0 和 1 来区分。

（2）线路信息表是用来存放线路的相关信息，表中有线路编号、线路名称、行驶时间、公交类型、公交公司、票价和数字 7 个字段，如表 17-2 所示。

表 17-2 线路信息表 cnbusw

字 段 名 称	含 义	类 型	长 度
id	线路编号	int	4
busw	线路名称	VARCHAR	40
shijian	行驶时间	VARCHAR	250
kind	公交类型	VARCHAR	24
gjgs	公交公司	VARCHAR	100
piao	票价	VARCHAR	200
shuzi	数字	int	4

在该表中，shijian 表示公交行驶的时间区间。kind 表示公交的类型，可分为市区线路、夜间线路和市内公交等。gjgs 代表该公交所属的公交公司。piao 代表该公交的票价以及可使用的公交卡类型。shuzi 代表公交线路中的数字。

17.1.3 主界面

主界面很简单，有三个按钮和一个带有图片的文本框，三个按钮分别是站点查询、线路查询和换乘查询。首先在 Eclipse 中创建一个 Android 项目，名称为 Ch17_01。将项目中所用到的图片资源放到项目 res 目录下的 drawable-ldpi 文件夹中。

1．布局文件的配置

（1）在项目中的 res/layout 目录下修改 activity_main.xml 文件，将其改为线性布局，方向垂直，其代码如下所示。

```
<LinearLayout xmlns:android="http://schemas.android.com/apk/res/android"
    android:layout_width="match_parent"
    android:layout_height="match_parent"
    android:orientation="vertical">
</LinearLayout>
```

（2）在上述布局文件中添加一个 TextView 控件和三个 Button 控件，其主要代码如下所示。

```
<TextView
    android:layout_width="wrap_content"
    android:layout_height="wrap_content"
    android:drawableTop="@drawable/bus"
    android:text="郑州市公交查询系统"
    android:layout_gravity="center_horizontal"/>
<Button
    android:layout_width="wrap_content"
    android:layout_height="wrap_content"
    android:text="站点查询"
    android:id="@+id/btn01"
    android:layout_gravity="center_horizontal"/>
<!-- 省略其他两个按钮的布局代码 -->
```

在上述代码中，TextView 的 drawableTop 属性表示在文字的上方放置图像。由于三个 Button 控件的布局代码类似，这里就省略其他两个 Button 控件的布局代码。其中另外两个 Button 控件的 id 分别为 btn02 和 btn03，text 属性值分别为"线路查询"和"换乘查询"。

（3）在 AndroidManifest.xml 文件中添加对 SD 卡的操作权限，其代码如下所示。

```xml
<uses-permission android:name="android.permission.WRITE_EXTERNAL_STORAGE"/>
```

2．代码的实现

（1）在 com.android.bus.activity 包下修改 MainActivity 类，声明在 activity_main 布局文件中的三个 Button 控件，其代码如下所示。

```java
private Button btn01 = null;                                        //站点查询
private Button btn02 = null;                                        //线路查询
private Button btn03 = null;                                        //换乘查询
```

（2）重写 onCreate()方法，并在其中获取声明的三个 Button 控件，其代码如下所示。

```java
btn01 = (Button) findViewById(R.id.btn01);
btn02 = (Button) findViewById(R.id.btn02);
btn03 = (Button) findViewById(R.id.btn03);
```

（3）判断数据库文件是否存在，如果不存在，则将 raw 目录下的数据库文件复制到/sdcard/bus 目录下，其主要代码如下所示。

```java
final String path = Environment.getExternalStorageDirectory().getAbsolutePath()
+ File.separator +"bus" ;
final String databaseName = "zhengzhou.db";
final String databasePath = path + File.separator +databaseName;
if (!new File(path).exists()) {
    new File(path).mkdir();
}
if(!(new File(databasePath)).exists()){
//省略 try-catch 块
    InputStream is = getResources().openRawResource(R.raw.zhengzhou);
    FileOutputStream fos = new FileOutputStream(databasePath);
    byte[] buffer = new byte[is.available()];
    int count = 0;
    while((count = is.read(buffer))>0){
        fos.write(buffer, 0, count);
    }
    fos.close();
    is.close();
}
```

在上述代码中，使用 Environment.getExternalStorageDirectory().getAbsolutePath()方法获取 SD 卡的根路径。首先判断数据库文件所在的目录是否存在，如果不存在，则创建这个目录。然后判断该数据库文件是否存在，如果不存在，则将资源文件 raw 中的 zhengzhou.db 通过流的方式写入到数据库文件中。

（4）为站点查询添加监听器，重写其 onClick()方法，其代码如下所示。

```java
btn01.setOnClickListener(new OnClickListener() {                    //站点查询
    public void onClick(View v) {
        Intent intent = new Intent();
        intent.putExtra("databasePath", databasePath);
```

```
            intent.setClass(MainActivity.this, ZhanActivity.class);
            MainActivity.this.startActivity(intent);
        }
});
```

在上述代码中，创建一个 Intent 对象，并将数据库的路径传递到 ZhanActivity 类中。由于为线路查询和换乘查询添加监听器的代码类似，这里就省略了。其中线路查询需要将数据库路径传递到 XianActivity 类中，换乘查询需要将数据库路径传递到 ZZhanActivity 类中。

3．实现效果

运行该项目，主界面的运行效果如图 17-2 所示。

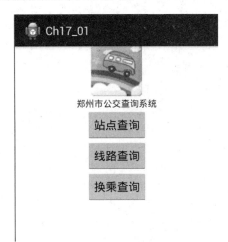

图 17-2　主界面运行效果

17.1.4　站点查询

站点查询实现的效果是当用户输入站点名称时，能够查询出经过该站点的所有线路，并显示出来。

1．布局文件的配置

（1）在项目中的 res/layout 目录下新建 zhan.xml 文件。这里的代码与 17.2.2 节中布局文件的配置步骤（1）中的代码一致，这里就省略了。

（2）在上述布局文件中添加一个 AutoCompleteTextView 控件和一个 Button 控件，其代码如下所示。

```
<AutoCompleteTextView
    android:id="@+id/zhandian"
    android:layout_width="match_parent"
    android:layout_height="wrap_content"
    android:completionThreshold="2"
    android:hint="请输入站点名称"/>
<Button
    android:layout_width="match_parent"
    android:layout_height="wrap_content"
    android:text="查询经过该站点的公交"
    android:id="@+id/zhanBtn"/>
```

（3）在 layout 中新建 zhan_list.xml 文件，其代码如下所示。

```xml
<?xml version="1.0" encoding="utf-8"?>
<TextView xmlns:android="http://schemas.android.com/apk/res/android"
    android:layout_width="match_parent"
    android:layout_height="wrap_content"
    android:orientation="vertical"
    android:textAppearance="?android:attr/textAppearanceLarge"
    android:gravity="center_vertical"
    android:paddingLeft="6dip"
    android:textColor="#000"
    android:minHeight="?android:attr/listPreferredItemHeight" >
</TextView>
```

在上述代码中，textAppearance 属性表示设置文字的外观，minHeight 属性表示设置最小高度。这里设置的都是系统默认的值。

（4）在 layout 中新建 zhan_result.xml 文件，这里的代码与 17.2.2 节中布局文件的配置步骤（1）中的代码一致，这里就省略了。

（5）为第（4）步骤中的 zhan_result.xml 文件添加一个 TextView 控件和一个 ListView 控件，其代码如下所示。

```xml
<TextView
    android:layout_width="match_parent"
    android:layout_height="wrap_content"
    android:id="@+id/zhanName"
    android:textSize="20sp"/>
<ListView
    android:layout_width="match_parent"
    android:layout_height="wrap_content"
    android:id="@+id/xianByZhan">
</ListView>
```

（6）在 AndroidManifest.xml 文件中添加 ZhanActivity 类和 ZhanResultActivity 类配置代码，添加的代码如下所示。

```xml
<activity android:name="com.android.bus.activity.ZhanActivity"></activity>
<activity android:name="com.android.bus.activity.ZhanResultActivity"></activity>
```

2．代码的实现

（1）在 com.android.bus.activity 包下新建 ZhanActivity 类，继承 Activity 类并实现 TextWatcher 接口。声明在 zhan.xml 布局文件中的 AutoCompleteTextView 控件和 Button 控件，并声明一个 SQLiteDatabase 对象和一个 String 类型的变量，其代码如下所示。

```java
private AutoCompleteTextView zhandian = null;
private Button zhanBtn = null;
private SQLiteDatabase db = null;
private String zhandianStr = null;
```

（2）获取在第（1）步骤中声明的控件，并实例化 SQLiteDatabase 对象，其代码如下所示。

```java
zhandian = (AutoCompleteTextView) findViewById(R.id.zhandian);
```

```
zhanBtn = (Button) findViewById(R.id.zhanBtn);
Intent intent = getIntent();
final String databasePath = intent.getStringExtra("databasePath");
db = SQLiteDatabase.openOrCreateDatabase(databasePath, null);
```

在上述代码中，使用getIntent()方法获取一个Intent对象，然后使用getStringExtra()方法来获取由别的Activity传递过来的值。使用SQLiteDatabase的openOrCreateDatabase()方法来实例化SQLiteDatabase对象。

（3）为zhanBtn添加监听器，重写其onClick()方法，其代码如下所示。

```
zhanBtn.setOnClickListener(new OnClickListener() {
    public void onClick(View arg0) {
        if (zhandian != null && zhandian.getText()!= null) {
            zhandianStr = zhandian.getText().toString();
            Intent intent = new Intent();
            intent.putExtra("databasePath", databasePath);
            intent.putExtra("zhandian", zhandianStr);
            intent.setClass(ZhanActivity.this, ZhanResultActivity.class);
            ZhanActivity.this.startActivity(intent);
        }
    }
});
```

在上述代码中，获取到自带完成文本框控件zhandian中的内容后，使用Intent对象将其传递到ZhanResultActivity类中。

（4）为自动完成文本框zhandian添加监听，其代码如下所示。

```
zhandian.addTextChangedListener(this);
```

（5）重写TextWatcher接口的afterTextChanged()方法，其主要代码如下所示。

```
//省略部分代码
public void afterTextChanged(Editable arg0) {
    Cursor cursor = db.rawQuery("select distinct zhan as _id from cnbus where zhan like ?", new String[]{"%" + arg0.toString() +"%"});
    ZhanAdapter adapter = new ZhanAdapter(ZhanActivity.this, cursor, true);
    zhandian.setAdapter(adapter);
}
```

在上述代码中，使用CursorAdapter数据绑定的时候，需要一个"_id"字段，因此需要给sql语句中的zhan字段起一个别名，然后给自带完成文本框添加适配器。

（6）新建ZhanAdapter类并继承CursorAdapter类，并重写convertToString()、bindView()和newView()方法，其代码如下所示。

```
public class ZhanAdapter extends CursorAdapter{
    private LayoutInflater layoutInflater;
    public CharSequence convertToString(Cursor cursor){
        return cursor == null ? "" : cursor.getString (cursor. getColumnIndex("_id"));
    }
```

```
        public ZhanAdapter(Context context, Cursor c, boolean autoRequery) {
            super(context, c, autoRequery);
            layoutInflater = (LayoutInflater) context
                    .getSystemService(Context.LAYOUT_INFLATER_SERVICE);
        }
        private void setView(View view,Cursor cursor){
            TextView zhanText = (TextView) view;
            zhanText.setText(cursor.getString(cursor.getColumnIndex("_id")));
        }
        public void bindView(View view, Context context, Cursor cursor) {
            setView(view,cursor);
        }
        public View newView(Context context, Cursor cursor, ViewGroup parent) {
            View view = layoutInflater.inflate(R.layout.zhan_list, null);
            return view;
        }
    }
```

在上述代码中，ZhanAdapter 类是为了在 AutoCompleteTextView 控件中输入两个或两个以上的字符时，该控件会列出包含输入字符的所有站点名称。convertToString()方法是为了在 Cursor 对象不为空时，返回选中的站点名称。

（7）在 com.android.bus.activity 包下新建 ZhanResultActivity 类，并继承 Activity 类。声明 zhan_result.xml 布局文件中的 ListView 控件和 TextView 控件，其代码如下所示。

```
private List<String> xianByZhanResult = null;
private ArrayAdapter<String> adapter = null;
private ListView xianByZhan = null;
private TextView zhanName = null;
```

（8）重写 onCreate()方法，获取在第（7）步骤中声明的控件，其代码如下所示。

```
setContentView(R.layout.zhan_result);
xianByZhan = (ListView) findViewById(R.id.xianByZhan);
zhanName = (TextView) findViewById(R.id.zhanName);
```

（9）获取由 ZhanActivity 传递过来的参数，并为 xianByZhan 控件添加适配器，其代码如下所示。

```
Intent intent = getIntent();
final String databasePath = intent.getStringExtra("databasePath");
String zhandian = intent.getStringExtra("zhandian");
xianByZhanResult = UtilMethod.getXianByZhan(databasePath, zhandian);
zhanName.setText("经过" + zhandian + "的公交车有: ");
adapter = new ArrayAdapter<String>(this,android.R.layout.simple_list_item_1,
xianByZhanResult);
xianByZhan.setAdapter(adapter);
```

在上述代码中，使用 getIntent()方法获取 Intent 对象，然后使用其 getStringExtra()获取由 ZhanActivity 类传递的参数。使用 UtilMethod 类的 getXianByZhan()方法来获取一个 List 集合，实例化适配器并使用 setAdapter()方法将其添加到 xianByZhan 控件。

（10）为 xianByZhan 控件添加监听器，并重写其 onItemClick()方法，当 ListView 控件的某一列表项被单击时，就会触发该监听，其代码如下所示。

```
xianByZhan.setOnItemClickListener(new OnItemClickListener() {
    public void onItemClick(AdapterView<?> arg0, View arg1, int arg2, long arg3) {
        Intent intent = new Intent();
        intent.putExtra("databasePath", databasePath);
        intent.putExtra("xianlu", arg0.getItemAtPosition(arg2).toString());
        String xianInfoStr = UtilMethod.getXianInfo(databasePath, arg0.getItem
        AtPosition(arg2).toString() );
        intent.putExtra("xianInfoStr", xianInfoStr);
        intent.setClass(ZhanResultActivity.this, XianResultActivity.class);
        ZhanResultActivity.this.startActivity(intent);
    }
});
}
```

在上述代码中，声明并实例化一个 Intent 对象，然后使用其 putExtra()方法来传递参数到 XianResultActivity 类中。当单击经过某站点的线路名称时，就会显示出该线路的详细信息。

3．实现效果

当单击主界面的站点查询时，会进入到站点查询界面，如图 17-3 所示。当在自动完成文本框中输入要查询的站点时，会将数据库中所有含有该站点的站点显示在 ListView 中，如当输入"郑大"时，会显示所有包含郑大的站点，如图 17-4 所示。

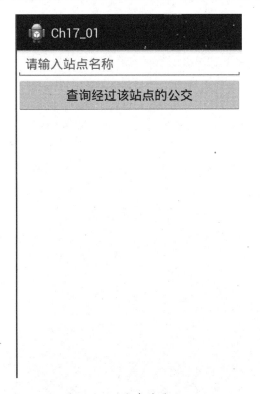

图 17-3　站点查询界面

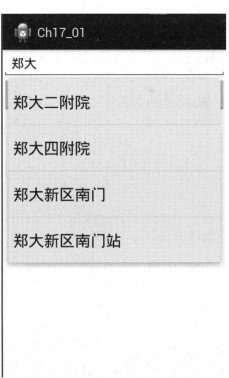

图 17-4　含有"郑大"的所有站点

当选中 ListView 中的站点，自动完成文本框中的文字会变成所选中的站点。如选中"郑大新区南门"时，自动完成文本框中的文字变成"郑大新区南门"，其效果如图 17-5 所示。单击查询经过该站点的公交按钮，会将经过该站点的所有公交路线列出，其效果如图 17-6 所示。

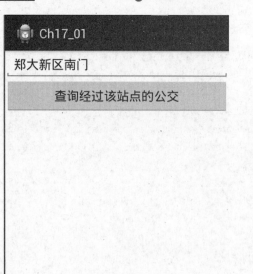 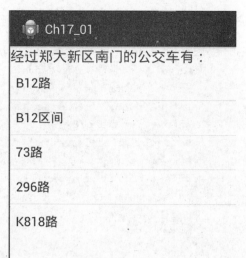

图 17-5　选中"郑大新区南门"时的效果　　　　图 17-6　经过"郑大新区南门"的公交

17.1.5　线路查询

线路查询实现的效果是当用户输入线路名称时,能够查询出该线路的信息和经过的站点,并显示出来。

1. 布局文件的配置

(1)在项目中的 res/layout 目录下新建 xian.xml 文件。这里的代码与 17.2.2 节中布局文件的配置步骤(1)中的代码一致,这里就省略了。

(2)在上述布局文件中添加一个 AutoCompleteTextView 控件和一个 Button 控件,其代码如下所示。

```
<AutoCompleteTextView
    android:id="@+id/xianlu"
    android:layout_width="match_parent"
    android:layout_height="wrap_content"
    android:completionThreshold="2"
    android:hint="请输入线路"/>
<Button
    android:layout_width="match_parent"
    android:layout_height="wrap_content"
    android:text="查询该公交信息"
    android:id="@+id/xianBtn"/>
```

(3)在 layout 中新建 xian_list.xml 文件,这里的代码与 17.2.3 节中布局文件配置步骤(3)中代码一致,这里就省略了。

(4)在 layout 中新建 xian_result.xml 文件,这里代码与 17.2.2 节中布局文件的配置步骤(1)中代码一致,这里就省略了。

(5)在(4)中 xian_result.xml 文件中添加一个 TextView 控件和一个 TabHost 控件,其代码如下所示。

```xml
<TextView
    android:layout_width="match_parent"
    android:layout_height="wrap_content"
    android:id="@+id/xianInfo"/>
<TabHost
    android:layout_width="match_parent"
    android:layout_height="match_parent"
    android:id="@android:id/tabhost">
    <LinearLayout
        android:layout_width="match_parent"
        android:layout_height="match_parent"
        android:orientation="vertical" >
        <TabWidget
            android:layout_width="fill_parent"
            android:layout_height="wrap_content"
            android:id="@android:id/tabs">
        </TabWidget>
        <FrameLayout
            android:layout_width="match_parent"
            android:layout_height="match_parent"
            android:id="@android:id/tabcontent">
        </FrameLayout>
    </LinearLayout>
</TabHost>
```

在使用 XML 布局文件添加选项卡时,必须使用系统的 id 为各控件指定 id 属性,否则将会出现异常。

(6)在 layout 中新建 zhanbyxian1.xml 文件,其代码如下所示。

```xml
<?xml version="1.0" encoding="utf-8"?>
<LinearLayout xmlns:android="http://schemas.android.com/apk/res/android"
    android:layout_width="match_parent"
    android:layout_height="match_parent"
    android:orientation="vertical"
    android:id="@+id/linearLayout01">
    <ListView
        android:layout_width="match_parent"
        android:layout_height="wrap_content"
        android:id="@+id/zhanByXian01">
    </ListView>
</LinearLayout>
```

(7)在 layout 中新建 zhanbyxian2.xml 文件,其代码与步骤(6)中的 zhanbyxian1.xml 代码一致,这里就省略了。其中 LinearLayout 的 id 为 linearLayout02,ListView 控件的 id 为 zhanByXian02。

（8）在 AndroidManifest.xml 文件中添加 XianActivity 类、XianResultActivity 类、ZhanByXianActivity01 类和 ZhanByXianActivity02 类配置代码，添加的代码如下所示。

```
<activity android:name="com.android.bus.activity.XianActivity"></activity>
<activity android:name="com.android.bus.activity.XianResultActivity"></activity>
<activity android:name="com.android.bus.activity.ZhanByXianActivity01"></activity>
<activity android:name="com.android.bus.activity.ZhanByXianActivity02"></activity>
```

2．代码的实现

（1）在 com.android.bus.activity 包下新建 XianActivity 类，继承 Activity 类并实现 TextWatcher 接口。声明在 xian.xml 布局文件中的 AutoCompleteTextView 控件和 Button 控件，并声明一个 SQLiteDatabase 对象和一个 String 类型的变量，其代码如下所示。

```
private AutoCompleteTextView xianlu = null;
private Button xianBtn = null;
private String xianluStr = null;
private SQLiteDatabase db = null;
```

（2）获取在步骤（1）中声明的控件，并实例化 SQLiteDatabase 对象，其代码如下所示。

```
setContentView(R.layout.xian);
xianlu = (AutoCompleteTextView) findViewById(R.id.xianlu);
xianBtn = (Button) findViewById(R.id.xianBtn);
Intent intent = getIntent();
final String databasePath = intent.getStringExtra("databasePath");
db = SQLiteDatabase.openOrCreateDatabase(databasePath, null);
```

在上述代码中，使用 getIntent()方法获取一个 Intent 对象，然后使用其 getStringExtra()方法来获取由 MainActivity 的 Activity 传递过来的值。使用 SQLiteDatabase 的 openOrCreateDatabase()方法来实例化 SQLiteDatabase 对象。

（3）为 xianBtn 添加监听器，重写其 onClick()方法，代码如下所示。

```
xianBtn.setOnClickListener(new OnClickListener() {
    public void onClick(View v) {
        if (xianlu != null && xianlu.getText()!= null) {
            xianluStr = xianlu.getText().toString();
        }
        String xianInfoStr = UtilMethod.getXianInfo(databasePath, xianluStr );
        Intent intent = new Intent();
        intent.putExtra("xianInfoStr", xianInfoStr);
        intent.putExtra("xianlu", xianluStr);
        intent.putExtra("databasePath", databasePath);
        intent.setClass(XianActivity.this, XianResultActivity.class);
        XianActivity.this.startActivity(intent);
    }
});
```

在上述代码中，获取到自带完成文本框控件 xianlu 中的内容后使用 Intent 对象将其传递到 XianResultActivity 类中。

(4）为自动完成文本框 xianlu 添加监听，其代码如下所示。

```
xianlu.addTextChangedListener(this);
```

(5）重写 TextWatcher 接口的 afterTextChanged()方法，其主要代码如下所示。

```
//省略部分代码
public void afterTextChanged(Editable arg0) {
    Cursor cursor = db.rawQuery("select busw as _id from cnbusw where busw like ?",
      new String[]{"%" + arg0.toString() +"%"});
    BusAdapter adapter = new BusAdapter(XianActivity.this, cursor, true);
    xianlu.setAdapter(adapter);
}
```

（6）新建 BusAdapter 类并继承 CursorAdapter 类，并重写 convertToString()、bindView()和 newView()方法，与 17.1.4 节中代码的实现步骤（6）中的代码类似，这里就省略了。

（7）在 com.android.bus.activity 包下新建 XianResultActivity 类，并继承 ActivityGroup 类。声明 xian_result.xml 布局文件中的 TabHost 控件和 TextView 控件，其代码如下所示。

```
private TabHost tabhost = null;//声明 TabHost 控件的对象
private TextView xianInfo = null;
private String xianInfoStr = null;
```

（8）重写其 onCreate()方法，获取 TabHost 对象后，开始初始化 TabHost，主要代码如下。

```
setContentView(R.layout.xian_result);
tabhost = (TabHost) findViewById(android.R.id.tabhost);     //获取 TabHost 对象
Intent intent = getIntent();
String databasePath = intent.getStringExtra("databasePath");
String xianlu = intent.getStringExtra("xianlu");
tabhost.setup(this.getLocalActivityManager());              //初始化 TabHost 组件
LayoutInflater inflater = LayoutInflater.from(this);        //声明并实例化
一个 LayoutInflater 对象
inflater.inflate(R.layout.zhanbyxian1, tabhost.getTabContentView());
inflater.inflate(R.layout.zhanbyxian2, tabhost.getTabContentView());
tabhost.addTab(tabhost.newTabSpec("tab").setIndicator("查看去程").setContent
 (new Intent(this,ZhanByXianActivity01.class).putExtra("databasePath", databasePath).
 utExtra("xianlu", xianlu)));//添加第一个标签页
tabhost.addTab(tabhost.newTabSpec("tab1").setIndicator("查看返程").setContent
(new Intent(this,ZhanByXianActivity02.class).putExtra("databasePath", databasePath).
putExtra("xianlu", xianlu)));//添加第二个标签页
xianInfo = (TextView) findViewById(R.id.xianInfo);
xianInfoStr = intent.getStringExtra("xianInfoStr");
xianInfo.setText(xianInfoStr);
```

在上述代码中，使用 getIntent()方法获取一个 Intent 对象，并使用其 getStringExtra()方法获取由 XianActivity 传递来的参数。使用 TabHost 的 setup()方法来初始化 TabHost 组件，并声明并实例化一个 LayoutInflater 对象。然后使用 TabHost 的 addTab()方法来添加标签页。其标签页显示的内容分别

为 ZhanByXianActivity01 和 ZhanByXianActivity02 中的 ListView。

（9）在 com.android.bus.activity 包下新建 ZhanByXianActivity01 类，并继承 Activity 类。声明 zhanbyxian1.xml 布局文件中的 ListView 控件和一些变量，其代码如下所示。

```java
private ListView zhanByXian01 = null;
private List<String> zhanByXianResult = null;
private ArrayAdapter<String> adapter = null;
private String xianlu = null;
```

（10）获取由 XianResultActivity 传递过来的参数，并为 zhanByXian01 控件添加适配器，其代码如下所示。

```java
setContentView(R.layout.zhanbyxian1);
zhanByXian01 = (ListView) findViewById(R.id.zhanByXian01);
zhanByXianResult = new ArrayList<String>();
Intent intent = getIntent();
final String databasePath = intent.getStringExtra("databasePath");
xianlu = intent.getStringExtra("xianlu");
zhanByXianResult = UtilMethod.getZhanByXianBack(databasePath, xianlu);
adapter = new ArrayAdapter<String>(this,android.R.layout.simple_list_item_1,
zhanByXianResult);
zhanByXian01.setAdapter(adapter);
```

在上述代码中，使用 getIntent()方法获取 Intent 对象，然后使用其 getStringExtra()获取由 XianResultActivity 类传递的参数。使用 UtilMethod 类的 getZhanByXianBack()方法来获取一个 List 集合，实例化适配器并使用 setAdapter()方法将其添加到 zhanByXian01 控件。

（11）为 zhanByXian01 控件添加监听器，并重写其 onItemClick()方法，当 ListView 控件的某一列表项被单击时，就会触发该监听，代码如下所示。

```java
zhanByXian01.setOnItemClickListener(new OnItemClickListener() {
    public void onItemClick(AdapterView<?> arg0, View arg1, int arg2, long arg3) {
        Intent intent = new Intent();
        intent.putExtra("databasePath", databasePath);
        intent.putExtra("zhandian", arg0.getItemAtPosition(arg2).toString().
        substring(String.valueOf(arg2).length()));
        intent.setClass(ZhanByXianActivity01.this, ZhanResultActivity.class);
        ZhanByXianActivity01.this.startActivity(intent);
    }
});
```

在上述代码中，声明并实例化一个 Intent 对象，然后使用 putExtra()方法来传递参数到 ZhanResultActivity 类中。当单击某站点时，就会显示出经过该站点的所有线路。

（12）在 com.android.bus.activity 包下新建 ZhanByXianActivity02 类，并继承 Activity 类。其代码与 ZhanByXianActivity01 类代码类似，这里就省略了。

3．实现效果

当单击主界面的线路查询时，进入到线路查询界面，如图 17-7 所示。当在自动完成文本框中输入要查询的线路名称时，会将数据库中所有含有该字符的线路显示在 ListView 中，如当输入"68"

时，会显示所有包含"68"的线路，如图 17-8 所示。

图 17-7 线路查询界面

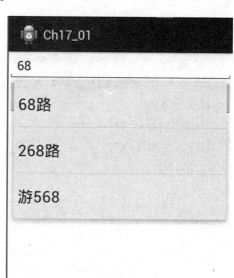

图 17-8 含有"68"的所有线路

当选中 ListView 中的线路，自动完成文本框中的文字会变成所选中的线路。如选中"68 路"时，自动完成文本框中的文字变成"68 路"，其效果如图 17-9 所示。单击【查询该公交信息】按钮，会将该公交的信息和经过的站点列出，其效果如图 17-10 所示。

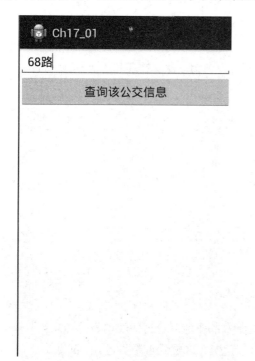

图 17-9 选择"68 路"时的效果

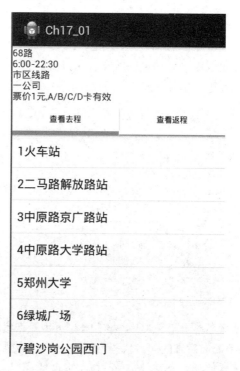

图 17-10 "68 路"公交的信息

当选择查看去程选项卡时，会列出去程信息，选择查看返程选项卡时，会列出返程信息。

17.1.6 换乘查询

换乘查询实现的效果是当用户输入出发站点和终点时，能够查询出经过这两个站点直达车线路或者需要换乘一次时的线路和换乘的站点，并显示出来。

1. 布局文件的配置

（1）在项目中的 res/layout 目录下新建 zhanzhan.xml 文件。这里的代码与 17.2.2 节中布局文件的配置步骤（1）中的代码一致，这里就省略了。

（2）在上述布局文件中添加两个 AutoCompleteTextView 控件和一个 Button 控件，其代码如下所示。

```xml
<AutoCompleteTextView
    android:id="@+id/zhan01"
    android:layout_width="match_parent"
    android:layout_height="wrap_content"
    android:hint="请输入起点"/>
<AutoCompleteTextView
    android:id="@+id/zhan02"
    android:layout_width="match_parent"
    android:layout_height="wrap_content"
    android:hint="请输入终点"/>
<Button
    android:layout_width="match_parent"
    android:layout_height="wrap_content"
    android:text="查询"
    android:id="@+id/zzhanBtn"/>
```

（3）在 layout 中新建 zzhan_result.xml 文件，这里代码与 17.2.2 中布局文件的配置步骤（1）中的代码一致，这里就省略了。

（4）在步骤（3）中的布局文件中添加一个线性布局，方向为水平。并在其中添加三个 TextView 控件，其主要代码如下所示。

```xml
<LinearLayout
    android:layout_width="match_parent"
    android:layout_height="wrap_content"
    android:orientation="horizontal">
    <TextView
        android:layout_width="wrap_content"
        android:layout_height="wrap_content"
        android:textColor="#00008b"
        android:id="@+id/zhandian01"/>
<!-- 省略部分控件的配置的代码 -->
</LinearLayout>
```

在上述代码中，TextView 的 textColor 属性表示其文本的颜色，这里的值均为"00008b"。其余两个 TextView 控件的配置代码与该 TextView 的配置代码类似，这里就省略了。其中第二个 TextView 的 text 属性值为"至"，第三个 TextView 的 id 为 zhandian02。

（5）在步骤（3）中的布局文件中添加一个 ListView 控件，其代码如下所示。

```xml
<ListView
    android:layout_width="match_parent"
    android:layout_height="wrap_content"
    android:id="@+id/zzhanResult">
</ListView>
```

（6）在 AndroidManifest.xml 文件中添加 ZZhanActivity 类和 ZZhanResultActivity 类配置代码，添加的代码如下所示。

```xml
<activity android:name="com.android.bus.activity.ZZhanActivity"></activity>
<activity android:name="com.android.bus.activity.ZZhanResultActivity"></activity>
```

2. 代码的实现

（1）在 com.android.bus.activity 包下新建 ZZhanActivity 类，继承 Activity 类并实现 TextWatcher 接口。声明在 zhanzhan.xml 布局文件中的 AutoCompleteTextView 控件和 Button 控件，并声明一个 SQLiteDatabase 对象和一个 String 类型的变量，其代码如下所示。

```java
private AutoCompleteTextView zhan01 = null;
private AutoCompleteTextView zhan02 = null;
private Button zzhanBtn = null;
private SQLiteDatabase db = null;
private String zhanStr01 = null;
private String zhanStr02 = null;
```

（2）获取在步骤（1）中声明的控件，并实例化 SQLiteDatabase 对象，其代码如下所示。

```java
setContentView(R.layout.zhanzhan);
zhan01 = (AutoCompleteTextView) findViewById(R.id.zhan01);
zhan02 = (AutoCompleteTextView) findViewById(R.id.zhan02);
zzhanBtn = (Button) findViewById(R.id.zzhanBtn);
Intent intent = getIntent();
final String databasePath = intent.getStringExtra("databasePath");
db = SQLiteDatabase.openOrCreateDatabase(databasePath, null);
```

在上述代码中，使用 getIntent()方法获取一个 Intent 对象，然后使用其 getStringExtra()方法来获取由 MainActivity 传递过来的值。使用 SQLiteDatabase 的 openOrCreateDatabase()方法来实例化 SQLiteDatabase 对象。

（3）为 zzhanBtn 添加监听器，重写 onClick()方法，其代码如下所示。

```java
zzhanBtn.setOnClickListener(new OnClickListener() {
    public void onClick(View v) {
        if (zhan01 != null && zhan01.getText()!= null&&zhan02 != null &&
        zhan02.getText()!= null) {
            zhanStr01 = zhan01.getText().toString();
            zhanStr02 = zhan02.getText().toString();
            Intent intent = new Intent();
            intent.putExtra("databasePath", databasePath);
            intent.putExtra("zhandian01", zhanStr01);
            intent.putExtra("zhandian02", zhanStr02);
            intent.setClass(ZZhanActivity.this, ZZhanResultActivity.class);
            ZZhanActivity.this.startActivity(intent);
```

```
            }
        }
    });
```

在上述代码中，获取到自带完成文本框控件 zhandian 中的内容后使用 Intent 对象将其传递到 ZZhanResultActivity 类中。

（4）为自动完成文本框 zhan01 和 zhan02 添加监听，其代码如下所示。

```
zhan01.addTextChangedListener(this);
zhan02.addTextChangedListener(this);
```

（5）重写 TextWatcher 接口的 afterTextChanged()方法，与 17.1.4 节实现中的步骤（5）的代码一致，这里就省略了。

（6）新建 ZhanAdapter 类并继承 CursorAdapter 类，并重写 convertToString()、bindView()和 newView()方法，与 17.1.4 节实现中的步骤（6）的代码一致，这里就省略了。

（7）在 com.android.bus.activity 包下新建 ZZhanResultActivity 类，并继承 Activity 类。声明 zzhan_result.xml 布局文件中的 ListView 控件和 TextView 控件，其代码如下所示。

```
private ListView zzhanResult = null;
private ArrayAdapter<String> adapter = null;
private StringBuffer ChangeInfo = null;
private StringBuffer ChangeDInfo = null;
private List<String> changeList = null;
private TextView zhandianText01 = null;
private TextView zhandianText02 = null;
```

（8）重写 onCreate()方法，获取在步骤（7）中声明的控件，其代码如下所示。

```
setContentView(R.layout.zzhan_result);
zzhanResult = (ListView) findViewById(R.id.zzhanResult);
zhandianText01 = (TextView) findViewById(R.id.zhandian01);
zhandianText02 = (TextView) findViewById(R.id.zhandian02);
```

（9）获取由 ZZhanActivity 传递过来的参数，并为 zhandianText01 控件和 zhandianText02 控件设置显示的文本，其代码如下所示。

```
Intent intent = getIntent();
final String databasePath = intent.getStringExtra("databasePath");
String zhandian01 = intent.getStringExtra("zhandian01");
String zhandian02 = intent.getStringExtra("zhandian02");
zhandianText01.setText(zhandian01);
zhandianText02.setText(zhandian02);
```

在上述代码中，使用 getIntent()方法获取 Intent 对象，然后使用其 getStringExtra()获取由 ZZhanActivity 类传递的参数，并使用 setText()方法为 zhandianText01 控件和 zhandianText02 控件设置显示的文本。

（10）为 zzhanResult 添加适配器，其代码如下所示。

```
List<String> list = UtilMethod.getDChanged(databasePath, zhandian01, zhandian02);
List<String> list01 = new ArrayList<String>();
```

```java
        List<String> list02 = new ArrayList<String>();
        if (list != null && !list.isEmpty()) {                              //直达车
            List<String> listInfo = new ArrayList<String>();
            for (String string : list) {
                ChangeDInfo = new StringBuffer();
                ChangeDInfo.append(string + "\n");
                ChangeDInfo.append("直达");
                int count = UtilMethod.getZhanCount(databasePath, zhandian01, zhan
                dian02, string);
                ChangeDInfo.append("(共"+count+"站)");
                listInfo.add(ChangeDInfo.toString());
            }
            adapter = new ArrayAdapter<String>(this,android.R.layout. simple_list_
            item_1, listInfo);
            zzhanResult.setAdapter(adapter);
        }else{                                                              //换乘一次
            changeList = new ArrayList<String>();
            List<String> zhans = UtilMethod.getChangedZhan(databasePath, zhandian01,
            zhandian02);
            for (String string : zhans) {
            list01 = UtilMethod.getDChanged(databasePath, zhandian01, string);
            list02 = UtilMethod.getDChanged(databasePath, string, zhandian02);
            for (String string01 : list01) {
                ChangeInfo = new StringBuffer();
              int count01 = UtilMethod.getZhanCount(databasePath, zhandian01, string,
                string01);
                ChangeInfo.append(string01 + "换乘");
                for (String string2 : list02) {
              int count02 = UtilMethod.getZhanCount(databasePath, string, zhandian02,
                string2);
                ChangeInfo.append(string2+"\n" );
                ChangeInfo.append("换乘一次(" +string+"  换乘"+")\n 共" + (count01 +
                count02) +"站");
                    }
                    String ChangeInfoStr = ChangeInfo.toString();
                    changeList.add(ChangeInfoStr);
                }
            }
            adapter = new ArrayAdapter<String>(this,android.R.layout.simple_ list_
            item_1,changeList);
            zzhanResult.setAdapter(adapter);
        }
```

使用 UtilMethod 类的 getDChanged()方法来获取一个 List 集合, 当该 List 集合不为空时, 表示从起点到终点有直达车, 无须换乘, 否则需要换乘。当换乘一次时, 使用 getChangedZhan()方法获取到换乘的站点, 然后使用 getDChanged()方法获取由起点到换乘的站点和换乘的站点到终点的集合, 并实例化一个适配器, 最后为 zzhanResult 控件添加适配器。

3．实现效果

当单击主界面的换乘查询时, 会进入到换乘查询界面, 如图 17-11 所示。当可以由起点直达终点时，例如在起点输入"陈寨"，终点输入"火车站"时，单击【查询】按钮，结果如图 17-12 所示。

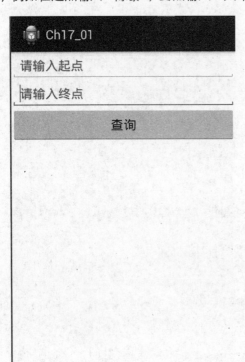
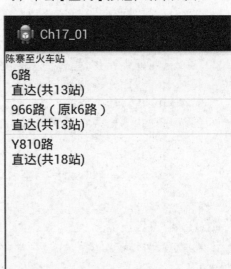

图 17-11　换乘查询界面　　　　　　　　　　图 17-12　换乘查询结果（直达）

当需换乘一次时，例如在起点输入"郑大新区南门"，终点输入"郑州东站"时，单击【查询】按钮，结果如图 17-13 所示。

图 17-13　换乘查询结果（需换乘一次）

17.1.7 公共类

在项目下新建 com.android.bus.util 包，在其中新建 UtilMethod 类，声明一个静态的 SQLiteDatabase 对象和一个 List 集合，其代码如下所示。

```java
private static SQLiteDatabase db = null;
private static List<String> list = null;
```

其中的方法如下。

（1）在 UtilMethod 类中新建 getXianByZhan()方法，用于根据站点名称来查询经过该站点的所有线路，其代码如下所示。

```java
public static List<String> getXianByZhan(String databasePath,String zhan){
//根据站点查询线路
    list = new ArrayList<String>();
    db = SQLiteDatabase.openOrCreateDatabase(databasePath, null);
    String sql = "select cnbusw.busw from cnbus,cnbusw where cnbus.xid = cnbusw.id and cnbus.zhan = ? and cnbus.kind = 1 order by  shuzi ;";
    Cursor cursor = db.rawQuery(sql, new String[]{zhan});
    while(cursor.moveToNext()){
        String busw= cursor.getString(cursor.getColumnIndex("busw"));
        list.add(busw);
    }
    db.close();
    return list;
}
```

（2）在 UtilMethod 类中新建 getZhanByXianGo()方法，用于根据线路名称来查询去程经过的所有站点，其代码如下所示。

```java
public static List<String> getZhanByXianGo(String databasePath,String xian){//根据线路查询站点（去程）
    list = new ArrayList<String>();
    db = SQLiteDatabase.openOrCreateDatabase(databasePath, null);
    String sql = "select cnbus.zhan,pm from cnbus,cnbusw where cnbus.xid = cnbusw.id and cnbusw.busw = ? and cnbus.kind = 1 order by  pm ";
    Cursor cursor = db.rawQuery(sql, new String[]{xian});
    while(cursor.moveToNext()){
        String zhan = cursor.getString(cursor.getColumnIndex("zhan"));
        String pm = cursor.getString(cursor.getColumnIndex("pm"));
        list.add(pm + zhan);
    }
    db.close();
    return list;
}
```

（3）在 UtilMethod 类中新建 getGoCounts()方法，用于根据线路名称来查询去程经过的所有站点的数量，其代码如下所示。

```java
public int getGoCounts(String databasePath,String xian){//根据线路查询站点数量（去程）
```

```
    int counts = -1;
    db = SQLiteDatabase.openOrCreateDatabase(databasePath, null);
    String sql = "SELECT max(pm) as count from cnbus,cnbusw where id = xid and
    busw = ? and cnbus.kind = 1;";
    Cursor cursor = db.rawQuery(sql, new String[]{xian});
    while(cursor.moveToNext()){
        counts = cursor.getInt(cursor.getColumnIndex("count"));
    }
    db.close();
    return counts;
}
```

（4）在 UtilMethod 类中新建 getZhanByXianBack() 方法，用于根据线路名称来查询返程经过的所有站点，其代码如下所示。

```
public static List<String> getZhanByXianBack(String databasePath,String
xian){//根据线路查询站点（返程）
    list = new ArrayList<String>();
    db = SQLiteDatabase.openOrCreateDatabase(databasePath, null);
    String sql = "select cnbus.zhan,pm from cnbus,cnbusw where cnbus.xid =
    cnbusw.id and cnbusw.busw = ? and cnbus.kind = 2 order by pm ";
    Cursor cursor = db.rawQuery(sql, new String[]{xian});
    while(cursor.moveToNext()){
        String zhan= cursor.getString(cursor.getColumnIndex("zhan"));
        String pm = cursor.getString(cursor.getColumnIndex("pm"));
        list.add(pm + zhan);
    }
    db.close();
    return list;
}
```

（5）在 UtilMethod 类中新建 getBackCounts() 方法，用于根据线路名称来查询返程经过的所有站点的数量，其代码如下所示。

```
public int getBackCounts(String databasePath,String xian){//根据线路查询站点数
量（返程）
    int counts = -1;
    db = SQLiteDatabase.openOrCreateDatabase(databasePath, null);
    String sql = "SELECT max(pm) as count from cnbus,cnbusw where id = xid and
    busw = ? and cnbus.kind = 2;";
    Cursor cursor = db.rawQuery(sql, new String[]{xian});
    while(cursor.moveToNext()){
        counts = cursor.getInt(cursor.getColumnIndex("count"));
    }
    db.close();
    return counts;
}
```

（6）在 UtilMethod 类中新建 getXianInfo() 方法，用于根据线路的名称查询该线路的信息，其代码如下所示。

```java
public static String getXianInfo(String databasePath,String xian){//根据线路查询线路信息
    String info = "暂无信息";
    db = SQLiteDatabase.openOrCreateDatabase(databasePath, null);
    Cursor cursor = db.query("cnbusw", new String[]{"shijian", "kind",
    "gjgs","piao"}, "busw = ?", new String[]{xian}, null, null, null);
    while(cursor.moveToNext()){
        String shijian = cursor.getString(cursor.getColumnIndex("shijian"));
        String kind = cursor.getString(cursor.getColumnIndex("kind"));
        String gjgs = cursor.getString(cursor.getColumnIndex("gjgs"));
        String piao = cursor.getString(cursor.getColumnIndex("piao"));
        info = xian + "\n" + shijian + "\n" + kind + "\n" + gjgs+ "\n" + piao;
    }
    db.close();
    return info;
}
```

（7）在 UtilMethod 类中新建 getZhanCount()方法，用于根据出发点、终点和线路的名称来查询相隔的站点数量，其代码如下所示。

```java
public static int getZhanCount(String databasePath,String zhanStart,String zhanEnd,String xian){//根据出发站、终点站和线路查询间隔的站数
    int count = -1;
    db = SQLiteDatabase.openOrCreateDatabase(databasePath, null);
    String sql = "select abs(A.pm - B.pm) as zhanCount from " +
            "(select pm from cnbus,cnbusw where cnbus.xid = cnbusw.id and cnbus.zhan = ? and busw = ? and cnbus.kind = 1)A," +
            "(select pm from cnbus,cnbusw where cnbus.xid = cnbusw.id and cnbus.zhan = ? and busw = ? and cnbus.kind = 1)B";
    Cursor cursor = db.rawQuery(sql, new String[]{zhanStart,xian, zhanEnd, xian});
    while(cursor.moveToNext()){
        count = cursor.getInt(cursor.getColumnIndex("zhanCount"));
    }
    db.close();
    return count;
}
```

（8）在 UtilMethod 类中新建 getDChanged()方法，用于根据出发点、终点来查询直达的线路，其代码如下所示。

```java
public static List<String> getDChanged(String databasePath,String zhanStart, String zhanEnd){//根据出发站、终点站查询换乘的线路（直达）
    list = new ArrayList<String>();
    db = SQLiteDatabase.openOrCreateDatabase(databasePath, null);
    String sql = "select  DISTINCT A.busw as busw from  " +
"(select  busw from cnbus,cnbusw where cnbus.xid = cnbusw.id and  cnbus.zhan = ? order by  shuzi )A," +"(select  busw from cnbus,cnbusw where cnbus.xid =
```

```
            cnbusw.id and  cnbus.zhan = ? order by  shuzi )B " +
       "where A.busw = B.busw ;";
            Cursor cursor = db.rawQuery(sql, new String[]{zhanStart,zhanEnd});
            while(cursor.moveToNext()){
                String busw= cursor.getString(cursor.getColumnIndex("busw"));
                list.add(busw);
            }
            db.close();
            return list;
        }
```

（9）在 UtilMethod 类中新建 getChangedZhan()方法，用于根据出发点、终点查询换乘的站点名称，其代码如下所示。

```
        public static List<String> getChangedZhan(String databasePath,String zhanStart,
        String zhanEnd){//根据出发站、终点站获取换乘的站点
            list = new ArrayList<String>();
            db = SQLiteDatabase.openOrCreateDatabase(databasePath, null);
            String sql = "select A.zhan from " +
                "(select DISTINCT zhan from cnbus,cnbusw where busw in (select
                DISTINCT cnbusw.busw from cnbus,cnbusw where cnbus.xid = cnbusw.id " +
                "and cnbus.zhan = ? order by  shuzi) and xid = id)A," +
                "(select DISTINCT zhan from cnbus,cnbusw where busw in (select
                DISTINCT cnbusw.busw from cnbus,cnbusw where cnbus.xid = cnbusw.id "+
                "and cnbus.zhan = ? order by  shuzi) and xid = id)B "+
                "where A.zhan = B.zhan;";
            Cursor cursor = db.rawQuery(sql, new String[]{zhanStart,zhanEnd});
            while(cursor.moveToNext()){
                String zhan= cursor.getString(cursor.getColumnIndex("zhan"));
                list.add(zhan);
            }
            db.close();
            return list;
        }
```

17.2 打地鼠小游戏

打地鼠是一个趣味性的小游戏。在游戏中，玩家要去敲打一只只从地洞里冒出头的傻地鼠。游戏要求在限定时间内，敲打的地鼠越多，分数才越高。

17.2.1 功能简介

本案例中的打地鼠游戏规则很简单，只需要在规定的时间内用手指敲打地鼠即可，其中分为两种模式，简单模式和困难模式。在困难模式中还要注意炸弹，当碰到炸弹时游戏终止。打地鼠结构

图如图 17-14 所示。

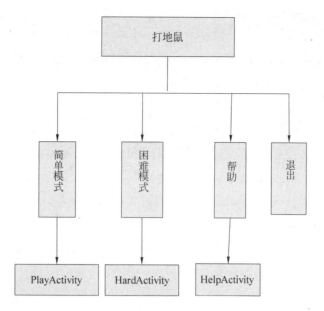

图 17-14　打地鼠结构图

17.2.2　主界面

主界面很简单，只有四个按钮，分别是简单模式、困难模式、帮助和退出按钮。首先在 Eclipse 中创建一个 Android 项目，名称为 Ch17_02。将项目中所用到的图片资源放到项目 res 目录下的 drawable-ldpi 文件夹中。

1．布局文件的配置

（1）修改 layout 中的 activity_main.xml 文件，将布局改为绝对布局，其代码如下所示。

```
<AbsoluteLayout xmlns:android="http://schemas.android.com/apk/res/android"
    android:layout_width="match_parent"
    android:layout_height="match_parent"
    android:background="@drawable/welcome_bg" >
</AbsoluteLayout>
```

（2）在上述 XML 布局文件中添加四个 Button 控件，其主要代码如下所示。

```
<Button
    android:id="@+id/exit"
    style="?android:attr/buttonBarButtonStyle"
    android:layout_width="wrap_content"
    android:layout_height="wrap_content"
    android:layout_x="454dp"
    android:layout_y="208dp"
    android:text="退    出" />
<!-- 省略其他三个按钮的布局代码 -->
```

在上述代码中，style 属性表示控件的样式，在绝对布局中使用 layout_x 和 layout_y 来将控件定位。由于这四个 Button 控件的布局代码一样，这里就省略了其他三个 Button 控件的布局代码。其他三个按钮的 id 分别为 easyBtn、hardBtn 和 helpBtn，其对应的 text 属性值分别为"简单模式"、"困难模式"和"帮助"。

（3）修改 AndroidManifest.xml 文件中的 MainActivity 类配置代码。修改后其代码如下所示。

```xml
<activity
    android:name="com.android.game.MainActivity"
    android:label="@string/app_name"
    android:launchMode="singleTask"
    android:screenOrientation="landscape" >
</activity>
```

这里的代码是将屏幕设定为横屏模式。

2. 代码的实现

（1）在 com.android.game 包下修改 MainActivity 类，声明在 activity_main 布局文件中的四个 Button 控件，其代码如下所示。

```java
private Button easyBtn = null;      //简单模式按钮
private Button hardBtn = null;      //困难模式按钮
private Button helpBtn = null;      //帮助按钮
private Button exit = null;         //退出按钮
```

（2）在 onCreate()方法中获取 Button 控件，其代码如下所示。

```java
setContentView(R.layout.activity_main);
easyBtn = (Button) findViewById(R.id.easyBtn);
hardBtn = (Button) findViewById(R.id.hardBtn);
helpBtn = (Button) findViewById(R.id.helpBtn);
exit = (Button) findViewById(R.id.exit);
```

（3）为 easyBtn、hardBtn 和 helpBtn 按钮添加监听器，其主要代码如下所示。

```java
easyBtn.setOnClickListener(new OnClickListener() {      //简单模式
    public void onClick(View v) {
        Intent intent = new Intent();
        intent.setClass(MainActivity.this, PlayActivity.class);
        MainActivity.this.startActivity(intent);
    }
});
//省略部分代码
```

重写 onClick()方法，在其中创建 Intent 对象，用来启动 PlayActivity。由于 easyBtn、hardBtn 和 helpBtn 这三个 Button 控件的监听器代码类似，这里就省略了其他两个控件监听器的代码。

（4）为 exit 按钮控件添加监听器，其代码如下所示。

```java
exit.setOnClickListener(new OnClickListener() {         //退出
    public void onClick(View v) {
        new AlertDialog.Builder(MainActivity.this).setTitle("提示").
        setMessage("是否退出?").setNeutralButton("取消", null).
        setNegativeButton("确定", new DialogInterface.OnClickListener() {
            public void onClick(DialogInterface dialog, int which) {
                MainActivity.this.finish();
            }
```

```
            }).create().show();
        }
    });
```

重写 onClick()方法,在其中创建一个对话框,用于提示是否退出。当用户单击【取消】按钮时,不进行任何操作。当用户单击【确定】按钮时,使用 finish()方法来销毁 MainActivity。

3.实现效果

运行该项目,主界面的运行效果如图 17-15 所示。

图 17-15 主界面运行效果

17.2.3 简单模式

当用户单击【简单模式】按钮时进入到简单模式游戏中。在该模式下,用户共有 60s 的时间。每打到一个地鼠,数量加 1。结束当前游戏的方法有两种,一是时间到了;二是用户按下返回键。

1.布局文件的配置

(1)在 layout 目录下新建 XML 布局文件,其名称为 main.xml。修改该 XML 布局文件,修改后其代码如下所示。

```
<LinearLayout xmlns:android="http://schemas.android.com/apk/res/android"
    android:layout_width="match_parent"
    android:layout_height="match_parent"
    android:background="@drawable/bg"
    android:orientation="horizontal">
</LinearLayout>
```

在上述代码中,为 main 布局文件添加了背景,并设置方向为水平。

(2)在其中添加两个 ImageView 控件和一个 TextView 控件,其代码如下所示。

```
<ImageView
    android:id="@+id/mouse"
    android:layout_width="100dp"
    android:layout_height="100dp"
    android:src="@drawable/mole_b2" />
<ImageView
    android:id="@+id/boom"
    android:layout_width="100dp"
```

```xml
    android:layout_height="100dp"
    android:src="@drawable/mole_e2"
    android:visibility="invisible"
    />
<TextView
    android:layout_width="wrap_content"
    android:layout_height="wrap_content"
    android:text="剩余时间为: "
    android:id="@+id/time"
    android:textColor="#FF0000"/>
```

在上述代码中，第二个 ImageView 控件的 visibility 属性值为 invisible，表示该控件为不可见。

（3）在 AndroidManifest.xml 文件中添加 PlayActivity 类配置代码。添加的代码如下所示。

```xml
<activity
    android:name="com.android.game.PlayActivity"
    android:launchMode="singleTask"
    android:screenOrientation="landscape">
</activity>
```

2. 代码的实现

（1）在 com.android.game 包下新建 PlayActivity 类，并使其继承 Activity 类。声明所用的对象和变量，其代码如下所示。

```java
private int count = 0;                                   //打到的地鼠的数量
private int time = 6000;                                 //总时间，单位为毫秒
private ImageView mouse = null;
private Thread thread = null;                            //声明 Thread 对象
private boolean normal = true;                           //是否正常结束游戏
private Handler handler;                                 //声明一个 Handler 对象
private TextView timeText = null;
private int[][] position = new int[][]{{87,120},{263,120},{431,120},{587,120},
{15,232},{160,232},
{309,232},{470,232},{625,232}};                          //地鼠洞的位置坐标数组
```

在上述代码中，count 表示所打到的地鼠的数量。mouse 表示地鼠的图像。normal 为布尔型变量，表示是否是正常结束游戏，即是否是时间到了停止的游戏。true 表示是正常结束游戏。position 为一个二维数组，记录地鼠洞的位置坐标，也就是地鼠将要出现的位置。

（2）在 noCreate() 方法中获取 ImageView 控件对象和 TextView 控件对象，其代码如下所示。

```java
mouse = (ImageView) findViewById(R.id.mouse);
timeText = (TextView) findViewById(R.id.time);
```

（3）为地鼠图像添加监听器，其代码如下所示。

```java
mouse.setOnTouchListener(new OnTouchListener() {                //为地鼠图像添加监听
    public boolean onTouch(View v, MotionEvent event) {
        v.setVisibility(View.INVISIBLE);                        //设置地鼠不显示
        count++;
        Toast.makeText(PlayActivity.this, "打到[ " + count + " ]只地鼠! ",
                Toast.LENGTH_SHORT).show();                     //显示消息提示框
```

```
            return false;
        }
});
```

在上述代码中重写 onTouch()方法。当用户触摸到地鼠图像时，使用 setVisibility()方法将图像设置为不可见，并将打到的地鼠数量加 1，然后使用 Toast 将当前总共打到的地鼠数量显示出来。

（4）实例化 Handler 对象，并重写其 handleMessage()方法，代码如下所示。

```
handler = new Handler() {
    public void handleMessage(Message msg) {
        int index = 0;
        if (time >0 && normal == true) {
        if (msg.what == 0x101) {
            timeText.setText("剩余时间为: " + time/100 );
            index = msg.arg1;                              //获取位置索引值
            mouse.setX(position[index][0]);
            mouse.setY(position[index][1]);
            mouse.setVisibility(View.VISIBLE);             //设置地鼠显示
        }
            super.handleMessage(msg);
        }else if(normal == true)
        {
            gameOver();
        }
    }
};
```

在上述代码中，判断时间是否到了，同时判断是否在正常游戏中，如果是，然后判断 msg.what 是否为 0x101。如果真，设置当前的剩余时间，并获取位置索引值。使用 setX()和 setY()设置显示 ImageView 的位置坐标，最后使用 setVisbility()设置地鼠图像可见。当在正常游戏时，时间到了，则调用 gameOver()方法。

（5）实例一个线程，并开启线程，其代码如下所示。

```
thread = new MyThread();
thread.start();                                            //开启线程
```

（6）新建 gameOver()方法，用于在时间到了的情况下结束游戏，其代码如下所示。

```
public void gameOver(){                                    //游戏结束
    timeText.setText("时间到! ");
    handler.removeCallbacks(thread);
    thread = null;
    new AlertDialog.Builder(PlayActivity.this).setTitle("游戏结束").setMessage("
    您一共打到" + count + "只地鼠")
    .setNegativeButton("再来一局", new OnClickListener() {
        public void onClick(DialogInterface dialog, int which) {
            thread = new MyThread();
            time = 6000;
            count = 0;
            thread.start();  // 开启线程
```

```
        }
    })
    .setNeutralButton("退出", new OnClickListener() {
    public void onClick(DialogInterface dialog, int which) {
        PlayActivity.this.finish();
}}).create().show();
}
```

在上述代码中,使用 TextView 的 setText()方法为 timeText 设置文本内容。使用 Handler 的 removeCallbacks()方法从队列中移除 thread 线程,并将线程赋为 null。然后新建一个有两个按钮的对话框,一个为【再来一局】按钮,另一个为【退出】按钮。分别重写其 onClick()方法。在【再来一局】按钮中实例一个新的线程,将时间设为 6000 毫秒,count 清零,然后开启线程。在【退出】按钮中使用 Activity 的 finish()方法退出。

(7) 重写 onKeyDown()方法,当按下返回键时退出,其代码如下所示。

```
public boolean onKeyDown(int keyCode, KeyEvent event) {
    if(keyCode == KeyEvent.KEYCODE_BACK){
        normal = false;
        PlayActivity.this.finish();
    }
    return true;
}
```

在上述代码中判断当前按下的键是否为返回键,如果为返回键就将 normal 设置为 false,即非正常结束游戏,然后使用 Activity 的 finish()方法退出。

(8) 新建 MyThread 类,并继承 Thread,重写 run()方法,其代码如下所示。

```
public class MyThread extends Thread{
    public void run() {
        super.run();
        int index = 0 ;                                    //创建一个记录地鼠位置的索引值
        while (!Thread.currentThread().isInterrupted()) {
            index = new Random().nextInt(position.length); //产生一个随机数
            Message m = handler.obtainMessage();           //获取一个 Message
            m.what = 0x101;                                //设置消息标识
            m.arg1 = index;                                //保存地鼠位置的索引值
            handler.sendMessage(m);                        //发送消息
            if(time > 0 && normal == true){
//省略 try-catch 块
                Thread.sleep(new Random().nextInt(1000) + 1000); //休眠一段时间
                time = time - 100;
            }else{
                thread.interrupt();
            }
        }
    }
}
```

在上述代码中,定义一个整形变量 index 用于记录地址位置的索引值。当当前的线程没有中断时，根据位置数组的长度产生一个随机数，并赋值给 index。使用 Handler 对象的 obtainMessage()方法获取一个 Message 对象，并设置消息标识和保存地鼠位置的索引值。然后使用 Handler 对象的 sendMessage()方法发送消息。当时间大于零并且正常游戏时，线程休眠一定时间。否则使用 interrupt()方法使线程中断。

3．实现效果

运行该项目后，单击主界面的【简单模式】按钮，进入到简单模式游戏中。当触摸到地鼠时，会显示 Toast 信息，显示当前已经打到的地鼠的数量，如图 17-16 所示。

图 17-16　简单模式游戏效果

当在游戏结束时，会弹出一个对话框，当单击【再来一局】按钮时会重新开始游戏。当单击【退出】按钮时，会退到游戏的主界面，如图 17-17 所示。

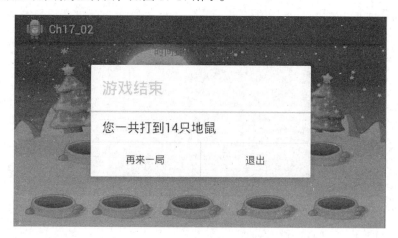

图 17-17　简单模式游戏结束效果

17.2.4　困难模式

当用户单击困难模式时进入到困难模式游戏中。该模式与简单模式游戏类似，同样有 60s 的时间，但每次地鼠出现和消失的速度变快了，而且出现了炸弹。当用户触摸到炸弹时，当局游戏结束。

1．布局文件的配置

困难模式下使用 XML 布局文件与简单模式下使用的布局文件为同一个文件。在 AndroidManifest.xml 文件中添加 HardActivity 类配置代码，添加的代码如下所示。

```
<activity
    android:name="com.android.game.HardActivity"
    android:launchMode="singleTask"
    android:screenOrientation="landscape">
</activity>
```

2．代码的实现

（1）在 com.android.game 包下新建 HardActivity 类，并使其继承 Activity 类。声明所用的对象和变量，其主要代码如下所示。

```
//省略部分代码
private boolean boomed = false;                                    //是否触摸炸弹
private ImageView boom = null;
```

在上述代码中，由于与简单模式中声明的对象和变量一致，这里就省略了。在该模式下需要添加一个布尔型变量 boomed 和一个 ImageView 对象 boom。boomed 表示是否触摸到炸弹，当为 false 时表示未触摸到炸弹，其默认值为 false。boom 表示显示炸弹的图像。

（2）在 onCreate()方法中获取 ImageView 控件对象和 TextView 控件对象，这里代码省略。

（3）分别为地鼠图像和炸弹图像添加监听器，主要代码如下所示。

```
//省略为地鼠图像添加监听器代码
boom.setOnTouchListener(new OnTouchListener() {
    public boolean onTouch(View v, MotionEvent event) {
        boomed = true;
        new AlertDialog.Builder(HardActivity.this).setTitle("游戏结束").
            setMessage("你碰到炸弹了\n您一共打到" + count + "只地鼠").setNegative
            Button("再来一局", new OnClickListener() {
                public void onClick(DialogInterface dialog, int which) {
                    boomed = false;
                    thread = new MyThread();
                    time = 6000;
                    count = 0;
                    thread.start(); // 开启线程
                }
            })
        .setNeutralButton("退出", new OnClickListener() {
            public void onClick(DialogInterface dialog, int which) {
                HardActivity.this.finish();
            }
        }).create().show();
        return false;
    }
});
```

在上述代码中，为地鼠图像添加监听器的代码与在简单模式下为地鼠图像添加监听器的代码一样。在为炸弹图像添加的监听器中，重写 onTouch()方法。将 boomed 设置为 true，表示已经触摸到炸弹。然后新建一个有两个按钮的对话框，分别是【再来一局】和【退出】按钮。当单击【再来一局】按钮时，boomed 设置为 false，并开启新的线程。当单击【退出】按钮时，退出游戏。

（4）实例化 Handler 对象，重写其 handleMessage()方法，主要代码如下所示。

```
handler = new Handler() {
    public void handleMessage(Message msg) {
        int index = 0;
        if (time >0 && normal == true && boomed == false) {
            if (msg.what == 0x101) {
                index = msg.arg1;                                    //获取位置索引值
                timeText.setText("剩余时间为: " + time/100 );
                switch (new Random().nextInt(5)) {
                    case 0:
                        boom.setX(position[index][0]);
                        boom.setY(position[index][1]);
                        boom.setVisibility(View.VISIBLE);            //设置炸弹显示
                        break;
                    default:
//省略部分代码
                }
            }
            super.handleMessage(msg);
        }else if(normal == true && boomed == false){
            gameOver();
        }
    }
};
```

在上述代码中，重写 handleMessage()方法，这里的代码与简单模式下的代码类似。在第一个判断条件中添加 boomed 为 false 的条件，表示当前没有触摸到炸弹。使用 new Random().nextInt(5)产生一个随机数，当为 0 时，显示炸弹。其他情况显示地鼠。而且地鼠出现的概率大于炸弹出现的概率。这里省略设置地鼠的坐标和显示。

（5）实例一个线程，并开启线程，其代码如下所示。

```
thread = new MyThread();
thread.start();                                                      //开启线程
```

（6）新建 gameOver()方法，用于在时间到了的情况下结束游戏，这里代码与简单模式下的代码类似，这里代码省略。

（7）重写 onKeyDown()方法，当按下返回键时退出。其代码与简单模式下的 onKeyDown()方法一致，这里就省略了。

（8）新建 MyThread 类，并继承 Thread，重写其 run()方法，主要代码如下所示。

```
//省略部分代码
if(time > 0 && normal == true && boomed == false){
//省略 try-catch 块
    Thread.sleep(new Random().nextInt(500) + 500); // 休眠一段时间
    time = time - 50;
}
```

其代码与简单模式下的 MyThread 代码类似。只需要将简单模式下的 MyThread 的代码中的部分代码修改为上述代码。

3. 实现效果

运行该项目后，单击主界面的【困难模式】按钮，进入到困难模式游戏中，效果如图 17-18 所示。

图 17-18　困难模式游戏效果图

当触摸到炸弹时游戏结束，并显示一个有两个按钮的对话框，效果如图 17-19 所示。

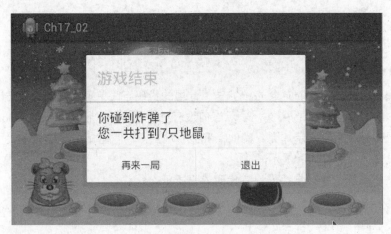

图 17-19　碰到炸弹效果

17.2.5　帮助和退出

帮助和退出都很简单，当单击【帮助】按钮时，可以查看帮助信息。当单击【退出】按钮时，弹出一个提示对话框，用户可以选择是否退出。

1. 布局文件的配置

（1）在 layout 目录下新建 XML 布局文件，其名称为 help.xml。在其中添加一个 TextView 控件，其代码如下所示。

```
<?xml version="1.0" encoding="utf-8"?>
<LinearLayout xmlns:android="http://schemas.android.com/apk/res/android"
    android:layout_width="match_parent"
    android:layout_height="match_parent"
    android:orientation="vertical"
```

```
    android:background="@drawable/story_bg" >
    <TextView
        android:layout_width="match_parent"
        android:layout_height="wrap_content"
        android:text="@string/helpText"
        android:textSize="18sp"/>
</LinearLayout>
```

（2）在 AndroidManifest.xml 文件中添加 HelpActivity 类配置代码，添加的代码如下所示。

```
<activity android:name="com.android.game.HelpActivity"></activity>
```

2. 代码的实现

在 com.android.game 包下新建 HelpActivity 类，并使其继承 Activity 类。重写其 onCreate()方法，并设置其 contentView，其代码如下所示。

```
setContentView(R.layout.help);
```

3. 实现效果

运行该项目后，单击主界面的【帮助】按钮，显示帮助信息，其效果如图 17-20 所示。

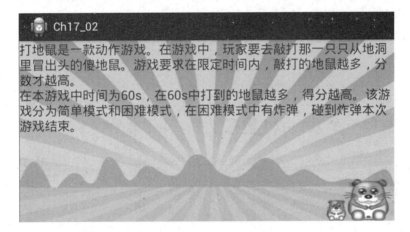

图 17-20　帮助信息界面

单击主界面的【退出】按钮，弹出对话框，其效果如图 17-21 所示。

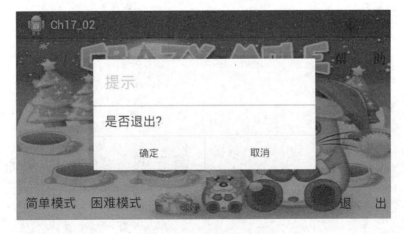

图 17-21　游戏退出界面

习题答案

第1课　全面认识 Android
一、填空题
1. 2007年11月5日
2. 应用程序
3. 应用程序框架
4. Dalvik
5. F7

二、选择题
1. D
2. D
3. A
4. B
5. B
6. B

第2课　创建第一个 Android 程序
一、填空题
1. Target SDK
2. com.itzcn.www.blog
3. R.id.booklpt
4. File Explorer
5. onPause
6. content://
7. startService()
8. Action

二、选择题
1. D
2. A
3. A
4. A
5. C
6. D
7. B
8. A
9. C

第3课　Android 工具集
一、填空题
1. 5554
2. adb install c:\qq.qpk
3. adb uninstall –k qq
4. gsm call 12312345678

二、选择题
1. B
2. A
3. C
4. C
5. C

第4课　定义应用程序布局
一、填空题
1. 线性
2. 相对
3. 表格
4. 帧
5. GridLayout
6. fill_parent
7. 优先级

二、选择题
1. D
2. C
3. A
4. B
5. D
6. A

第5课　Android 基础控件详解
一、填空题
1. gravity
2. textPassword
3. hint

4. visibility

二、选择题
1. C
2. A
3. B
4. D

第 6 课　Android 高级界面设计

一、填空题
1. completionThreshold
2. setProgress()
3. secondaryProgress
4. numStars
5. numColumns

二、选择题
1. C
2. A
3. B
4. C

第 7 课　程序菜单和对话框

一、填空题
1. 上下文菜单
2. 图像
3. 不支持
4. 日期与时间对话框
5. DatePickerDialog
6. show()
7. 圆形进度对话框

二、选择题
1. A
2. B
3. C
4. D
5. D

第 8 课　Android 事件处理机制

一、填空题
1. onKeyDown
2. onKeyUp
3. EventListener
4. MotionEvent.ACTION_DOWN
5. gestureStrokeType

二、选择题

1. C
2. B
3. C
4. C

第 9 课　应用程序之间的通信

一、填空题
1. 销毁状态
2. startActivity()
3. 栈
4. finish()
5. Fragment
6. 动作
7. 隐式

二、选择题
1. B
2. B
3. A
4. B
5. A
6. C
7. D
8. A

第 10 课　数据存储解决方案

一、填空题
1. MODE_PRIVATE
2. shared_prefs
3. Base64
4. Environment
5. ContentResolver

二、选择题
1. D
2. C
3. C
4. B

第 11 课　SQLite 数据库存储

一、填空题
1. sqlite3
2. .tables
3. .exit
4. BLOB

二、选择题
1. D
2. C
3. C
4. D

第 12 课　访问系统资源和国际化
一、填空题
1. AssetManager
2. black
3. getResources().getXml(R.xml.books)
4. getMenuInflater().inflate(R.menu.gamemenu, menu)
5. <item>
6. setContentView()

二、选择题
1. A
2. B
3. C
4. A
5. C
6. A
7. A

第 13 课　调用 Android 系统服务
一、填空题
1. Bound
2. bindService()
3. onDestroy()
4. getSystemService()
5. onReceive()

二、选择题
1. D
2. C
3. C
4. D

第 14 课　多媒体
一、填空题
1. Open Core
2. MediaPlayer
3. setDataSource()
4. isPlaying()
二、选择题

1. B
2. A
3. D
4. D

第 15 课　图形图像处理
一、填空题
1. Paint
2. Color
3. Canvas
4. Bitmap
5. Path.Direction.CW
6. 4

二、选择题
1. A
2. C
3. D
4. D
5. B
6. A
7. C
8. B

第 16 课　网络编程
一、填空题
1. java.net
2. HttpResponse
3. getResponseCode()
4. <uses-permission android:name="android.permission.INTERNET"/>
5. http.getInputStream()、buffer.readLine()
6. HttpResponse
7. HttpStatus.SC_OK
8. 192.168.1.111
9. setJavaScriptEnabled()

二、选择题
1. D
2. C
3. D
4. A
5. D
6. C
7. A
8. D